全国高职高专教育“十三五”规划教材

高等应用数学（上册）

（第三版）

主　编　陈华峰　袁　佳

副主编　章向明　范正权　朱志富

邹　杰　李元红

西南交通大学出版社

·成　都·

内容简介

《高等应用数学》是认真分析、总结、吸收部分高等职业本、专科高校高等数学课程教学改革经验，本着"必需、够用、发展"的原则，以教育部高等职业教育教学课程的基本要求与课程改革精神及人才培养目标为依据。在取材上力求注重基础与完整，结合生活、专业课学习及运用，在讲述上深入浅出，从而达到既为学生专业功能服务，又加强了基本思维素质的训练的目的。

本书是此系列教材的上册，基础部分主要包括函数与极限、导数与微分、中值定理与导数的应用等内容；提升部分包括向量与空间解析几何、多元函数微分等，拓展部分包括离散数学初步等。

本书特色主要体现在：①保留并丰富了各章节知识点，采用了模块化设计；②根据高职学生学习特点，对概念的理解上着重还原本身；③每章要求学生总结知识框图、课后复习、思维训练实践，有利于学生对本章进行系统的学习和复习，并与自身生活、工作相结合，进行思维实践。

本书内容全面，语言简洁，例题和练习量大，细分了难易程度。可作为高等职业院校本、专科各专业数学类课程的通用教材，也可作为准备专升本的学生复习之用，也可供其他人员参考。

图书在版编目（CIP）数据

高等应用数学. 上册 / 陈华峰，袁佳主编. —3 版. —成都：西南交通大学出版社，2022.9
ISBN 978-7-5643-8927-7

Ⅰ. ①高… Ⅱ. ①陈… ②袁… Ⅲ. ①应用数学－高等职业教育－教材 Ⅳ. ①O29

中国版本图书馆 CIP 数据核字（2022）第 173312 号

Gaodeng Yingyong Shuxue
(Shang Ce) (Di San Ban)

高等应用数学（上册）
（第三版）

陈华峰
袁　佳　主编

责任编辑　赵永铭
封面设计　原谋书装

印张　18.25　**字数**　456千
成品尺寸　185 mm × 260 mm
版本　2015年7月第1版　2017年8月第2版
2022年9月第3版
印次　2022年9月第8次
印刷　成都中永印务有限责任公司

出版发行　西南交通大学出版社
网址　http://www.xnjdcbs.com
地址　四川省成都市金牛区二环路北一段111号
西南交通大学创新大厦21楼
邮政编码　610031
发行部电话　028-87600564　028-87600533

书号：ISBN 978-7-5643-8927-7　**定价：**48.00元

课件咨询电话：028-87600533
图书如有印装质量问题　本社负责退换

第三版前言

不管是出于什么原因，当你打开了这本教材，并阅读这段文字，说明你与高等数学是有缘的. 如果你认真阅读并实践，必将收获颇丰. 为了庆祝这个缘分，下面就开始我们的高等数学之旅吧！

本书面向的对象是高等职业教育本、专科各专业及要专升本的同学们. 如果你正在准备学校期末考试，如果你正在准备普通专升本入学考试，如果你想重新温习高等数学，如果你想了解一下高等数学知识，那这本书就特别适合. 如果不是，请合上本书吧，以免浪费你宝贵的时间.

本书分为上、下两册，基础部分主要包括函数与极限、导数与微分、中值定理与导数的应用、不定积分、定积分、微分方程、无穷级数等内容；提升部分包括向量与空间解析几何、多元函数微积分等内容，拓展部分包括矩阵代数、概率、离散数学等内容. 本书还特别附录了数学建模简介.

曾几何时，当你问学过高数的学长、学姐们高数是什么？他们会告诉你，高数是一棵很高的“树”，那上面“挂”了很多人.

曾几何时，你坐在教室里上数学课，老师讲得昏天黑地，唾沫与粉尘齐飞，你却无动于衷，思绪早已飞到银河系的边缘，课后一头雾水，数学到底是啥玩意儿呀？

首先，让我们重新认识一下数学. 来看下面这个例子：

你有 7 个好朋友，有一天，你请他们 7 人到你家里聚餐，其中，a 会讲英语，b 会讲英语和汉语，c 会讲英语、意大利和俄语，d 会讲日语和汉语，e 会讲德语和意大利语，f 会讲法语、日语和俄语，g 会讲法语和德语.

那么问题来了：你怎么安排座位，才能使得每个人都能和他身边的人交谈，免得大家尴尬呢？

我们思考的过程是这样的：

既然要使得每个人都能和他身边的人交谈，那么就要每个人与身边左、右两人分别同时会同一种语言. 我们把 7 个人看成 7 个点，画成一个圈，把具有会讲相同语言的人连上一条线，就得到如下这个图.

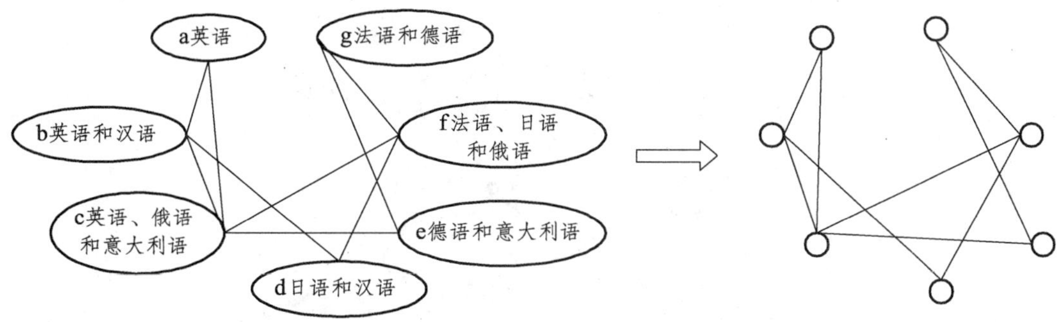

问题就变成：在图中任意一个点出发，每个点都串行一次，并回到原点的回路，按这样来安排座位，就可达到目的，使得每个人都能与身边的人交谈.

这是把实际问题数学化.

你能找到这样的回路吗？

你看，你是不是很容易就找到了这样的线路？如下图中加粗线路.

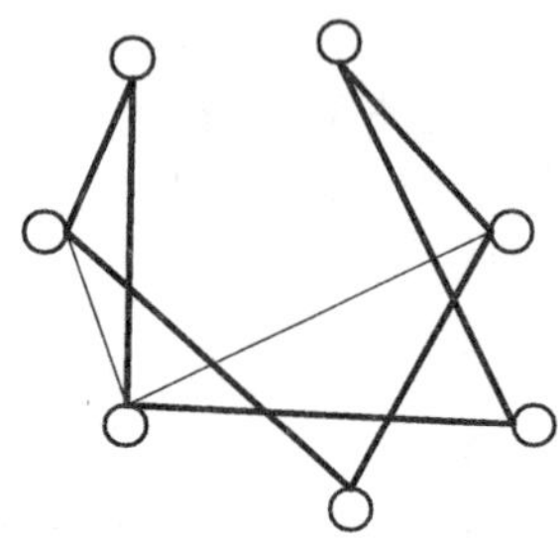

是不是比刚才的问题简单多了？

通常，数学家们把这种问题抽象化，不再管具体的实际问题，只针对这样的图探究如何去找这样的回路. 数学家们经过研究发现，只要任意两点的边数相加，大于等于点的数目，就一定会存在这样经过每个点一次的回路. 于是，抽象出来，把这种点线形成的关系称为图，每个点关联的边称作这个点的度，并加以纯数学的证明，作为一个定理. 这个问题最初是哈密尔顿研究的，所以就以他的名字命名.

教材中是如下描述的，高度抽象化，早就剥离了具体问题.

设 $G=\langle V,E\rangle$ 为一图（无向的或有向的），G 中经过每个顶点一次且仅一次的通路称作哈密尔顿通路；G 中经过每个顶点一次且仅一次的回路称作哈密尔顿回路；若 G 中存在哈密尔顿回路，则称 G 为哈密尔顿图.

推论：设 G 为 $n(n\geqslant 3)$ 阶无向简单图，若对于 G 中任意两个不相邻的顶点 u,v，均有

$$d(u)+d(v)\geqslant n$$

则 G 为哈密尔顿图.

然后，数学家为了更一般的形式，就利用符号、逻辑、证明、归纳那一套方法，得出很多结论. 那么，以后遇到类似的问题就直接利用定理判断了，就不用过多地思考，提高了解决问题的效率. 比如，你是一个快递员，今天的包裹要送到如下几个标小旗的地点，为了少走路，每个地方只去一次，你觉得应该怎么走呢？按刚才的方法，是不是很快就能判断？通过这个问题的过程，我们可以重新发现数学的作用了吧.

整个过程就是这样：解决现实问题，由抽象到一般，再应用到实际. 这就是数学.

你看，数学就是数学家们为了解决现实问题而发明出来的. 它首先研究的是现实，然后建立解决方案，再把这个解决方法进行一般化的符号抽象，然后研究其性质，最后把这个抽象的方法应用到实践中.

所以数学在本质上，就是一种思维方法、分析工具，是人类认识世界的一种手段、一种模式. 其思维方法，我们天天都在用，所以不要把它想得多么神秘.

而高等数学，也是把解决实际问题的方法抽象而来，进而用符号、图形、公式、定理等来表达其规则. 现在你心里对数学亲近了不少吧？因为它能给你带来不一样的思考方法和思维工具.

由此，你也可以总结出：学习的本质，就是学习这种能成功解决问题的思维方式、思考方法及实用工具. 高等数学是高度抽象化的符号、图形及一套演绎方式，它的实际应用更广泛.

当然，对绝大部分不研究、不使用教学的人来说，数学对他们的生活、工作、学习，表面上影响不大. 但学习高等数学的过程，可以训练我们分析问题、归纳问题、解决问题的思维方法，培养良好的思维能力，对加强我们的系统性、创新性、发散性、坚韧性的思维训练是有非常大帮助的.

本书最大的与众不同之处在于：真正从关心读者成长与发展出发，充分展现思考问题的过程和解决问题的初衷，让大家了解面对问题，数学家们是怎么想的，然后，这种思考方法是怎么运用到实际生活、工作、学习当中的. 为此，编者专门每章节后附一页，让你自己总结使用案例，不管是具体知识，还是思维方法；不管是学习、工作，还是生活实践，都可以.

当然，我们还要学习具体的知识点. 那么怎么才能快速通关呢？

一是确定目标.

学习本课程，根据自身条件和目的不同，确定要达到怎么样的学习目标. 比如期末考试过关，专升本考上重点本科，重新复习，掌握高等数学的基础，等等.

二是核算成本.

在学习本课程上，你愿意付出的最大成本是多少？能够接受最大的失败是什么？显性成本包括资金、精力等，隐性成本包括时间、人际关系、思想观念等等.

三是要收集信息.

在学习本课程上，掌握了哪些信息和资源？比如教材、课件、练习题、可咨询的老师、要不要报培训班、上不上网课，等等. 哪些有利，哪些不利？信息准确度如何？真实性如何？时效性如何？信息来源的保密性如何？大家都知道还是少数人知道？

四是要借鉴参考.

能不能找到学长学姐，看他们是如何学习、复习的？现在其他同学是如何学习、复习的？效果如何？哪些方法可以直接拿来用，哪些可以改进创新用？能不能找到专业人士进行专业咨询？比如，值得信赖的老师、同学、长辈等等. 如果有，如何得到别人真正且正确的参考意见？付费咨询，还是人情免费咨询，还是资源交换获得支持？

五是概念的理解.

高等数学的概念，都来源于实际生活. 在学习过程中，一定要注重概念理解，把抽象的概念尽量形象化，和自己头脑里的已有的有形意识结合起来，纳入自己的知识架构中. 这样才能更好地去认识数学知识、数学思维及数学方法. 如果还有时间，可以阅读相关知识点的一些数学历史方面的书籍，了解当年数学家们是怎么想到这个方法的，这些方法的创立过程经历了怎么样的复杂历史.

六是充分利用考纲.

把期末考试或专升本的考纲每一条都列出来，形成一张表，左边是考纲要求，右边列出相应的知识点、公式、定理、证明、常考题型等等，来考察自己掌握的情况. 大量练习必不可少，你要相信，世界上 80%的能力，通过训练都是可以达到的.

一个知识点，一个公式，掌握的标准有三条：一是快，指做这个考点的题型以最快的速度做完. 二是准，凡是做完的题目，都要 100%得满分. 如果不能，也不要慌，先看解析. 如果还有问题，可以问同学、老师，或者上网查资料. 也可以加入 QQ 群：308212576，在群里提问. 反复研究，反复做，一直到能得满分为止. 三是举一反三，学会知识迁移.

说一千，道一万，只要下决心学习，理清本源，细看书，理解概念与思维，合理建立直观印象，从书到题勤练习，从题到书多运用，快思考，常讨论，就能学好高等数学.

学习高等数学，就像谈恋爱，要多花时间陪伴，同甘共苦，就能修成正果.

祝大家都能修成正果！

最后，特别感谢西南交通大学出版社的大力支持，使得本书第三版得以顺利出版. 本次做了较大的修订，使之更符合新时代高等职业教育的特征.

由于作者水平有限，加之完成时间仓促，书中难免有不妥或疏漏之处，恳请广大读者批评指正.

陈华峰

2022 年 6 月

第二版前言

高等应用数学是一门高职高专院校各专业公共基础必修课程，它对培养学生的思维能力有着重要的作用．本书第二版是根据教育部制定的《各专业教学标准和人才培养目标及规格》对高等应用数学课程教学基本要求，考虑到高职高专学生的特点和各专业需要，在第一版的基础上修订而成．本次修订充分吸取了教师和学生对第一版教材的建议，在保留第一版特色的同时对部分内容进行了增删，使之更能适应高职高专的教学实际和学生学习的特征．

编　者

2017 年 6 月

第一版前言

时代在发展，社会在进步，人们对人才的要求越来越高. 对于高职学生来讲，只掌握专业知识已不能适应社会和企业的要求，还必须具备较强的适应能力、应变能力、学习能力、创新能力等，这样才能在日益激烈的竞争中有所成就，才能为祖国做出应有的贡献. 而这些能力的基础就是既要有丰富的专业基础知识，又要有良好的思维品质. 高等应用数学的学习就最能体现这两方面.

高等应用数学是高职高专院校各专业一门公共基础必修课程，它对于培养学生的思维能力有着重要的作用. 通过高等应用数学的学习，学生不但可以掌握处理数学问题的描述工具和方法，为后续课程的学习创造条件，而且可以提高抽象思维和逻辑推理能力，提高观察事物现象、分析问题本质、解决问题的能力，养成良好的意志力以及逻辑性、新颖性等思维习惯，并为以后的学习、工作和生活打下坚实的基础.

因此，本教材在具体编写过程中，力求既介绍高等应用数学基础知识的核心内容，做到简明扼要、通俗易懂，又注重理论联系实际，融入启发式思维训练，着重培养学生良好的思维品质，加强学生系统性、创新性、发散性、坚韧性的思维训练. 本教材是编者在结合多年高等应用数学教学经验的基础上，根据高职高专学生的学习规律与特点，参考国内众多教材的优点并借鉴国外相关教材的特点编写而成的. 本书的主要特点如下：

（1）内容选择科学.

本教材的整个体系保持了高等应用数学具有代表性的核心内容，坚持少而精、释义清楚、学以致用的原则，内容安排上由浅入深，符合认知规律，理论严谨、叙述明确简练、逻辑性强，知识点脉络清晰. 第 1～5 章为各专业的基础必修模块，第 6～10 章为各专业的选修模块，可根据实际情况选修其中的一章或几章.

（2）结构安排先进.

教材大部分例题都融入启发式思维训练，重点突出解题思路，注重培养学生的数学思维能力和分析问题、解决问题的能力. 每一节练习题都分为基础、提高、拓展三个阶段，符合高职学生对数学学习的认知过程，而且将基础理论与相关实际问题相结合，变抽象思维为形象思维，提高学生的思考能力，培养学生优秀的思维品质.

（3）系统组织实用.

每章都列出了知识框图，以便学生及时掌握知识点和知识结构. 并配以大量习题和思考题，每章结束均配有自测题，可供学生检测自己学习的情况.

本书内容和结构体现了我校近年来教学改革的成果. 全书分为上、下两册，共 10 章. 其中第 1、2 章由袁佳编写，第 3、7、10 章由瞿先平（重庆理工大学研究生）编写，第 4、5、6 章由万轩编写，第 8、9 章由陈华峰编写；每章节的应用题例部分由范正权和朱志富编写；全书由陈华峰统稿.

最后，特别感谢李连启教授为审阅本书所付出的辛勤劳动. 感谢西南交通大学出版社的大力支持，使本书得以顺利出版.

由于编者水平有限，加之完成时间仓促，书中难免有不妥或错误之处，恳请广大读者批评指正.

编　者

2015 年 1 月

目　录

预备知识

基础模块

提升模块

拓展模块

预备知识

1　常用的初等数学公式

在学习高等数学的时候，经常会用到很多初等数学的公式，所以，在这里很有必要复习一下常用的初等数学公式. 请同学们自己回忆，把空填写完整，也可以查看本书附录 1.

1.1　初等代数

1. 乘法及因式分解

（1）$(x+a)(x+b)=$______________.　　（2）$(a\pm b)^2=$______________.

（3）$(a\pm b)^3=$______________.　　（4）$(a+b+c)^2=$______________.

（5）$a^2-b^2=$______________.　　（6）$a^3\pm b^3=$______________.

（7）$(a+b+c)^3=$______________________________.

（8）$a^n-b^n=$______________________________. (n 为正整数)

（9）$a^n-b^n=$______________________________. (n 为正偶数)

（10）$a^n+b^n=$______________________________. (n 为正奇数)

（11）二项式定理 $(a+b)^n=$______________________________.

二项展开式的通项公式 $T_{r+1}=$______________________________$(r=0,1,2,\cdots,n)$.

2. 实系数一元二次方程的解

实系数一元二次方程 $ax^2+bx+c=0$，

① 若 $\Delta=b^2-4ac>0$，则 $x_{1,2}=$______________________________（求根公式）；

② 若 $\Delta=b^2-4ac=0$，则 $x_1=x_2=$______________________________；

③ 若 $\Delta=b^2-4ac<0$，它在实数集 **R** 内______________实数根;

④ 在复数集 **C** 内有且仅有两个共轭复数根 $x_{1,2}=$______________；

⑤ 根与系数的关系（韦达定理）：$x_1+x_2=$______________，$x_1x_2=$______________.

3. 指数运算（设 a,b 是正实数，m,n 是任意实数）

（1）指数定义.

① $a^{-n}=$________$(a\neq 0)$.　　② $a^{\frac{m}{m}}=$________$(a>0,m,n\in\mathbf{N}^*$，且 $n>1$).

③ $a^{-\frac{m}{m}}=$________$(a>0,m,n\in\mathbf{N}^*$，且 $n>1$).　　④ $a^0=$________$(a\neq 0)$.

（2）指数运算法则.

① $a^r \cdot a^s =$________ $(a>0, r, s \in \mathbf{Q})$. ② $(a^r)^s =$________$(a>0, r, s \in \mathbf{Q})$.

③ $(ab)^r =$________$(a, b>0, r \in \mathbf{Q})$. ④ $\left(\dfrac{b}{a}\right)^r =$________ $(a, b>0, r \in \mathbf{Q})$.

4. 根式的性质

（1）$(\sqrt[n]{a})^n =$________.

（2）当 n 为奇数时，$\sqrt[n]{a^n} =$________；当 n 为偶数时，$\sqrt[n]{a^n} =$____________________.

5. 对　数

（1）指数式与对数式的互化式.

$\log_a N = b \Leftrightarrow$____________$(a>0, a \neq 1, N>0)$.

（2）对数的换底公式.

$\log_a N =$____________ （$a>0$，且 $a \neq 1$，$m>0$，且 $m \neq 1$，$N>0$）.

推论 $\log_{a^m} N^n =$________________，$\log_a b \cdot \log_b a =$____________（$a>0$，且 $a>1$，$m, n>0$，且 $m \neq 1$，$n \neq 1$，$N>1$）.

（3）对数的四则运算法则.

若 $a>0, a \neq 1, M>0, N>0$，则

① $\log_a MN =$____________； ② $\log_a \dfrac{N}{M} =$____________；

③ $\log_a M^n =$____________； ④ $a^{\log_a N} =$____________；

⑤ $\log_a a^b =$____________； ⑥ $\log_a 1 =$____________.

（4）自然对数 ____________； 常用对数 ____________.

6. 等差与等比数列

（1）等差数列.

通项公式：$a_n =$______________=______________；

其前 n 项和公式为 $S_n =$__________________=_____________________=______________________.

（2）等比数列.

通项公式：$a_n =$_____________=______________；

其前 n 项的和公式为

$S_n =$__________________________或 $S_n =$__________________________.

（3）一些常见的数列的前 n 项和：

① $1+2+3+\cdots+n =$______________________.

② $2+4+6+\cdots+2n =$______________________.

③ $1+3+5+\cdots+2n-1 =$______________________.

④ $1^2+2^2+3^2+\cdots+n^2 =$______________________.

⑤ $1^3+2^3+3^3+\cdots+n^3 =$______________________.

1.2 三角函数公式

1. 常用锐角三角函数值

表 1.2.1 常用锐角三角函数值

角	0	$\frac{\pi}{6}$	$\frac{\pi}{4}$	$\frac{\pi}{3}$	$\frac{\pi}{2}$	π
$\sin\alpha$						
$\cos\alpha$						
$\tan\alpha$						
$\cot\alpha$						

2. 倒数关系

$\tan x \cdot \cot x =$ ______. $\sin x \cdot \csc x =$ ______. $\cos x \cdot \sec x =$ ______.

3. 商的关系

$\frac{\sin x}{\cos x} =$ ______ $=$ ______. $\frac{\cos x}{\sin x} =$ ______ $=$ ______.

4. 平方关系

$\sin^2\alpha + \cos^2\alpha =$ ______. $1 + \tan^2\alpha =$ ______. $1 + \cot^2\alpha =$ ______.

5. 诱导公式

表 1.2.2 诱导公式

组序	一	二	三	四	五	六
角	$2k\pi + \alpha (k \in \mathbf{Z})$	$\pi + \alpha$	$-\alpha$	$\pi - \alpha$	$\frac{\pi}{2} - \alpha$	$\frac{\pi}{2} + \alpha$
正弦						
余弦						
正切						
余切						
口诀	函数名不变，符号看象限				函数名改变 符号看象限	

6. 两角和与差的三角函数公式

$\sin(\alpha + \beta) =$ ______. $\sin(\alpha - \beta) =$ ______.

$\cos(\alpha + \beta) =$ ______. $\cos(\alpha - \beta) =$ ______.

$\tan(\alpha + \beta) =$ ______. $\tan(\alpha - \beta) =$ ______.

7. 半角公式

$\sin\frac{\alpha}{2}=$____________________. $\cos\frac{\alpha}{2}=$____________________.

$\tan\frac{\alpha}{2}=$______________=___________________=____________________.

8. 降次升倍公式

$\cos^2\alpha=$____________________. $\sin^2\alpha=$____________________.

9. 二倍角公式

$\sin 2\alpha=$____________. $\cos 2\alpha=$__________=___________=______________.

$\tan 2\alpha=$____________.

10. 三角函数的和差化积公式

$\sin\alpha+\sin\beta=$____________. $\sin\alpha-\sin\beta=$____________.

$\cos\alpha+\cos\beta=$____________. $\cos\alpha-\cos\beta=$____________.

11. 三角函数的积化和差公式

$\sin\alpha\cos\beta=$________________________. $\cos\alpha\sin\beta=$________________________.

$\cos\alpha\cos\beta=$________________________. $\sin\alpha\sin\beta=$________________________.

辅助角公式：

$a\sin\omega x+b\cos\omega x=$________________________.

思维运用：

公式，从某种意义上讲，就是一种简单的规则、规律．在生活中，无论人、事、物，都有一定范围内的规律、规则，你能与哪些生活、工作、学习的具体运用联系起来呢？

____

____

____

____

____

____

____

2 函 数

由于高等数学研究的主要对象是函数，虽然在中学阶段，我们学习了函数的概念，但是很有必要重新复习和深入学习. 在此基础上，本书将进一步介绍函数的定义域、表达式、分类及其性质，同时给出初等函数的概念.

初等函数（elementary function）包括代数函数和超越函数. 初等函数是实变量或复变量的指数函数、对数函数、幂函数、三角函数和反三角函数经过有限次有理运算及有限次复合后所构成的函数类. 这是分析学中最常见的函数，在研究函数的一般理论中起重要作用.

2.1 集合及运算

1. 集合的相关概念

具有某种特定性质的事物组成的总体，称为集合. 一般用大写的英文字母 $A,B,C,\cdots$ 表示集合.

例如，$A=\{$全体人类$\},B=\{$所有偶数$\},C=\{$银河系恒星$\},D=\{$游戏角色$\}$.

组成集合的对象，称为该集合的元素. 一般用小写英文字母 $a,b,c,\cdots$ 表示集合的元素.

如果 a 是集合 A 的元素，称 a 属于 A，记作 $a\in A$；如果 a 不是集合 A 的元素，称 a 不属于 A，记作 $a\notin A$.

例如，$4\in\{1,2,3,4,5\}$，$7\notin\{1,2,3,4,5\}$.

只含有有限个元素的集合称为有限集，含有无限个元素的集合称为无限集.

例如：集合 $\{1,2,3,4,5\}$ 只有 5 个元素，是有限集；全体自然数构成的集合是无限集.

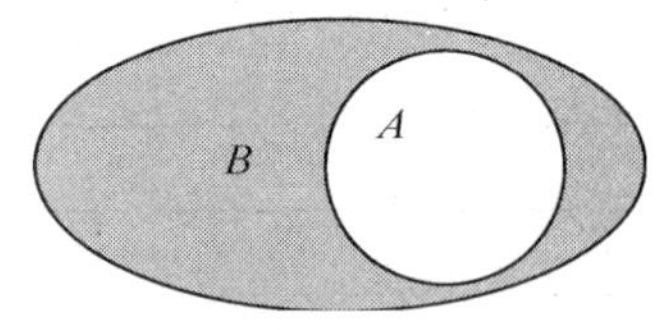

图 2.1.1

设 A,B 是两个集合，若 A 的每个元素都是 B 的元素(见图 2.1.1)，即 $\forall x\in A\rightarrow x\in B$，则称 A 是 B 的子集，记作 $A\subseteq B$(或 $B\supseteq A$)，读作“A 包含于 B”(或“B 包含 A”)；如果 A 是 B 的子集，且 B 中至少有一个元素不属于 A，则称 A 为 B 的真子集，记 $A\subset B$. 若 $A\subseteq B$ 且 $B\supseteq A$，则称 A 与 B 相等，记作 $A=B$.

我们把不包含任何元素的集合，称为空集，记作 $\varnothing$. 对于任何集合 A，规定 $\varnothing\subseteq A$.

我们把自然数的全体组成的集合称为自然数集，记作 $\mathbf{N}$. 即 $\mathbf{N}=\{0,1,2,3,\cdots,n,\cdots\}$. 由整数的全体构成的集合称为整数集，记为 $\mathbf{Z}$，即 $\mathbf{Z}=\{\cdots,-n,\cdots,-2,-1,0,1,2,\cdots,n,\cdots\}$. $\mathbf{Q}$ 表示全体有理数构成的有理数集，即 $\mathbf{Q}=\left\{\dfrac{p}{q}\mid p\in\mathbf{Z},q\in\mathbf{N},\text{且 } p \text{ 与 } q \text{ 互质}\right\}$. $\mathbf{R}$ 表示全体实数构成的实数集，即 $\mathbf{R}=\{x|-\infty<x<+\infty\}$.

由上述可知：$\mathbf{N}\subset\mathbf{Z}\subset\mathbf{Q}\subset\mathbf{R}$.

一般地，如果是正整数集则记为 $\mathbf{Z}^+$，负整数集记为 $\mathbf{Z}^-$，以此类推.

2. 集合的运算

接下来我们来看集合的基本运算.

设 A,B 是两个集合.

由 A 与 B 的公共部分元素构成的集合(见图 2.1.2)，称为 A 与 B 的交集(简称交)，记作 $A\cap B$，即 $A\cap B=\{x\mid x\in A \text{ 且 } x\in B\}$.

由 A 或 B 的所有元素构成的集合(见图 2.1.3)，称为 A 与 B 的并集(简称并)，记作 $A\cup B$，即 $A\cup B=\{x\mid x\in A \text{ 或 } x\in B\}$.

我们把所讨论的对象放在一起，组成某个集合，称为全集，一般记为 U. 若集合 A 是 U 的子集(见图 2.1.4)，则称由在 U 中除去 A 中元素所余下的元素构成的集合，为 A 的补集，记作 $\complement_U A$ 或 A^C，即 $\complement_U A=\left\{x\middle| x\in U, \text{且} x\notin A\right\}$.

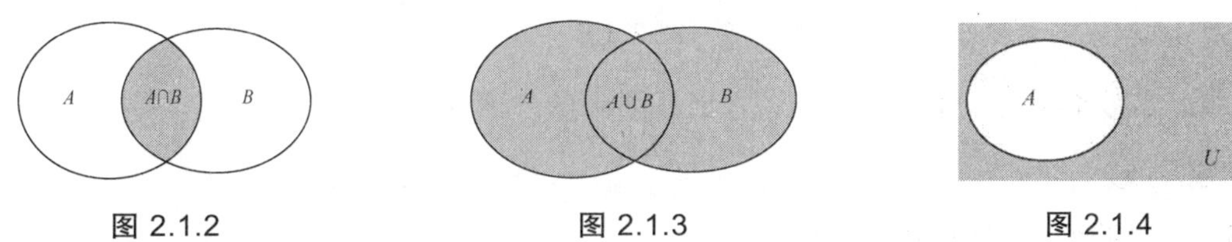

图 2.1.2　图 2.1.3　图 2.1.4

3. 集合的运算律

交换律：$A\cup B=B\cup A$，$A\cap B=B\cap A$.

结合律：$(A\cup B)\cup C=A\cup(B\cup C)$，$(A\cap B)\cap C=A\cap(B\cap C)$.

分配律：$(A\cup B)\cap C=(A\cap C)\cup(B\cap C)$，$(A\cap B)\cup C=(A\cup C)\cap(B\cup C)$.

对偶律：$(A\cup B)^C=A^C\cap B^C$；$(A\cap B)^C=A^C\cup B^C$.

4. 区　间

为了方便表示连续的实数集，我们引入区间的概念.

设 a 和 b 都是确定的实数，且 $a<b$，把 a，b 作为区间的左右端点，则数集 $\{x\mid a<x<b\}=(a,b)$，称为开区间，数轴上表示如图 2.1.5 所示.

数集 $\{x\mid a\leqslant x\leqslant b\}=[a,b]$，称为闭区间，数轴上表示如图 2.1.6 所示.

图 2.1.5　图 2.1.6

数集 $\{x\mid a\leqslant x<b\}=[a,b)$ 称为左闭右开区间，数轴上表示如图 2.1.7 所示.

数集 $\{x\mid a<x\leqslant b\}=(a,b]$ 称为左开右闭区间，数轴上表示如图 2.1.8 所示.

图 2.1.7　图 2.1.8

以上四种区间都称为有限区间，数 $b-a$ 称为这些区间的长度. 从数轴上看，这些区间是长度为有限的线段.

同理，还有无限区间. 我们引进记号 $+\infty$ (读作正无穷大)及 $-\infty$ (读作负无穷大)，用类似于有限区间的记号来表示：

$\{x \mid x \geqslant a\}=[a,+\infty)$，　　$\{x \mid x>a\}=(a,+\infty)$，

$\{x \mid x \leqslant b\}=(-\infty, b]$，　　$\{x \mid x<b\}=(-\infty, b)$.

这些区间在数轴上表示如图 2.19 所示.

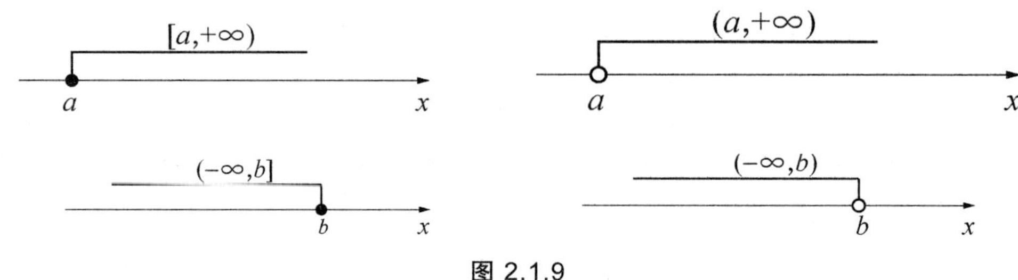

图 2.1.9

由此，实数集 **R** 也记作 $(-\infty,+\infty)$，它也是无限的开区间.

5. 邻　域

邻域也是我们经常用到的概念.

设 a 与 δ 为两个实数，且 $\delta>0$，数集 $\{x \| x-a |<\delta\}$ 称为点 a 的 δ 邻域，记作 $U(a, \delta)$，即 $U(a, \delta)=\{x \| x-a |<\delta\}$，其中 a 称为 $U(a, \delta)$ 的中心，δ 称为 $U(a, \delta)$ 的半径.

由领域的定义，点 a 的 δ 邻域 $U(a, \delta)=\{x \| x-a |<\delta\}$ 在数轴上，就表示与点 a 的距离小于 δ 的点 x 的全体. 所以

$$U(a, \delta)=\{x \mid a-\delta<x<a+\delta\}.$$

因此，$U(a, \delta)$ 也就是开区间 $(a-\delta, a+\delta)$ (见图 2.1.10).

显然，这个开区间以点 a 为中心，长度为 2δ.

如果需要将邻域中心去掉(见图 2.1.11)，我们就得到去心领域. 即点 a 的 δ 邻域去掉中心 a，称为点 a 的去心 δ 邻域，记作 $\mathring{U}(a, \delta)$，即 $\mathring{U}(a, \delta)=\{x \mid 0<| x-a |<\delta\}$. 这里，$0<| x-a |$ 就表示 $x \neq a$.

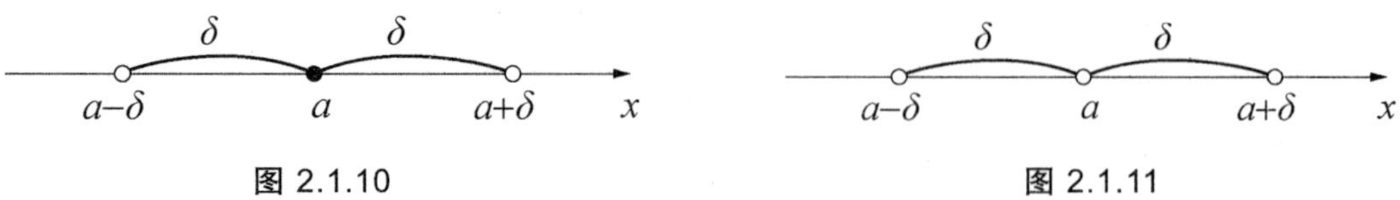

图 2.1.10　　　　图 2.1.11

2.2　函数的概念

在生活、工作中，我们经常遇到很多数量，例如我们出门打车，起步价 2 km 为 10 元，服

务费为 0.5 元/km，车费为 1.5 元/km. 如果设所需付费总额为 y 元，设打车的距离为 x km，那么就可以得到式子：

$$y=10+0.5x+1.5(x-2)=2x+7$$

在这个过程中，可以看到，y 与 x 都是变化的量，起步价、车费、服务费都是常量，而且 y 随着 x 的变化而变化.

在某个变化过程中，我们把保持不变的量，称为常量，一般用 a,b,c 等来表示；可以取不同的数值的量，称为变量，一般用 x,y,z 等来表示.

接下来，我们再看几个变量的例子.

例 2.2.1 半径为 R 的圆的面积为

$$A=\pi R^2$$

这就是两个变量 A 与 R 之间的关系，当半径 R 在区间 $(0,+\infty)$ 内任取一个值时，由上式就可以确定一个圆的面积值 A.

例 2.2.2 一个物体以 v_0 为初速度做匀加速运动，加速度为 a，经过时间间隔 t 后，物体的速度为

$$v=v_0+at$$

这里开始计时，记 $t=0$，此时速度值为 v_0，加速度 a 是常数，时间 t 在区间 $[0,T]$ 内任取一个值时，就可以确定这个时刻 t 物体的速度值 v.

例 2.2.3 在半径为 R 的圆中，作内接正 n 边形，由图 2.2.1 可得正 n 边形的周长 L_n 与边数 n 之间的关系为

$$L_n=2nR\sin\frac{\pi}{n}$$

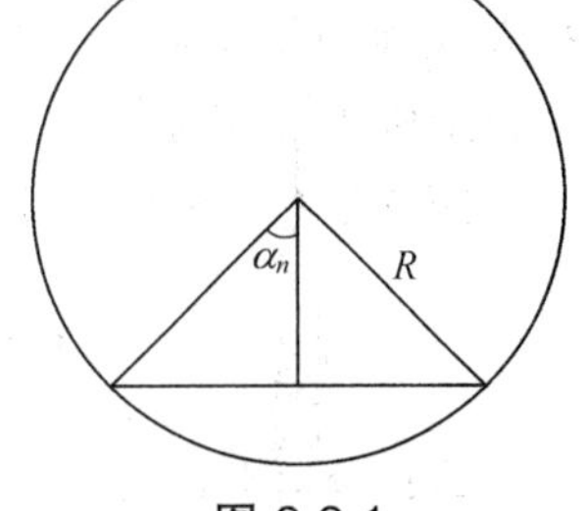

图 2.2.1

图 2.2.1 中 $\alpha_n=\dfrac{\pi}{n}$，当 n 在 3,4,5，…自然数集中任取一个值时，由上式就可得到对应周长的值 L_n.

在以上几个例子中，都给出了一对变量之间的一种关系，这种关系确定了一个对应规则，当其中一个变量在其变化范围内任取一个值时，另一个变量依照对应规则就有一个确定的值与之对应. 这两个变量之间的对应关系就是函数概念的实质.

1. 函数的定义

设 D 是一个非空实数集合，f 为一个对应规则，使每一个 $x\in D$，都有一个确定的实数 y 与之对应，称这个对应规则 f 为定义在 D 上的一个函数关系，或称变量 y 是变量 x 的函数，记作 $y=f(x),x\in D$. 其中，x 称为自变量，y 称为因变量，集合 D 称为函数的定义域，可记为 $D(f)$.

对于 $x_0\in D$，所对应的 y 的值记为 y_0 或 $f(x_0)$，称为函数 $y=f(x)$ 在 x_0 处的函数值. 当 x 取遍 D 的一切值时，对应的所有函数值构成的集合

$$W=\{y\mid y=f(x),x\in D\}$$

称为函数的值域.

函数 $y=f(x)$ 中表示对应规则的记号 f 也常用其他字母，如 g,h,φ 或 F,G,Φ 等等.

在实际问题中，函数的定义域是由问题的实际意义确定的，在例 1 中定义域为 $(0,+\infty)$，在例 2.2.2 中定义域为 $[0,T]$，在例 2.2.3 中定义域为大于等于 3 的自然数集 $\{n|n\in\mathbf{N},n\geqslant 3\}$.

在数学中，对于抽象的函数表达式，我们约定：函数的定义域就是使函数表达式有意义的自变量的取值范围.

例 2.2.4　函数 $y=\sqrt{1-x^2}$ 的定义域为 $[-1,1]$.

例 2.2.5　函数 $y=\log_2(5x-4)$ 的定义域应满足 $5x-4>0$，故定义域为 $\left(\dfrac{4}{5},+\infty\right)$.

例 2.2.6　函数 $y=\dfrac{1}{\sqrt{x^2-x-2}}$ 的定义域应满足 $x^2-x-2>0$，即 $(x-2)(x+1)>0$，故定义域为 $(-\infty,-1)\cup(2,+\infty)$.

注：常见的定义域约束条件：

a. 分母不能为零；

b. 偶次根式的被开方数大于等于零；

c. 对数函数的真数大于零；

d. 分段函数的定义域为各段函数定义域的并集；

e. 若函数式是上述的混合式，则应取各部分定义域的交集.

2. 函数的三要素

在函数关系中，定义域、对应规则和值域是确定函数关系的三个要素，如果两个函数的对应规则和定义域、值域相同，则认为这两个函数是相同的，至于自变量和因变量用什么字母表示则无关紧要.

例 2.2.7　下列各对函数是否相同？

（1）$f(x)=x+1$，$g(x)=\dfrac{x^2-1}{x-1}$；（2）$f(x)=|x|$，$g(x)=\sqrt{x^2}$.

解：（1）不相同. $f(x)=x+1$ 的定义域为 $(-\infty,+\infty)$，$g(x)=\dfrac{x^2-1}{x-1}$ 的定义域为 $(-\infty,1)\cup(1,+\infty)$，因此 $f(x)$ 和 $g(x)$ 的定义域不相同，故不是相同的函数.

（2）相同. 因 $f(x)$ 和 $g(x)$ 的定义域相同，均为 $(-\infty,+\infty)$，而且对应规则、值域也相同，所以是相同的函数.

3. 函数的图形

设函数 $y=f(x)$ 的定义域为 D，对于任取的 $x\in D$，对应的函数值为 $y=f(x)$. 在平面直角坐标系中，取自变量 x 在横轴上变化，因变量 y 在纵轴上变化，则平面点集

$$C=\{(x,y)\,|\,y=f(x),x\in D\}$$

称为函数 $y=f(x)$ 的图形.

例 2.2.8　函数 $y=2x$ 的图形是一条直线，如图 2.2.2 所示.

例 2.2.9　函数 $y=|x|$ 的图形如图 2.2.3 所示. 这里当 $x\geqslant 0$ 时，$y=x$；当 $x<0$ 时，$y=-x$.

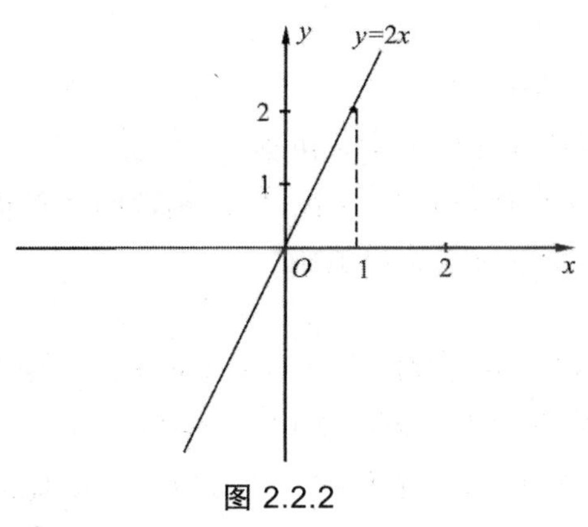

图 2.2.2

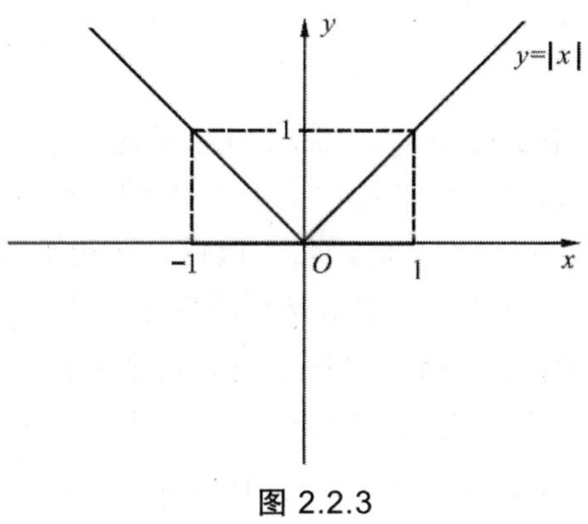

图 2.2.3

例 2.2.10 符号函数

$$y=\operatorname{sgn} x=\begin{cases}-1, & x<0\\ 0, & x=0\\ 1, & x>0\end{cases}$$

定义域为 $(-\infty,+\infty)$，而值域为 $\{-1,0,1\}$，并且 $|x|=x\operatorname{sgn} x$，图形如图 2.2.4 所示.

例 2.2.11 取整函数 $y=[x]$，表示 y 取不超过 x 的最大整数. 如

$$\left[\frac{1}{3}\right]=0,[\sqrt{2}]=1,[\pi]=3,[-1]=-1,[-3.5]=-4$$

其定义域为 $(-\infty,+\infty)$，值域为整数集合 $\mathbf{Z}$，图形如图 2.2.5 所示.

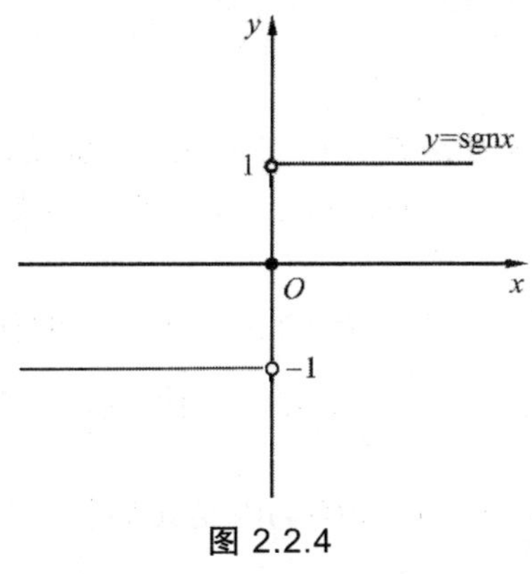

图 2.2.4

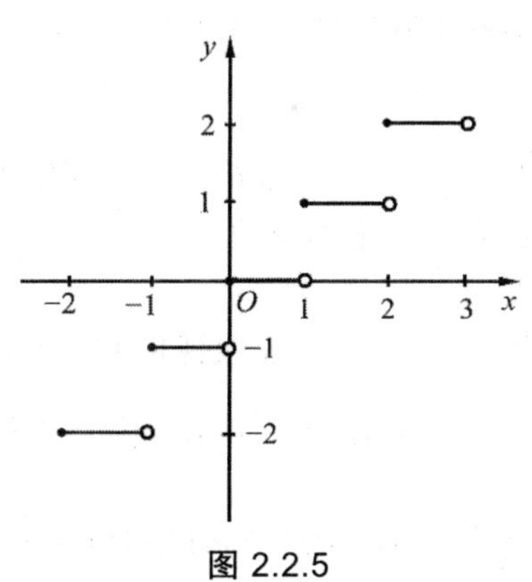

图 2.2.5

例 2.2.12 函数

$$y=f(x)=\begin{cases}\sqrt{1-x^2}, & |x|<1\\ x^2-1, & 1<|x|<2\end{cases}$$

定义域 D 为 $[-2,-1)\cup(-1,1)\cup(1,2]$，值域 W 为 $(0,3]$，图形如图 2.2.6 所示.

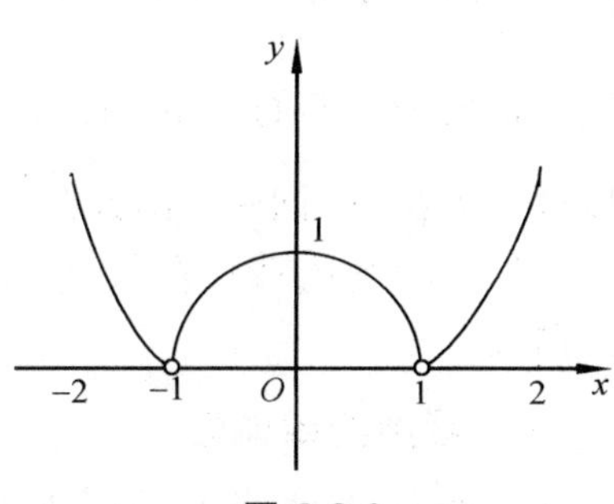

图 2.2.6

当然，并非所有函数都可以用几何图形表示出来.

例 2.2.13 狄利克雷（Dirichlet）函数

$$D(x)=\begin{cases}1, & x\text{为有理数}\\ 0, & x\text{为无理数}\end{cases}$$

显然定义域为 $(-\infty,+\infty)$，值域为 $\{0,1\}$，这个函数不能用几何图形表示出来.

如果自变量在定义域内任取一个值时，对应的函数值总只有一个，这种函数叫作单值函数，否则叫作多值函数. 以后凡是没有特别说明时，函数都是指单值函数.

下面举一个多值函数的例子.

例 2.2.14 在直角坐标系中，半径为 R 的圆心在原点的圆的方程是 $x^2+y^2=R^2$，这个方程在闭区间 $[-R,R]$ 上确定一个以 x 为自变量、y 为因变量的函数. 当 x 取 $-R$ 或 R 时，对应的函数值只有一个 $y=0$，但当 $y=-\sqrt{R^2-x^2}$ 在开区间 $(-R,R)$ 内取值时，其对应的函数值总有两个为 $y=\pm\sqrt{R^2-x^2}$，所以由方程 $x^2+y^2=R^2$ 确定了一个多值函数. 如果附加一定的条件，就可以将多值函数化为单值函数，这样得到的单值函数称为是这个多值函数的一个单值分支. 例如，由方程 $x^2+y^2=R^2$ 给出的对应规则中，附加“$y\geqslant 0$”的条件，就可以得到一个单值分支 $y=\sqrt{R^2-x^2}$；附加“$y\leqslant 0$”的条件，就可以得到另一个单值分支 $y=-\sqrt{R^2-x^2}$.

2.3 函数的几种特性

1. 函数的有界性

设函数 $f(x)$ 的定义域为 D，数集 $X\subset D$，如果存在一个常数 $M>0$，使得对于一切 $x\in X$，其对应的函数值都满足不等式

$$|f(x)|\leqslant M$$

就称函数 $f(x)$ 在 X 上有界. 如果不存在这样的 M，就称函数 $f(x)$ 在 X 上无界. 也就是说，对任何正数 M，无论 M 的值有多大，总可以找到 X 中的点 x_1，使 $|f(x_1)|>M$，那么函数 $f(x)$ 在 X 上无界.

函数 $y=\sin x$ 无论 x 取任何实数，总有 $|\sin x|\leqslant 1$ 成立，这里 $M=1$ 或为大于 1 的任何常数均可，所以 $y=\sin x$ 在 $(-\infty,+\infty)$ 内是有界的. 又如函数 $f(x)=\dfrac{1}{x}$ 在半开区间 $[1,+\infty)$ 上是有界的，因为对一切 $x\in[1,+\infty)$，总有 $|f(x)|=\left|\dfrac{1}{x}\right|\leqslant 1$. 但 $f(x)=\dfrac{1}{x}$ 在开区间 $(0,1)$ 内是无界的，因为不存在这样的常数 M，使得对所有 $x\in(0,1)$，有不等式 $|f(x)|=\left|\dfrac{1}{x}\right|\leqslant M$ 成立. 事实上，对于任意取定的正数 M，不妨设 $M>1$，则 $\dfrac{1}{2M}\in(0,1)$，当取 $x_1=\dfrac{1}{2M}$ 时，$|f(x)|=\left|\dfrac{1}{x}\right|=2M>M$. 因此，可以进一步看到，同一个函数在不同的区间上有界性可能不同.

当一个函数是有界函数时，它的图形是介于两条水平直线 $y=M$ 及 $y=-M(M>0)$ 之间的曲线.

2. 函数的单调性

设函数 $f(x)$ 的定义域为 D，区间 $I\subset D$，若对任意两点 $x_1, x_2\in I$，当 $x_1<x_2$ 时，有

$f(x_1)<f(x_2)$ 成立，则称函数 $f(x)$ 在区间 I 上是单调增加的；而当 $x_1<x_2$ 时，有 $f(x_1)>f(x_2)$ 成立，则称函数 $f(x)$ 在区间 I 上是单调减少的.

单调增加和单调减少的函数统称为单调函数．当函数单调增加时，它的图形是随 x 的增加而上升的曲线；而函数单调减少时，它的图形是随着 x 的增大而下降的曲线.

例如，函数 $y=x^2$ 在区间 $[0,+\infty)$ 上单调增加，在区间 $(-\infty,0]$ 上是单调减少的，所以在区间 $(-\infty,+\infty)$ 内，函数 $y=x^2$ 不是单调函数，如图 2.3.1 所示．又例如，函数 $y=x^3$ 在 $(-\infty,+\infty)$ 内是单调增加的函数，如图 2.3.2 所示.

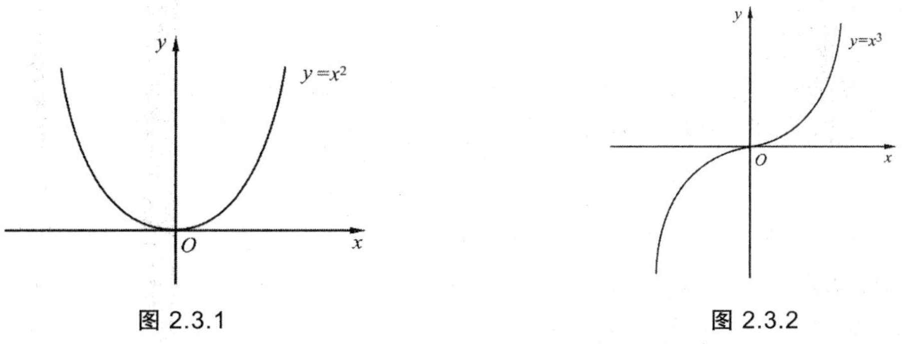

图 2.3.1　　图 2.3.2

3. 函数的奇偶性

设函数 $f(x)$ 的定义域 D 关于原点对称，如果对于任一个 $x\in D$，总有 $f(-x)=f(x)$，则称 $f(x)$ 为偶函数；如果对于任一个 $x\in D$，总有 $f(-x)=-f(x)$，则称 $f(x)$ 为奇函数.

偶函数的图形关于 y 轴是对称的，因为若 $f(x)$ 是偶函数，则 $f(-x)=f(x)$，那么对应于 x 及 $-x$ 的两个点 $A(x,f(x))$ 及 $A'(-x,f(x))$ 都在函数的图形上，并关于 y 轴对称，如图 2.3.3（a）所示.

奇函数的图形关于原点是对称的，因为若 $f(x)$ 是奇函数，则 $f(-x)=-f(x)$，那么对应于 x 及 $-x$ 的两个点 $A(x,f(x))$ 及 $A'(-x,-f(x))$ 都在函数的图形上，并关于原点对称，如图 2.3.3（b）所示.

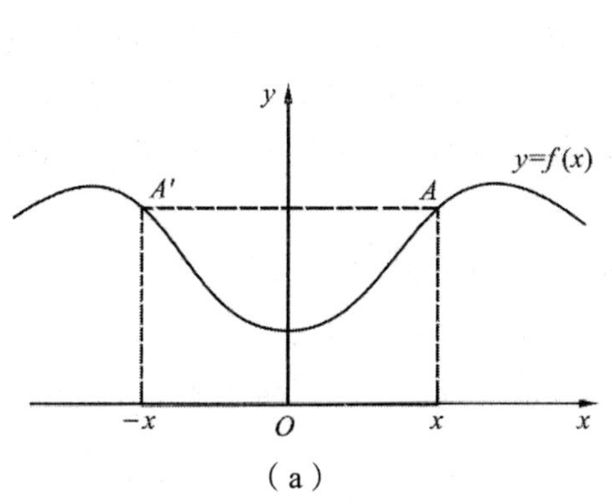

（a）

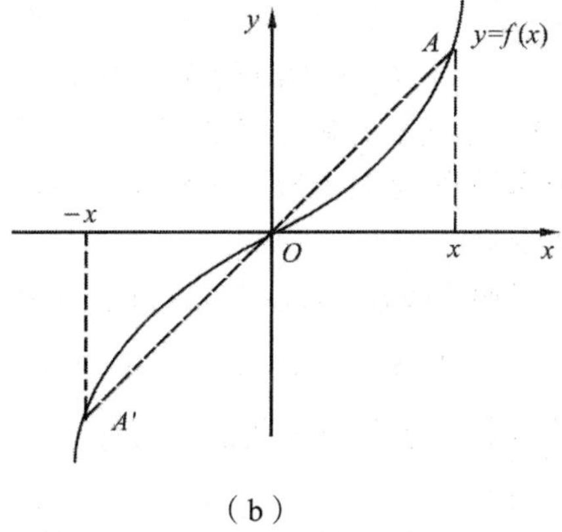

（b）

图 2.3.3

函数 $y=x^2+1$，$y=\cos x$，$y=\dfrac{1}{\sqrt[3]{x^2}}$，$y=\dfrac{e^x+e^{-x}}{2}$ 等皆为偶函数；而函数 $y=\sqrt[3]{x}$，$y=x^2\sin x$，

$y=\dfrac{x}{1+x^2}$，$y=\dfrac{e^x-e^{-x}}{2}$ 等皆为奇函数；函数 $y=\sin x+\cos x$ 及 $y=x+x^2$ 既非奇函数，也非偶函数.

4. 函数的周期性

设函数 $f(x)$ 的定义域为 D，如果存在一个正数 l，使得对于任一 $x\in D$，有 $(x\pm l)\in D$，且 $f(x+l)=f(x)$ 成立，则称 $f(x)$ 为周期函数，l 称为 $f(x)$ 的一个周期. 通常，我们所说的周期函数的周期是指最小正周期.

例如，函数 $y=\sin x$，$y=\cos x$ 都是以 2π 为周期的周期函数；函数 $y=\sin\omega t$ 是以 $\dfrac{2\pi}{\omega}$ 为周期的函数.

一个周期为 l 的周期函数，在每个长度为 l 的区间上函数图形有相同的形状.

并不是每个周期函数都有最小正周期，狄利克雷函数就属于这种情形：

$$D(x)=\begin{cases}1, & \text{当}x\text{为有理数}\\ 0, & \text{当}x\text{为无理数}\end{cases}$$

若 x 为有理数，对任一有理数 γ，$x+\gamma$ 也是有理数，因而 $D(x+\gamma)=D(x)=1$；若 x 为无理数，对上述有理数 γ，$x+\gamma$ 也是无理数，所以 $D(x+\gamma)=D(x)=0$. 这样，任何有理数 γ 均是 $D(x)$ 的周期，但在有理数集中没有最小的正有理数，也就是说，函数 $D(x)$ 没有最小正周期.

2.4 复合函数和反函数

1. 复合函数

先看一个例子. 设 $y=\sqrt{u}$，而 $u=1-x^2$，以 $1-x^2$ 代替第一式中的 u，得 $y=\sqrt{1-x^2}$，这时函数 $y=\sqrt{1-x^2}$ 就是由 $y=\sqrt{u}$ 及 $u=1-x^2$ 复合而成的复合函数.

一般地，若函数 $y=f(u)$ 的定义域为 D_1，函数 $u=\varphi(x)$ 的定义域为 D_2，值域为 W_2，并且 $W_2\subset D_1$，那么对每个 $x\in D_2$，有确定函数值 $u\in W_2$ 与之对应，由于 $W_2\subset D_1$，因此这个值 u 也属于函数 $y=f(u)$ 的定义域 D_1，故又有确定的值 y 与值 u 对应. 这样，对每个数值 $x\in D_2$，通过 u 有确定的数值 y 与之对应，从而得到一个以 x 为自变量，y 为因变量的函数，这个函数称为由函数 $y=f(u)$ 及 $u=\varphi(x)$ 复合而成的复合函数，记作 $y=f[\varphi(x)]$，而 u 称为中间变量.

例如，函数 $y=\sin^2 x$ 就可看作由 $y=u^2$ 及 $u=\sin x$ 复合而成的，这个函数的定义域为 $(-\infty,+\infty)$，这也正是函数 $u=\sin x$ 的定义域；又例如，$y=\sqrt{x^2}$ 可看作由 $y=\sqrt{u}$ 及 $u=x^2$ 复合而成的函数，这个函数实际就是 $y=|x|$，这时 $y=\sqrt{x^2}$ 的定义域与 $u=x^2$ 的定义域相同，都是 $(-\infty,+\infty)$.

必须注意，不是任何两个函数都可以复合成一个复合函数的. 例如 $y=\arcsin u$ 及 $u=2+x^2$，因为对于 $u=2+x^2$，无论 x 取什么实数，总有 $u\geqslant 2$，因而不能使 $y=\arcsin u$ 有意义，所以这两个函数不能复合成一个复合函数. 而在前面已经见到的函数 $y=\sqrt{1-x^2}$，复合前的函数

$u=1-x^2$ 的定义域为 $(-\infty,+\infty)$，值域 W_2 为 $(-\infty,1]$，这显然不完全符合函数 $y=\sqrt{u}$ 的定义域 D_1 的要求，也就是说，定义中的条件 $W_2 \subset D_1$ 不成立．但由于 $W_2 \cap D_1 \neq \varnothing$，所以适当限制 x 的取值范围后，函数 $y=\sqrt{u}$ 与 $u=1-x^2$ 就能复合成一个复合函数 $y=\sqrt{1-x^2}$，即在 $u=1-x^2$ 中，x 的取值范围必须限制为$[-1,1]$.

复合函数也可由两个以上的函数经过复合构成．例如，$y=\ln\sqrt{2+x^2}$，就是由 $y=\ln u$，$u=\sqrt{v}$ 和 $v=2+x^2$ 三个函数复合而成的，其中 u 和 v 都是中间变量.

2. 反函数

在同一个变化过程中存在着函数关系的两个变量之间，究竟哪一个是自变量，哪一个是因变量，并不是绝对的，这要视问题的具体要求而定．例如，在某商品销售工作中，已知其价格为 a，若想从商品的销量 x 来确定销售总收入 y，那么 x 是自变量，y 是因变量，其函数关系为 $y=ax$；反过来，如果想由商品销售总收入 y 确定其销量 x，则又有 $x=\dfrac{y}{a}$．我们称后一函数是前一函数的反函数，或者说它们互为反函数.

一般设 $y=f(x)$ 为给定的一个函数，如果对其值域 W 中的任一值 y，都可以通过关系 $y=f(x)$ 在其定义域 D 中确定一个 x 值与之对应，则可得到一个定义在 W 上的以 y 作为自变量、x 作为因变量的函数，这个函数称为 $y=f(x)$ 的反函数，记作 $x=f^{-1}(y)$，其定义域为 W，值域为 D．相对于反函数 $x=f^{-1}(y)$ 来说，原来的函数 $y=f(x)$ 称为直接函数.

由定义可以证明，若函数 $y=f(x)$ 是单值单调的函数，那么就能保证其反函数 $x=f^{-1}(y)$ 是单值单调的函数．这是因为，若 $y=f(x)$ 是单调函数，则任取其定义域 D 上两个不同的值 $x_1 \neq x_2$ 时，必有 $f(x_1)\neq f(x_2)$，所以在其值域 W 上任取一个数值 y_0 时，D 上不可能有两个不同的数值 x_1 及 x_2 使 $f(x_1)=f(x_2)=y_0$，但若 $y=f(x)$ 仅为单值函数，则其反函数 $x=f^{-1}(y)$ 就不一定为单值的．例如，函数 $y=x^2$ 的定义域为 $(-\infty,+\infty)$，值域为 $[0,+\infty)$，在 $[0,+\infty)$ 上任取一值 y，只要 $y\neq 0$，则适合关系 $x^2=y$ 的数值 x 就有两个，即 $x=\sqrt{y}$ 或 $x=-\sqrt{y}$，所以 $y=x^2$ 的反函数是多值函数．又因为 $y=x^2$ 在区间 $[0,+\infty)$ 上是单调增加的，所以，如果把 x 限制在 $[0,+\infty)$ 上，则 $y=x^2$ 的反函数是单值且单调增加函数 $x=\sqrt{y}$，它称为函数 $y=x^2$ 的反函数的一个单值分支．类似可知另一个分支是 $x=-\sqrt{y}$.

要注意的是，$y=f(x)$ 和 $x=f^{-1}(y)$ 表示变量 x 和 y 之间的同一关系，因而它们的图形显然应是同一曲线．而函数的实质是对应关系，只要对应关系不变，自变量和因变量用什么字母是无关紧要的．在 $x=f^{-1}(y)$ 与 $y=f^{-1}(x)$ 中，表示对应关系的符号 f^{-1} 没有改变，这就表示它们是同一函数，因此如果函数 $y=f(x)$ 的反函数是 $x=f^{-1}(y)$，那么 $y=f^{-1}(x)$ 也是 $y=f(x)$ 的反函数，这时，$x=f^{-1}(y)$ 与 $y=f^{-1}(x)$ 的图形关系也就相当于把 x 轴和 y 轴互换，或者说把 $x=f^{-1}(y)$ 的曲线以直线 $y=x$ 为对称轴翻转 180°，所得到的曲线就是 $y=f^{-1}(x)$ 的图形，它与曲线 $y=f(x)$ 关于直线 $y=x$ 是对称的，如图 2.4.1 所示.

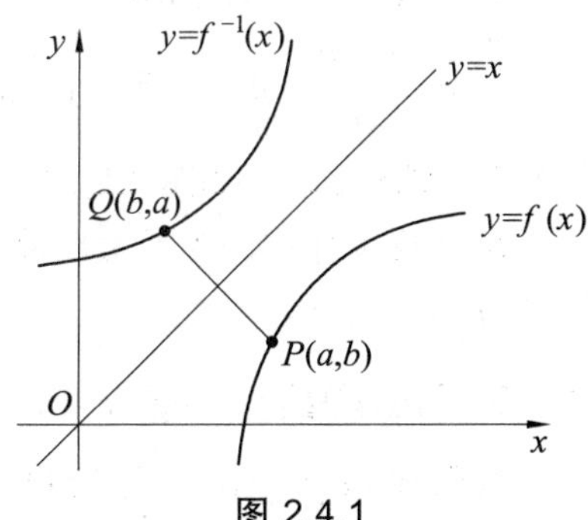

图 2.4.1

2.5　基本初等函数

基本初等函数是指下列五类函数：

（1）幂函数 $y=x^{\alpha}$（α 为常数).

（2）指数函数 $y=a^{x}$（$a>0, a\neq 1$).

（3）对数函数 $y=\log_{a} x$（$a>0, a\neq 1$).

（4）三角函数 $y=\sin x, y=\cos x, y=\tan x, y=\cot x, y=\sec x, y=\csc x$.

（5）反三角函数 $y=\arcsin x, y=\arccos x, y=\arctan x, y=\operatorname{arccot} x$.

1. 幂函数 $y=x^{\alpha}$（α 为常数）

幂函数的定义域要看 α 的取值而定，例如当 $\alpha=2$ 时，$y=x^{2}$ 的定义域为 $(-\infty,+\infty)$；而当 $\alpha=\dfrac{1}{2}$ 时，$y=x^{\frac{1}{2}}$ 即 $y=\sqrt{x}$ 的定义域为 $[0,+\infty)$；又当 $\alpha=-\dfrac{1}{2}$ 时，$y=x^{-\frac{1}{2}}$ 即 $y=\dfrac{1}{\sqrt{x}}$ 的定义域为 $(0,+\infty)$． 但不论 α 取什么值，幂函数 $y=x^{\alpha}$ 在 $(0,+\infty)$ 内总有意义.

常见幂函数 $y=x^{2}, y=x^{2/3}, y=x^{3}, y=\sqrt[3]{x}$ 及 $y=\dfrac{1}{x}$ 的图形如图 2.5.1（a）、（b）、（c）所示.

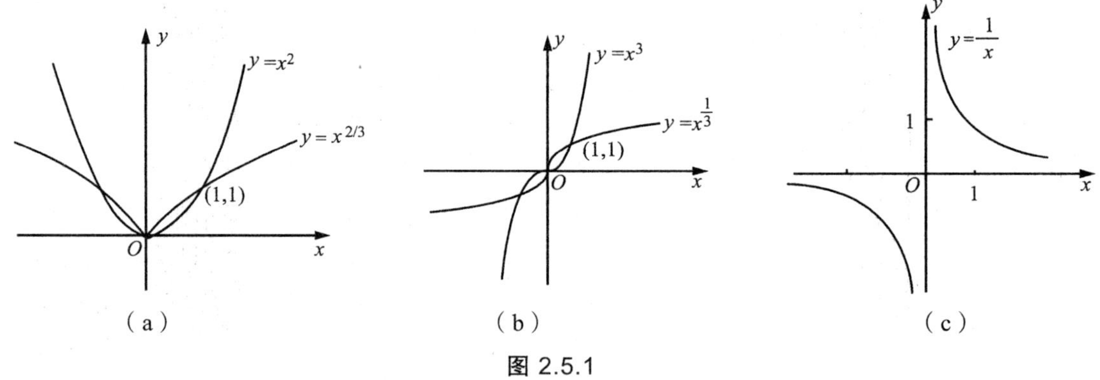

图 2.5.1

2. 指数函数 $y=a^{x}$（$a>0, a\neq 1$）

定义域为 $(-\infty,+\infty)$，值域为 $(0,+\infty)$，不论 a 取何值，总有 $a^{0}=1$，所以函数曲线总在 x 轴上方且经过点(0,1).

当 $a>1$ 时，a^{x} 单调增加；当 $0<a<1$ 时，a^{x} 单调减少.

由 $y=\left(\dfrac{1}{a}\right)^{x}=a^{-x}$，所以 $y=a^{x}$ 的图形与 $y=\left(\dfrac{1}{a}\right)^{x}$ 的图形是关于 y 轴对称的，如图 2.5.2 所示.

在科技工作中，常用无理数 e = 2.718 281 8…为底的指数函数 $y=\mathrm{e}^{x}$.

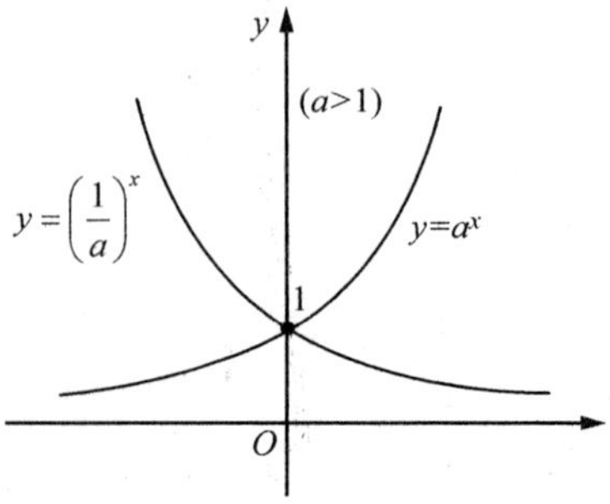

图 2.5.2

3. 对数函数 $y=\log_{a} x$（$a>0, a\neq 1$）

对数函数 $y=\log_{a} x$ 是指数函数 $y=a^{x}$ 的反函数，其定义域为 $(0,+\infty)$，值域为 $(-\infty,+\infty)$，

所以 $y=\log_a x$ 的图形总在 y 轴的右方且经过点（1,0）. 对数函数的图形可以从它所对应的指数函数的图形按反函数作图的一般规则作出，关于直线 $y=x$ 作对称于曲线 $y=a^x$ 的图形就可得到函数 $y=\log_a x$ 的图形，如图 2.5.3 所示.

当 $a>1$ 时，$\log_a x$ 单调增加; 当 $0<a<1$ 时，$\log_a x$ 单调减少.

在工程问题中常常使用以常数 e 为底的对数函数 $y=\log_e x$，叫作自然对数函数，简记为 $y=\ln x$.

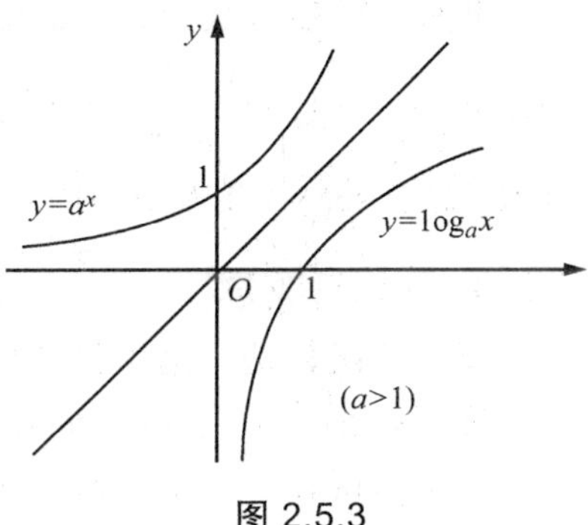

图 2.5.3

4. 三角函数

常用三角函数有 $y=\sin x$，$y=\cos x$，$y=\tan x$，$y=\cot x$.

正弦函数 $y=\sin x$ 与余弦函数 $y=\cos x$ 的定义域均为 $(-\infty,+\infty)$，均以 2π 为周期，值域都是闭区间 $[-1,1]$，所以它们都是有界函数. 正弦函数是奇函数，余弦函数是偶函数，如图 2.5.4 及图 2.5.5 所示.

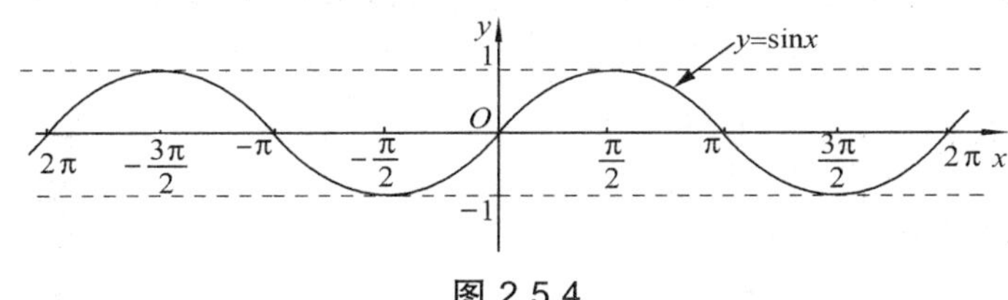

图 2.5.4

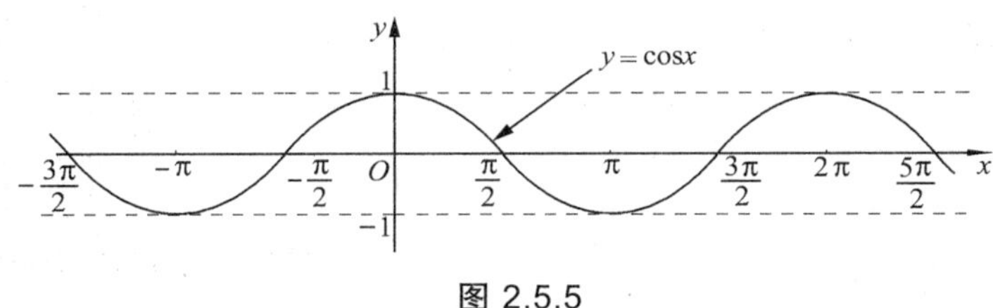

图 2.5.5

正切函数 $y=\tan x$ 的定义域为 $\left\{x \middle| x\in\mathbf{R}, x\neq(2n+1)\dfrac{\pi}{2}, n\in\mathbf{Z}\right\}$，值域为 $(-\infty,+\infty)$，周期为 π 且为奇函数，如图 2.5.6 所示.

余切函数 $y=\cot x$ 的定义域为 $\{x\mid x\in\mathbf{R}, x\neq n\pi, n\in\mathbf{Z}\}$，值域为 $(-\infty,+\infty)$，周期为 π 且为奇函数，如图 2.5.7 所示.

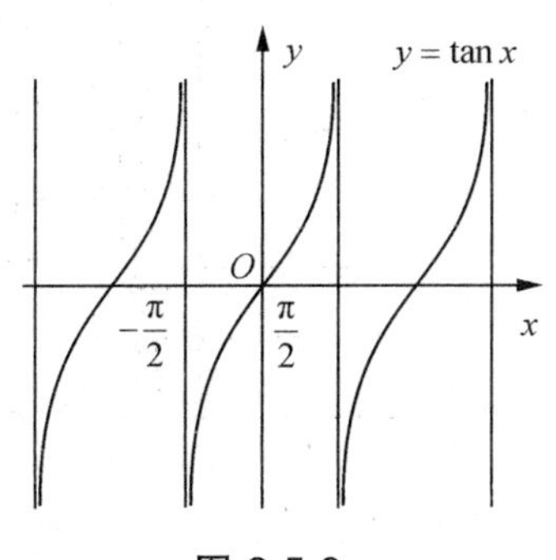

图 2.5.6

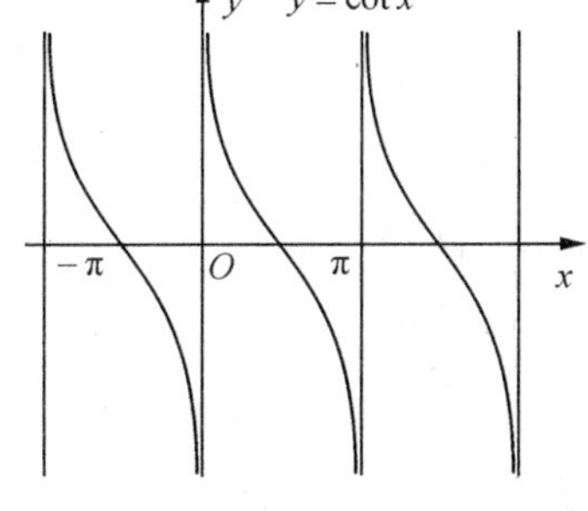

图 2.5.7

此外，正割函数 $y=\sec x$ 及余割函数 $y=\csc x$ 分别为余弦函数和正弦函数的倒函数，即 $\sec x=\dfrac{1}{\cos x}$，$\csc x=\dfrac{1}{\sin x}$．所以它们都是以 2π 为周期的函数，并且在开区间 $\left(0,\dfrac{\pi}{2}\right)$ 内都是无界函数，总有 $\sec x\geqslant 1$ 及 $\csc x\geqslant 1$.

5. 反三角函数

反三角函数是三角函数的反函数，常用的反三角函数有

反正弦函数　　$y=\arcsin x$；

反余弦函数　　$y=\arccos x$；

反正切函数　　$y=\arctan x$；

反余切函数　　$y=\operatorname{arccot} x$.

以上函数的图形如图 2.5.8 所示．反三角函数的图形分别与其对应的三角函数的图形对称于直线 $y=x$．由于三角函数是周期函数，对于值域内的每个值 y，定义域总有无穷多个值 x 与之对应，所以反三角函数都是多值函数，我们可以取这些函数的一个单值分支，称为主值，记作

$y=\arcsin x$, $x\in[-1,1]$，$y\in\left[-\dfrac{\pi}{2},\dfrac{\pi}{2}\right]$；

$y=\arccos x$, $x\in[-1,1]$，$y\in[0,\pi]$；

$y=\arctan x$, $x\in\mathbf{R}$，$y\in\left(-\dfrac{\pi}{2},\dfrac{\pi}{2}\right)$；

$y=\operatorname{arccot} x$, $x\in\mathbf{R}$，$y\in(0,\pi)$.

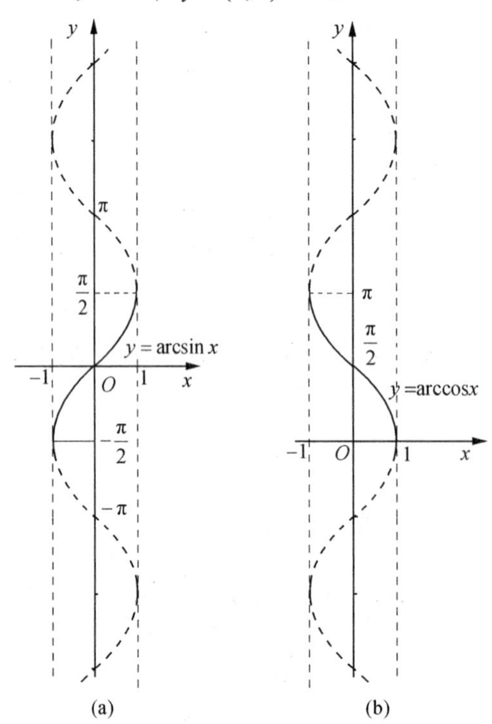

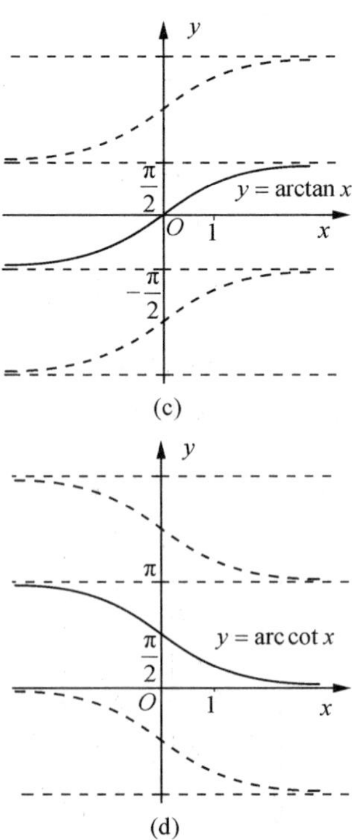

图 2.5.8

在图 2.5.8 各图中实线部分即为主值的图形.

这样单值函数 $y=\arcsin x$ 及 $y=\arccos x$ 的定义域都是闭区间 $[-1,1]$, 值域分别是闭区间 $\left[-\frac{\pi}{2},\frac{\pi}{2}\right]$ 及 $[0,\pi]$. 在 $[-1,1]$ 上, $y=\arcsin x$ 是单调增加的, $y=\arccos x$ 是单调减少的.

$y=\arctan x$ 及 $y=\operatorname{arc}\cot x$ 的定义域都是区间 $(-\infty,+\infty)$, 值域分别是开区间 $\left(-\frac{\pi}{2},\frac{\pi}{2}\right)$ 及 $(0,\pi)$. 在 $(-\infty,+\infty)$ 内, $y=\arctan x$ 是单调增加的, $y=\operatorname{arc}\cot x$ 是单调减少的.

最后我们给出初等函数的定义: 由以上五种基本初等函数和常数经过有限次四则运算和有限次的函数复合而构成的可以用一个式子表示的函数称为初等函数.

例如, $y=\sqrt{1-x^2}$, $y=\sin^2 x$, $y=\sqrt{\cot\frac{x}{2}}$ 都是初等函数, 而诸如

$$f(x)=\begin{cases}x^2, & x>0\\ \sin x, & x\leqslant 0\end{cases}$$

这种分段函数往往不是初等函数.

2.6 初等函数

由基本初等函数和常函数经过有限次的四则运算及有限次的函数复合, 所产生并且能用一个解析式表示的函数称为初等函数.

例如, 函数 $y=\sqrt{x^2-1}$, $y=2\cos\left(x+\frac{\pi}{3}\right)$ 等都是初等函数.

习 题

基础练习

1. 给定集合 A,B, 分别求 $A\cup B, A\cap B$.

(1) $A=\{-1,0,1,2,3,4,5\}, B=\{0,2,4,5,9\}$; (2) $A=\{x\,|\,-3<x<3, x\in\mathbf{Z}\}, B=\mathbf{N}$;

(3) $A=\{x\,|\,-5<x<5\}, B=\{x\,|\,x>0\}$; (4) $A=\left\{x\,|\,x^2+x-6<0\right\}, B=\left\{x\,|\,x^2+2x+3<0\right\}$.

2. 用区间表示适合下列不等式的变量 x 的变化范围:

(1) $0<x\leqslant 6$; (2) $|x|\geqslant 2$;

(3) $|x-2|<3$; (4) $1<|x-2|\leqslant 5$.

3. 下列各对函数中, 两个函数是否相等, 为什么?

(1) $y=\ln x^4$ 与 $y=4\ln x$; (2) $y=\sin^2 x+\cos^2 x$ 与 $y=1$;

(3) $y=\sqrt{1-\sin^2 x}$ 与 $y=\cos x$; (4) $y=\sqrt{x(x-1)}$ 与 $y=\sqrt{x}\sqrt{(x-1)}$.

4. 设 $f(x)=\begin{cases}\cos x, -3<x<0,\\ x^2, 0\leqslant x<2,\end{cases}$ 求 $f\left(\frac{\pi}{2}\right), f\left(-\frac{\pi}{4}\right)$.

5. 写出三角基本恒等式:平方关系:______________________

商数关系:______________________

倒数关系:______________________

三角函数的倍角公式：______________________

6. 画出下列基本初等函数的图像.

（1）画出函数 x^2, x^3、$\frac{1}{x}$、2^x、$\sqrt{x}$、$\sin x$、$\cos x$、$\tan x$、$\cot x$ 的基本图像.

（2）画出函数 $\arcsin x$、$\arccos x$、$\arctan x$、$\operatorname{arc}\cot x$、a^x、$\log_a x$ 的基本图像.

7. 求下列函数的定义域.

（1）$y=\frac{x}{\sqrt{x^2-x-6}}$；（2）$y=\sqrt{2x}+\arccos\frac{x-1}{2}$；

（3）$y=\sqrt{x-1}+\sqrt[3]{\frac{1}{x-3}}$；（4）$y=\ln\frac{1}{2-x}+\sqrt{x+1}$；

（5）$y=\frac{1}{\ln(4-x^2)}+\arcsin\frac{x-2}{3}$；（6）$y=\tan\left(2x-\frac{\pi}{3}\right)$.

8. 把下列复合函数分解成简单函数.

（1）$y=e^{\sqrt{x^2-1}}$；（2）$y=f[\sin^2(2x+1)]$.

提高练习

9. 设 $f(x)=\begin{cases}2^{-x}-1, & x\leqslant 0,\\ \sqrt{x}, & x>0,\end{cases}$ 若 $f(x_0)>1$，求 x_0 的取值范围.

10. 求下列函数的定义域：

（1）$y=f(2x^2-1)$，其中 $f(x)$ 的定义域是 $[1,2]$；

（2）若 $f(x)$ 的定义域是 $(0,1)$，求 $f(\ln x)$ 的定义域;

（3）$f(x)$ 的定义域是 $[0,1)$，求 $y=f(\sin x)$ 的定义域.

11. $\varphi(x)=\begin{cases}1, & |x|\leqslant 1,\\ x, & |x|>1,\end{cases}$ $f(x)=\sin x$，$x\in(-\infty,+\infty)$，求 $\varphi[f(x)]$.

12. 讨论函数 $f(x)=x\frac{a^x-1}{a^x+1}(a>0,a\neq 1)$ 的奇偶性.

13. 设 $f(x)=\frac{1}{1-x}(x\neq 0,x\neq 1)$，求 $f[f(x)]$ 和 $f\{f[f(x)]\}$.

14. 设 $f(x)=x^2+4x,\varphi(t)=\lg(t-5)$，求 $f[\varphi(t)]$，$\varphi[f(x)]$ 及其定义域.

15. 设 $f(3x+1)=3x^2+2x-4$，求 $f(x)$.

16. 设 $f\left(\frac{1}{x}\right)=\frac{1}{2x}+\frac{x^2}{3x^2+2x+1}(x\neq 0)$，求 $f(x)$.

17. 画出函数 $f(x)=|x^2-4x+3|$ 的图形，并讨论函数的定义域、值域、单调性、奇偶性、周期性、有界性.

18. 设 $[x]$ 表示不超过 x 的最大整数，画出函数 $y=x-[x]$ 的图形，并讨论函数的定义域、值域、单调性、奇偶性、周期性、有界性.

拓展练习

19. 设 $f(x)=\begin{cases}1+x, x<0,\\ e^{x}, x\geqslant 0,\end{cases}$ 求复合函数 $f[f(x)]$.

20. 求函数 $y=2x+|2-x|, x\in(-\infty,+\infty)$ 的反函数.

21. 试将函数 $f(x)=2|x-3|+|x-5|$ 表示成分段函数，并画出它的图像.

22. 有一个底半径为 R，高为 H 的圆锥形蓄水池，以 5 m^3/min 流速向其中灌水，求水池内水深与时间的关系.

本章小结

一、知识框图

画出本章节知识结构图，从整体结构上去理解本章内容.

二、复习要点

集合：____________________

集合的运算：____________________

函数的定义：____________________

函数的三要素：____________________

函数的图像：____________________

函数的特性：____________________

复合函数：____________________

反函数：____________________

基本初等函数及图像性质：____________________

三、思维运用

从函数各方面去考察函数的特点、性质和运用的这种思维方法，对你有什么启发？比如如何对某人、事、物进行全面认识？

基础模块

3　极限与连续

极限概念是微积分的理论基础，极限方法是微积分的基本分析方法，因此，掌握、运用好极限方法是学好微积分的关键. 连续是函数的一个重要性态. 本章将介绍函数、极限与连续的基本知识和有关的基本方法，为今后的学习打下必要的基础.

【学习能力目标】

（1）理解极限概念及性质，掌握极限的运算法则.

（2）理解无穷小量与无穷大量的概念及两者的关系，掌握无穷小量的性质和无穷小量的比较.

（3）了解夹逼准则与单调有界准则，掌握两个重要极限.

（4）理解函数连续与间断的定义，理解函数间断点的分类，会利用连续性求极限，会判别函数间断点的类型.

（5）理解闭区间上连续函数的有界性定理、最值定理、介值定理，并会用上述定理推证一些简单命题.

3.1　数列的极限

生活中，可能有朋友跟你聊天："最近工作压力大，我已经到极限了!"你迅速就明白，他到了一个压力的临界点. 又如，在高速公路上行车，车的速度不能超过 120 km/h，否则，就是违规违法. 明显，这两个例子中的临界值是能够达到的. 另一种情况是，我们可以观察其趋势变化，最终向一个临界值无限接近，却达不到. 比如，有一块月饼，第一天吃它的一半，第二天吃余下的一半，日复一日，永远不停地吃下去，月饼余下的就会越来越少，极限趋势显然是零，但月饼余量永远是有的.

在英文里，limit(极限)，是指一条不能超越的边界或界限. 而数学中的极限一词，也有类似的意义.

在数学里，当函数中的 x 渐渐趋近到某个定值时，该函数的值也会逐渐趋近一个值，这个值就是函数的"极限". 研讨的是在 x 变化的过程中，去确定函数值的变化趋势.

极限是研究变量的变化趋势的基本工具，高等数学中许多基本概念，例如连续、导数、定积分、无穷级数等都是建立在极限的基础上. 极限方法又是研究函数的一种最基本的方法. 为了便于大家理解，我们从学习数列极限开始.

3.1.1　数　列

以自然数作下标编号并顺序排列的一列实数

$$x_1, x_2, \cdots, x_n, \cdots \tag{3.1.1}$$

称为实数列，简称为数列或序列，记作 $\{x_n\}$．称数列（3.1.1）中每个数为数列的项，第一项称为首项，x_n 称为通项，有时也用通项 x_n 表示数列 $\{x_n\}$．

例 3.1.1　写出下面各数列的一个通项公式：

（1）3，5，7，9，…；

（2）$\frac{1}{2}$，$\frac{3}{4}$，$\frac{7}{8}$，$\frac{15}{16}$，$\frac{31}{32}$，…；

（3）-1，$\frac{3}{2}$，$-\frac{1}{3}$，$\frac{3}{4}$，$-\frac{1}{5}$，$\frac{3}{6}$，…；

（4）-4，-6，-8，-10，…；

（5）$-\frac{1}{12}$，$\frac{1}{23}$，$-\frac{1}{34}$，$\frac{1}{45}$，…；

（6）a，b，a，b，a，b，…（其中 a，b 为实数，$a \neq b$）；

（7）9，99，999，9 999，….

解：（1）各项减去 1 后为正偶数，所以 $x_n = 2n+1$.

（2）每一项的分子比分母少 1，而分母组成数列 2^1，2^2，2^3，2^4，…，所以 $x_n = \frac{2^n-1}{2^n}$.

（3）奇数项为负，偶数项为正，故通项公式的符号为$(-1)^n$；各项绝对值的分母组成数列 1，2，3，4，…；而各项绝对值的分子组成的数列中，奇数项为 1，偶数项为 3，即奇数项为 $2-1$，偶数项为 $2+1$，所以

$$x_n = (-1)^n \cdot \frac{2+(-1)^n}{n}$$

也可写为

$$x_n = \begin{cases} -\frac{1}{n}, & n\text{为奇数}, \\ \frac{3}{n}, & n\text{为偶数}. \end{cases}$$

（4）各数都是偶数，且首为 -4，所以通项公式 $x_n = -2(n+1)$.

（5）这个数列的前 4 项的绝对值都等于序号与序号加 1 的积的倒数，且奇数项为负，偶数项为正，所以它的一个通项公式为 $x_n = (-1)^n \times \frac{1}{n(n+1)}$.

（6）这是一个摆动数列，奇数项是 a，偶数项是 b，所以此数列的一个通项公式为

$$x_n = \begin{cases} a, & n\text{为奇数}, \\ b, & n\text{为偶数}. \end{cases}$$

（7）这个数列的前 4 项可以写成 $10-1$，$100-1$，$1\,000-1$，$10\,000-1$，所以它的一个通项公式为 $x_n = 10^n - 1$.

若对每个 $n \in \mathbf{N}$（$\mathbf{N}$ 为自然数集），定义 $f(n) = x_n$，则数列（3.1.1）由函数 f 的函数值构成，因此也可以把数列看作是集合 $\mathbf{N}$ 上的一个函数．类似于函数的单调性与有界性，可以定义数列的单调性与有界性．

在数列 $\{x_n\}$，若 $x_{n+1} \geqslant x_n$，则称此数列为单调递增数列；若 $x_{n+1} \leqslant x_n$，则称此数列为单调

递减数列；若 $x_{n+1}=x_n$，则称此数列为常数列.

对于数列 $\{x_n\}$ 的项 x_n，若存在正整数 M，使得一切的 x_n 都满足 $|x_n|\leqslant M$，则称数列 $\{x_n\}$ 有界，若不存在这样的正整数 M，则称此数列无界.

在上例中，（1）、（2）、（7）就是单调递增数列，（4）为单调递减数列.（2）、（3）、（5）、（6）是有界数列，（1）、（4）、（7）是无界数列.

以下是几个常用的数列：

调和数列 $\left\{\dfrac{1}{n}\right\}$：$1$，$\dfrac{1}{2}$，$\dfrac{1}{3}$，$\cdots$，$\dfrac{1}{n}$，$\cdots$（$n\in\mathbf{N}$）；

等比数列 $\{ar^{n-1}\}$：a，ar，ar^2，$\cdots$，ar^{n-1}，$\cdots$（$a\neq 0$，$n\in\mathbf{N}$）；

常数列 $\{c\}$：c，c，c，$\cdots$，c，$\cdots$

摆动数列 $\{(-1)^{n-1}\}$：1，-1，1，$\cdots$，$(-1)^{n-1}$，$\cdots$（$n\in\mathbf{N}$）；

等差数列 $\{x_n\}$：公差 $d-x_n-x_{n-1}\in\mathbf{R}$，通项公式为 $x_n=x_1+(n-1)d$，前 n 项求和公式为 $S_n=\dfrac{n(x_1+x_n)}{2}$；

等比数列 $\{x_n\}$：公比 $q=\dfrac{x_n}{x_{n-1}}$，通项公式为 $x_n=x_1\cdot q^{n-1}$，前 n 项求和公式为 $S_n=\dfrac{x_1(1-q^n)}{1-q}$.

3.1.2　数列的极限

下面，我们来研讨一下，在前面例 3.1.1 中的几个数列，随着 n 的无限增大(记作 $n\to\infty$)，x_n 能否无限接近某个常数?

容易注意到，当 n 无限增大时，x_n 的变化情况是不相同的：数列（1）的通项 $x_n=2n+1$ 也是无限增大的，不接近于任何一个确定的常数；数列（2）的通项 $x_n=\dfrac{2^n-1}{2^n}$ 将无限接近于常数 1；数列（3）的通项 $x_n=(-1)^n\cdot\dfrac{2+(-1)^n}{n}$ 将无限接近于常数 0；数列（4）的通项 $x_n=-2(n+1)$ 是无限减小的，不接近于任何一个确定的常数；数列（5）的通项 $x_n=(-1)^n\times\dfrac{1}{n(n+1)}$ 将无限接近于常数 0；数列（6）是一个摆动数列，奇数项是 a，偶数项是 b，在 a 与 b 之间来回跳动，不接近于任何一个确定常数；数列（7）的通项 $x_n=10^n-1$ 也是无限增大的，不接近于任何一个确定常数.

从上述观察，可以归纳出，当 n 无限增大时，数列的通项变化趋势有两种：无限接近于某个确定的常数和不接近于任何确定的常数. 我们把通项接近某个确定的常数这种情形就称为数列有极限，通项不接近于任何确定的常数这种情形就称为无极限. 前面讨论的数列（2）、（3）、（5）有极限，数列（1）、（4）、（6）、（7）就无极限.

由此，我们就可以得到数列极限的描述性定义：

定义 3.1.1　设 $\{x_n\}$ 是一数列，a 是一常数，若项数 n 无限增大时，它的通项 x_n 无限接近于一个确定的常数 a，则称 a 为数列 $\{x_n\}$ 的极限，或简称为 x_n 趋近于 a 或收敛于 a，记作 $\lim\limits_{n\to\infty}x_n=a$ 或 $x_n\to a$（$n\to\infty$）. 这时我们称数列 $\{x_n\}$ 为收敛数列，否则称它为发散数列.

显然，一个数列如果有极限，则极限一定是唯一的，且是有界的.

在例 3.1.1 中：$\lim\limits_{n\to\infty}\dfrac{2^n-1}{2^n}=1$，$\lim\limits_{n\to\infty}(-1)^n\dfrac{2+(-1)^n}{n}=0$，$\lim\limits_{n\to\infty}(-1)^n\dfrac{1}{n(n+1)}=0$. 数列（2）、（3）、（5）都是收敛的，数列（1）、（4）、（6）、（7）是发散的.

当数列 $\{x_n\}$ 的项数 n 无限增大时，如果 $|x_n|$ 也无限增大，则数列 $\{x_n\}$ 没有极限.这种情形为了便于标记，我们也称数列 $\{x_n\}$ 的极限是无穷大，记作 $\lim\limits_{n\to\infty}x_n=\infty$. 例如，$\lim\limits_{n\to\infty}(2n+1)=\infty$，$\lim\limits_{n\to\infty}(10^n-1)=\infty$.

以下举例介绍由定义来考察数列的极限.

例 3.1.2 证明常数列 $\{C\}$ 以 C 为极限.

证：当项数 n 无限增大时，x_n 的值是确定不变的 C. 所以 $\lim\limits_{n\to\infty}x_n=C$.

例 3.1.3 求数列的极限，并判断其敛散性.

（1）$x_n=\dfrac{1}{n}$；（2）$x_n=\dfrac{1}{3^n}$；（3）$x_n=\dfrac{1}{n^3}$.

解：（1）当项数 n 无限增大时，x_n 无限接近 0，于是有 $\lim\limits_{n\to\infty}x_n=\lim\limits_{n\to\infty}\dfrac{1}{n}=0$.

同理可得，（2）$\lim\limits_{n\to\infty}x_n=\lim\limits_{n\to\infty}\dfrac{1}{3^n}=0$，（3）$\lim\limits_{n\to\infty}x_n=\lim\limits_{n\to\infty}\dfrac{1}{n^3}=0$.

因此，这三个数列都是收敛的.

通过这两个例子的计算，一般地，

（1）对于任意的 $0<|q|<1$，都有 $\lim\limits_{n\to\infty}q^n=0$；

（2）$\lim\limits_{n\to\infty}C=C$；

（3）$\lim\limits_{n\to\infty}\dfrac{1}{n^p}=0,(p>0)$.

感兴趣的读者可以自行证明.

3.1.3 数列极限的运算法则

为了便于计算数列的极限，下面直接给出数列极限的运算法则.

定理 3.1.1 设 $\lim\limits_{n\to\infty}x_n=A,\ \lim\limits_{n\to\infty}y_n=B$，则

（1）$\lim\limits_{n\to\infty}(x_n\pm y_n)=\lim\limits_{n\to\infty}x_n\pm\lim\limits_{n\to\infty}y_n=A\pm B$；

（2）$\lim\limits_{n\to\infty}(x_n\cdot y_n)=\lim\limits_{n\to\infty}x_n\cdot\lim\limits_{n\to\infty}y_n=A\cdot B$；

（3）$\lim\limits_{n\to\infty}(C\cdot x_n)=\lim\limits_{n\to\infty}C\cdot\lim\limits_{n\to\infty}x_n=C\cdot A$（$C$ 为常数）；

（4）$\lim\limits_{n\to\infty}\dfrac{x_n}{y_n}=\dfrac{\lim\limits_{n\to\infty}x_n}{\lim\limits_{n\to\infty}y_n}=\dfrac{A}{B}\left(\lim\limits_{n\to\infty}y_n=B\neq 0\right)$.

例 3.1.4 求下列极限：

（1）$\lim\limits_{n\to\infty}(-1)^n\dfrac{1}{2n}$；（2）$\lim\limits_{n\to\infty}\dfrac{2^n+3^n}{4^n}$；

（3）$\lim\limits_{n\to\infty}\dfrac{4n^2+1}{2n^2+n}$；（4）$\lim\limits_{n\to\infty}\left(\dfrac{1}{2}+\dfrac{1}{2^2}+\cdots+\dfrac{1}{2^n}\right)$；

（5）$\lim\limits_{n\to\infty}(\dfrac{1+2+3+\cdots+n}{n^2}-\dfrac{1}{3})$；（6）$\lim\limits_{n\to\infty}(\sqrt{n+1}-\sqrt{n})$；

（7）$\lim\limits_{n\to\infty}\left(\dfrac{1}{1\cdot 3}+\dfrac{1}{3\cdot 5}+\dfrac{1}{5\cdot 7}+\cdots+\dfrac{1}{(2n-1)\cdot(2n+1)}\right)$；（8）$\lim\limits_{n\to\infty}\dfrac{(2n+3)^{29}}{n^{30}+n^{29}}$.

解：（1）当项数 n 无限增大时，x_n 无限接近 0，于是有

$$\lim_{n\to\infty}(-1)^n\frac{1}{2n}=0.$$

（2）分成两部分分别计算，

$$\lim_{n\to\infty}\frac{2^n+3^n}{4^n}=\lim_{n\to\infty}\left[\left(\frac{1}{2}\right)^n+\left(\frac{3}{4}\right)^n\right]=0.$$

（3）将分子、分母同时除以 n^2，则有

$$\lim_{n\to\infty}\frac{4n^2+1}{2n^2+n}=\lim_{n\to\infty}\frac{4+\left(\dfrac{1}{n^2}\right)}{2+\left(\dfrac{1}{n}\right)}=2.$$

（4）利用等比数列求和公式，先求和，再算极限，有

$$\lim_{n\to\infty}\left(\frac{1}{2}+\frac{1}{2^2}+\cdots+\frac{1}{2^n}\right)=\lim_{n\to\infty}\frac{\dfrac{1}{2}\cdot\left[1-\left(\dfrac{1}{2}\right)^n\right]}{1-\dfrac{1}{2}}=\lim_{n\to\infty}\left[1-\left(\frac{1}{2}\right)^n\right]=1.$$

（5）利用等差数列求和公式，先求和，再算极限，有

$$\lim_{n\to\infty}\left(\frac{1+2+3+\cdots+n}{n^2}-\frac{1}{3}\right)=\lim_{n\to\infty}\left(\frac{\dfrac{n(n+1)}{2}}{n^2}-\frac{1}{3}\right)=\frac{1}{2}-\frac{1}{3}=\frac{1}{6}.$$

（6）将分子有理化，再求极限，有

$$\lim_{n\to\infty}(\sqrt{n+1}-\sqrt{n})=\lim_{n\to\infty}\frac{(\sqrt{n+1}-\sqrt{n})(\sqrt{n+1}+\sqrt{n})}{\sqrt{n+1}+\sqrt{n}}=\lim_{n\to\infty}\frac{1}{\sqrt{n+1}+\sqrt{n}}=0.$$

（7）利用裂项相消，$\dfrac{1}{(2n-1)(2n+1)}=\dfrac{1}{2}\left(\dfrac{1}{2n-1}-\dfrac{1}{2n+1}\right)$，于是有

$$\begin{aligned}&\lim_{n\to\infty}\left(\frac{1}{1\cdot 3}+\frac{1}{3\cdot 5}+\frac{1}{5\cdot 7}+\cdots+\frac{1}{(2n-1)\cdot(2n+1)}\right)\\&=\lim_{n\to\infty}\frac{1}{2}\left[\left(1-\frac{1}{3}\right)+\left(\frac{1}{3}-\frac{1}{5}\right)+\left(\frac{1}{5}-\frac{1}{7}\right)+\cdots+\left(\frac{1}{2n-1}-\frac{1}{2n+1}\right)\right]\\&=\frac{1}{2}\lim_{n\to\infty}\left(1-\frac{1}{2n+1}\right)\\&=\frac{1}{2}.\end{aligned}$$

（8）将分子、分母同时除以 n^{29}，则有

$$\lim_{n\to\infty}\frac{(2n+3)^{29}}{n^{30}+n^{29}}=\lim_{n\to\infty}\frac{\left(\dfrac{2n+3}{n}\right)^{29}}{n+1}=\lim_{n\to\infty}\frac{\left(2+\dfrac{3}{n}\right)^{29}}{n+1}=0$$

习题 3.1

基础练习

1. 下列数列中收敛的是（ ）.

A. $\{(-1)^n\}$　　B. $\{n\}$　　C. $\left\{\dfrac{1+(-1)^n}{2^n}\right\}$　　D. $\{5^n\}$

2. 下列数列中发散的是（ ）.

A. $\left\{\dfrac{2^n-1}{3^n}\right\}$　　B. $\left\{\dfrac{(-1)^n}{n}\right\}$　　C. $\left\{\dfrac{2+(-1)^n}{n}\right\}$　　D. $\left\{n-\dfrac{1}{n}\right\}$

3. 数列 $\{x_n\}$ 有界是数列 $\{x_n\}$ 收敛的（ ）条件.

A. 充分　　B. 必要　　C. 充要　　D. 无关

4. 求下列的数列的极限，并判断数列的敛散性.

（1）$\{x_n\}=\dfrac{1}{n}$；（2）$\{x_n\}=(-1)^n\dfrac{1}{n+1}$；（3）$\{x_n\}=n$.

5. 设 $x_1=0.9, x_2=0.99, x_3=0.999,\cdots, x_n=0.\underbrace{99\cdots9}_{n},\cdots$

（1）写出数列的通项；　　（2）求 $\lim\limits_{n\to\infty}x_n$.

提高练习

6. 求下列极限：

（1）$\lim\limits_{x\to\infty}\dfrac{3n^3+2}{2n^3+n}$；（2）$\lim\limits_{x\to\infty}\dfrac{n+1}{3n^2+n}$；（3）$\lim\limits_{n\to\infty}\dfrac{3^n+22}{6^n+33}$；（4）$\lim\limits_{n\to\infty}\dfrac{1+2+\cdots+n}{6n^4}$；

（5）$\lim\limits_{n\to\infty}\dfrac{n^2+6}{n^3+5n}$；（6）$\lim\limits_{n\to\infty}\dfrac{(n-2)(n-4)(n-6)}{7n^3}$；（7）$\lim\limits_{x\to\infty}\dfrac{(-5)^n+3^{n-2}}{(-5)^{n-1}+3^n}$；

（8）$\lim\limits_{n\to\infty}\left(\sqrt{n^2+2n}-\sqrt{n^2+1}\right)$；

（9）$\lim\limits_{n\to\infty}\dfrac{\sqrt{4n^2}+\sqrt[3]{n^3+2}}{2n+1}$；(10) $\lim\limits_{n\to\infty}\left(\dfrac{1}{2\cdot 4}+\dfrac{1}{4\cdot 6}+\dfrac{1}{6\cdot 8}+\cdots+\dfrac{1}{2n\cdot(2n+2)}\right)$.

拓展练习

7. 阅读理解：

极限的另一定义：设$\{x_n\}$为一数列，如果存在一个常数$a\in\mathbf{R}$，对于任意给定的正数ε，总存在一个正整数N，使得对于$n>N$时的一切n，不等式$|x_n-a|<\varepsilon$均成立，则称常数a是数列$\{x_n\}$的极限，或者称数列$\{x_n\}$收敛于a，记作

$$\lim_{n\to\infty}x_n=a\text{ 或 }x_n\to a(n\to\infty)$$

利用上述定义，证明：$\lim\limits_{n\to\infty}\dfrac{n-1}{n+1}=1$.

3.2 函数的极限

数列可看作自变量为正整数n的函数：$x_n=f(n)$，数列$\{x_n\}$的极限为a，即：当自变量n取正整数且无限增大$(n\to\infty)$时，对应的函数值$f(n)$无限接近数a. 若将数列极限概念中自变量n和函数值$f(n)$的特殊性撇开，将函数的定义域扩充到$\mathbf{R}$，由此引出函数极限的一般概念：在自变量x的某个变化过程中，如果对应的函数值$f(x)$无限接近于某个确定的数A，则A就称为x在该变化过程中函数$f(x)$的极限. 显然，极限A是与自变量x的变化过程紧密相关，自变量的变化过程不同，函数的极限就有不同的表现形式.

本节分下列两种情况来讨论：

（1）自变量趋于无穷大时$(x\to\infty)$函数的极限；

（2）自变量趋于有限值时$(x\to x_0)$函数的极限.

3.2.1 函数极限的定义

1. $x\to\infty$时函数的极限

当自变量趋于无穷大时$(x\to\infty)$，有三种情况：

（1）$x\to+\infty$，表示x趋向于正无穷大的变化过程，即要求自变量x沿x轴的正向无限增大；

（2）$x\to-\infty$，表示x趋向于负无穷大的变化过程，即要求自变量x沿x轴的负向$|x|$无限增大；

（3）$x\to\infty$，表示x沿x轴的正向与负向同时无限增大，即要求自变量x沿x轴的正向与负向同时无限增大. 此变化过程包含了$x\to+\infty$与$x\to-\infty$两个过程.

先考察函数$y=\arctan x$的图像.

函数$y=\arctan x$的图像（见图 3.2.1），当自变量x沿x轴的正向无限增大时，函数值无限接近$\dfrac{\pi}{2}$；而要求自变量x沿x轴的负向$|x|$无限增大，函数值无限接近$-\dfrac{\pi}{2}$.

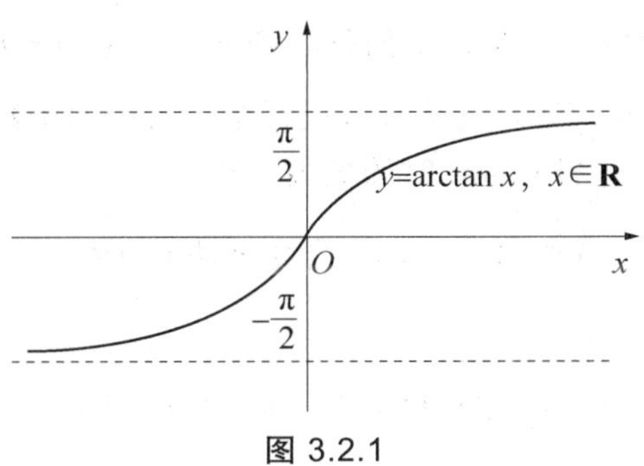

图 3.2.1

我们把数列极限的定义拓展到函数，就可以说，当 $x\to+\infty$ 时，$\arctan x$ 的极限为 $\dfrac{\pi}{2}$，当 $x\to-\infty$ 时，$\arctan x$ 的极限为 $-\dfrac{\pi}{2}$，即可记为 $\lim\limits_{x\to+\infty}\arctan x=\dfrac{\pi}{2}$，$\lim\limits_{x\to-\infty}\arctan x=-\dfrac{\pi}{2}$.

一般地，我们就有如下定义.

定义 3.2.1 设函数 $f(x)$，如果在 $x\to+\infty$（$x\to-\infty$）过程中，对应的函数值 $f(x)$ 无限接近一个确定的常数 A，则称 A 为函数 $f(x)$ 当 $x\to+\infty$（$x\to-\infty$）时的极限. 记作

$$\lim_{x\to+\infty}f(x)=A\text{ 或 }f(x)\to A(x\to+\infty)\text{ 或 }\lim_{x\to-\infty}f(x)=A\text{ 或 }f(x)\to A(x\to-\infty)$$

例如，函数 $y=\operatorname{arccot}x$ 与 $y=a^x(a>1)$ 的图像如图 3.2.2 所示.

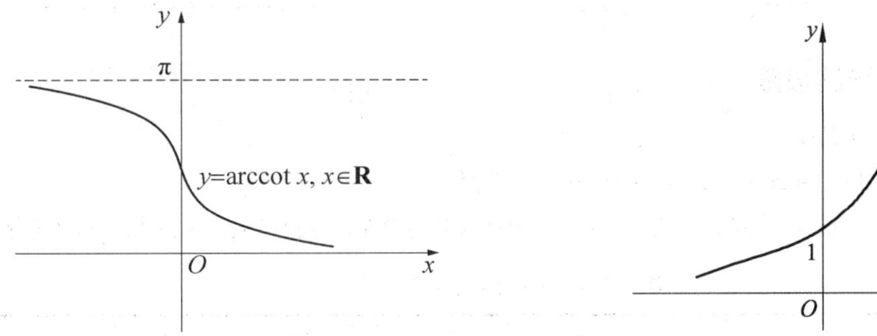

图 3.2.2

通过观察，我们很容易就得到，当 $x\to+\infty$ 时，$\operatorname{arccot}x$ 的极限为 0，当 $x\to-\infty$ 时，$\operatorname{arccot}x$ 的极限为π，即可记为 $\lim\limits_{x\to+\infty}\operatorname{arccot}x=0$，$\lim\limits_{x\to-\infty}\operatorname{arccot}x=\pi$；而当 $x\to+\infty$ 时，a^x 的函数值也是无限增大的，这时就没有极限，$\lim\limits_{x\to+\infty}a^x$ 即可记为不存在，当 $x\to-\infty$ 时，a^x 的极限为 0，$\lim\limits_{x\to-\infty}a^x=0$.

再考察函数 $y=\dfrac{1}{x}$ 的图像（见图 3.2.3）.

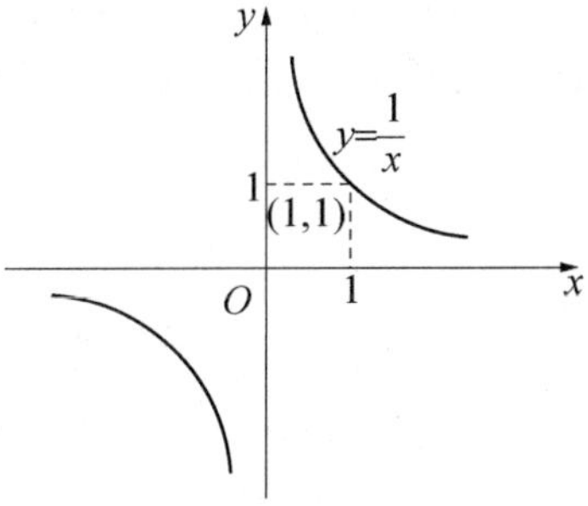

图 3.2.3

对于函数 $y=\dfrac{1}{x}$，显然，无论 $x\to+\infty$ 还是 $x\to-\infty$，函数值无限接近于 x 轴，即 $y=0$，可记为 $\lim\limits_{x\to+\infty}\dfrac{1}{x}=0=\lim\limits_{x\to-\infty}\dfrac{1}{x}$，即可认为 $\lim\limits_{x\to\infty}\dfrac{1}{x}=0$.

当 $\lim\limits_{x\to-\infty} f(x)=A$ 且 $\lim\limits_{x\to+\infty} f(x)=A$ 时，我们就得到 $x\to\infty$ 时的函数 $f(x)$ 的极限定义.

定义 3.2.2 设函数 $f(x)$，如果在 $x\to\infty$ 过程中，对应的函数值 $f(x)$ 无限接近一个确定的常数 A，则称 A 为函数 $f(x)$ 当 $x\to\infty$ 时的极限. 记作

$$\lim_{x\to\infty} f(x)=A \text{ 或 } f(x)\to A(x\to\infty)$$

由此可得下列定理.

定理 3.2.1 $\lim\limits_{x\to\infty} f(x)=A \Leftrightarrow \lim\limits_{x\to+\infty} f(x)=A$ 且 $\lim\limits_{x\to-\infty} f(x)=A$.

所以，$\lim\limits_{x\to\infty} a^x$ 与 $\lim\limits_{x\to\infty}\arctan x$ 都不存在，因为 $\lim\limits_{x\to+\infty} a^x$ 不存在，$\lim\limits_{x\to-\infty} a^x=0$，$\lim\limits_{x\to+\infty}\arctan x=\dfrac{\pi}{2}$，$\lim\limits_{x\to-\infty}\arctan x=-\dfrac{\pi}{2}$.

一般地，如果 $\lim\limits_{x\to+\infty} f(x)=A$ 或 $\lim\limits_{x\to-\infty} f(x)=A$，那么称直线 $y=A$ 为函数 $y=f(x)$ 图形的水平渐近线.

例 3.2.1 当 $0<a<1$ 时，求 $\lim\limits_{x\to+\infty} a^x$，$\lim\limits_{x\to-\infty} a^x$，$\lim\limits_{x\to\infty} a^x$.

解：观察图 3.2.4 可得：

当 $x\to+\infty$ 时，a^x 的极限为 0，即 $\lim\limits_{x\to+\infty} a^x=0$；当 $x\to-\infty$ 时，a^x 的函数值是无限增大的，这时就没有极限，即 $\lim\limits_{x\to-\infty} a^x$ 不存在. 从而 $\lim\limits_{x\to\infty} a^x$ 也不存在.

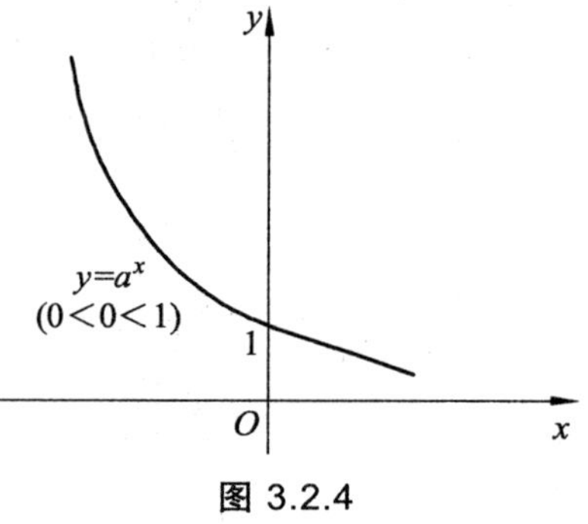

图 3.2.4

2. $x\to x_0$ 时函数的极限

接下来，看下面的例子：

先讨论当 $x\to1$ 时，函数 $y=2+(x-1)^2$ 的变化趋势.

先根据函数 $y=2+(x-1)^2$ 列表（表 3.2.1）并作图（图 3.2.5），来看当 $x\to1$ 时，y 的变化趋势.

表 3.2.1 $y=2+(x-1)^2$

x	0.5	1.5	0.9	1.1	0.99	1.01	…
$2+(x-1)^2$	2.25		2.01		2.000 1		

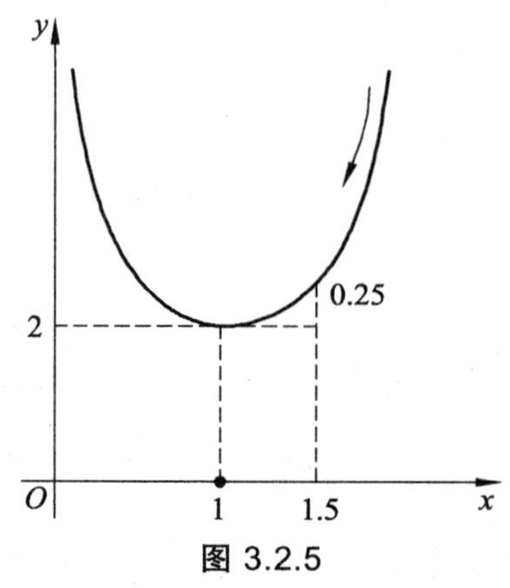

图 3.2.5

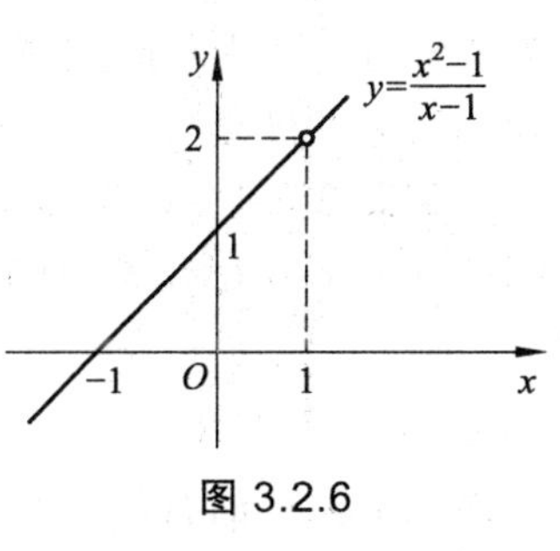

图 3.2.6

结合图、表可以看出：当 x 从 1 的左侧或右侧趋向于 1 时，函数 $2+(x-1)^2$ 趋向于 2；x 越接近于 1，y 就越接近于 2；当 x 无限接近于 1 时，y 就无限接近于 2. 即：当 $x\to1$ 时，$y=2+(x-1)^2\to2$.

再讨论函数 $f(x)=\dfrac{x^2-1}{x-1}$ 并作出图（见图 3.2.6）.

我们发现，虽然 $f(x)$ 在 $x=1$ 处无定义，但当 x 从 1 的左侧或右侧趋向于 1 时，$f(x)$ 仍无限接近于常数 2.

由上两例，对当 $x\to x_0$ 时，函数 $f(x)$ 的极限可定义如下：

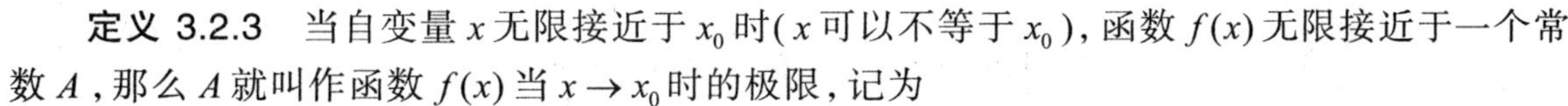

定义 3.2.3 当自变量 x 无限接近于 x_0 时（x 可以不等于 x_0），函数 $f(x)$ 无限接近于一个常数 A，那么 A 就叫作函数 $f(x)$ 当 $x\to x_0$ 时的极限，记为

$$\lim_{x\to x_0}f(x)=A \text{ 或当 } x\to x_0 \text{ 时，} f(x)\to A$$

在上面的定义中，我们假定函数 $f(x)$ 在点 x_0 的左右附近是有定义的，并且我们考虑的是当 $x\to x_0$ 时，$f(x)$ 的变化趋势，因此不在乎 $f(x)$ 在 x_0 是否有定义. 于是，当 $x\to1$ 时，函数 $y=2+(x-1)^2$ 的极限是 2，可记为

$$\lim_{x\to1}\left[2+(x-1)^2\right]=2$$

当 $x\to1$ 时，$f(x)=\dfrac{x^2-1}{x-1}$ 的极限为 2，记为

$$\lim_{x\to1}\frac{x^2-1}{x-1}=2$$

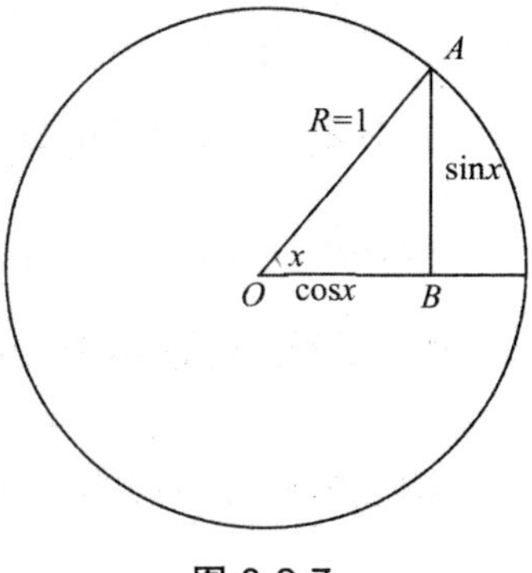

例 3.2.2 在单位圆上考察 $\lim\limits_{x\to0}\sin x$ 和 $\lim\limits_{x\to0}\cos x$ 的值.

图 3.2.7

解：作单位圆，并取 $\angle AOB=x$ 弧度（见图 3.2.7），则 $\sin x$ BA，$\cos x=OB$. 当 $x\to0$ 时，BA 无限接近于 0，OB 无限接近于 1，所以 $\lim\limits_{x\to0}\sin x=0$，$\lim\limits_{x\to0}\cos x=1$.

例 3.2.3 观察函数图像，求 $\lim\limits_{x\to0}\mathrm{e}^x$.

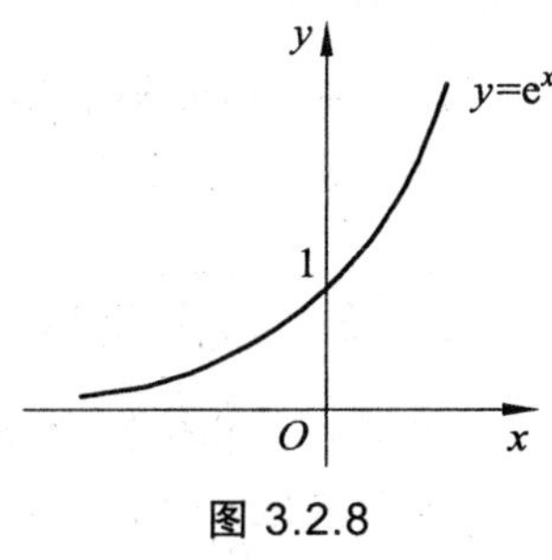

图 3.2.8

解：设 $f(x)=\mathrm{e}^x$，画出函数图像如图 3.2.8 所示.

观察可得，当 x 从 0 的左侧或右侧趋向于 0 时，$f(x)$ 都无限接近于常数 1，所以 $\lim\limits_{x\to0}\mathrm{e}^x=1$.

例 3.2.4 设

$$f(x)=\begin{cases}x, & x\leqslant0,\\ 1, & x>0,\end{cases}$$

研究 $\lim\limits_{x\to0}f(x)$.

解：当 x 从 0 的左侧 $(x<0)$ 趋向于 0 时，$f(x)$ 无限接近于常数 0，当 x 从 0 的右侧 $(x>0)$ 趋向于 0 时，$f(x)$ 无限接近于常数 1. 所以 $\lim\limits_{x\to0^-}f(x)\neq\lim\limits_{x\to0^+}f(x)$，这种情形我们就称 $\lim\limits_{x\to0}f(x)$ 不存在.

3.2.2 单侧极限

前面讲了 $x\to x_0$ 时 $f(x)$ 的极限，在那里 x 是以任意方式趋近于 x_0 的. 但是，有时我们还

需要知道 x 仅从 x_0 的左侧 $(x<x_0)$ 或仅从 x_0 的右侧 $(x>x_0)$ 趋于 x_0 时，$f(x)$ 的变化趋势．于是，就要引进左极限与右极限的概念.

定义 3.2.4 如果当 x 从 x_0 的左侧($x<x_0$)趋于 x_0 时，$f(x)$ 无限趋近一个确定的常数 A，则称 A 为 $x\to x_0$ 时 $f(x)$ 的左极限．记作

$$\lim_{x\to x_0^-} f(x)=A \quad 或 \quad f(x_0^-)=A$$

如果当 x 从 x_0 的右侧($x>x_0$)趋于 x_0 时，$f(x)$ 无限趋近一个确定的常数 A，则称 A 为 $x\to x_0$ 时 $f(x)$ 的右极限．记作

$$\lim_{x\to x_0^+} f(x)=A \quad 或 \quad f(x_0^+)=A$$

左极限和右极限统称为单侧极限．根据左、右极限的定义，显然可得下列定理.

定理 3.2.2 极限 $\lim\limits_{x\to x_0} f(x)=A$ 存在的充分必要条件是：

$$\lim_{x\to x_0^+} f(x)=\lim_{x\to x_0^-} f(x)=A$$

例 3.2.5 讨论极限 $\lim\limits_{x\to 0}\dfrac{|x|}{x}$ 是否存在？

解：记 $f(x)=\dfrac{|x|}{x}$，因 $x>0$ 时 $f(x)\equiv 1$，故 $f(0^+)=1$；而当 $x<0$ 时 $f(x)\equiv -1$，故 $f(0^-)=-1$．因此 $f(0^+)\neq f(0^-)$，故由定理 3.2.2 知所讨论的极限不存在.

例 3.2.6 证明：当 $x\to 0$ 时，函数 $f(x)=\begin{cases} x-1, x<0, \\ 0, x=0, \\ x+1, x>0. \end{cases}$ 的极限不存在.

证：当 $x\to 0$ 时 $f(x)$ 的左极限是 $\lim\limits_{x\to 0^-} f(x)=\lim\limits_{x\to 0^-}(x-1)=-1$，而右极限是 $\lim\limits_{x\to 0^+} f(x)=\lim\limits_{x\to 0^+}(x+1)=1$.

因为左、右极限不相等，所以当 $x\to 0$ 时，$f(x)$ 的极限不存在（见图 3.2.9）.

读者朋友可以自己思考一下，若此例中，求 $\lim\limits_{x\to -1} f(x)$ 呢？

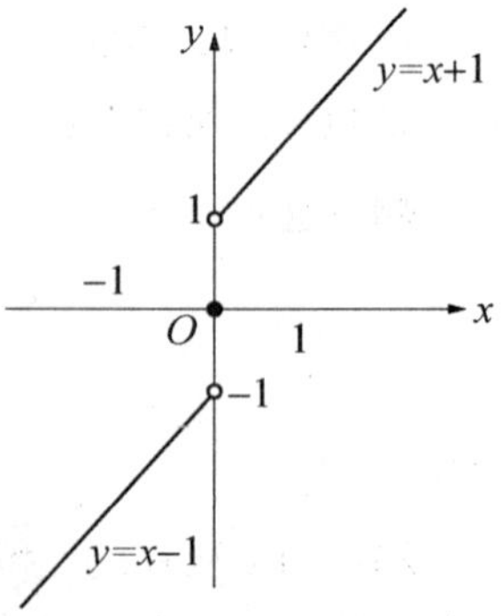

图 3.2.9

3.2.3 极限的性质

接下来，我们讨论极限的主要性质.

定理 3.2.3（唯一性） 若极限 $\lim\limits_{x\to a} f(x)$ 存在，则极限值唯一.

这说明，极限存在必唯一.

定理 3.2.4（局部有界性） 若极限 $\lim\limits_{x\to a} f(x)$ 存在，则函数 $f(x)$ 在 x_0 的某个去心邻域内是有界的.

这说明有极限的函数在 x_0 附近一定有界.

定理 3.2.5（局部保号性） 若 $\lim\limits_{x\to a} f(x)=A>0$（或 $A<0$），则函数 $f(x)$ 在 x_0 的某个去心邻域内，有 $f(x)>0$（或 $f(x)<0$）.

这说明以正数（或负数）为极限的函数在 x_0 附近一定是正函数（负函数）.

推论　若 $\lim\limits_{x\to a}f(x)=A$，而且 $f(x)\geqslant 0$（或 $f(x)\leqslant 0$），则 $A\geqslant 0$ (或 $A\leqslant 0$).

习题 3.2

基础练习

1. $\lim\limits_{x\to\infty}f(x)$ 存在的充要条件是__________________________________.

2. $\lim\limits_{x\to-\infty}3^x=$__________.

3. $\lim\limits_{x\to x_0}f(x)$ 存在的充要条件是__________________________________.

4. $\lim\limits_{x\to 2}(2x^2+9)=$__________.

5. 函数 $y=\dfrac{3x+1}{x}$ 的水平渐近线为__________.

提高练习

6. 讨论下列函数的极限：

$\lim\limits_{x\to 0}\sin x$；　$\lim\limits_{x\to+\infty}\ln x$；　$\lim\limits_{x\to 0}\arctan x$.

7. 设 $f(x)=\begin{cases}3x,-1<x<1,\\2,x=1,\\3x^3,1<x<3,\end{cases}$　求 $\lim\limits_{x\to 0}f(x)$，$\lim\limits_{x\to 1}f(x)$，$\lim\limits_{x\to 2}f(x)$.

拓展练习

8. 求下列极限：

（1）$\lim\limits_{x\to-\infty}\dfrac{|x+1|}{x}$；　（2）$\lim\limits_{x\to\infty}\dfrac{\sqrt{x^2}}{x+1}$；　（3）$\lim\limits_{x\to 1}\dfrac{2x^2-x-1}{x^2-2x+1}$.

9. 作出函数 $f(x)=\dfrac{x^2-4}{x-2}$ 的图像，并求 $f(2^+),f(2^-)$，判断 $f(x)$ 在 $x\to 2$ 时的极限是否存在.

10. 阅读理解：极限的另一定义.

（1）设函数 $f(x)$ 当 x 大于某一正数时有定义，如果存在常数 A，对于任意给定的正数 ε（不论它多么小），总存在正数 X，使得当 x 满足不等式 $x>X$ 时，对应的函数值 $f(x)$ 都满足不等式 $|f(x)-A|<\varepsilon$，则 A 就叫作函数 $f(x)$ 当 $x\to+\infty$ 时的极限，记作

$$\lim_{x\to+\infty}f(x)=A\text{ 或 }f(x)\to A(x\to+\infty).$$

（2）设函数 $f(x)$ 在点 x_0 的某一去心邻域内有定义，如果存在常数 A，对于任意给定的正数 ε（不论它多么小），总存在正数 δ，使得当 x 满足不等式 $0<|x-x_0|<\delta$ 时，对应的函数值 $f(x)$ 都满足不等式 $|f(x)-A|<\varepsilon$，则称 A 为函数 $f(x)$ 在 $x\to x_0$ 时函数的极限，记作

$$\lim_{x\to x_0}f(x)=A\text{ 或 }f(x)\to A(x\to x_0).$$

类似地，试着写出函数 $f(x)$ 当 $x\to-\infty$ 、 $x\to\infty$ 、 $x\to x_0^+$ 、 $x\to x_0^-$ 时的极限定义.

3.3 极限的运算法则

前面我们已经讨论了极限的概念，要进行极限的计算，还需建立极限的四则运算法则和复合函数的极限运算法则. 在下面的讨论中，记号“lim”下面没有表明自变量的变化过程，是指对 $x\to x_0$ 和 $x\to\infty$ 以及单侧极限均成立.

定理 3.3.1 （函数极限的四则运算法则） 设 $\lim f(x)=A,\lim g(x)=B$ ，则

（1） $\lim[f(x)\pm g(x)]=\lim f(x)\pm\lim g(x)=A\pm B$;

（2） $\lim[f(x)\cdot g(x)]=\lim f(x)\cdot\lim g(x)=A\cdot B$;

（3） $\lim\dfrac{f(x)}{g(x)}=\dfrac{\lim f(x)}{\lim g(x)}=\dfrac{A}{B}(B\neq 0)$.

在这里，法则（1）、（2）可以推广到有限个函数的代数和及乘积的情形.

推论 若 $\lim f(x)$ 存在，则

（1） $\lim Cf(x)=C\lim f(x)$;

（2） $\lim[f(x)]^n=\left[\lim f(x)\right]^n$.

定理 3.3.2 （复合函数的极限运算法则）设函数 $y=f[g(x)]$ 是由函数 $u=g(x)$ 与 $y=f(u)$ 复合而成的， $y=f(u)$ 在点 $u=a$ 有定义，若 $\lim\limits_{x\to x_0}g(x)=a,\lim\limits_{u\to a}f(u)=f(a)$ ，则

$$\lim_{x\to x_0}f[g(x)]=f[\lim_{x\to x_0}g(x)]=f(a).$$

利用极限四则运算规则、复合函数的极限运算法则及我们已知的极限结果，例如 $\lim\limits_{x\to\infty}\dfrac{1}{x}=0$ 、 $\lim\limits_{x\to x_0}C=C$ 、 $\lim\limits_{n\to\infty}q^n=0(|q|<1)$ 等可简化极限计算.

例 3.3.1 计算以下极限：

（1） $\lim\limits_{n\to\infty}\dfrac{n^2+1}{n^2+2n+3}$ ； （2） $\lim\limits_{x\to 2}(2x^2-x+1)$ ； （3） $\lim\limits_{x\to 1}\dfrac{x^2+x-2}{x^2-1}$.

解：（1） $\lim\limits_{n\to\infty}\dfrac{n^2+1}{n^2+2n+3}=\lim\limits_{n\to\infty}\dfrac{1+\dfrac{1}{n^2}}{1+\dfrac{2}{n}+\dfrac{3}{n^2}}=\dfrac{\lim\limits_{n\to\infty}\left(1+\dfrac{1}{n^2}\right)}{\lim\limits_{n\to\infty}\left(1+\dfrac{2}{n}+\dfrac{3}{n^2}\right)}=\dfrac{1+\lim\limits_{n\to\infty}\dfrac{1}{n^2}}{1+2\lim\limits_{n\to\infty}\dfrac{1}{n}+3\lim\limits_{n\to\infty}\dfrac{1}{n^2}}=1$.

（2）
$$\begin{aligned}\lim_{x\to 2}(2x^2-x+1)&=\lim_{x\to 2}2x^2-\lim_{x\to 2}x+\lim_{x\to 2}1=2\lim_{x\to 2}x^2-\lim_{x\to 2}x+1\\&=2\left(\lim_{x\to 2}x\right)^2-2+1=8-2+1=7.\end{aligned}$$

（3）因为 $x\to 1$ 时，分母 $x^2-1\to 0$ ，故不能直接应用商规则. 注意到 $x\to 1$ 时 $x\neq 1$ ，故可以先约去分子与分母中的非零因子 $x-1$ ，再使用商规则求极限：

$$\lim_{x\to1}\frac{x^2+x-2}{x^2-1}=\lim_{x\to1}\frac{(x-1)(x+2)}{(x-1)(x+1)}=\lim_{x\to1}\frac{x+2}{x+1}=\frac{\lim\limits_{x\to1}(x+2)}{\lim\limits_{x\to1}(x+1)}=\frac{3}{2}.$$

说明：（1）设 $P_n(x)=a_0x^n+a_1x^{n-1}+a_2x^{n-2}+\cdots+a_n$，则

$$\begin{aligned}\lim_{x\to x_0}P_n(x)&=\lim_{x\to x_0}\left(a_0x^n+a_1x^{n-1}+a_2x^{n-2}+\cdots+a_n\right)\\&=\left(a_0\lim_{x\to x_0}x^n+a_1\lim_{x\to x_0}x^{n-1}+a_2\lim_{x\to x_0}x^{n-2}+\cdots+a_n\lim_{x\to x_0}1\right)\\&=a_0x_0^n+a_1x_0^{n-1}+a_2x_0^{n-2}+\cdots+a_n=P_n\left(x_0\right).\end{aligned}$$

（2）设 $f(x)=\dfrac{P_n(x)}{Q_m(x)}$，其中 $P_n(x)$, $Q_m(x)$ 为多项式，$Q_m\left(x_0\right)\neq0$，则

$$\lim_{x\to x_0}f(x)=\frac{\lim\limits_{x\to x_0}P_n(x)}{\lim\limits_{x\to x_0}Q_m(x)}=\frac{P_n\left(x_0\right)}{Q_m\left(x_0\right)}=f\left(x_0\right).$$

为了表明以上每步所使用的规则，上述步骤写得比较详细，一旦熟练后便可省略一些简单的步骤.

例 3.3.2 计算以下极限：

（1）$\lim\limits_{n\to\infty}\dfrac{1+2+\cdots+n}{n^2}$；（2）$\lim\limits_{n\to\infty}\left(\dfrac{1}{1\cdot2}+\dfrac{1}{2\cdot3}+\cdots+\dfrac{1}{n(n+1)}\right)$；

（3）$\lim\limits_{x\to+\infty}\dfrac{7x^3-2x+1}{2x^3+x+1}$；（4）$\lim\limits_{x\to1}\left(\dfrac{1}{1-x}-\dfrac{3}{1-x^3}\right)$.

解：（1）原式 $=\lim\limits_{n\to\infty}\dfrac{\frac{n(n+1)}{2}}{n^2}=\lim\limits_{n\to\infty}\dfrac{1}{2}\left(1+\dfrac{1}{n}\right)=\dfrac{1}{2}$.

（2）原式 $=\lim\limits_{n\to\infty}\left(1-\dfrac{1}{2}+\dfrac{1}{2}-\dfrac{1}{3}+\cdots+\dfrac{1}{n}-\dfrac{1}{n+1}\right)=\lim\limits_{n\to\infty}\left(1-\dfrac{1}{n+1}\right)=1$.

（3）不可直接应用商规则，因为当 $x\to+\infty$ 时分子分母的极限均不存在，可先用 x^3 分别除分式的分子和分母，再用商规则求极限：

$$原式=\lim_{x\to+\infty}\frac{7-2x^{-2}+x^{-3}}{2+x^{-2}+x^{-3}}=\frac{\lim\limits_{x\to+\infty}(7-2/x^2-1/x^3)}{\lim\limits_{x\to+\infty}(2+x^{-2}+x^{-3})}=\frac{7}{2}$$

（4）不可直接应用和规则，因 $x\to1$ 时 $\dfrac{1}{1-x}$ 及 $\dfrac{3}{1-x^3}$ 的极限均不存在，应当先合并，化简后再求极限：

$$原式=\lim_{x\to1}\frac{1+x+x^2-3}{1-x^3}=\lim_{x\to1}\frac{(x-1)(x+2)}{(1-x)(1+x+x^2)}=-\lim_{x\to1}\frac{x+2}{1+x+x^2}=-\frac{3}{3}=-1$$

说明：由前面的例子，当 $a_0\neq0,\ b_0\neq0$ 时，我们还可以总结有理分式的极限，一般地，

$$\lim_{x\to\infty}\frac{a_0x^m+a_1x^{m-1}+\cdots+a_m}{b_0x^n+b_1x^{n-1}+\cdots+b_n}=\begin{cases}0 & n>m,\\ \dfrac{a_0}{b_0} & n=m,\\ \infty & n<m.\end{cases}$$

例 3.3.3　求 $\lim\limits_{x\to-1}\dfrac{(1-\sqrt{x+2})}{x^2-1}$.

解：因分母的极限为零，要先对函数做必要的变形；分子中含有根式，通常用根式有理化，然后再约去分子、分母中的公因子.

$$\begin{aligned}\lim_{x\to-1}\frac{(1-\sqrt{x+2})}{x^2-1}&=\lim_{x\to-1}\frac{(1-\sqrt{x+2})(1+\sqrt{x+2})}{(x-1)(x+1)(1+\sqrt{x+2})}\\&=\lim_{x\to-1}\frac{-(x+1)}{(x-1)(x+1)(1+\sqrt{x+2})}=\frac{1}{4}.\end{aligned}$$

例 3.3.4　求极限 $\lim\limits_{x\to0}\mathrm{e}^{2x+3}$.

解：设 $u=2x+3$，由 $\lim\limits_{x\to0}(2x+3)=0+3=3$，故 $\lim\limits_{x\to0}\mathrm{e}^{2x+3}=\lim\limits_{u\to3}\mathrm{e}^{u}=\mathrm{e}^3$.

例 3.3.5　已知 $f(x)=\begin{cases}x-1, & x<0,\\ \dfrac{x^2+3x-1}{x^3+1}, & x\geqslant0,\end{cases}$ 求 $\lim\limits_{x\to0}f(x)$，$\lim\limits_{x\to+\infty}f(x)$.

解：$\lim\limits_{x\to0^-}f(x)=\lim\limits_{x\to0^-}(x-1)=-1$，$\lim\limits_{x\to0^+}f(x)=\lim\limits_{x\to0^+}\dfrac{x^2+3x-1}{x^3+1}=-1$

所以

$$\lim_{x\to0}f(x)=-1$$

$$\lim_{x\to+\infty}f(x)=\lim_{x\to+\infty}\frac{x^2+3x-1}{x^3+1}=\lim_{x\to+\infty}\frac{\dfrac{x^2}{x^3}+\dfrac{3x}{x^3}-\dfrac{1}{x^3}}{1+\dfrac{1}{x^3}}=0.$$

习题 3.3

基础练习

1. 计算下列极限：

（1）$\lim\limits_{x\to2}(4x^2-3x+5)$；（2）$\lim\limits_{n\to\infty}\dfrac{n^2-n+1}{2n^2+3n-2}$；（3）$\lim\limits_{x\to1}\dfrac{x^2-1}{x+1}$；（4）$\lim\limits_{x\to+\infty}\dfrac{\sqrt{x^2}}{x+1}$；

（5）$\lim\limits_{x\to1}\dfrac{x^2-3x+2}{x-1}$；（6）$\lim\limits_{x\to\infty}\dfrac{x^2+5x+6}{x^5+2022}$；（7）$\lim\limits_{x\to1}\dfrac{\sqrt{x}-2}{x^2-2x-8}$.

提高练习

2. 计算下列极限：

（1）$\lim\limits_{x\to 0}\dfrac{\sqrt{1+x}-1}{x}$；（2）$\lim\limits_{x\to 1}\dfrac{\sqrt{x+2}-\sqrt{3}}{x-1}$；（3）$\lim\limits_{x\to 1}\left(\dfrac{2}{x^2-1}-\dfrac{1}{x-1}\right)$；（4）$\lim\limits_{x\to\infty}\left(1+\dfrac{1}{x}\right)\left(2-\dfrac{1}{x^2}\right)$

（5）$\lim\limits_{x\to 2}\sqrt[4]{x-1}$；（6）$\lim\limits_{x\to 1}\dfrac{\sqrt[3]{x}-1}{x-1}$；（7）$\lim\limits_{x\to+\infty}x\left(\sqrt{x^2+1}-x\right)$；（8）$\lim\limits_{x\to\frac{\pi}{2}}\ln(\sqrt{2-\sin^2 x})$.

3. 已知 $f(x)=\begin{cases}ax-1, & x<1,\\ \dfrac{2x^2-2x}{x^3-1}, & x\geqslant 1,\end{cases}$ 且 $\lim\limits_{x\to 1}f(x)$ 存在，求 a 的值.

拓展练习

4. 计算：

（1）$\lim\limits_{x\to+\infty}\dfrac{\sqrt[3]{27x^3+5}}{\sqrt{4x^2-1}}$；（2）$\lim\limits_{x\to 1}\dfrac{\sqrt[3]{x}-1}{\sqrt{x}-1}$；（3）$\lim\limits_{x\to 0^-}\dfrac{|x|}{\sqrt{a+x}-\sqrt{a-x}}\ (a>0)$；（4）$\lim\limits_{x\to 0^+}\dfrac{e^x-1}{x}$；

（5）$\lim\limits_{t\to 0}\dfrac{(2x+t)^2-x^2}{t}$；（6）$\lim\limits_{x\to+\infty}\dfrac{\sqrt[3]{x}-1}{\sqrt{x}-1}$.

3.4 极限存在准则与两个重要极限

本节我们将介绍两个重要极限. 在学习之前，先给出两个判断极限存在的准则：夹逼准则、单调有界收敛准则.

3.4.1 极限存在准则

准则 1 如果数列 $\{x_n\},\{y_n\}$ 及 $\{z_n\}$ 满足：

（1）$y_n\leqslant x_n\leqslant z_n$，$n\in\mathbf{N}^*$；

（2）$\lim\limits_{n\to\infty}y_n=a,\lim\limits_{n\to\infty}z_n=a$.

那么数列 $\{x_n\}$ 的极限存在，且 $\lim\limits_{n\to\infty}x_n=a$.

相应地，准则 1 可以推广到函数的极限.

准则 1′ 如果函数 $f(x)$, $g(x)$, $h(x)$ 满足:

（1）当 $x\in\mathring{U}(x_0,r)$（或 $|x|>X$）时，$g(x)\leqslant f(x)\leqslant h(x)$；

（2）$\lim\limits_{\substack{x\to x_0\\(x\to\infty)}}g(x)=A,\lim\limits_{\substack{x\to x_0\\(x\to\infty)}}h(x)=A$，

则 $\lim\limits_{\substack{x\to x_0\\(x\to\infty)}}f(x)$ 存在，且 $\lim\limits_{\substack{x\to x_0\\(x\to\infty)}}f(x)=A$.

利用夹逼准则，可很方便地计算某些极限.

例 3.4.1 求 $\lim\limits_{n\to\infty}\left(\dfrac{1}{\sqrt{n^2+1}}+\dfrac{1}{\sqrt{n^2+2}}+\cdots+\dfrac{1}{\sqrt{n^2+n}}\right)$.

解： 设 $x_n=\frac{1}{\sqrt{n^2+1}}+\frac{1}{\sqrt{n^2+2}}+\cdots+\frac{1}{\sqrt{n^2+n}}$， 则可知 x_n 为 n 项之和. 先对数列 $\{x_n\}$ 的通项进行适当的“放缩”.

$$\frac{1}{\sqrt{n^2+n}}+\frac{1}{\sqrt{n^2+n}}+\cdots+\frac{1}{\sqrt{n^2+n}}\leqslant\frac{1}{\sqrt{n^2+1}}+\frac{1}{\sqrt{n^2+2}}+\cdots+\frac{1}{\sqrt{n^2+n}},$$

$$\frac{1}{\sqrt{n^2+1}}+\frac{1}{\sqrt{n^2+2}}+\cdots+\frac{1}{\sqrt{n^2+n}}\leqslant\frac{1}{\sqrt{n^2+1}}+\frac{1}{\sqrt{n^2+1}}+\cdots+\frac{1}{\sqrt{n^2+1}}$$

即有

$$\frac{n}{\sqrt{n^2+n}}\leqslant\frac{1}{\sqrt{n^2+1}}+\frac{1}{\sqrt{n^2+2}}+\cdots+\frac{1}{\sqrt{n^2+n}}\leqslant\frac{n}{\sqrt{n^2+1}}$$

因为 $\lim\limits_{n\to\infty}\frac{n}{\sqrt{n^2+n}}=1,\ \lim\limits_{n\to\infty}\frac{n}{\sqrt{n^2+1}}=1$，由夹逼准则得

$$\lim_{n\to\infty}\left(\frac{1}{\sqrt{n^2+1}}+\frac{1}{\sqrt{n^2+2}}+\cdots+\frac{1}{\sqrt{n^2+n}}\right)=1.$$

在讨论数列极限的性质时，我们知道，收敛数列必有界，但有界数列未必收敛. 可如果是单调有界数列呢？于是有了单调有界收敛准则.

准则 2 单调有界数列必有极限.

从数轴上直观来看（见图 3.4.1）由于数列 $\{x_n\}$ 为单调的， 故对应数列的点 x_n 只可能向一个方向移动.（单调递增数列只能向右运动， 单调递减数列只向左运动）. 所以：点 x_n 或移向无穷远处，或趋于某个确定的值. 又由于该数列是有界的，因此 x_n 不能趋于无穷，只能趋于某个确定的值，这个值就是数列的极限.

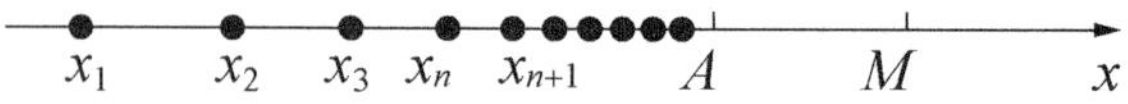

x_1 x_2 x_3 x_n x_{n+1} A M x

图 3.4.1

3.4.2 第一个重要极限

重要极限 1 $\lim\limits_{x\to 0}\frac{\sin x}{x}=1$（变式：$\lim\limits_{x\to 0}\frac{x}{\sin x}=1$）

我们可以观察到，当 $x\to 0$ 时，$\sin x\to 0$，用其他方法不好处理，下面就用函数的夹逼准则来证明这个结论.

证明： $x\neq 0$ 时，函数 $\frac{\sin x}{x}$ 均有定义.

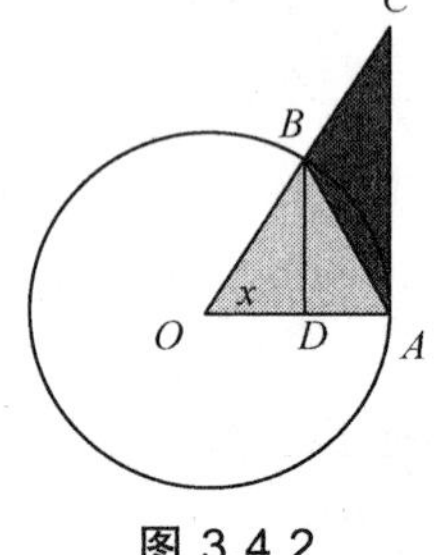

图 3.4.2

如图 3.4.2 所示，作出一单位圆.

设圆心角 $\angle AOB=x\left(0<x<\frac{\pi}{2}\right)$. 得到， $\sin x=DB, x=\overset{\frown}{AB}, \tan x=AC$.

由 $S_{\triangle AOB}<S_{扇形AOB}<S_{\triangle AOC}$ 得 $\frac{1}{2}\sin x<\frac{1}{2}x<\frac{1}{2}\tan x$，即 $\sin x<x<\tan x$. 等式两端除以 $\sin x$，

得$1<\frac{x}{\sin x}<\frac{1}{\cos x}$. 因此， $\cos x<\frac{\sin x}{x}<1$.

观察 $y=\cos x$ 的图像（见图 3.4.3），显然，由夹逼定理可得 $\lim\limits_{x\to 0}\frac{\sin x}{x}=1$. 其还可以变形为：$\lim\limits_{x\to 0}\frac{x}{\sin x}=\lim\limits_{x\to 0}\frac{1}{\frac{\sin x}{x}}=1$， 可得 $\lim\limits_{x\to 0}\frac{x}{\sin x}=1$.

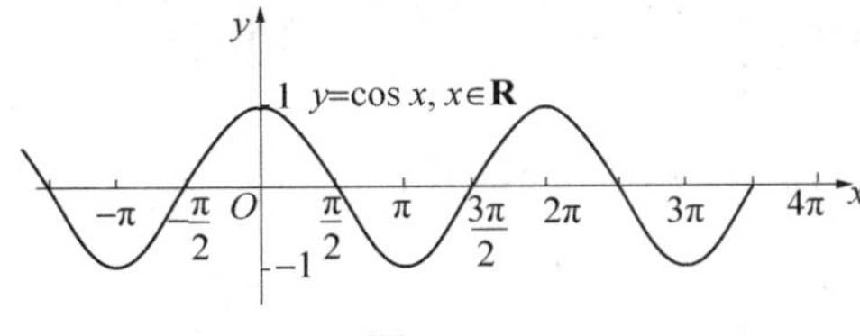

图 3.4.3

例 3.4.2 求下列极限：

（1）$\lim\limits_{x\to 0}\frac{\sin 2x}{x}$；（2）$\lim\limits_{x\to 0}\frac{\sin x}{2x}$；（3）$\lim\limits_{x\to 0}x\cot x$；（4）$\lim\limits_{x\to 0}\frac{\sin 3x}{\sin 4x}$；

（5）$\lim\limits_{x\to 0}\frac{\tan x}{x}$；（6）$\lim\limits_{x\to 0}\frac{1-\cos x}{\frac{1}{2}x^2}$；（7）$\lim\limits_{x\to 0}\frac{\tan x-\sin x}{\frac{1}{2}x^3}$.

解：（1）$\frac{\sin 2x}{x}$可以先变形为$2\cdot\frac{\sin 2x}{2x}$，再由$x\to 0$时$2x\to 0$于是有，

原式$=\lim\limits_{x\to 0}2\cdot\frac{\sin 2x}{2x}=2\lim\limits_{x\to 0}\frac{\sin 2x}{2x}=2$.

（2）原式$=\lim\limits_{x\to 0}\frac{1}{2}\cdot\frac{\sin x}{x}=\frac{1}{2}\lim\limits_{x\to 0}\frac{\sin x}{x}=\frac{1}{2}$.

（3）原式$=\lim\limits_{x\to 0}x\frac{\cos x}{\sin x}=\lim\limits_{x\to 0}\frac{x}{\sin x}\lim\limits_{x\to 0}\cos x=1$.

（4）原式$=\lim\limits_{x\to 0}\frac{\sin 3x}{3x}\cdot\frac{4x}{\sin 4x}\cdot\frac{3}{4}=\frac{3}{4}\lim\limits_{x\to 0}\frac{\sin 3x}{3x}\cdot\lim\limits_{x\to 0}\frac{4x}{\sin 4x}=\frac{3}{4}$.

（5）原式$=\lim\limits_{x\to 0}\frac{\tan x}{x}=\lim\limits_{x\to 0}\frac{\sin x}{x}\cdot\frac{1}{\cos x}=1$.

（6）原式$=\lim\limits_{x\to 0}\frac{1-\cos x}{\frac{1}{2}x^2}=\lim\limits_{x\to 0}\frac{2\sin^2\frac{x}{2}}{\frac{1}{2}x^2}=\lim\limits_{x\to 0}\left(\frac{\sin\frac{x}{2}}{\frac{x}{2}}\right)^2=1$.

（7）原式$=\lim\limits_{x\to 0}\frac{\frac{\sin x}{\cos x}-\sin x}{\frac{1}{2}x\cdot x^2}=\lim\limits_{x\to 0}\frac{\sin x}{x}\frac{\frac{1}{\cos x}-1}{\frac{1}{2}x^2}=\lim\limits_{x\to 0}\left(\frac{\sin x}{x}\cdot\frac{1-\cos x}{\frac{1}{2}x^2\cos x}\right)$

$=\lim\limits_{x\to 0}\left(\frac{\sin x}{x}\cdot\frac{1-\cos x}{\frac{1}{2}x^2}\cdot\frac{1}{\cos x}\right)=\lim\limits_{x\to 0}\frac{\sin x}{x}\cdot\lim\limits_{x\to 0}\frac{1-\cos x}{\frac{1}{2}x^2}\cdot\lim\limits_{x\to 0}\frac{1}{\cos x}=1.$

例 3.4.3 求下列极限：

（1）$\lim\limits_{x\to 0}\dfrac{\arctan x}{x}$；（2）$\lim\limits_{x\to 0}\dfrac{2\sin x-\sin 2x}{x^3}$；（3）$\lim\limits_{x\to\infty}\dfrac{2x-1}{x^2\sin\dfrac{2}{x}}$；

（4）$\lim\limits_{x\to 0}x\sin\dfrac{1}{x}$；（5）$\lim\limits_{x\to 0}\dfrac{\arcsin x}{x}$.

解：（1）令 $t=\arctan x$，则 $x=\tan t$，$\lim\limits_{x\to 0}\dfrac{\arctan x}{x}=\lim\limits_{u\to 0}\dfrac{t}{\tan t}=1$.

（2）$\lim\limits_{x\to 0}\dfrac{2\sin x-\sin 2x}{x^3}=\lim\limits_{x\to 0}\dfrac{2\sin x-2\sin x\cos x}{x^3}=2\lim\limits_{x\to 0}\left(\dfrac{\sin x}{x}\cdot\dfrac{1-\cos x}{x^2}\right)=2\cdot 1\cdot\dfrac{1}{2}=1$.

（3）令 $t=\dfrac{1}{x}$，当 $x\to\infty$ 时，$t\to 0$，于是有：

$$\lim_{x\to\infty}\frac{2x-1}{x^2\sin\dfrac{2}{x}}=\lim_{x\to\infty}\frac{\dfrac{2}{x}-\dfrac{1}{x^2}}{\sin\dfrac{2}{x}}=\lim_{t\to 0}\frac{2t-t^2}{\sin 2t}=\lim_{t\to 0}\frac{2t\left(1-\dfrac{t}{2}\right)}{\sin 2t}=\lim_{t\to 0}\frac{2t}{\sin 2t}\left(1-\frac{t}{2}\right)=1.$$

（4）令 $t=\dfrac{1}{x}$，当 $x\to\infty$ 时，$t\to 0$，于是有：$\lim\limits_{x\to\infty}x\sin\dfrac{1}{x}=\lim\limits_{x\to\infty}\dfrac{\sin\dfrac{1}{x}}{\dfrac{1}{x}}=\lim\limits_{x\to\infty}\dfrac{\sin t}{t}=1$.

（5）令 $t=\arcsin x$，则 $x=\sin t$，$\lim\limits_{x\to 0}\dfrac{\arcsin x}{x}=\lim\limits_{u\to 0}\dfrac{t}{\sin t}=1$.

3.4.3 第二个重要极限

重要极限 2 $\lim\limits_{x\to\infty}\left(1+\dfrac{1}{x}\right)^x=\mathrm{e}$（变式：$\lim\limits_{x\to 0}(1+x)^{\frac{1}{x}}=\mathrm{e}$）.

要讨论这个重要极限，首先讨论数列的情形：设 $x_n=\left(1+\dfrac{1}{n}\right)^n$，利用二项式定理，则有

$$\begin{aligned}x_n=\left(1+\frac{1}{n}\right)^n&=1+\frac{n}{1!}\cdot\frac{1}{n}+\frac{n(n-1)}{2!}\cdot\frac{1}{n^2}+\frac{n(n-1)(n-2)}{3!}\cdot\frac{1}{n^3}+\cdots+\frac{n(n-1)\cdots(n-n+1)}{n!}\cdot\frac{1}{n^n}\\&=1+1+\frac{1}{2!}\left(1-\frac{1}{n}\right)+\frac{1}{3!}\left(1-\frac{1}{n}\right)\left(1-\frac{2}{n}\right)+\cdots+\frac{1}{n!}\left(1-\frac{1}{n}\right)\left(1-\frac{2}{n}\right)\cdots\left(1-\frac{n-1}{n}\right).\end{aligned}$$

类似地，

$$\begin{aligned}x_{n+1}=&1+1+\frac{1}{2!}\left(1-\frac{1}{n+1}\right)+\frac{1}{3!}\left(1-\frac{1}{n+1}\right)\left(1-\frac{2}{n+1}\right)+\cdots+\frac{1}{n!}\left(1-\frac{1}{n+1}\right)\left(1-\frac{2}{n+1}\right)\cdots\left(1-\frac{n-1}{n+1}\right)+\\&\frac{1}{(n+1)!}\left(1-\frac{1}{n+1}\right)\left(1-\frac{2}{n+1}\right)\cdots\left(1-\frac{n-1}{n+1}\right)\left(1-\frac{n}{n+1}\right).\end{aligned}$$

比较 x_n 与 x_{n+1}，则有 $x_n\leqslant x_{n+1}$，即 $\{x_n\}$ 单调增加.

又由

$$x_n = 1+1+\frac{1}{2!}\left(1-\frac{1}{n}\right)+\frac{1}{3!}\left(1-\frac{1}{n}\right)\left(1-\frac{2}{n}\right)+\cdots+\frac{1}{n!}\left(1-\frac{1}{n}\right)\left(1-\frac{2}{n}\right)\cdots\left(1-\frac{n-1}{n}\right)$$

得

$$x_n \leqslant 1+1+\frac{1}{2!}+\frac{1}{3!}+\cdots+\frac{1}{n!}<1+1+\frac{1}{2}+\frac{1}{2^2}+\cdots+\frac{1}{2^{n-1}}=1+\frac{1-\frac{1}{2^n}}{1-\frac{1}{2}}=3-\frac{1}{2^{n-1}}<3$$

即 $\{x_n\}$ 有上界，因此由单调有界准则知 $\lim\limits_{n\to\infty}\left(1+\frac{1}{n}\right)^n$ 存在.

1683 年，瑞士数学家雅各布·伯努利（Jakob Bernoulli，1654—1705）对此数列进行了研究，发现这个值无限趋近 2.718 281 828 459 045 23……，是一个无理数. 1728 年，瑞士数学家欧拉（Euler，1707—1783）首先用 e 表示这个极限，即 $\lim\limits_{n\to\infty}\left(1+\frac{1}{n}\right)^n = \mathrm{e} \approx 2.71828\cdots\cdots$.

设 x 为实数，当 $x>0$ 时，则有 $n=[x]\leqslant x<[x]+1=n+1$ ，因此

$$\left(1+\frac{1}{n+1}\right)^n < \left(1+\frac{1}{x}\right)^x < \left(1+\frac{1}{n}\right)^{n+1}$$

由

$$\lim_{n\to\infty}\left(1+\frac{1}{n+1}\right)^n = \lim_{n\to\infty}\frac{\left(1+\frac{1}{n+1}\right)^{n+1}}{1+\frac{1}{n+1}} = \mathrm{e}$$

$$\lim_{n\to\infty}\left(1+\frac{1}{n}\right)^{n+1} = \lim_{n\to\infty}\left[\left(1+\frac{1}{n}\right)^n\cdot\left(1+\frac{1}{n}\right)\right]=\mathrm{e}$$

并注意到 $x\to+\infty \Leftrightarrow n\to\infty$ ，则由夹逼准则得 $\lim\limits_{x\to+\infty}\left(1+\frac{1}{x}\right)^x=\mathrm{e}$.

当 $x<0$ 时，令 $x=-(t+1)$ ，则当 $x\to-\infty$ 时， $t\to+\infty$ ，因此

$$\lim_{x\to-\infty}\left(1+\frac{1}{x}\right)^x = \lim_{t\to+\infty}\left(1-\frac{1}{t+1}\right)^{-(t+1)} = \lim_{t\to+\infty}\left[\left(\frac{t}{t+1}\right)^{-1}\right]^{t+1} \lim_{t\to+\infty}\left(1+\frac{1}{t}\right)^{t+1} = \lim_{t\to+\infty}\left[\left(1+\frac{1}{t}\right)^t\left(1+\frac{1}{t}\right)\right]=\mathrm{e}.$$

由 $\lim\limits_{x\to+\infty}\left(1+\frac{1}{x}\right)^x=\mathrm{e}$ 及 $\lim\limits_{x\to-\infty}\left(1+\frac{1}{x}\right)^x=\mathrm{e}$ ，则得 $\lim\limits_{x\to\infty}\left(1+\frac{1}{x}\right)^x=\mathrm{e}$.

设 $t=\frac{1}{x}$,则当 $x\to\infty$ 时, $t\to0$,于是有 $\lim\limits_{x\to\infty}\left(1+\frac{1}{x}\right)^x=\lim\limits_{t\to0}(1+t)^{\frac{1}{t}}=\mathrm{e}$. 也可记为 $\lim\limits_{x\to0}(1+x)^{\frac{1}{x}}=\mathrm{e}$.

说明：在求函数极限时， 常用到形如 $[f(x)]^{g(x)}(f(x)>0, f(x)\neq1)$ 的函数（通常称为幂指函数）的极限，我们有下面的计算公式.

性质 如果 $\lim f(x)=A>0, \lim g(x)=B$ ，那么

$$\lim[f(x)]^{g(x)}=A^B$$

例 3.4.4　计算下列极限：

（1）$\lim\limits_{x\to0}(1+2x)^{\frac{1}{x}}$；　（2）$\lim\limits_{x\to\infty}\left(1+\dfrac{1}{x}\right)^{x+2}$；　（3）$\lim\limits_{x\to\infty}\left(1+\dfrac{1}{x+2}\right)^{x}$；

（4）$\lim\limits_{x\to\infty}\left(1+\dfrac{1}{x}\right)^{2x}$；　（5）$\lim\limits_{x\to\infty}\left(\dfrac{x+4}{x+2}\right)^{x}$；　（6）$\lim\limits_{x\to\infty}\left(1-\dfrac{1}{x}\right)^{x}$.

解：（1）原式 $=\lim\limits_{x\to0}(1+2x)^{\frac{1}{2x}\times2}\xlongequal{t=2x}\left(\lim\limits_{t\to0}(1+t)^{\frac{1}{t}}\right)^2=\mathrm{e}^2$.

（2）原式 $=\lim\limits_{x\to\infty}\left(1+\dfrac{1}{x}\right)^{x}\lim\limits_{x\to\infty}\left(1+\dfrac{1}{x}\right)^{2}=\mathrm{e}\cdot1=\mathrm{e}$.

（3）原式 $=\lim\limits_{x\to\infty}\left(1+\dfrac{1}{x+2}\right)^{x+2-2}\xlongequal{t=x+2}\lim\limits_{t\to\infty}\left(1+\dfrac{1}{t}\right)^{t}\left(1+\dfrac{1}{t}\right)^{-2}=\mathrm{e}$.

（4）原式 $=\left(\lim\limits_{x\to\infty}\left(1+\dfrac{1}{x}\right)^{x}\right)^2=\mathrm{e}^2$.

（5）原式 $=\lim\limits_{x\to\infty}\left(1+\dfrac{2}{x+2}\right)^{x}=\left(\lim\limits_{x\to\infty}\left(1+\dfrac{2}{x+2}\right)^{\frac{x+2}{2}-1}\right)^2$

$$\xlongequal{t=\frac{x+2}{2}}\left(\lim_{t\to\infty}\left(1+\frac{1}{t}\right)^{t-1}\right)^2=\left(\lim_{t\to\infty}\left(1+\frac{1}{t}\right)^{t}\lim_{t\to\infty}\left(1+\frac{1}{t}\right)^{-1}\right)^2=\mathrm{e}^2.$$

（6）原式 $=\lim\limits_{x\to\infty}\left(1+\dfrac{1}{-x}\right)^{-x\cdot(-1)}=\left[\lim\limits_{x\to\infty}\left(1+\dfrac{1}{-x}\right)^{-x}\right]^{-1}=\mathrm{e}^{-1}=\dfrac{1}{\mathrm{e}}$.

例 3.4.5　求下列函数的极限：

（1）$\lim\limits_{x\to0}(\cos^2x)^{\csc^2x}$；　（2）$\lim\limits_{x\to0}(1+\sin x)^{\frac{1}{x}}$；　（3）$\lim\limits_{x\to\infty}\left(\dfrac{x}{1+x}\right)^{x+1}$；　（4）$\lim\limits_{x\to\infty}\left(\dfrac{2x+5}{2x-1}\right)^{x}$.

解：（1）原式 $=\lim\limits_{x\to0}(1+\cos^2x-1)^{\frac{1}{\sin^2x}}=\lim\limits_{x\to0}(1+\cos^2x-1)^{\frac{-1}{\cos^2x-1}}$

$$\xlongequal{t=\cos^2x-1}\lim_{t\to0}(1+t)^{-\frac{1}{t}}=\lim_{t\to0}(1+t)^{\frac{1}{t}\cdot(-1)}=\mathrm{e}^{-1}.$$

（2）原式 $=\lim\limits_{x\to0}\left[(1+\sin x)^{\frac{1}{\sin x}}\right]^{\frac{\sin x}{x}}=\mathrm{e}^{\lim\limits_{x\to0}\frac{\sin x}{x}}=\mathrm{e}$.

（3）原式 $=\lim\limits_{x\to\infty}\left(\dfrac{1}{\dfrac{1}{x}+1}\right)^{x}\cdot\left(\dfrac{x}{1+x}\right)=\lim\limits_{x\to\infty}\dfrac{1}{\left(1+\dfrac{1}{x}\right)^{x}}\cdot\left(\dfrac{x}{1+x}\right)=\dfrac{1}{\mathrm{e}}$.

（4）原式 $=\lim\limits_{x\to\infty}\left[\left(1+\dfrac{6}{2x-1}\right)^{\frac{2x-1}{6}}\right]^{\frac{6}{2x-1}\cdot x}=\mathrm{e}^{\lim\limits_{x\to\infty}\frac{6x}{2x-1}}=\mathrm{e}^3$.

习题 3.4

基础练习

1. 求下列极限：

（1）$\lim\limits_{x\to\pi}\dfrac{\sin x}{\pi-x}$；（2）$\lim\limits_{x\to 0}(1-x)^{\frac{1}{x}}$；（3）$\lim\limits_{x\to 0}\dfrac{\sin 5x}{x}$；（4）$\lim\limits_{x\to\infty}\left(1+\dfrac{3}{x}\right)^{x}$；

（5）$\lim\limits_{x\to 0}\dfrac{\sin 5x}{\sin 6x}$；（6）$\lim\limits_{x\to 0}\dfrac{\sin\dfrac{x}{2}}{x}$；（7）$\lim\limits_{x\to 0}\dfrac{x}{\tan 3x}$；（8）$\lim\limits_{x\to 0}(1+3x)^{\frac{5}{2x}}$.

提高练习

2. 解下列极限：

（1）$\lim\limits_{x\to 0}\dfrac{\sin 3x}{\tan 5x}$；（2）$\lim\limits_{x\to\infty}\left(1-\dfrac{1}{x}\right)^{2x+3}$；（3）$\lim\limits_{x\to\infty}\left(\dfrac{3+x}{2+x}\right)^{2x+3}$；（4）$\lim\limits_{x\to 0}(1-2x)^{\frac{1}{x}}$；

（5）$\lim\limits_{x\to 0}\dfrac{1-\cos 2x}{x\sin x}$；（6）$\lim\limits_{x\to 0}\dfrac{\tan x-\sin x}{\sin^3 x}$；（7）$\lim\limits_{x\to\frac{\pi}{2}}(1+\cos x)^{2\sec x}$；（8）$\lim\limits_{x\to 0}\dfrac{x-\sin 2x}{x+\sin 2x}$.

拓展练习

3. 求下列极限：

（1）$\lim\limits_{x\to\infty}\left(\dfrac{x+2}{x+1}\right)^{x+3}$；（2）$\lim\limits_{x\to 0}\dfrac{\ln(1+x)}{x}$；（3）$\lim\limits_{x\to 0^+}\dfrac{e^x-1}{x}$；（4）$\lim\limits_{x\to 0}(1-3x)^{\frac{1}{2x}}$；

（5）$\lim\limits_{x\to 0}\dfrac{\sin(x^2-4)}{x+2}$；（6）$\lim\limits_{n\to\infty}\dfrac{\sin x-\sin a}{x-a}$；（7）$\lim\limits_{n\to\infty}\left[\dfrac{1}{(n+1)^2}+\cdots+\dfrac{1}{(n+n)^2}\right]$；

（8）$\lim\limits_{x\to\infty}\left(1-\dfrac{1}{x}\right)^{\frac{1}{\sin\frac{1}{x}}}$.

3.5 无穷小与无穷大

在讨论极限时，经常遇到以零为极限的变量.例如，函数 $\dfrac{1}{x}$，当 $x\to\infty$ 时，其极限为 0. 这是一种非常特殊的变量，称为无穷小.

对无穷小的认识问题，可以远溯到古希腊，那时，阿基米德就曾用无限小量方法得到许多重要的数学结果，但他认为无限小量方法存在着不合理的地方. 直到 1821 年，柯西在他的《分析教程》中才对无限小（即这里所说的无穷小）这一概念给出了明确的回答. 而有关无穷小的理论就是在柯西的理论基础上发展起来的.

本节将着重研究两类特殊的变量：趋于零的变量（无穷小量）以及趋于无穷大的变量（无穷大量）. 为了叙述方便，本节约定用 u，v，w 表示数列变量或函数变量，而 $\lim u$ 泛指数列极限或各种类型的函数极限.

3.5.1 无穷小量和无穷大量

定义 3.5.1 若 $\lim u = 0$，则称变量 u 为该极限过程中的无穷小量.

例如，当 $n \to \infty$ 时 $\left\{\dfrac{1}{n}\right\}$ 是无穷小量，当 $x \to 1$ 时 $(x-1)^2$ 是无穷小量，当 $x \to +\infty$ 时 $\dfrac{1}{\sqrt{x}}$ 是无穷小量，当 $x \to \dfrac{\pi}{2}$ 时 $\cos x$ 是无穷小量，等等. 而 $\dfrac{1}{10^{2022}}$ 虽然很小，但却是一个非零常数，不是无穷小，当 $x \to \dfrac{\pi}{2}$ 时 $\sin x \to 1$ 也不是无穷小量.

在论及具体的无穷小量时，应当指明其极限过程，否则会使含义不清. 例如，$u = x^2$ 当 $x \to 0$ 时是无穷小量，当 $x \to 1$ 时便不是无穷小量. 其次，不可把无穷小量与“很小的量”混为一谈，非零的常量均不是无穷小量. 常量零由于可以看作是恒取零的变量且极限是零，故可视其为无穷小量.

由于 $\lim u = 0$ 等价于 $\lim |u| = 0$，故无穷小量可以说成是绝对值趋于零的变量.

若对某个极限过程，变量 u 收敛于常数 A（此时称 u 为收敛变量），则变量 $u-A$ 趋于零，即变量 $u-A$ 是同一极限过程中的无穷小量；反过来，若变量 $u-A$ 是无穷小量，则 u 收敛于 A，记 $\alpha = u - A$，因此收敛变量与无穷小量有如下关系.

定理 3.5.1 $\lim u = A \Leftrightarrow u = A + \alpha$，$\alpha$ 是同一极限过程中的无穷小量.

定义 3.5.2 若自变量在某个变化过程中，对应的函数值的绝对值 $|f(x)|$ 无限增大，就称函数 $f(x)$ 为无穷大量(简称为无穷大)，并记作

$$\lim f(x) = \infty$$

若将定义 3.5.2 中 $|f(x)|$ 无限增大，改成“$f(x)$ 向正方向无限增大”或“$f(x)$ 向负方向无限增大”，则有

$$\lim f(x) = +\infty，\text{称 } f(x) \text{ 为正无穷大}$$

$$\lim f(x) = -\infty，\text{称 } f(x) \text{ 为负无穷大}$$

例如，当 $x \to 1$ 时 $\dfrac{1}{x-1}$ 是无穷大量，当 $x \to \infty$ 时 x^2 是无穷大量，当 $x \to +\infty$ 时 $\mathrm{e}^x \to +\infty$，当 $x \to 0^+$ 时 $\ln x \to -\infty$，等等. 而 $2^{1\,000\,000}$ 虽然很大，但却是一个常数，不是无穷大，当 $x \to 2$ 时 $x^2 \to 4$ 也不是无穷大量.

注意：（1）如果当 $x \to x_0$ 时，函数 $f(x)$ 为无穷大，按极限定义，这时极限是不存在的，但为了方便描述函数的特征，习惯上也说“函数的极限是无穷大”.

（2）无穷大 (∞) 不是数，是一种特殊变量，不可与大数(如 $10^{2\,022}$ 等)混为一谈.

（3）描述某个变量是无穷大时，一定要指出变化过程. 变化过程不同，极限结果就很有可能不同.

用定义验证无穷大量比较复杂，通常利用无穷小量与无穷大量的关系，来判定无穷大量.

定理 3.5.2

（1）若 u 是无穷大量 $\Leftrightarrow$ $\dfrac{1}{u}$ 是无穷小量；

（2）若 $u \neq 0$，则 u 是无穷小量 $\Leftrightarrow \dfrac{1}{u}$ 是无穷大量.

由于变量 $\dfrac{1}{n^2}(n\to\infty)$，$\sin x(x\to 0)$，$x(x\to 0)$，$4-x^2(x\to 2)$ 是无穷小量，因此变量 $n^2(n\to\infty)$，$\dfrac{1}{\sin x}(x\to 0)$，$\dfrac{1}{x}(x\to 0)$，$\dfrac{1}{4-x^2}(x\to 2)$ 均为无穷大量.

无穷小量的运算有以下性质.

定理 3.5.3

（1）有限个无穷小量的和、差与积仍是无穷小量;

（2）有界量与无穷小量之积仍是无穷小量.

推论　常数与无穷小的乘积是无穷小.

例 3.5.1　证明函数极限的四则运算法则：设 $\lim f(x)=A, \lim g(x)=B$，则

$$\lim[f(x)\cdot g(x)]=\lim f(x)\cdot\lim g(x)=A\cdot B$$

证明：已知 $\lim f(x)=A$，$\lim g(x)=B$，则根据定理 3.5.1，有

$$f(x)=A+\alpha,\ g(x)=B+\beta$$

α,β 是自变量 x 同一变化过程中的无穷小，即 $\lim\alpha=0, \lim\beta=0$. 由无穷小的性质可得

$$\lim[f(x)\cdot g(x)]=\lim(A+\alpha)(B+\beta)=\lim(AB+A\beta+B\alpha+\alpha\beta)=A\cdot B$$

例 3.5.2　求极限 $\lim\limits_{x\to\infty}\dfrac{\sin x}{x}$.

解：由于 $x\to\infty$ 时，$\dfrac{1}{x}$ 的极限为零，故 $\dfrac{1}{x}$ 是当 $x\to\infty$ 时的无穷小. 而 $|\sin x|\leqslant 1$ 是有界函数变量，故由无穷小的性质可得

$$\lim_{x\to\infty}\frac{\sin x}{x}=\lim_{x\to\infty}\frac{1}{x}\sin x=0$$

3.5.2　无穷小的比较

当 $n\to\infty$ 时，$\dfrac{1}{n}$ 与 $\dfrac{1}{n^2}$ 都是无穷小量，但趋于零的快慢不一样. 对相同的 n，$\dfrac{1}{n^2}$ 要比 $\dfrac{1}{n}$ 更快地趋近于零. 在一般情形，如何比较无穷小量趋近于零的快慢呢？比如 x 与 $\sin x\ (x\to 0)$，$\dfrac{1}{\sqrt{n}}$ 与 $\left(\sqrt{n+1}-\sqrt{n}\right)\ (n\to\infty)$？为此，建立一个比较准则.

定义 3.5.3　设 u，v 均为同一极限过程的无穷小量.

（1）若 $\lim\dfrac{u}{v}=0$，则称 u 是 v 的高阶无穷小，记作 $u=o(v)$.

（2）若 $\lim\dfrac{u}{v}=\infty$，则称 u 是 v 的低阶无穷小.

（3）若 $\lim\dfrac{u}{v}=C\ (C\neq 0)$，则称 u，v 是同阶无穷小. 特别，当 $C=1$ 时，则称 u 与 v 是等价无

穷小，记作 $u \sim v$ 或 $v \sim u$.

直接从定义可得，当 $x \to 0$ 时，x^2 是 x 的高阶无穷小；$2x$ 与 x 是同阶无穷小；$x+x^2$ 与 x 是等价无穷小. 当 $n \to \infty$ 时，$\frac{1}{n}$ 是比 $\frac{1}{n^2}$ 低阶的无穷小.

例 3.5.3　比较下列函数的阶：

（1）当 $x \to 0$ 时，$4x^4-3x^3$ 与 x^2-x^3；　（2）当 $x \to 1$ 时，$\sqrt{x^2-3x+2}$ 与 $x-1$；

（3）当 $x \to 1$ 时，$2\sin(x-1)$ 与 $x-1$；　（4）当 $x \to 0$ 时，$\sqrt{x+1}-1$ 与 $\frac{1}{2}x$.

解：（1）由 $\lim\limits_{x\to 0}\frac{4x^4-3x^3}{x^2-x^3}=\lim\limits_{x\to 0}\frac{4x^2-3x}{1-x}=0$ 可知，当 $x \to 0$ 时，$4x^4-3x^3$ 是比 x^2-x^3 的高阶无穷小.

（2）由 $\lim\limits_{x\to 1}\frac{\sqrt{x^2-3x+2}}{x-1}=\lim\limits_{x\to 1}\frac{\sqrt{(x-1)(x-2)}}{x-1}=\infty$ 可知，当 $x \to 1$ 时，$\sqrt{x^2-3x+2}$ 是比 $x-1$ 的低阶无穷小.

（3）由 $\lim\limits_{x\to 1}\frac{2\sin(x-1)}{x-1}=2\lim\limits_{x\to 1}\frac{\sin(x-1)}{x-1}=2$ 可知，当 $x \to 1$ 时，$2\sin(x-1)$ 与 $x-1$ 是同阶无穷小.

（4）由 $\lim\limits_{x\to 0}\frac{\sqrt{1+x}-1}{\frac{1}{2}x}=\lim\limits_{x\to 0}\frac{2(\sqrt{1+x}-1)(\sqrt{1+x}+1)}{x(\sqrt{1+x}+1)}=\lim\limits_{x\to 0}\frac{2}{\sqrt{1+x}+1}=1$ 可知，当 $x \to 0$ 时，$\sqrt{x+1}-1$ 与 $\frac{1}{2}x$ 等价无穷小.

由（4）还可以推广到一个更一般的结论：$x \to 0$ 时，$(1+x)^{\alpha}-1 \sim \alpha x(\alpha \in \mathbf{R}, \alpha \neq 0)$.

更进一步总结，由前面的例题可得出如下常用无穷小的等价关系：

当 $x \to 0$ 时，$\sin x \sim \arcsin x \sim \tan x \sim \arctan x \sim x$ ，$1-\cos x \sim \frac{1}{2}x^2$，$\tan x-\sin x \sim \frac{1}{2}x^3$，$(1+x)^{\alpha}-1 \sim \alpha x(\alpha \in \mathbf{R}, \alpha \neq 0)$ ，$x \sim \ln(1+x) \sim \mathrm{e}^x-1$ ，$a^x-1 \sim x\ln a(a>0, a\neq 1)$ ，$\log_a(x+1) \sim \frac{x}{\ln a}(a>0, a\neq 1)$.

3.5.3　等价无穷小的应用

利用等价无穷小来计算某些极限，非常方便，我们先看如下定理：

定理 3.5.4　（等价代换法则）设在某一极限过程中有 $u \sim v$ ，则（当下列等式任一端的极限存在时）有

（1）$\lim uw = \lim vw$；

（2）$\lim \frac{w}{u} = \lim \frac{w}{v}$.

证：只证（1），（2）请读者自己证明.

$$\lim uw = \lim \frac{u}{v} w \cdot v = \lim \frac{u}{v} \lim wv = \lim wv .$$

注意：（1）在上述等价无穷小中，用无穷小量 α 代替自变量 x 也成立.例如，当 $x \to 1$ 时，$\tan(x-1) \sim x-1$.

（2）在使用等价代换法则时必须注意，要代换的量 u 必须是极限式 $\lim f(x)$ 中 $f(x)$ 的因式（若 $f(x)$ 是分式，也可以是分母的因式），不注意这一点可能会导致错误的结果，如以下计算 $\lim\limits_{x\to 0}\dfrac{\tan x-\sin x}{x^3}\xlongequal{\text{将分子代换化简}}\lim\limits_{x\to 0}\dfrac{x-x}{x^3}=0$，是不对的.

例 3.5.4　求下列极限：

（1）$\lim\limits_{x\to 0}\dfrac{3x}{\tan 2x}$；　（2）$\lim\limits_{x\to 0}\dfrac{\sin 3x}{\sin 4x}$；　（3）$\lim\limits_{x\to 0}\dfrac{e^{3x^3}-1}{\tan x-\sin x}$；　（4）$\lim\limits_{x\to 0}\dfrac{1-\cos x}{x^2+x}$；

（5）$\lim\limits_{x\to 0}\dfrac{\sqrt{1+x^2}-1}{2\sin^2 x}$；　（6）$\lim\limits_{x\to 0}\dfrac{\ln^2(1+2x)}{x\arcsin x}$；　（7）$\lim\limits_{n\to\infty}2^n\arctan\dfrac{x}{2^n}$.

解：（1）当 $x\to 0$ 时，$\tan 2x\sim 2x$，可得

$$\lim_{x\to 0}\frac{3x}{\tan 2x}=\lim_{x\to 0}\frac{3x}{2x}=\frac{3}{2}.$$

（2）当 $x\to 0$ 时，$\sin 3x\sim 3x$，$\sin 4x\sim 4x$，故

$$\text{原式}=\lim_{x\to 0}\frac{3x}{4x}=\frac{3}{4}.$$

（3）当 $x\to 0$ 时，$3x^3\to 0$，$e^{3x^3}-1\sim 3x^3$，$\tan x-\sin x\sim\dfrac{1}{2}x^3$，所以

$$\lim_{x\to 0}\frac{e^{3x^3}-1}{\tan x-\sin x}=\lim_{x\to 0}\frac{3x^3}{\frac{1}{2}x^3}=6.$$

（4）当 $x\to 0$ 时，$1-\cos x\sim\dfrac{1}{2}x^2$，$x^2+x\sim x$，故

$$\text{原式}=\lim_{x\to 0}\frac{\frac{1}{2}x^2}{x}=\frac{1}{2}\lim_{x\to 0}x=0.$$

（5）当 $x\to 0$ 时 $x^2\to 0$，得 $\sqrt{1+x^2}-1\sim\dfrac{1}{2}x^2$，$\sin^2 x=\sin x\sin x\sim x\cdot x=x^2$，故

$$\text{原式}=\lim_{x\to 0}\frac{\frac{1}{2}x^2}{2x^2}=\frac{1}{4}.$$

（6）当 $x\to 0$ 时，$\ln(1+2x)\sim 2x,\arcsin x\sim x$，于是

$$\lim_{x\to 0}\frac{\ln^2(1+2x)}{x\arcsin x}=\lim_{x\to 0}\frac{(2x)^2}{x\cdot x}=4.$$

（7）当 $n\to\infty$ 时，$\dfrac{x}{2^n}\to 0$，$\arctan\dfrac{x}{2^n}\sim\dfrac{x}{2^n}$，所以

$$\lim_{n\to\infty}2^n\arctan\frac{x}{2^n}=\lim_{n\to\infty}2^n\frac{x}{2^n}=x.$$

习题 3.5

基础练习

1．当 $x \to 0^+$ 时，下列变量中____是无穷小量.

A. $x^2\cos\dfrac{1}{x}$　　B. $\dfrac{1}{x}\sin x$　　C. $\ln x^2$　　D. 2^x

2．当 $x \to 0^+$ 时，下列变量中____是无穷大量.

A. $x^2\cos\dfrac{1}{x}$　　B. $\dfrac{1}{x}\sin x$　　C. $\ln x^2$　　D. 2^x

3．判断下列函数在变量 x 怎样的变化趋势下是无穷大？在 x 怎样的变化趋势下是无穷小？

（1）2^x；　（2）$\ln(1-x)$；　（3）x^2；　（4）$\operatorname{arccot} x$.

4．当 $x \to 0$ 时，比较下列无穷小：

（1）$2x+7x^2$ 与 $x\sin x$；　（2）$\sqrt{a+x^4}-\sqrt{a}\ (a>0)$ 与 x；

（3）$1-\cos x$ 与 x^2；　（4）$\log_a(x+1)\ (a>0, a\neq 1)$ 与 $\dfrac{x}{\ln a}$.

提高练习

5．求下列函数的极限：

（1）$\lim\limits_{x\to\infty}\dfrac{x^3+2x}{x^2+1}$；　（2）$\lim\limits_{x\to 0}\dfrac{\tan^2 2x}{1-\cos x}$；　（3）$\lim\limits_{x\to\infty}\dfrac{\sqrt{x^4-5x}}{x^2+6x}$；　（4）$\lim\limits_{x\to 0}\dfrac{\tan x-\sin x}{\sin^3 2x}$；

（5）$\lim\limits_{x\to 0}\dfrac{\sin(\sin x)}{\sqrt{1+3x}-1}$；　（6）$\lim\limits_{x\to 0}\dfrac{\ln(1+2x)}{\arcsin x}$；　（7）$\lim\limits_{x\to 0}\dfrac{e^{\sin x}-1}{\arctan x}$；　（8）$\lim\limits_{x\to\infty} x\left(2^{\frac{1}{x}}-1\right)$；

（9）$\lim\limits_{n\to\infty} n[\ln(n+1)-\ln n]$；　（10）$\lim\limits_{x\to 0}\dfrac{\log_3(2x+1)}{x}$.

拓展练习

6．求下列极限：

（1）$\lim\limits_{a\to b}\dfrac{e^a-e^b}{a-b}$；　（2）$\lim\limits_{x\to a}\dfrac{\tan x-\tan a}{x-a}$；

（3）$\lim\limits_{x\to e}\dfrac{\ln x-1}{x-e}$；　（4）$\lim\limits_{x\to 0}\dfrac{\sqrt{1+\sin x^2}-1}{x\arcsin(\arcsin x)}$.

7．已知当 $x \to 0$ 时，若 $\sqrt{1+ax^2}-1 \sim \sin^2 x$，求常数 a 的值.

8．当 $x \to \infty$ 时，若 $\lim\limits_{x\to\infty}\dfrac{ax^2+bx+c}{x+1}=2$，求 a,b,c 的值.

3.6　函数的连续、间断及性质

我们生活的这个世界，任何事、物都是时刻运动变化的，有些现象及事物运动变化的过程是连绵不断的，比如星辰运行、时光流逝、植物生长、温度改变等，这些连绵不断发展变化的事物在量的方面反映的就是函数的连续性. 本节引入的连续函数就是刻画变量连续变化的数学模型.

16、17 世纪微积分的酝酿和产生，直接起始于对物体的连续运动的研究. 例如伽利略研究的自由落体运动等都是连续变化的量. 但直到 19 世纪以前，数学家们对连续变量的研究仍停留在几何直观的层面上，即把能一笔画成的曲线所对应的函数称为连续函数. 19 世纪中叶，在柯西等数学家建立起严格的极限理论之后，才对连续函数做出了严格的数学表述.

连续函数不仅是微积分的研究对象，而且微积分中的主要概念、定理、公式法则等，往往都要求函数具有连续性.

本节和下一节将以极限为基础，介绍连续函数的概念、连续函数的运算及连续函数的一些性质.

3.6.1　函数连续的定义

考察函数 $y=f(x)$，当其自变量由 x 变到 $x+\Delta x$ 时，因变量 $f(x)$ 也会随之产生变化（见图 3.6.1）. 通常将 x 的变化值 Δx 称为 x 的改变量或增量，它可以是正的，也可以是负的. 因变量 $y=f(x)$ 随之产生的变化值称为 y 的改变量，记作 Δy，即

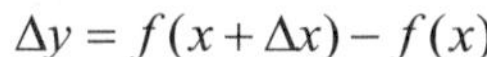

$$\Delta y=f(x+\Delta x)-f(x)$$

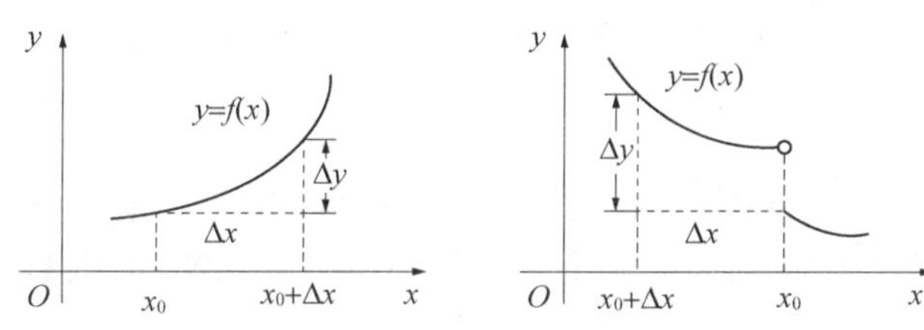

图 3.6.1

应该注意到：记号 Δy 并不表示某个量 Δ 与变量 y 的乘积，而是一个整体不可分割的记号.

例如，对函数 $y=x^2$，$\Delta y=(x+\Delta x)^2-x^2=2x\cdot\Delta x+(\Delta x)^2$.

例 3.6.1　在下列条件下，求函数 $y=2x^2+1$ 的增量：

（1）当 x 由 1 变到 3 时；（2）当 x 由 1 变到 $-\dfrac{1}{2}$ 时.

解：（1）由已知 $x_0=1, x_0+\Delta x=3$，可得 $\Delta y=f(x_0+\Delta x)-f(x_0)=f(3)-f(1)=16$；

（2）由已知 $x_0=1, x_0+\Delta x=-\dfrac{1}{2}$，可得 $\Delta y=f(x_0+\Delta x)-f(x_0)=f(-\dfrac{1}{2})-f(1)=-\dfrac{3}{2}$

对同一函数 $f(x)$，Δy 的大小取决于 x 与 Δx，接下来要考虑的问题是：当 Δx 无限趋于 0 时，Δy 是否也无限趋于 0？即是否有 $\lim\limits_{\Delta x\to 0}\Delta y=0$（或等价地 $\lim\limits_{\Delta x\to 0}f(x+\Delta x)=f(x)$）.

定义 3.6.1　设函数 $y=f(x)$ 在点 x_0 的某一邻域内有定义，如果

$$\lim_{\Delta x\to 0}\Delta y=\lim_{\Delta x\to 0}[f(x_0+\Delta x)-f(x_0)]=0 \qquad (3.6.1)$$

那么就称函数 $y=f(x)$ 在点 x_0 连续.

为了应用方便起见，下面把函数 $y=f(x)$ 在点 x_0 连续的定义用不同的方式来叙述.

设 $x=x_0+\Delta x$，则 $\Delta x\to 0$ 就是 $x\to x_0$. 又由于

$$\Delta y = f(x_0+\Delta x)-f(x_0)=f(x)-f(x_0)$$

即

$$f(x)=f(x_0)+\Delta y$$

可见 $\Delta y \to 0$ 就是 $f(x)\to f(x_0)$，因此式（3.6.1）与

$$\lim_{x\to 0} f(x)=f(x_0) \qquad (3.6.2)$$

等价，所以，函数 $y=f(x)$ 在点 x_0 连续的定义又可叙述如下：

定义 3.6.2 设函数 $y=f(x)$ 在点 x_0 的某一邻域内有定义，如果

$$\lim_{x\to x_0} f(x)=f(x_0)$$

那么就称函数 $f(x)$ 在点 x_0 连续.

例 3.6.2 用连续性定义证明：$y=x^3$ 在 $x_0=1$ 处连续.

证： 当自变量 x 的增量为 Δx 时，函数 $y=x^3$ 对应的增量为

$$\Delta y=\left(x_0+\Delta x\right)^3-x_0^3=\left(1+\Delta x\right)^3-1=\Delta x((\Delta x)^2+3\Delta x+3)$$

可得

$$\lim_{\Delta x\to 0}\Delta y=\lim_{\Delta x\to 0}\Delta x\left[(\Delta x)^2+3\Delta x+3\right]=0$$

所以 $y=x^3$ 在 $x_0=1$ 处连续.

类似左、右极限的概念，也有左连续、右连续的概念.

定义 3.6.3 （1）若 $f(x)$ 在 x_0 的某个左邻域 $(x_0-\delta,x_0]$ $(\delta>0)$ 内有定义，且

$$\lim_{x\to x_0^-} f(x)=f(x_0)$$

则称 $f(x)$ 在 x_0 处左连续;若 $f(x)$ 在 x_0 的某个右邻域 $[x_0,x_0+\delta)$ $(\delta>0)$ 内有定义，且

$$\lim_{x\to x_0^+} f(x)=f(x_0)$$

则称 $f(x)$ 在 x_0 处右连续.

（2）设 $f(x)$ 在开区间 (a,b) 上有定义，若 $f(x)$ 在 (a,b) 内每个点都连续，则说 $f(x)$ 在开区间 (a,b) 上连续.

（3）设 $f(x)$ 在闭区间 $[a,b]$ 上有定义，若 $f(x)$ 在开区间 (a,b) 上连续，且在左端点 $x=a$ 右连续，在右端点 $x=b$ 左连续，则说 $f(x)$ 在闭区间 $[a,b]$ 上连续.

由左右极限与极限的相互关系可得如下定理：

定理 3.6.1 $f(x)$ 在 x_0 处连续的充分必要条件是 $f(x)$ 在 x_0 既左连续又右连续.

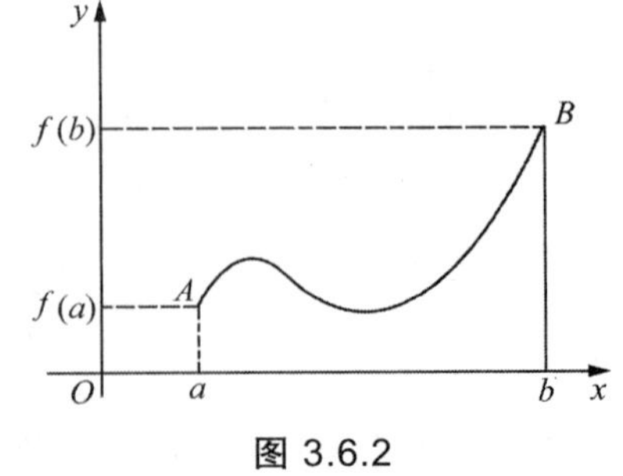

图 3.6.2

若 $f(x)$ 在 $[a,b]$ 上连续，则其图形是一条无间断的曲线，即是从点 $A(a,f(a))$ 到点 $B(b,f(b))$ 的一笔画成的曲线（见图 3.6.2）.

例 3.6.3 证明 $f(x)=\sin x$ 在 $(-\infty,+\infty)$ 上连续.

证：任给 $x_0 \in (-\infty,+\infty)$，因为

$$0 \leqslant |\sin x - \sin x_0| = 2\left|\sin\frac{x-x_0}{2}\cos\frac{x+x_0}{2}\right| \leqslant 2\left|\sin\frac{x-x_0}{2}\right| \leqslant 2\frac{|x-x_0|}{2} = |x-x_0|$$

令 $x \to x_0$，得 $|\sin x - \sin x_0| \to 0$，此即 $\lim\limits_{x\to x_0}\sin x = \sin x_0$，这说明 $\sin x$ 在 x_0 处连续，由 x_0 的任意性即知 $f(x)=\sin x$ 在 $(-\infty,+\infty)$ 上连续.

例 3.6.4 已知函数 $f(x)=\begin{cases}\cos x, & x>0,\\ x+a, & x\leqslant 0,\end{cases}$ 在 $x=0$ 处连续，求 a 值.

解：已知函数 $f(x)$ 在 $x=0$ 处连续，且 $x=0$ 又是函数的分段点，可得

$$\lim_{x\to 0^-} f(x) = f(0) = \lim_{x\to 0+} f(x)$$

即

$$\lim_{x\to 0^-} f(x) = \lim_{x\to 0^-}(x+a) = a = f(0) = \lim_{x\to 0^+} f(x) = \lim_{x\to 0^+}\cos x = 1$$

所以 $a=1$.

3.6.2 函数的间断点

根据函数 $f(x)$ 在 x_0 处连续的定义，我们知道，如果函数 $y=f(x)$ 在点 x_0 处是连续的，那么必须同时满足下面三个条件：

（1）函数 $f(x)$ 在点 x_0 的邻域内有定义；

（2）$\lim\limits_{x\to x_0} f(x)$ 存在；

（3）$\lim\limits_{x\to x_0} f(x) = f(x_0)$.

当三个条件中有任何一个不成立时，我们就说函数 $f(x)$ 在 x_0 处不连续，而点 x_0 叫作函数 $f(x)$ 的间断点或不连续点.

对函数的间断点按左、右极限的存在性分类：

第一类间断点：$f(x_0^-)$ 与 $f(x_0^+)$ 都存在的间断点.

第二类间断点：$f(x_0^-)$ 与 $f(x_0^+)$ 中至少有一个不存在的间断点（注意，无穷大属于不存在之列）.

在第一类间断点中，有以下两种情形：

（1）$f(x_0^-)=f(x_0^+)\neq f(x_0)$（或 $f(x_0)$ 无定义），这种间断点称为**可去间断点**. 只要重新定义 $f(x_0)$（或补充定义 $f(x_0)$），令 $f(x_0)=f(x_0^-)=f(x_0^+)$，则函数 $f(x)$ 在 x_0 点连续.

（2）$f(x_0^-)\neq f(x_0^+)$，这种间断点称为**跳跃间断点**. 对于跳跃间断点 x_0，数 $|f(x_0^+)-f(x_0^-)|$ 称为函数 $f(x)$ 在 x_0 点的跃度.

在第二类间断点中，常见的有无穷间断点和振荡间断点：

（1）若 $f(x_0^-)=\infty, f(x_0^+)=\infty, \lim\limits_{x\to x_0} f(x)=\infty$，则称 x_0 为 $f(x)$ 的**无穷间断点**.

（2）若 $x\to x_0$ 时，函数值 $f(x)$ 无限次地在两个不同的确定值之间变化，则称 x_0 为 $f(x)$ 的**振荡间断点.**

例 3.6.5 $x_0=0$ 是函数 $f(x)=\dfrac{\sin x}{x}$ 的可去间断点，这是因为 $f(0^-)=f(0^+)=1$，而 $f(0)$ 无

定义（见图 3.6.3），这时我们可以补充定义 $f(0)=1$，于是便得到一个连续的函数

$$F(x)=\begin{cases}\dfrac{\sin x}{x}, & x\neq 0\\ 1, & x=0\end{cases}$$

这样便把间断点 $x_0=0$ "去掉"了.

例 3.6.6　函数 $f(x)=\begin{cases}\arctan\dfrac{1}{x}, & x\neq 0\\ 0, & x=0\end{cases}$ 在 $x_0=0$ 点的左、右极限分别为 $-\dfrac{\pi}{2}$、$\dfrac{\pi}{2}$，所以 $x_0=0$ 是函数的跳跃间断点（见图 3.6.4）.

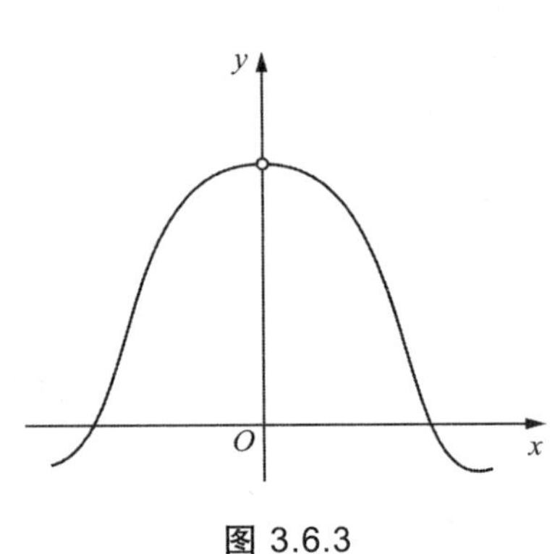

图 3.6.3

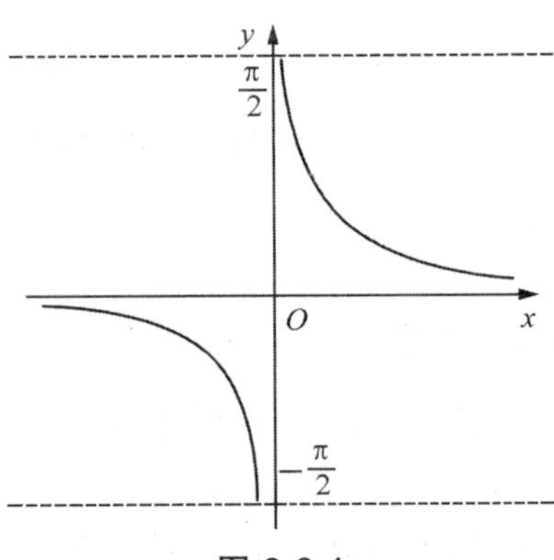

图 3.6.4

例 3.6.7　讨论函数 $f(x)=[x]$（x 的最大整数部分）的连续性.

解：由函数的定义知道，当 $0\leqslant x<1$ 时，$f(x)=0$；当 $1\leqslant x<2$ 时，$f(x)=1$. 于是(见图 3.6.5) $f(1^+)=1$，$f(1^-)=0$. 因此，$x=1$ 是 $f(x)=[x]$ 的跳跃间断点，函数的跃度等于 1.

类似可证一切整数点都是函数 $f(x)=[x]$ 的跳跃间断点，且跃度都是 1. 还可以证明一切整数点处，函数是右连续的，但不左连续，非整数点都是连续点.

例 3.6.8　函数 $f(x)=\begin{cases}\dfrac{1}{x}, & x\neq 0\\ 0, & x=0\end{cases}$ 在 $x=0$ 点的左、右极限都不存在(均为无穷大)，所以 $x=0$ 是函数的第二类间断点（亦称**无穷间断点**），如图 3.6.6 所示.

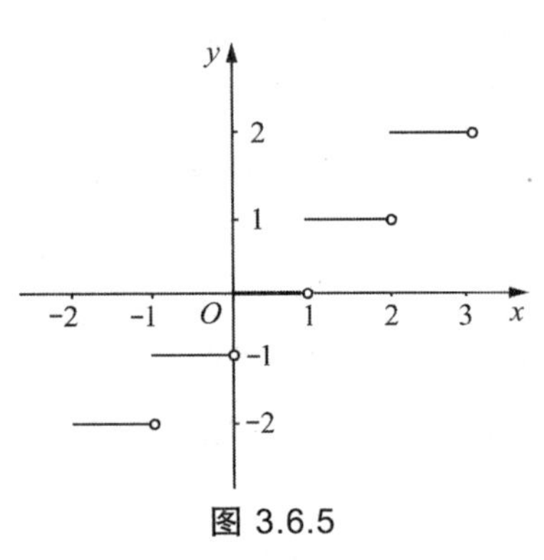

图 3.6.5

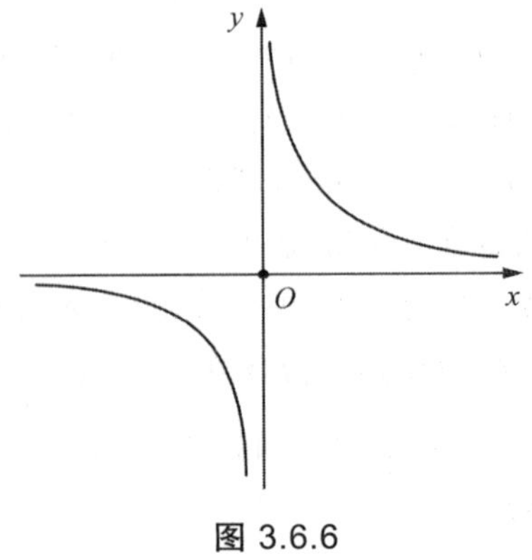

图 3.6.6

例 3.6.9 设 $f(x)=\begin{cases}\sin\dfrac{1}{x}, & x\neq 0,\\ 0, & x=0.\end{cases}$ 当 $x\to 0$ 时，$\dfrac{1}{x}\to\infty$，$\sin\dfrac{1}{x}$ 不趋向任何数，也不趋向无穷大，当 x 充分靠近 0 时，$\sin\dfrac{1}{x}$ 的值在+1 与−1 之间无限振荡，因此 $x=0$ 是 $f(x)$ 的第二类间断点（亦称**振荡型间断点**），如图 3.6.7 所示.

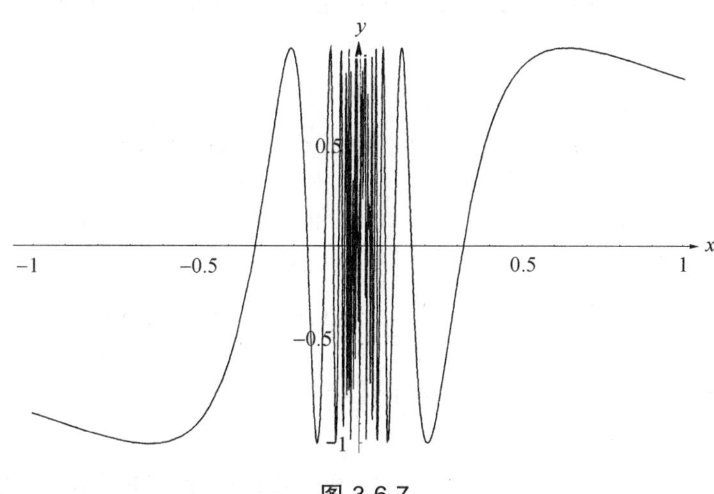

图 3.6.7

例 3.6.10 求函数 $f(x)=\begin{cases}\dfrac{x-3}{x^2-5x+6}, & x>0\\ x-\dfrac{1}{2}, & x\leqslant 0\end{cases}$ 的连续性.

解： 由已知，函数 $f(x)$ 的定义域为 $(-\infty,2)\cup(2,3)\cup(3,+\infty)$，且 $x=0$ 是分段点，所以分别讨论 $x=0,\ x=2,\ x=3$ 处的情形，其余点都是连续的.

因为 $\lim\limits_{x\to 0^-}f(x)=\lim\limits_{x\to 0^-}(x-\dfrac{1}{2})=-\dfrac{1}{2}=f(0)$，$\lim\limits_{x\to 0^+}f(x)=\lim\limits_{x\to 0^+}\dfrac{x-3}{x^2-5x+6}=-\dfrac{1}{2}=f(0)$，所以 $\lim\limits_{x\to 0^+}f(x)=\lim\limits_{x\to 0^-}f(x)=-\dfrac{1}{2}=f(0)$，函数 $f(x)$ 在 $x=0$ 是连续的.

因为 $\lim\limits_{x\to 2}f(x)=\lim\limits_{x\to 2}\dfrac{x-3}{x^2-5x+6}=\lim\limits_{x\to 2}\dfrac{x-3}{(x-3)(x-2)}=\lim\limits_{x\to 2}\dfrac{1}{(x-2)}=\infty$，函数 $f(x)$ 在 $x=2$ 是间断的，$x=2$ 是无穷间断点.

因为 $\lim\limits_{x\to 3}f(x)=\lim\limits_{x\to 3}\dfrac{x-3}{x^2-5x+6}=\lim\limits_{x\to 3}\dfrac{x-3}{(x-3)(x-2)}=\lim\limits_{x\to 3}\dfrac{1}{(x-2)}=1$，函数 $f(x)$ 在 $x=3$ 是间断的，$x=3$ 是可去间断点.

3.6.3 连续函数的有关定理

根据连续函数的定义，可以从函数极限的运算性质中推出如下性质.

定理 3.6.2 （四则运算的连续性）设 $f(x)$ 与 $g(x)$ 在点 x_0 处连续，则 $f(x)\pm g(x)$，$f(x)g(x)$，

$f(x)/g(x)(g(x_0)\neq 0)$ 在 x_0 处也连续.

定理 3.6.3 （复合函数的连续性） 设 $g(f(x))$ 在 x_0 的某邻域上有定义，$f(x)$ 在 x_0 处连续，$g(y)$ 在 $y_0=f(x_0)$ 处连续，则 $g(f(x))$ 在 x_0 处连续.

定理 3.6.4 （反函数的连续性） 设 $y=f(x)$ 是区间 I 上严格单调的连续函数，则 $y=f(x)$ 的值域 J 是一个区间，且 $f(x)$ 的反函数 $x=f^{-1}(y)$ 也是 J 上严格单调（单调性与 f 相同）的连续函数.

此定理的证明从略. 下面利用这些定理来讨论初等函数的连续性.

先考虑基本初等函数的连续性.

（1）三角函数.

我们已经在前面证明了 $\sin x$ 在定义区间 $(-\infty,+\infty)$ 上连续，而 $\cos x=\sin\left(x+\dfrac{\pi}{2}\right)$ 是连续函数 $\sin y$ 与 $y=x+\dfrac{\pi}{2}$ 的复合，故由定理 3.6.3 知，$\cos x$ 也在 $(-\infty,+\infty)$ 上连续. 又由

$$\tan x=\frac{\sin x}{\cos x},\quad \cot x=\frac{\cos x}{\sin x},\quad \sec x=\frac{1}{\cos x},\quad \csc x=\frac{1}{\sin x}$$

从定理 3.6.2 知，它们在各自的定义域上连续.

（2）指数函数.

指数函数 a^x（$a>0$，$a\neq 1$）在 $(-\infty,+\infty)$ 上严格单调并且连续. 证明留给大家练习.

（3）对数函数、反三角函数.

对数函数 $\log_a x$ 是指数函数的反函数，由于指数函数严格单调而且连续，故由定理 3.6.4 知，对数函数在 $(0,+\infty)$ 上连续. 类似地可以推出，反三角函数 $\arcsin x$，$\arccos x$，$\arctan x$，$\text{arccot} x$ 在各自的定义域上连续.

（4）幂函数.

幂函数 $y=x^u$ 的定义域随 u 的值而异，但无论 u 为何值，在区间 $(0,+\infty)$ 内幂函数总是有定义的. 下面我们来证明，在 $(0,+\infty)$ 内幂函数是连续的. 事实上，设 $x>0$，则

$$y=x^u=\mathrm{e}^{u\ln x}$$

因此，幂函数 $y=x^u$ 可看作是由 $y=\mathrm{e}^v$，$v=u\ln x$ 复合而成的，故根据定理 3.6.3 知，它在 $(0,+\infty)$ 内连续. 如果对于 u 取各种不同值加以分别讨论，可以证明(证明从略)幂函数在它的定义域内也是连续的.

综上所述，基本初等函数在其定义域上连续，于是由定理 3.6.2、定理 3.6.3 和基本初等函数的连续性可得下列重要结论：

定理 3.6.5 初等函数在其定义区间上连续.

说明：（1）定义区间是指包含在定义域内的区间.

（2）分段函数一般不看作初等函数，分界点的连续性一般按定义加以讨论.

（3）若函数 $f(x)$ 在 $x=x_0$ 处连续，则有 $\lim\limits_{x\to x_0}f(x)=f(x_0)$. 因此，此时若求 $\lim\limits_{x\to x_0}f(x)$，则只需求出函数值 $f(x_0)$ 就可以了.

例如，$\lim\limits_{x\to\frac{\pi}{2}} e^{\sin x} = e^{\sin\frac{\pi}{2}} = e$.

例 3.6.11 求下列极限：

（1）$\lim\limits_{x\to 0}\dfrac{\log_a(1+x)}{\dfrac{x}{\ln a}}$ $(a>0)$；（2）$\lim\limits_{x\to 0}\dfrac{a^x-1}{x\ln a}$ $(a>0)$；（3）$\lim\limits_{x\to\infty}\sqrt{2-\dfrac{\sin x}{x}}$.

解：（1）因为 $e=\lim\limits_{x\to 0}(1+x)^{\frac{1}{x}}$ 是 $\log_a u$ 的连续点，故

$$\lim_{x\to 0}\frac{\log_a(1+x)}{\dfrac{x}{\ln a}} = \lim_{x\to 0}\ln a\log_a(1+x)^{\frac{1}{x}}$$

$$= \ln a\log_a\left(\lim_{x\to 0}(1+x)^{\frac{1}{x}}\right) = \ln a\log_a e = \ln a\frac{\ln e}{\ln a} = 1.$$

（2）令 $y=a^x-1$，则 $x\ln a=\ln(1+y)$，故

$$\lim_{x\to 0}\frac{a^x-1}{x\ln a} = \lim_{y\to 0}\frac{y}{\ln(1+y)} = 1.$$

（3）$\lim\limits_{x\to\infty}\sqrt{2-\dfrac{\sin x}{x}} = \sqrt{2-\lim\limits_{x\to\infty}\dfrac{\sin x}{x}} = \sqrt{2-0} = \sqrt{2}$.

3.6.4 闭区间上连续函数的性质

接下来讨论闭区间上连续函数的性质，其证明超纲，有兴趣的同学可以查阅其他资料，这里就略去了.

先介绍函数 $f(x)$ 的最大值与最小值概念.

定义 3.6.4 设 $f(x)$ 的定义域是 D，$x_0\in D$，若对 $\forall x\in D$，都有 $f(x)\leqslant f(x_0)$，则称 $f(x_0)$ 是 $f(x)$ 在 D 上的最大值；若对 $\forall x\in D$，都有 $f(x)\geqslant f(x_0)$，则称 $f(x_0)$ 是 $f(x)$ 在 D 上的最小值. 最大值与最小值统称为最值，分别记作 $\max\limits_{x\in D} f(x)$ 及 $\min\limits_{x\in D} f(x)$ 或简记作 $f_{\max}$ 及 $f_{\min}$.

最大值与最小值是函数 $f(x)$ 的两个十分重要的值，讨论最值的存在性和计算函数的最值简称为最值问题.

关于函数 $f(x)$ 的最值存在性有以下定理.

定理 3.6.6 设 $f(x)$ 是闭区间 $[a,b]$ 上的连续函数，则 $f(x)$ 在 $[a,b]$ 上有最大值和最小值，从而 $f(x)$ 是 $[a,b]$ 上的有界函数.

例如，$f(x)=x^2$ 在闭区间 $[-1,1]$ 上连续且有界，有最小值 0 及最大值 1，但它在开区间 $(-1,1)$ 上则有最小值 0，没有最大值. 在后一种情形中，1 只是 $f(x)=x^2$ 在区间 $(-1,1)$ 上的上界，但由于不是函数值，因而不是 $f(x)$ 在 $(-1,1)$ 上的最值.

又如，函数 $f(x)=\dfrac{1}{x}$ 在 $[1,2]$ 上连续且有界，在 $f_{\max}=1$，$f_{\min}=\dfrac{1}{2}$，在 $(1,2)$ 没有最小值，也没有最大值.

定理 3.6.7 （介值定理）若函数 $f(x)$ 在 $[a,b]$ 上连续，且 $f(a)=A$，$f(b)=B(A\neq B)$，则对于 A、B 之间的任意一个数 C，在 (a,b) 内至少存在一点 ξ，使 $f(\xi)=C$.进一步，函数必取得介于最小值 m 和最大值 M 之间的任何值.

我们直接给出几何直观解释（见图 3.6.8）：函数 $f(x)$ 在 $[a,b]$ 上的连续图像与直线 $y=C$ 至少有一个交点.

方程 $f(x)=0$ 的根，称为函数 $f(x)$ 的**零点**.

那么，什么样的函数有零点呢？我们可以由介值定理推证（请读者自己证明）出如下定理：

推论 （零点定理）设 $f(x)$ 在 $[a,b]$ 上连续，且 $f(a)f(b)<0$，则至少存在一个 $x_0\in(a,b)$ 使 $f(x_0)=0$.

从函数图像上看，如果连续曲线弧 $y=f(x)$ 的两个端点位于 x 轴的不同侧，那么这段曲线弧与 x 轴至少有一个交点（见图 3.6.9）. 这也说明函数 $y=f(x)$ 在闭区间 $[a,b]$ 上两个端点的值异号，则方程 $f(x)=0$ 在开区间 (a,b) 内至少有一个实根.所以零点定理也称为**根的存在性定理**.

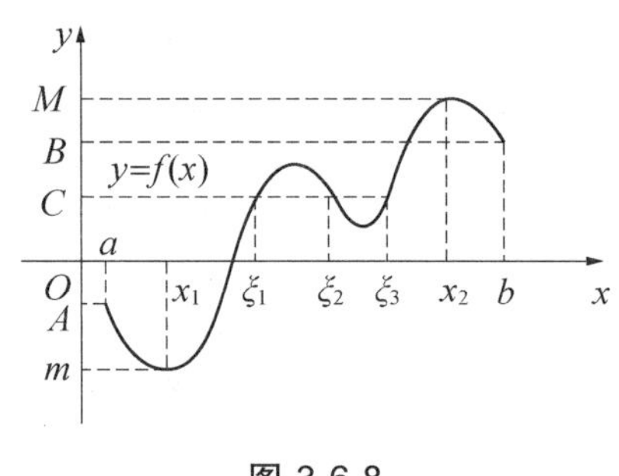

图 3.6.8

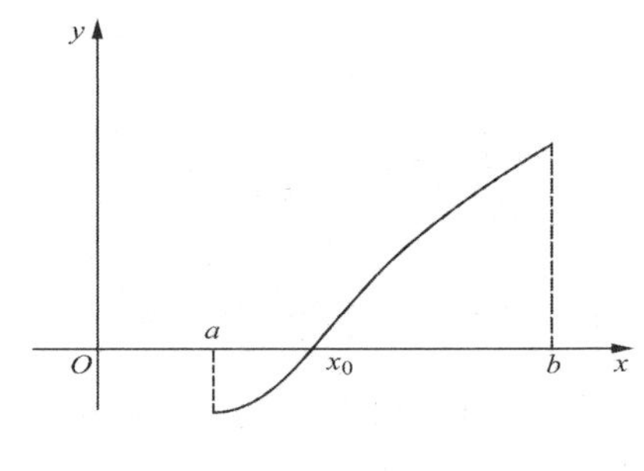

图 3.6.9

另一方面，我们也可以由零点定理推证介值定理.

证：设 $g(x)=f(x)-C$，则 $g(x)$ 在闭区间 $[a,b]$ 上连续，$g(a)=f(a)-C=A-C$，$g(b)=f(b)-C=B-C$. 由 C 介于 A、B 之间可知，$g(a)$，$g(b)$ 异号. 由零点定理可得，在开区间 (a,b) 内至少有一点 x_0 使得 $g(x_0)=0$，即

$$g(x_0)=f(x_0)-C=0\Rightarrow f(x_0)=C.$$

例 3.6.12 证明方程 $x^5-3x=1$ 在区间 $(1,2)$ 内有一个根.

证：记 $f(x)=x^5-3x-1$，因 $f(x)$ 在 $[1,2]$ 上连续且 $f(1)=-3$，$f(2)=25$，$f(1)f(2)<0$，故存在 $x_0\in(1,2)$ 使 $f(x_0)=x_0^5-3x_0-1=0$，即 $x_0^5-3x_0=1$ 这表明该方程在 $(1,2)$ 内必有根 x_0.

例 3.6.13 证明方程 $x\cdot\log_3(x+6)=1$ 至少有一个小于 3 的正根.

证：设 $f(x)=x\cdot\log_3(x+6)-1$，显然 $f(x)$ 在 $[0,3]$ 上连续，且 $f(0)=-1<0, f(3)=6-1=5>0$，即 $f(0)\cdot f(3)<0$.

由零点定理，可得至少存在一点 $x_0\in(0,3)$，使 $f(x_0)=0$，即方程 $x\cdot\log_3(x+6)=1$ 至少有一个小于 3 的正根.

习题 3.6

基础练习

1. 函数 $f(x)=\dfrac{1}{(x+1)(x-2)(x+3)}$ 在连续区间为________________.

2. 函数 $f(x)=\dfrac{x-6}{x^2-4x-12}$ 的第一类间断点为_______，第二类间断点为_______.

3. 求下列极限：

（1）$\lim\limits_{x\to 1}\sqrt{2-\sin x}$；

（2）$\lim\limits_{x\to 0}\mathrm{e}^{\frac{\arctan x^2}{1-\cos x}}$；

（3）$\lim\limits_{x\to +\infty}(\sqrt{x^2+2x}-\sqrt{x^2-x})$；

（4）$\lim\limits_{x\to +\infty}\dfrac{\ln(3+x)-\ln 3}{x}$.

4. 设函数 $f(x)=\begin{cases}\dfrac{\arctan x}{x}, & x<0,\\ a, & x=0,\\ x\cos\dfrac{1}{x}+1, & x>0,\end{cases}$ 若 $f(x)$ 在 $(-\infty,+\infty)$ 内的连续，求 a.

提高练习

5. 设 $f(x)=\begin{cases}\dfrac{\cos x}{x+2}, & x\geqslant 0,\\ \dfrac{\sqrt{a}-\sqrt{a-x}}{x}, & x<0,\end{cases}$ $(a>0)$，求：

（1）当 a 为何值时，$x=0$ 是 $f(x)$ 的连续点？

（2）当 a 为何值时，$x=0$ 是 $f(x)$ 的间断点？

（3）当 $a=2$ 时，求函数的连续区间？

6. 证明函数 $y=x\cdot 3^x-2$ 有零点.

7. 证明方程 $x=a\sin x+b\ (a>0,b>0)$ 至少有一个正根，并且它不超过 $a+b$.

8. 已知 $\lim\limits_{x\to 1}\dfrac{x^2+ax+b}{x-1}=-5$，求常数 a,b 的值.

拓展练习

9. 证明 $f(x)=\ln x$ 在定义域内连续.

10. 设函数 $f(x)$ 在 $[0,2a]$ 上连续，且 $f(0)=f(2a)$，证明至少存在一点 $\xi\in[0,a]$，使 $f(\xi)=f(a+\xi)$.

11. 若 $f(x)$ 在 $[a,b]$ 内连续，$a<x_1<x_2<x_3<b$，则在 $[x_1,x_3]$ 上必有 ξ，使 $f(\xi)=\dfrac{f(x_1)+f(x_2)+f(x_3)}{3}$，还可以作怎样的推广？

12. 设 $f(x),g(x)$ 在 $[a,b]$ 上连续. $f(a)>g(a)$，$f(b)<g(b)$. 证明至少存在一点 $\xi\in(a,b)$，使 $f(\xi)=g(\xi)$.

本章小结

一、知识框图

请读者自己画出本章知识结构图，从整体结构上去理解本章内容.

二、复习要点

1. 数列的极限定义：________________.
   数列的极限：________________.
2. 函数极限定义：________________.
   左、右极限：________________.
   函数极限存在性充要条件：________________.
3. 无穷小：________________.
   无穷小的性质：________________.
   无穷大：________________.
   无穷小与无穷大关系：________________.
   无穷小的比较：________________.
   常用等价无穷小：________________.
4. 夹逼定理：________________.
   单调有界定理：________________.
5. 两个重要极限：________________.
6. 函数的连续：________________.
   左、右连续：________________.
   间断点的类型：________________.
7. 连续函数最值定理：________________.
   介值定理：________________.
   零点定理：________________.
8. 极限运算法则：________________.
9. 求极限的常用方法：________________.

________________.

三、思维运用

通过本章极限的学习，对无限逼近这一思想有什么体会？请举例说明你在生活、工作、学习中是怎么运用这一方法的.

____

____

____

____

____

____

____

____

____

____

本章复习题

一、填空题

1. 函数 $f(x)=\dfrac{x-1}{\ln x}$ 的定义域为________.

2. $\lim\limits_{x\to 0} x\sin\dfrac{1}{x^2}=$________；$\lim\limits_{x\to\infty} x\sin\dfrac{1}{x}=$________.

3. 函数 $y=\tan^2(5x+3)$ 的复合过程为________.

4. 函数 $f(x)=2x^2\sin x$ 是（奇或偶）________函数.

5. 已知 $\lim\limits_{x\to 1}\dfrac{3x^2+ax-2}{x^2-1}$ 存在，那么 $a=$________，该极限等于________.

6. $\lim\limits_{x\to\frac{1}{2}}\dfrac{\arcsin x}{x^2+1}=$________，得出这个结论的依据是________.

7. 设 $f(x)=\dfrac{1-\sqrt{1+x}}{x}$，试定义 $f(x)$ 在 $x=0$ 处的值，使 $f(x)$ 在 $x=0$ 处连续，则 $f(0)=$____.

8. 当 $x\to 1$ 时，$\sqrt{x}-1$ 与 $k(x-1)$ 等价，则 $k=$________.

9. 函数 $f(x)$ 当 $x\to x_0$ 时极限存在的充分条件是________.

10. 设 $f(x)=\sin(x+5)$，$g(x)=2^x$，则 $f(g(x))=$________；$g(f(x))=$________.

11. $x\to$________，函数 e^x 是无穷小，$x\to$________，e^x 是无穷大.

12. 设函数 $f(x)=\dfrac{1}{e^{\frac{x}{x-1}}-1}$，则函数的第一类间断点____，第二类间断点____.

二、单项选择题

1. 下列数列中收敛的是（　　）.

A. $\left\{(-1)^n \dfrac{n+1}{n}\right\}$　　B. $\{n\}$　　C. $\left\{\dfrac{1}{2^n}\right\}$　　D. $\{5^n\}$

2．函数 $y=\dfrac{1}{\sqrt{x^2-x-2}}+\ln(x-1)$ 的定义域为（　　）．

A. $(2,+\infty)$　　B. $(-\infty,-1)\cup(2,+\infty)$

C. $(1,+\infty)$　　D. $(1,2)$

3．若 $\lim\limits_{x\to\infty} f(x)=A$，则当 $x\to\infty$ 时，$f(x)-A$ 是（　　）．

A. 0　　B.不存在　　C.无穷大　　D.无穷小

4．设 $f(x)=\begin{cases} k+x, & x\geqslant 1, \\ \dfrac{\sin(1-x)}{x-1}, & x<1, \end{cases}$ 且 $f(x)$ 在 $x=1$ 点极限存在，则 $k=$（　　）．

A. 0　　B. 1　　C. -2　　D. 2

5. $\lim\limits_{x\to x_0} f(x)$ 存在是 $f(x)$ 在 x_0 点有定义的（　　）．

A. 充分条件　　B. 必要条件

C. 充分必要条件　　D. 无关条件

6．极限 $\lim\limits_{x\to\infty}(1+\dfrac{a}{x})^{bx+d}=$（　　）．

A. e　　B. e^b　　C. e^{ab}　　D. e^{ab+d}

7. 设函数 $f(x)=e^{-x^2}-1$，$g(x)=x^2$，则当 $x\to 0$ 时，$f(x)$ 是 $g(x)$ 的（　　）．

A. 高阶无穷小　　B. 低阶无穷小

C. 同阶但非等阶无穷小　　D. 等阶无穷小

8. $\lim\limits_{x\to\infty}\dfrac{x^3+2}{3x^3-4\sin x}=$（　　）．

A. 1　　B. 2　　C. 1/2　　D. 1/3

9. 已知 $f(x)=\begin{cases} a+bx^2, & x\leqslant 0 \\ \dfrac{\sin bx}{x}, & x>0 \end{cases}$ 在 $x=0$ 处连续，则常数 a,b 的关系是（　　）．

A. $a=-b$　　B. $a=2b$　　C. $a=b$　　D. $2a=b$

10. 函数 $f(x)=\begin{cases} \sqrt{|x|}\sin\dfrac{1}{x^2}, & x\neq 0 \\ 1, & x=0 \end{cases}$ 在点 $x=0$ 处（　　）．

A. 不连续　　B. 连续　　C. 极限不存在　　D. 不确定

三、计算题

1. $\lim\limits_{x\to 1}\dfrac{x^2-1}{x^2-3x+2}$；　　2. $\lim\limits_{x\to 1}\left(\dfrac{2}{x^2-1}-\dfrac{1}{x-1}\right)$；　　3. $\lim\limits_{x\to\infty}\dfrac{2x^3+3x+1}{5x^3-2x}$；

4. $\lim\limits_{n\to\infty} n[\ln(n+3)-\ln n]$；　　5. $\lim\limits_{x\to 0}\dfrac{2-\sqrt{4-x}}{x}$；　　6. $\lim\limits_{x\to\infty}\left(\dfrac{x-2}{x}\right)^x$；

7. $\lim\limits_{x\to\infty}\dfrac{x+1}{x+2}\arcsin\dfrac{2}{x}$；　　8. $\lim\limits_{x\to-\infty}\dfrac{\ln\left(1+4^x\right)}{\ln\left(1+2^x\right)}$；　　9. $\lim\limits_{x\to 0^-}\left(e^{\frac{1}{2x}}\sin\dfrac{1}{x}+\dfrac{\arcsin 2x}{x}\right)$；

10. $\lim\limits_{x\to 0}\dfrac{1-\cos x}{\sin^2 x}$；　　11. $\lim\limits_{x\to 0}\dfrac{\sqrt{1+5x}-1}{(3x)^2+\arctan 2x}$；　　12. $\lim\limits_{x\to 0}(\cos x)^{\frac{1}{\ln(1+x^2)}}$.

四、解答题

1. 已知 a,b 为常数，$\lim\limits_{x\to 2}\dfrac{ax+b}{x-2}=3$，求 a,b 的值.

2. 设函数 $f(x)=\begin{cases}1+2^x & x>0\\ 3x+a & x\leqslant 0\end{cases}$ 在 $x=0$ 处连续，求 a.

3. 讨论 $f(x)=\begin{cases}e^{\frac{1}{x}}, & x<0\\ 0, & 0\leqslant x\leqslant 1\\ \dfrac{\ln x}{x-1}, & x>1\end{cases}$ 在 $x=0, x=1$ 的连续性.

4. 已知 $f(x)=\begin{cases}\dfrac{1-e^{\tan x}}{\arcsin\frac{x}{2}}, & x>0\\ ae^{2x}, & x\leqslant 0\end{cases}$ 在 $x=0$ 处连续，求 a 的值.

5. 设 $f(x)=\lim\limits_{n\to\infty}\dfrac{(n-1)x}{nx^2+1}$，求 $f(x)$ 的间断点及其类型.

6. 已知 $f(x)=\begin{cases}\dfrac{x(x-1)}{|x|(x^2-1)}, & x\neq 1,\\ \dfrac{1}{2}, & x=1,\end{cases}$ 求 $f(x)$ 的间断点及其类型.

五、证明题

1. 证明方程 $\ln x=\dfrac{2}{x}$ 在 $(1,e)$ 内至少有一个实数根.

2. 设函数 $f(x)$ 在 $[0,1]$ 上连续，$f(0)>0$，$f(1)<1$，证明 $\exists\xi\in(0,1)$，使 $f(\xi)=\xi^2$.

3. 设 $f(x)$ 在 $[a,b]$ 上连续，且 $a<x_1<x_2<\cdots<x_n<b$, n 为任意正数，则在 (a,b) 内至少存在一点 ξ，使 $f(\xi)=\dfrac{f(x_1)+f(x_2)+\cdots+f(x_n)}{n}$.

4. 设 $f(x)$ 在 $(-\infty,+\infty)$ 内有定义，$f(x)$ 在点 $x=0$ 处连续，且对一切实数 x_1,x_2 有

$$f(x_1+x_2)=f(x_1)+f(x_2).$$

试证 $f(x)$ 在 $(-\infty,+\infty)$ 内处处连续.

本章学习自测题

一、填空题（每小题 2 分，共 30 分）

1. 函数 $y=\sqrt{1-x}+\arcsin\dfrac{x+1}{2}$ 的定义域是____________________.

2. $\lim\limits_{x\to\frac{\pi}{4}}\left(x-\dfrac{\pi}{4}\right)\tan x=$____________________.

3. $\lim\limits_{x\to 0}(1-3x)^{\frac{1}{2x}}=$____________________.

4. $\lim\limits_{x\to\infty}x\sin\dfrac{1}{2x}=$____________________.

5. 设函数 $f(x)=\begin{cases}\dfrac{\sin 2x}{x} & x>0\\ x^2+a & x\leqslant 0\end{cases}$ 在 $x=0$ 点连续，则 $a=$__________.

6. 函数 $f(x)=x(x+1)(x-1)$ 是（奇或偶）__________函数.

7. $\lim\limits_{x\to\infty}\dfrac{\arctan(-3x)}{x}=$________________; $\lim\limits_{x\to 0}\dfrac{\ln(1-x)}{x}=$________________.

8. $\lim\limits_{x\to 4}\dfrac{x^2-9}{\ln(x-2)}=$______________，得出这个结论的依据是____________________.

9. 函数 $f(x)=\dfrac{x-2}{x^2-x-2}$ 的第一类间断点为 $x=$______；第二类间断点为 $x=$______.

10. $\lim\limits_{x\to 3}\dfrac{x^2-2x+k}{x-3}=4$，则 $k=$____________.

11. 函数 $y=\sqrt{\cos(2x+3)}$ 的复合过程为____________________________.

12. $\lim\limits_{x\to\infty}f(x)$ 存在的充要条件是______________________________.

二、单项选择题（每小题 2 分，共 10 分）

1. 设函数 $f(x)=\dfrac{x(e^x-1)}{e^x+1}$，则该函数是_______.

A. 奇函数　　B. 偶函数

C. 非奇非偶函数　　D. 单调函数

2. $\lim\limits_{x\to 0^+}2^{\frac{1}{x}}=$________.

A. 0　　B. $+\infty$　　C. ∞　　D.不存在

3. 设 $\alpha(x)=\ln(1+x^2),\beta(x)=2x\sin x$，当 $x\to 0$ 时，__________.

A. $\dfrac{\alpha(x)}{\beta(x)}$ 没有极限　　B. $\alpha(x)$ 与 $\beta(x)$ 是等价无穷小

C. $\alpha(x)$ 与 $\beta(x)$ 是同阶无穷小.　　D. $\alpha(x)$ 是比 $\beta(x)$ 高阶的无穷小

4. 点 $x=0$ 是函数 $f(x)=\begin{cases}\dfrac{\sqrt{x+1}-1}{x}, & x>-1, x\neq 0\\ 0, & x=0\end{cases}$ 的__________间断点.

A. 第一类可去　　B. 无穷

C. 第一类跳跃　　D. 第二类非无穷

5. 当 $x\to 0$ 时，下列变量中_____是无穷小量.

A. $x\sin\dfrac{1}{x}$　　B. $\dfrac{1}{x}\sin x$　　C. $\ln x^2$　　D. 2^x

三、计算题（每小题 7 分，共 42 分）

1．$\lim\limits_{x\to+\infty}\dfrac{x}{2}[\ln(1+x)-\ln x]$；

2．$\lim\limits_{n\to\infty}\left(\dfrac{1}{n}+\dfrac{1}{\sqrt{n^2+1}}+\dfrac{1}{\sqrt{n^2+2}}+\cdots+\dfrac{1}{\sqrt{n^2+n}}\right)$；

3．$\lim\limits_{x\to\infty}\left(\dfrac{2x+1}{2x-1}\right)^x$；

4．$\lim\limits_{x\to0}\dfrac{\sqrt{1+\tan x}-\sqrt{\sin x+1}}{x^3}$；

5．$\lim\limits_{x\to0}\dfrac{e^{3x^2}-1}{x\ln(1+x)}$；

6．$\lim\limits_{n\to\infty}\sqrt{n}(\sqrt{n+1}-\sqrt{n-1})$．

四、解答题（每小题 6 分，共 12 分）

1．设 $f(x)=\begin{cases}2^{\frac{1}{x}}-1, & x<0,\\ \dfrac{x}{\tan x}, & x>0,\end{cases}$ 讨论 $\lim\limits_{x\to0}f(x)$．

2．若 $\lim\limits_{x\to\infty}\left(\dfrac{x^2-2}{x-1}-ax-b\right)=0$，求常数 a,b 的值．

五、证明题（共 6 分）

证明方程 $2^x=4x$ 在 $\left(0,\dfrac{1}{2}\right)$ 内至少有一个实根．

4　导数与微分

微分学是微积分的重要组成部分，研究导数、微分及其应用统称为**微分学**，研究不定积分、定积分及其应用统称为**积分学**. 微分与积分统称为**微积分**.

微积分是高等数学最基本、最重要的组成部分，是现代数学许多分支的基础，是人类认识现实世界、探索宇宙奥秘乃至人类自身的最经典的数学模型之一，是最重要思想方法之一.

微积分的发展历史曲折跌宕，撼人心灵，是培养人们正确世界观、科学方法论及对“人”进行文化熏陶的极好训练素材. 积分的雏形可追溯到古希腊和中国魏晋时期，但微分概念直至 16 世纪才应运而生.

本章及下一章主要介绍一元函数微分学及其应用. 多元函数微分学将在提升模块介绍.

【学习能力目标】

（1）理解导数的定义及几何意义，会根据定义求函数的导数.

（2）理解函数的可导与连续的关系.

（3）熟练掌握基本初等函数的导数公式、导数的四则运算法则、复合函数求导法则、隐函数求导法、对数求导法及参数方程求导法，了解反函数的求导法则.

（4）了解高阶导数的概念，熟练掌握初等函数的一阶和高阶导数的求法.

（5）理解微分的定义、可微与可导的关系，了解微分的四则运算法则及一阶微分形式的不变性；会求函数的微分.

4.1　导数概念

4.1.1　导数概念的引入

16 世纪的欧洲，正处在资本主义萌芽、社会经济大发展及生产力解放时代. 社会生产生活实践的发展，对自然科学提出了新的课题和要求，迫切要求力学、天文学等基础科学的新的突破，而这些学科都深刻依赖于数学的进展，因而也推动了数学的突飞猛进. 在各类学科对数学提出的种种要求中，下列三类问题导致了微分学的产生：

（1）求变速运动的瞬时速度；

（2）求曲线上一点处的切线；

（3）求最大值和最小值.

1. 变速直线运动的速度

设物体 M 沿直线 L 做变速运动，运动开始时 $(t=0)$ 物体 M 位于 O，经过一段时间 t 之后，物体 M 到达 A 点. 这时，物体所走过的路程 $s=OA$. 可以得到，路程 s 是时间 t 的函数，即

$$s = f(t)$$

当时间由 t_0 变到 $t_0+\Delta t$ 时，物体 M 由 A 点移至 B 点. 对应于时间 t_0 的增量 Δt，物体 M 所走过的路程 s 有相应增量 $\Delta s = AB$（见图 4.1.1），即

$$\Delta s = f(t_0+\Delta t) - f(t_0)$$

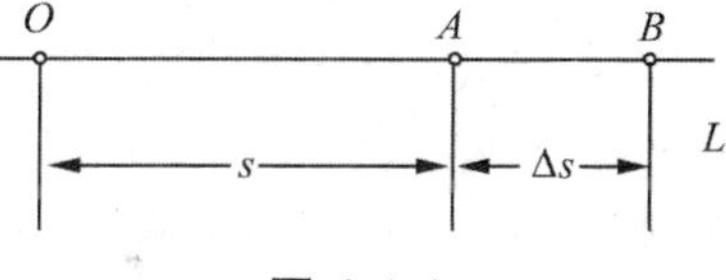

图 4.1.1

在本问题中，因变量 s 的增量 Δs 与自变量 t 的增量 Δt 的比 $\Delta s/\Delta t$ 表示物体 M 在 Δt 这段时间内的平均速度 $\overline{v}$，即

$$\overline{v} = \frac{\Delta s}{\Delta t} = \frac{f(t_0+\Delta t)-f(t_0)}{\Delta t}$$

当 Δt 很小时，可以用 $\overline{v}$ 近似地表示物体在时刻 t_0 的速度，Δt 愈小，近似的程度就愈好. 当 $\Delta t \to 0$ 时，如果极限 $\lim\limits_{\Delta t\to 0}\dfrac{\Delta s}{\Delta t}$ 存在，就称此极限为物体在时刻 t_0 的瞬时速度，即

$$v\big|_{t=t_0} = \lim_{\Delta t\to 0}\frac{\Delta s}{\Delta t} = \lim_{\Delta t\to 0}\frac{f(t_0+\Delta t)-f(t_0)}{\Delta t}$$

例 4.1.1　已知自由落体的运动方程为

$$s = \frac{1}{2}gt^2$$

求：（1）落体在 t_0 到 $t_0+\Delta t$ 这段时间内的平均速度；

（2）落体在 t_0 时的瞬时速度；

（3）落体在 $t_0=10$ s 到 $t_1=10.1$ s 这段时间内的平均速度；

（4）落体在 $t=10$ s 时的瞬时速度.

解：（1）落体在 t_0 到 $t_0+\Delta t$ 这段时间内（即 Δt 时间内）取得的路程增量为

$$\Delta s = \frac{1}{2}g(t_0+\Delta t)^2 - \frac{1}{2}gt_0^2$$

因此，落体在 t_0 到 $t_0+\Delta t$ 这段时间内的平均速度为

$$\overline{v} = \frac{\Delta s}{\Delta t} = \frac{\frac{1}{2}g(t_0+\Delta t)^2-\frac{1}{2}gt_0^2}{\Delta t} = \frac{1}{2}g\frac{\Delta t(2t_0+\Delta t)}{\Delta t} = \frac{1}{2}g(2t_0+\Delta t) \tag{4.1.1}$$

（2）落体在 t_0 时的瞬时速度为

$$v\big|_{t=t_0} = \lim_{\Delta t\to 0}\frac{1}{2}g(2t_0+\Delta t) = gt_0 \tag{4.1.2}$$

（3）当 $t_0=10$ s，$\Delta t=0.1$ s 时，由式（4.1.1）得平均速度为

$$\overline{v} = \frac{1}{2}g(2\times 10+0.1) = 10.05g \text{（m/s）}$$

（4）当 $t=10$ s 时，由式（4.1.2）得瞬时速度为

$$v\big|_{t=10} = 10g \text{（m/s）}$$

从本例可以看到，当 Δt 较小时，平均速度 $\bar{v}$ 与瞬时速度 v 是很接近的.

2. 曲线的切线斜率

设点 $A(x_0, y_0)$ 是曲线 $y=f(x)$ 上一点，当自变量 x_0 变到 $x_0+\Delta x$ 时，在曲线上得到另一点 $B(x_0+\Delta x, y_0+\Delta y)$，由图 4.1.2 可以看到，函数的增量 Δy 与自变量的增量 Δx 的比 $\Delta y/\Delta x$ 等于曲线 $y=f(x)$ 的割线 AB 的斜率

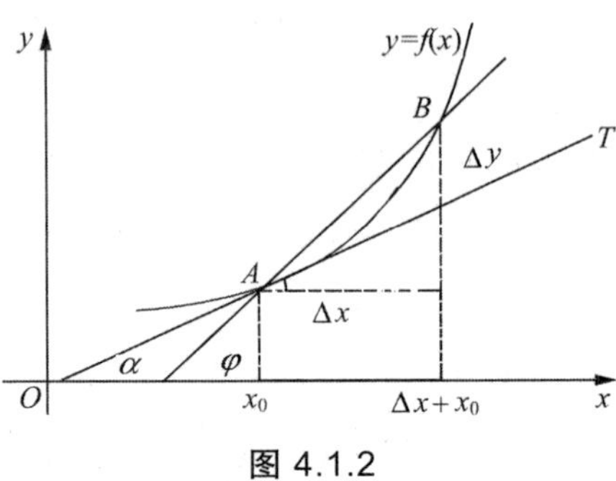

图 4.1.2

$$\tan\varphi=\frac{\Delta y}{\Delta x}=\frac{f(x_0+\Delta x)-f(x_0)}{\Delta x}$$

其中，φ 是割线 AB 的倾角. 显然，当 $\Delta x\to 0$ 时，B 点沿曲线移动而趋向于 A 点，这时割线 AB 以 A 为支点逐渐转动而趋于一极限位置，即为直线 AT，直线 AT 称为曲线 $y=f(x)$ 在 A 点处的切线. 相应地，割线 AB 的斜率 $\tan\varphi$ 随 $\Delta x\to 0$ 而趋于切线 AT 的斜率 $\tan\alpha$（α 是切线的倾角），即

$$k=\tan\alpha=\lim_{\varphi\to\alpha}\tan\varphi=\lim_{\Delta x\to 0}\frac{\Delta y}{\Delta x}=\lim_{\Delta x\to 0}\frac{f(x_0+\Delta x)-f(x_0)}{\Delta x}$$

通过以上两个实际问题的讨论，我们撇开速度问题的物理意义、切线斜率问题的几何意义，从抽象的函数关系分析，它们具有共同特点：

（1）给自变量 x_0 一个增量 Δx 时，函数 $y=f(x)$ 有增量：$\Delta y=f(x_0+\Delta x)-f(x_0)$.

（2）函数增量 Δy 与自变量增量 Δx 的比值 $\dfrac{\Delta y}{\Delta x}=\dfrac{f(x_0+\Delta x)-f(x_0)}{\Delta x}$ 反映的是自变量 x 从 x_0 改变到 $x_0+\Delta x$ 时，函数 $f(x)$ 的平均变化速度，称为函数的平均变化率.

（3）当 $\dfrac{\Delta y}{\Delta x}$ 时，比值 $\dfrac{\Delta y}{\Delta x}$ 的极限 $\lim\limits_{\Delta x\to 0}\dfrac{\Delta y}{\Delta x}$ 反映的是函数在点 x_0 处的变化速度，称为函数在点 x_0 的变化率或导数或微商.

4.1.2　导数的定义

1. $f(x)$ 在 x_0 处的导数

定义 4.1.1　设函数 $y=f(x)$ 在点 x_0 的某个邻域内有定义，当自变量在点 x_0 处取得改变量 $\Delta x(\neq 0)$ 时，函数 $f(x)$ 取得相应的改变量

$$\Delta y=f(x_0+\Delta x)-f(x_0)$$

如果当 $\Delta x\to 0$ 时，$\dfrac{\Delta y}{\Delta x}$ 的极限存在，即

$$\lim_{\Delta x\to 0}\frac{\Delta y}{\Delta x}=\lim_{\Delta x\to 0}\frac{f(x_0+\Delta x)-f(x_0)}{\Delta x}$$

存在，则称此极限值为函数 $f(x)$ 在点 x_0 处的导数（或微商），可记作

$$f'(x_0),\quad y'\big|_{x=x_0},\quad \left.\frac{\mathrm{d}y}{\mathrm{d}x}\right|_{x=x_0}\quad 或\quad \left.\frac{\mathrm{d}f(x)}{\mathrm{d}x}\right|_{x=x_0}$$

即

$$f'(x_0)=\lim_{\Delta x\to 0}\frac{f(x_0+\Delta x)-f(x_0)}{\Delta x} \tag{4.1.3}$$

若在（4.1.3）中令 $x=x_0+\Delta x$，则有：

① $\Delta x=x-x_0$；

② 当 $\Delta x\to 0$ 时，$x\to x_0$；

于是，得到一个和式（4.1.3）等价的定义：

$$f'(x_0)=\lim_{x\to x_0}\frac{f(x)-f(x_0)}{x-x_0} \tag{4.1.4}$$

当然，下式也是式（4.1.3）的一个等价式：

$$f'(x_0)=\lim_{h\to 0}\frac{f(x_0+h)-f(x_0)}{h}$$

例 4.1.2 求函数 $y=x^3$ 在点 $x=1$ 处的导数.

解： 当 x 由 1 改变到 $1+\Delta x$ 时，函数改变量为

$$\Delta y=(1+\Delta x)^3-1^3=\Delta x[3+3\Delta x+(\Delta x)^2]$$

因此

$$\frac{\Delta y}{\Delta x}=3+3\Delta x+(\Delta x)^2$$

$$f'(1)=\lim_{\Delta x\to 0}\frac{\Delta y}{\Delta x}=\lim_{\Delta x\to 0}[3+3\Delta x+(\Delta x)^2]=3\,.$$

2. $f(x)$ 在 (a,b) 内可导

如果函数 $f(x)$ 在点 x_0 处有导数，则称函数 $f(x)$ 在点 x_0 处可导，否则称函数 $f(x)$ 在点 x_0 处不可导. 如果函数 $f(x)$ 在某区间 (a,b) 内每一点处都可导，则称 $f(x)$ 在区间 (a,b) 内可导.

设 $f(x)$ 在区间 (a,b) 内可导，此时，对于区间 (a,b) 内每一点 x，都有一个导数值与它对应，这就形成了一个新的函数，这个新函数称为函数 $y=f(x)$ 在区间 (a,b) 内对 x 的导函数，简称为导数，记作

$$f'(x)\,,\quad y'\,,\quad \frac{\mathrm{d}y}{\mathrm{d}x}\text{或}\frac{\mathrm{d}}{\mathrm{d}x}f(x)$$

即有 $f'(x)=\lim\limits_{\Delta x\to 0}\dfrac{f(x+\Delta x)-f(x)}{\Delta x}$.

根据导数定义，两个引入例题可以叙述为：

（1）瞬时速度是路程 s 对时间 t 的导数，即

$$v=s'=\frac{\mathrm{d}s}{\mathrm{d}t}$$

（2）曲线 $y=f(x)$ 在点 x 处的切线的斜率是曲线的纵坐标对横坐标 x 的导数，即

$$\tan\alpha = f'(x) = \frac{\mathrm{d}y}{\mathrm{d}x}$$

由导数定义可将求导数的方法概括为以下几个步骤：

（1）求出对应于自变量改变量 Δx 的函数改变量：

$$\Delta y = f(x+\Delta x) - f(x)$$

（2）作出比值：

$$\frac{\Delta y}{\Delta x} = \frac{f(x+\Delta x) - f(x)}{\Delta x}$$

（3）求 $\Delta x \to 0$ 时 $\frac{\Delta y}{\Delta x}$ 的极限，即

$$y' = f'(x) = \lim_{\Delta x\to 0}\frac{f(x+\Delta x) - f(x)}{\Delta x}$$

例 4.1.3　求线性函数 $y = 3x+5$ 的导数.

解：（1）$\Delta y = [3(x+\Delta x)+5] - (3x+5) = 3\Delta x$.

（2）$\frac{\Delta y}{\Delta x} = 3$.

（3）$y' = \lim\limits_{\Delta x\to 0}\frac{\Delta y}{\Delta x} = \lim\limits_{\Delta x\to 0} 3 = 3$.

例 4.1.4　求函数 $y = \frac{1}{x}$ 的导数.

解：（1）$\Delta y = \frac{1}{x+\Delta x} - \frac{1}{x} = \frac{-\Delta x}{x(x+\Delta x)}$.

（2）$\frac{\Delta y}{\Delta x} = -\frac{1}{x(x+\Delta x)}$.

（3）$y' = \lim\limits_{\Delta x\to 0}\frac{\Delta y}{\Delta x} = \lim\limits_{\Delta x\to 0}\left[-\frac{1}{x(x+\Delta x)}\right] = -\frac{1}{x^2}$.

例 4.1.5　设 $f(x) = x^2$，求 $f'(x)$，$f'(1)$，$f'(-2)$.

解：由导数定义有

$$f'(x) = \lim_{\Delta x\to 0}\frac{f(x+\Delta x) - f(x)}{\Delta x} = \lim_{\Delta x\to 0}\frac{(x+\Delta x)^2 - x^2}{\Delta x} = \lim_{\Delta x\to 0}\frac{\Delta x(2x+\Delta x)}{\Delta x} = 2x$$

于是有

$$f'(1) = f'(x)\big|_{x=1} = 2\times 1 = 2$$

$$f'(-2) = f'(x)\big|_{x=-2} = 2\times(-2) = -4$$

说明：$f(x)$ 在 x_0 处的导数 $f'(x_0)$ 等于 $f'(x)$ 在 x_0 处的值.

例 4.1.6　若 $f'(0)$ 存在，试表示出下列各极限：

（1）$\lim\limits_{x\to 0}\frac{f(x)}{x}$，其中 $f(0) = 0$；　（2）$\lim\limits_{h\to 0}\frac{f(h) - f(-h)}{h}$；　（3）$\lim\limits_{x\to 0}\frac{f(3x) - f(0)}{x}$.

解：

（1）因为 $f(0)=0$，于是 $\lim\limits_{x\to 0}\dfrac{f(x)}{x}=\lim\limits_{x\to 0}\dfrac{f(x)-f(0)}{x-0}=f'(0)$.

（2）$$\begin{aligned}\lim_{h\to 0}\frac{f(h)-f(-h)}{h}&=\lim_{h\to 0}\frac{f(h)-f(0)+f(0)-f(-h)}{h}\\&=\lim_{h\to 0}(\frac{f(h)-f(0)}{h}+\frac{-f(-h)+f(0)}{h})\\&=\lim_{h\to 0}\frac{f(h)-f(0)}{h-0}+\lim_{-h\to 0}\frac{f(-h)-f(0)}{-h-0}\\&=2f'(0).\end{aligned}$$

（3）$\lim\limits_{x\to 0}\dfrac{f(3x)-f(0)}{x}=\lim\limits_{3x\to 0}3\cdot\dfrac{f(3x)-f(0)}{(3x-0)}=3\cdot\lim\limits_{3x\to 0}\dfrac{f(3x)-f(0)}{3x-0}=3f'(0)$.

与左、右极限类似，我们也可以定义左、右导数.

4.1.3 单侧导数

定义 4.1.2 若 $\lim\limits_{\Delta x\to 0^-}\dfrac{f(x_0+\Delta x)-f(x_0)}{\Delta x}$ 存在，则称其为 $f(x)$ 在点 x_0 处的左导数，记作 $f'_-(x_0)$；反之，若 $\lim\limits_{\Delta x\to 0^+}\dfrac{f(x_0+\Delta x)-f(x_0)}{\Delta x}$ 存在，则称其为 $f(x)$ 在点 x_0 处的右导数，记作 $f'_+(x_0)$；$f'_-(x_0)$ 与 $f'_+(x_0)$ 统称为 $f(x)$ 在点 x_0 处的单侧导数，即

$$f'_-(x_0)=\lim_{\Delta x\to 0^-}\frac{f(x_0+\Delta x)-f(x_0)}{\Delta x},\quad f'_+(x_0)=\lim_{\Delta x\to 0^+}\frac{f(x_0+\Delta x)-f(x_0)}{\Delta x}$$

根据导数定义及极限存在定理，有

$$f'(x_0)\text{存在}\Leftrightarrow f'_-(x_0)=f'_+(x_0)$$

例 4.1.7 讨论函数 $y=f(x)=|x|$ 在 $x=0$ 处的可导性.

解：如图 4.1.3 所示，$f(x)=|x|=\begin{cases}x, & x\geqslant 0,\\ -x, & x<0.\end{cases}$

右导数：$f'_+(0)=\lim\limits_{x\to 0^+}\dfrac{\Delta y}{\Delta x}=\lim\limits_{\Delta x\to 0^+}\dfrac{|\Delta x|}{\Delta x}=\lim\limits_{\Delta x\to 0^+}\dfrac{\Delta x}{\Delta x}=1$.

左导数：$f'_-(0)=\lim\limits_{x\to 0^-}\dfrac{\Delta y}{\Delta x}=\lim\limits_{\Delta x\to 0^-}\dfrac{|\Delta x|}{\Delta x}=\lim\limits_{\Delta x\to 0^-}\dfrac{-\Delta x}{\Delta x}=-1$.

因 $f'_+(0)\neq f'_-(0)$，故 $f(x)$ 在 $x=0$ 不可导. 但显然，$y=|x|$ 在 $x=0$ 连续.

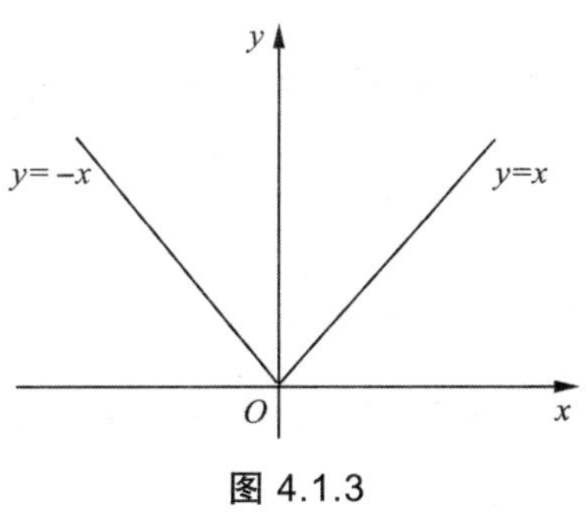

图 4.1.3

4.1.4 可导与连续的关系

定理 4.1.1 若函数 $y=f(x)$ 在点 x_0 处可导，则 $f(x)$ 在点 x_0 处连续.

证：由 $y=f(x)$ 在点 x_0 处可导，即

$$\lim_{x\to x_0}\frac{f(x)-f(x_0)}{x-x_0}=f'(x_0)$$

得 $$\lim_{x\to x_0}[f(x)-f(x_0)]=\lim_{x\to x_0}\frac{f(x)-f(x_0)}{x-x_0}(x-x_0)=f'(x_0)\cdot 0=0$$

从而 $$\lim_{x\to x_0}f(x)=f(x_0)$$

故 $f(x)$ 在点 x_0 处连续.

这个定理的逆定理不成立，即函数 $y=f(x)$ 在点 x_0 处连续，但在 x_0 处不一定可导.

由例 4.1.7，知函数 $y=|x|$ 在 $x=0$ 处连续，左、右导数存在，但不可导.

由定理 4.1.1 及例 4.1.7 可知：连续是可导的必要不充分条件，即可导一定连续，但连续不一定可导.

根据这个定理，我们可以判断当函数 $f(x)$ 在某点不连续时，则在该点一定不可导.

例 4.1.8 讨论函数 $f(x)=\begin{cases}1-x, & x\geqslant 0\\ 1+x, & x<0\end{cases}$ 在 $x=0$ 处的连续性与可导性.

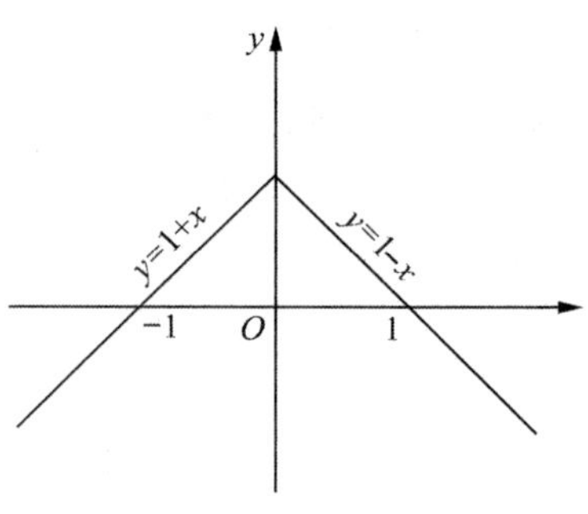

图 4.1.4

解： $f(x)$ 在 $x=0$ 处，如图 4.1.4 所示.

左极限 $f(0^-)=\lim\limits_{x\to 0^-}f(x)=\lim\limits_{x\to 0^-}(1+x)=1$

右极限 $f(0^+)=\lim\limits_{x\to 0^+}f(x)=\lim\limits_{x\to 0^+}(1-x)=1$

从而 $\lim\limits_{x\to 0}f(x)=1$. 又由 $f(0)=1$，有

$$\lim_{x\to 0}f(x)=f(0)$$

故 $f(x)$ 在 $x=0$ 处连续.

$f(x)$ 在 $x=0$ 处的左导数为

$$f'_-(0)=\lim_{x\to 0^-}\frac{f(x)-f(0)}{x-0}=\lim_{x\to 0^-}\frac{(1+x)-1}{x}=\lim_{x\to 0^-}\frac{x}{x}=1$$

同理，$f(x)$ 在 $x=0$ 处的右导数为

$$f'_+(0)=\lim_{x\to 0^+}\frac{(1-x)-1}{x}=-1$$

则 $f(x)$ 在点 $x=0$ 的左、右导数存在但不相等，故 $f(x)$ 在 $x=0$ 处不可导.

例 4.1.9 讨论函数 $f(x)=\begin{cases}3x+1, & x\geqslant 0\\ 3x-1, & x<0\end{cases}$ 在 $x=0$ 的可导性.

解： 由于

$$\lim_{x\to 0^+}f(x)=\lim_{x\to 0^+}(3x+1)=1$$

$$\lim_{x\to 0^-}f(x)=\lim_{x\to 0^-}(3x-1)=-1$$

所以 $f(x)$ 在 $x=0$ 的极限不存在，则它在该点不连续，从而 $f(x)$ 在 $x=0$ 不可导.

例 4.1.10 讨论函数 $f(x)=\begin{cases}x\sin\dfrac{1}{x}, & x\neq 0\\ 0, & x=0\end{cases}$ 在 $x=0$ 处的连续性与可导性.

解：

因为
$$\lim_{x\to0}f(x)=\lim_{x\to0}x\sin\frac{1}{x}=0=f(0)$$

所以 $f(x)$ 在点 $x=0$ 处连续.

又因为 $\lim\limits_{x\to0}\dfrac{f(x)-f(0)}{x-0}=\lim\limits_{x\to0}\dfrac{x\sin\frac{1}{x}}{x}=\lim\limits_{x\to0}\sin\dfrac{1}{x}$，不存在，所以 $f(x)$ 在点 $x=0$ 处不可导.

4.1.5 用导数定义求导数

1. 常数的导数

例 4.1.11 设 $y=C$，求 y'.

解： 记 $f(x)\equiv C$，则
$$C'=\lim_{\Delta x\to0}\frac{f(x+\Delta x)-f(x)}{\Delta x}=\lim_{\Delta x\to0}\frac{C-C}{\Delta x}=0$$

即 $C'=0$.

2. 幂函数的导数

例 4.1.12 设 $y=x^n$（n 为正整数），求 y'.

解： 记 $f(x)=x^n$，则
$$\begin{aligned}f'(x)&=\lim_{\Delta x\to0}\frac{f(x+\Delta x)-f(x)}{\Delta x}=\lim_{\Delta x\to0}\frac{(x+\Delta x)^n-x^n}{\Delta x}\\&=\lim_{\Delta x\to0}\frac{x^n+nx^{n-1}\Delta x+\frac{n(n-1)}{2}x^{n-2}\Delta x^2+\cdots+\Delta x^n-x^n}{\Delta x}\\&=\lim_{\Delta x\to0}\frac{nx^{n-1}\Delta x+\frac{n(n-1)}{2}x^{n-2}\Delta x^2+\cdots+\Delta x^n}{\Delta x}\\&=\lim_{\Delta x\to0}\left[nx^{n-1}+\frac{n(n-1)}{2}x^{n-2}\Delta x+\cdots+\Delta x^{n-1}\right]\\&=nx^{n-1}\end{aligned}$$

即
$$(x^n)'=nx^{n-1}$$

一般地，当 $x\neq0$， $y=x^\mu$ 有定义时，
$$(x^\mu)'=\lim_{\Delta x\to0}\frac{(x+\Delta x)^\mu-x^\mu}{\Delta x}=x^\mu\lim_{\Delta x\to0}\frac{\left(1+\frac{\Delta x}{x}\right)^\mu-1}{\Delta x}=x^\mu\lim_{\Delta x\to0}\frac{\mu\cdot\frac{\Delta x}{x}}{\Delta x}=\mu x^{\mu-1}$$

当 $x=0$， $y=x^\mu$ 有定义时也有上式成立.

特例 （1）若 $\mu=1$，则 $x'=1$； （2）若 $\mu=2$，则 $(x^2)'=2x$；

（3）若 $\mu=\frac{1}{2}$，则 $(\sqrt{x})'=\frac{1}{2\sqrt{x}}$；（4）若 $\mu=-1$，则 $\left(\frac{1}{x}\right)'=-\frac{1}{x^2}$.

3. 三角函数的导数

例 4.1.13 求 $f(x)=\sin x$ 的导数.

解： $$(\sin x)'=\lim_{\Delta x\to 0}\frac{\sin(x+\Delta x)-\sin x}{\Delta x}=\lim_{\Delta x\to 0}\frac{2\cos\left(x+\frac{\Delta x}{2}\right)\sin\frac{\Delta x}{2}}{\Delta x}$$

$$=\lim_{\Delta x\to 0}\cos\left(x+\frac{\Delta x}{2}\right)\frac{\sin\frac{\Delta x}{2}}{\frac{\Delta x}{2}}=\cos x.$$

同理，$(\cos x)'=-\sin x$.

4. 指数函数的导数

例 4.1.14 求 $f(x)=a^x(a>0,a\neq 1)$ 的导数.

解： $(a^x)'=\lim\limits_{\Delta x\to 0}\frac{a^{x+\Delta x}-a^x}{\Delta x}=a^x\lim\limits_{\Delta x\to 0}\frac{a^{\Delta x}-1}{\Delta x}=a^x\ln a$.

特例， 当 $a=\mathrm{e}$ 时，有

$$(\mathrm{e}^x)'=\mathrm{e}^x\ln\mathrm{e}=\mathrm{e}^x$$

5. 对数函数的导数

例 4.1.15 求 $f(x)=\log_a x(a>0,a\neq 1)$ 的导数.

解： $$(\log_a x)'=\lim_{\Delta x\to 0}\frac{\log_a(x+\Delta x)-\log_a x}{\Delta x}=\lim_{\Delta x\to 0}\frac{\log_a\left(1+\frac{\Delta x}{x}\right)}{\Delta x}=\lim_{\Delta x\to 0}\frac{\frac{\Delta x}{x}}{\Delta x\cdot\ln a}=\frac{1}{x\ln a}.$$

特例 若 $a=\mathrm{e}$，则得 $(\ln x)'=\frac{1}{x}$.

4.1.6 导数的几何意义

函数 $f(x)$ 在点 x_0 处的导数在几何上表示曲线 $y=f(x)$ 在点 $M(x_0,y_0)$ 处切线的斜率，如图 4.1.2 所示.

$$f'(x_0)=\lim_{\Delta x\to 0}\frac{\Delta y}{\Delta x}=\lim_{\varphi\to\alpha}\tan\varphi=\tan\alpha\qquad\left(\alpha\neq\frac{\pi}{2}\right)$$

由导数的几何意义及直线的点斜式方程，可知曲线 $y=f(x)$ 上点 (x_0,y_0) 处的切线方程为

$$y-y_0=f'(x_0)(x-x_0)$$

法线方程为

$$y-y_0=-\frac{1}{f'(x_0)}(x-x_0)(f'(x_0)\neq 0)$$

法线即为过切点 $M(x_0,y_0)$ 且与切线垂直的直线.

例 4.1.16　求 $y=\ln x$ 在点 $(1,0)$ 处的切线方程及法线方程.

解：因为 $f'(x)=\dfrac{1}{x}$，因为 $f'(1)=1$，所以所求的切线方程为

$$y-0=1\cdot(x-1)$$

即
$$y=x-1$$

法线方程为
$$y-0=-1\cdot(x-1)$$

即
$$y=-x+1.$$

4.1.7　导数的实际意义

（1）瞬时速度 v 是路程函数 $s=s(t)$ 对时间 t 的导数，即 $v=\dfrac{\mathrm{d}s}{\mathrm{d}t}$. 加速度 a 是速度 $v=v(t)$ 对时间 t 的导数，即 $a=\dfrac{\mathrm{d}v}{\mathrm{d}t}$.

（2）某产品的产量 $P=P(K)$，K 为生产该产品的资本，则产出关于资本的变化率是产量函数 $P(K)$ 对资本 K 的导数 $P'(K)$，在经济学中称为资本的边际产出.

（3）某产品的总成本 $W=W(x)$，x 为产品产量，则产量的变化引起成本的变化率是成本函数 $W(x)$ 对产量 x 的导数 $W'(x)$，经济学中常称为边际成本.

习题 4.1

基础练习

1. 填空题.

（1）设函数 $f(x)=2022$，则 $f'(x)=$__________.

（2）函数 $f(x)$ 在点 x_0 处连续是在该点处可导的__________条件.

（3）函数 $f(x)$ 在 x_0 处可导的充要条件是____________________.

（4）设函数 $f(x)=\dfrac{1}{x\sqrt{x}}$，则 $f'(2)=$__________.

（5）设函数 $f(x)=3^x$，则 $f'(x)=$__________. $[f(0)]'=$__________.

（6）设函数 $f(x)=\log_2 x$，则 $f'(5)=$__________.

（7）过曲线 $y=x^4$ 上点 $(2,4)$ 处的切线斜率为__________.,

（8）函数 $f(x)=\begin{cases} e^x & 0<x, \\ x+1 & x\geqslant 0. \end{cases}$ 则 $f'_-(0)=$__________, $f'_+(0)=$__________.

2. 求下列函数的导数：

（1）$y=\sqrt[3]{x}$；　（2）$y=x^6$；　（3）$y=x^2\sqrt{x}$；

（4）$y=\sqrt{x}$；　（5）$y=\dfrac{1}{x^2}$；　（6）$y=\dfrac{1}{x}$；

（7）$y=3^x\mathrm{e}^x$；（8）$y=\ln 5$；（9）$y=\log_5 x$.

提高练习

3. 设函数 $f(x)=\begin{cases}\sin x, x\leqslant 0,\\ x, x>0,\end{cases}$ 求 $f'(0)$.

4. 求曲线 $y=\cos x$ 在点 $\left(\dfrac{\pi}{6},\dfrac{\sqrt{3}}{2}\right)$ 处的切线与法线方程.

5. 用定义证明：$(\cos x)'=-\sin x$.

6. 求函数 $f(x)=x^2$ 在点 $x_0=3$ 处的导数.

7. 设函数 $f(x)=\begin{cases}2\sin x, x\leqslant 0\\ a+bx, x>0\end{cases}$ 在点 $x=0$ 处可导，试确定 a、b 的值.

8. 讨论函数 $f(x)=\begin{cases}x^3-x+3, x<1\\ 2x+1, x\geqslant 1\end{cases}$ 在点 $x=1$ 处的可导性.

9. 求曲线 $y=x^2-x$ 上，其切线与直线 $y=2x$ 平行的点.

拓展练习

10. 设函数 $f(x)$ 在 x_0 处可导，求 $\lim\limits_{h\to 0}\dfrac{f(x_0-h)-f(x_0)}{h}$.

11. 设函数 $f(x)=x(x-1)(x-2)\cdots(x-99)$，求 $f'(0)$.

12.（质点的垂直运动模型）一质点以 50 m/s 的发射速度垂直射向空中，t s 后达到的高度为 $s=50t-5t^2(\mathrm{m})$，假设在此运动过程中重力为唯一的作用力，试求:

（1）该质点能达到的最大高度是多少?

（2）该质点离地面 120 m 时的速度是多少?

（3）何时质点重新落回地面?

13. 设函数 $f(x)$ 对任何实数 x_1，x_2 有 $f(x_1+x_2)=f(x_1)\cdot f(x_2)$，且 $f'(0)=1$. 证明：$f'(x)=f(x)$.

4.2 求导法则和导数公式

求函数的变化率即求导数，是理论研究和生产生活实践应用中经常遇到的一个普遍问题. 但我们发现，若根据定义求导，往往非常烦琐，有时甚至是无法操作. 那么能否找到求导的一般法则或常用函数的求导公式，使求导的运算变得更为简单易行呢？从微积分诞生之日起，数学家们就在探求这一途径. 牛顿和莱布尼茨都做了大量的工作. 特别是博学多才的数学符号大师莱布尼茨对此做出了不朽的贡献. 今天我们所学的微积分学中的法则、公式，特别是所采用的符号，大体上是由莱布尼茨完成的.

4.2.1 导数的四则运算

为探索函数的和、差、积、商的求导法则，先设函数 $u=u(x)$，$v=v(x)$ 在点 x 具有导数

$u' = u'(x)$, $v' = v'(x)$, 并分别考虑这两个函数的和、差、积、商在点 x 的导数.

1. 函数和、差求导法则

两个可导函数之和（差）的导数等于这两个函数导数之和（差）, 即

$$[u \pm v]' = u' \pm v'$$

这个法则可推广到有限个代数和情形, 如

$$[f_1(x) \pm f_2(x) \pm \cdots \pm f_n(x)]' = f_1'(x) \pm f_2'(x) \pm \cdots \pm f_n'(x)$$

例 4.2.1 设 $y = \ln x + \cos x$, 求 y' , $y'(1)$.

解： $y' = \dfrac{1}{x} - \sin x$.

$y'(1) = 1 - \sin 1$.

2. 函数积的求导法则

两个可导函数乘积的导数等于第一个因子的导数与第二因子的乘积加上第一个因子与第二个因子的导数的乘积, 即

$$[uv]' = u'v + uv'$$

特殊地, 如果 $u = C$ (常数), 则因 $C' = 0$, 故有

$$[Cv]' = Cv'$$

这就是说: 求一个常数与一个可导函数的乘积的导数时, 常数因子可以提到求导记号外面去.

积的求导法则也可推广到任意有限个函数之积的情形. 例如

$$[uvw]' = [(uv)w]' = (uv)'w + (uv)w' = (u'v + uv')w + uvw'$$

即

$$[uvw]' = u'vw + uv'w + uvw'$$

例 4.2.2 设 $y = \mathrm{e}^x\left(\sin x + \dfrac{1}{x}\right)\sqrt{x}$, 求 y' .

解： $y' = (\mathrm{e}^x)'\left(\sin x + \dfrac{1}{x}\right)\sqrt{x} + \mathrm{e}^x\left(\sin x + \dfrac{1}{x}\right)'\sqrt{x} + \mathrm{e}^x\left(\sin x + \dfrac{1}{x}\right)(\sqrt{x})'$

$= \mathrm{e}^x\left(\sin x + \dfrac{1}{x}\right)\sqrt{x} + \mathrm{e}^x\left(\cos x - \dfrac{1}{x^2}\right)\sqrt{x} + \mathrm{e}^x\left(\sin x + \dfrac{1}{x}\right)\dfrac{1}{2\sqrt{x}}$

3. 函数之商的求导法则

两个可导函数之商的导数等于分子的导数与分母的乘积减去分母的导数与分子的乘积, 再除以分母的平方, 即

$$\left(\frac{u}{v}\right)' = \frac{u'v - uv'}{v^2} \quad (v \neq 0)$$

例 4.2.3 设 $y = \tan x$, 求 y' .

解： $y' = (\tan x)' = \left(\dfrac{\sin x}{\cos x}\right)' = \dfrac{(\sin x)'\cos x - \sin x(\cos x)'}{\cos^2 x} = \dfrac{\cos^2 x + \sin^2 x}{\cos^2 x} = \dfrac{1}{\cos^2 x}$

即
$$(\tan x)' = \sec^2 x$$

这就是正切函数导数公式.

同理可得

$$(\cot x)' = -\csc^2 x$$

例 4.2.4 设 $y = \sec x$，求 y'.

解： $y' = (\sec x)' = \left(\dfrac{1}{\cos x}\right)' = \dfrac{0 - 1\cdot(\cos x)'}{\cos^2 x} = \dfrac{\sin x}{\cos^2 x} = \sec x\tan x$

即
$$(\sec x)' = \sec x\tan x$$

这就是正割函数的导数公式.

同理可得

$$(\csc x)' = -\csc x\cot x$$

例 4.2.5 求 $y = \dfrac{1-x}{1+x}$ 的导数 y'.

解： $y' = \dfrac{(1-x)'(1+x) - (1-x)\cdot(1+x)'}{(1+x)^2} = \dfrac{(-1)\cdot(1+x) - (1-x)\cdot 1}{(1+x)^2} = \dfrac{-2}{(1+x)^2}$.

4.2.2 反函数求导法则

设函数 $y = f(x)$ 在 x 处有不等于零的导数，对应反函数记作 $x = f^{-1}(y)$，它在相应点处连续，则

$$[f^{-1}(y)]' = \frac{1}{f'(x)} \quad 或 \quad \frac{\mathrm{d}x}{\mathrm{d}y} = \frac{1}{\mathrm{d}y/\mathrm{d}x}$$

即反函数的导数等于直接函数的导数的倒数.

例 4.2.6 求反正弦函数 $y = \arcsin x$ 的导数.

解： 因为 $y = \arcsin x\ (-1 < x < 1)$的反函数是

$$x = \sin y \quad \left(-\frac{\pi}{2} < y < \frac{\pi}{2}\right)$$

而
$$(\sin y)' = \cos y > 0 \quad \left(-\frac{\pi}{2} < y < \frac{\pi}{2}\right)，且 \cos y = \sqrt{1-\sin^2 y} = \sqrt{1-x^2} > 0$$

所以由反函数求导公式

$$y' = (\arcsin x)' = \frac{1}{(\sin y)'} = \frac{1}{\sqrt{1-x^2}} \qquad (-1 < x < 1)$$

即
$$(\arcsin x)' = \frac{1}{\sqrt{1-x^2}} \quad (-1 < x < 1)$$

同样可证

$$(\arccos x)' = -\frac{1}{\sqrt{1-x^2}} \quad (-1 < x < 1)$$

例 4.2.7　求反正切函数 $y = \arctan x$ 的导数.

解： 由 $y = \arctan x$，于是

$$x = \tan y \quad \left(-\frac{\pi}{2} < y < \frac{\pi}{2}\right)$$

又
$$(\arctan x)' = \frac{1}{(\tan y)'} = \frac{1}{\sec^2 y}$$

$$\sec^2 y = 1 + \tan^2 y = 1 + x^2$$

得
$$(\arctan x)' = \frac{1}{1+x^2} \quad (-\infty < x < +\infty)$$

同理可得反余切函数的导数为

$$(\text{arccot}x)' = -\frac{1}{1+x^2} \quad (-\infty < x < +\infty)$$

到目前为止，已将基本初等函数的导数求出，下面我们讨论复合函数的导数问题.

4.2.3　复合函数求导法则

设函数 $y = f(u)$，$u = \varphi(x)$，则 y 是 x 的复合函数 $y = f[\varphi(x)]$. 如 $\ln\tan x$，$e^{\sin x}$，$\sin\dfrac{2x}{1+x^2}$ 均为复合函数.

法则　若 $u = \varphi(x)$ 在点 x_0 有导数 $\left.\dfrac{du}{dx}\right|_{x=x_0} = \varphi'(x_0)$，$y = f(u)$ 在对应点 u_0 处有导数 $\left.\dfrac{dy}{du}\right|_{u=u_0} = f'(u_0)$，则复合函数 $y = f[\varphi(x)]$ 在 x_0 点处也有导数，且

$$\left.\frac{dy}{dx}\right|_{x=x_0} = \left.\frac{dy}{du}\right|_{u=u_0}\left.\frac{du}{dx}\right|_{x=x_0} \quad 或 \quad \left.\frac{dy}{dx}\right|_{x=x_0} = f'(u_0)\varphi'(x_0)$$

该公式可推广到有限次的复合函数的求导法则. 例如，设

$$y = f(u), \quad u = \varphi(v), \quad v = \psi(x)$$

则复合函数 $y = f\{\varphi[\psi(x)]\}$ 对 x 的导数为

$$\frac{dy}{dx} = \frac{dy}{du}\cdot\frac{du}{dv}\cdot\frac{dv}{dx}$$

以上称为复合函数求导的链式法则.

例 4.2.8 求下列函数的导数 y'：

（1）$y=(4x-3)^{100}$；（2）$y=\ln\tan x$；（3）$y=\mathrm{e}^{\cos x}$；

（4）$y=\sin\dfrac{2x}{1+x^2}$；（5）$y=\arcsin x^3$．

解：（1）设 $y=u^{100}$，$u=4x-3$，则

$$y'_u=100u^{99}，\quad u'_x=4$$

于是
$$y'=y'_u\cdot u'_x=4\cdot 100u^{99}=400(4x-3)^{99}$$

（2）记 $u=\tan x$，$y=\ln u$，则 $y'_u=\dfrac{1}{u}$，$u'_x=\sec^2 x$．

十是
$$\frac{\mathrm{d}y}{\mathrm{d}x}=\frac{1}{u}\cdot\sec^2 x=\cot x\cdot\frac{1}{\cos^2 x}=\frac{1}{\sin x\cos x}$$

（3）原式可看作由 $y=\mathrm{e}^u$，$u=\cos x$ 复合而成，则

$$\frac{\mathrm{d}y}{\mathrm{d}x}=\frac{\mathrm{d}y}{\mathrm{d}u}\cdot\frac{\mathrm{d}u}{\mathrm{d}x}=-\mathrm{e}^u\sin x=-\mathrm{e}^{\sin x}\sin x$$

（4）记 $y=\sin u,u=\dfrac{2x}{1+x^2}$，则

$$\frac{\mathrm{d}y}{\mathrm{d}u}=\cos u，\quad \frac{\mathrm{d}u}{\mathrm{d}x}=\frac{2(1+x^2)-(2x)^2}{(1+x^2)^2}=\frac{2(1-x^2)}{(1+x^2)^2}$$

于是
$$\frac{\mathrm{d}y}{\mathrm{d}x}=\frac{\mathrm{d}y}{\mathrm{d}u}\cdot\frac{\mathrm{d}u}{\mathrm{d}x}=\cos u\cdot\frac{2(1-x^2)}{(1+x^2)^2}=\frac{2(1-x^2)}{(1+x^2)^2}\cdot\cos\frac{2x}{1+x^2}$$

（5）$y'=(\arcsin x^3)'=\dfrac{1}{\sqrt{1-x^6}}(x^3)'=\dfrac{3x^2}{\sqrt{1-x^6}}$．

例 4.2.9 求下列函数的导数：

（1）$y=\mathrm{e}^{\sin\sqrt{x}}$；（2）$y=\ln\left(x+\sqrt{x^2+a^2}\right)$．

解：（1）$y'=\left(\mathrm{e}^{\sin\sqrt{x}}\right)'=\mathrm{e}^{\sin\sqrt{x}}\left(\sin\sqrt{x}\right)'=\mathrm{e}^{\sin\sqrt{x}}\cos\sqrt{x}\left(\sqrt{x}\right)'=\mathrm{e}^{\sin\sqrt{x}}\cos\sqrt{x}\cdot\dfrac{1}{2}\cdot\dfrac{1}{\sqrt{x}}$．

（2）
$$\begin{aligned}y'&=\left[\ln\left(x+\sqrt{x^2+a^2}\right)\right]'=\frac{1}{x+\sqrt{x^2+a^2}}\left(x+\sqrt{x^2+a^2}\right)'\\&=\frac{1}{x+\sqrt{x^2+a^2}}\left\{1+\left[(x^2+a^2)^{1/2}\right]'\right\}\\&=\frac{1}{x+\sqrt{x^2+a^2}}\left[1+\frac{1}{2}(x^2+a^2)^{-\frac{1}{2}}(x^2+a^2)'\right]\\&=\frac{1}{x+\sqrt{x^2+a^2}}\left(1+\frac{x}{\sqrt{x^2+a^2}}\right)=\frac{1}{\sqrt{x^2+a^2}}.\end{aligned}$$

例 4.2.10　证明：$(x^{\mu})'=\mu x^{\mu-1}$（μ 为任意实数）$(x>0)$.

证： 由对数性质有

$$x=\mathrm{e}^{\ln x}$$

故
$$(x^{\mu})'=[(\mathrm{e}^{\ln x})^{\mu}]'=(\mathrm{e}^{\mu\ln x})'=\mathrm{e}^{\mu\ln x}(\mu\ln x)'=x^{\mu}\cdot\mu\cdot\frac{1}{x}=\mu x^{\mu-1}$$

4.2.4　取对数法求导

设 $y=u^{v}$，其中 $u=u(x)$，$v=v(x)$ 在 x 处可导，则 y 在 x 处可导，可以先在两边同时取对数 $\ln y=\ln u^{v}\Rightarrow\ln y=v\ln u$，然后两边同时对 x 求导可得

$$\frac{1}{y}y'=v'\ln u+v(\ln u)'=v'\ln u+v\frac{1}{u}u'\Rightarrow y'=u^{v}\left(v'\ln u+\frac{v}{u}u'\right)$$

即
$$(u^{v})'=u^{v}\left(v'\ln u+\frac{v}{u}u'\right)$$

例 4.2.11　求 $y=x^{\sin x}$ 的导数.

解：

法 1：直接求导.

$$y'=(x^{\sin x})'=(\mathrm{e}^{\sin x\ln x})'=\mathrm{e}^{\sin x\ln x}(\sin x\ln x)'=x^{\sin x}\left(\cos x\ln x+\frac{\sin x}{x}\right).$$

法 2：将 $y=x^{\sin x}$ 两端取对数，得

$$\ln y=\sin x\ln x$$

两边对 $y'=y\left(\cos x\ln x+\frac{\sin x}{x}\right)=x^{\sin x}\left(\cos x\ln x+\frac{\sin x}{x}\right)$ 求导数，得

$$\frac{1}{y}y'=\cos x\ln x+\frac{\sin x}{x}$$

故
$$y'=y\left(\cos x\ln x+\frac{\sin x}{x}\right)=x^{\sin x}\left(\cos x\ln x+\frac{\sin x}{x}\right).$$

例 4.2.12　求 $y=\sqrt{\dfrac{(x-1)(x-2)}{(x-3)(x-4)}}$（$x>4$）的导数.

解： 先在两边取对数（$x>4$），得

$$\ln y=\frac{1}{2}[\ln(x-1)+\ln(x-2)-\ln(x-3)-\ln(x-4)]$$

对上式两端求导数，得

$$\frac{1}{y}y'=\frac{1}{2}\left(\frac{1}{x-1}+\frac{1}{x-2}-\frac{1}{x-3}-\frac{1}{x-4}\right)=\frac{1}{2}\left(\frac{1}{x-1}+\frac{1}{x-2}+\frac{1}{3-x}+\frac{1}{4-x}\right)$$

故

$$\begin{aligned} y'&=\frac{1}{2}y\left(\frac{1}{x-1}+\frac{1}{x-2}+\frac{1}{3-x}+\frac{1}{4-x}\right)\\ &=\frac{1}{2}\sqrt{\frac{(x-1)(x-2)}{(x-3)(x-4)}}\left(\frac{1}{x-1}+\frac{1}{x-2}+\frac{1}{3-x}+\frac{1}{4-x}\right)\end{aligned}$$

4.2.5 导数公式与求导法则

1. 基本求导公式

（1）$C'=0$（C 为常数）；

（2）$(x^{\mu})'=\mu x^{\mu-1}$（μ 为任意实数） 特例：$x'=1$ $\left(\frac{1}{x}\right)'=-\frac{1}{x^2}$ $(\sqrt{x})'=\frac{1}{2\sqrt{x}}$；

（3）$(a^x)'=a^x\ln a$；

（4）$(\mathrm{e}^x)'=\mathrm{e}^x$；

（5）$(\log_a x)'=\frac{1}{x}\log_a \mathrm{e}=\frac{1}{x\ln a}$；

（6）$(\ln x)'=\frac{1}{x}$；

（7）$(\sin x)'=\cos x$；

（8）$(\cos x)'=-\sin x$；

（9）$(\tan x)'=\sec^2 x$；

（10）$(\cot x)'=-\csc^2 x$；

（11）$(\arcsin x)'=\frac{1}{\sqrt{1-x^2}}$（$-1<x<1$）；

（12）$(\arccos x)'=-\frac{1}{\sqrt{1-x^2}}$（$-1<x<1$）；

（13）$(\arctan x)'=\frac{1}{1+x^2}$（$-\infty<x<+\infty$）；

（14）$(\mathrm{arc}\cot x)=-\frac{1}{1+x^2}$（$-\infty<x<+\infty$）；

（15）$(\sec x)'=\sec x\tan x$；

（16）$(\csc x)'=-\csc x\cot x$.

2. 和、差、积、商求导法则

$$(u\pm v)'=u'\pm v';\ (u\cdot v)'=u'\cdot v+u\cdot v';\ \left(\frac{u}{v}\right)'=\frac{u'\cdot v-u\cdot v'}{v^2}(v\neq 0).$$

3. 复合函数求导法则

$$\frac{\mathrm{d}y}{\mathrm{d}x}=\frac{\mathrm{d}y}{\mathrm{d}u}\cdot\frac{\mathrm{d}u}{\mathrm{d}x}.$$

4. 对数求导法则

$$(u^v)'=u^v\left(v'\ln u+\frac{v}{u}u'\right).$$

5. 反函数求导法则

$$[f^{-1}(y)]'=\frac{1}{f'(x)}.$$

习题 4.2

基础练习

1. 求下列函数的导数：

（1）$y=x^3+\sin x+7$；（2）$y=x^2\ln x$；（3）$y=\dfrac{1}{\ln x}$；

（4）$y=\dfrac{1+\sin x}{1+\cos x}$；（5）$y=(2+5x)(4-3x)$；（6）$y=\sin x\cos x$；

（7）$y=\tan 3x-5\sec x$；（8）$y=x^3\mathrm{e}^x\cot x$；（9）$y=\dfrac{\arcsin x}{1-x^2}$；

（10）$y=x^2\arccos x$；（11）$y=(1+x^2)\arctan x$；（12）$y=\lg 3x-\operatorname{arccot} x$．

2. 求下列复合函数的导数：

（1）$y=\cos(2x-4)$；（2）$y=\dfrac{1}{\sqrt{1-x^2}}$；（3）$y=(5x+6)^{2022}$；

（4）$y=\ln\sec x$；（5）$y=\sqrt{x^2+3x}$；（6）$y=\log_3{}^{\sqrt{x}}$；

（7）$y=\arcsin(2-5x^3)$；（8）$y=\sin^4(1-x)$；（9）$y=5^{\cot x}$；

（10）$y=\arctan \mathrm{e}^{x^2}$；（11）$y=\sqrt{\dfrac{1+\sin x}{1-\sin x}}$；（12）$y=\ln\left(x+\sqrt{x^2-1}\right)$．

提高练习

3. 求下列复合函数的导数：

（1）$y=x(\sin\ln x-\cos\ln x)$；（2）$y=\sin\ln(x^2+1)$；（3）$y=\ln[\ln(\ln x)]$；

（4）$y=\ln(\sec x+\tan x)$；（5）$y=\ln(\csc x-\cot x)$；（6）$y=\arctan\dfrac{x+1}{x-1}$；

（7）$y=\mathrm{e}^{\arcsin\sqrt{x}}$；（8）$y=\log_5{}^{\sin x^4}$．

4.证明:

（1）$(\arccos x)'=-\dfrac{1}{\sqrt{1-x^2}}$（$-1<x<1$）；（2）$(\operatorname{arccot} x)=-\dfrac{1}{1+x^2}$（$-\infty<x<+\infty$）.

拓展练习

5. 设 $f(t)$ 可导，求下列函数的导数：

（1）$y=f(\sin x)$；（2）$y=f(\mathrm{e}^{x^3})+f(\ln x^3)$；

（3）$y=\arcsin f(x)$；（4）$y=f(\sin^2 x+\cos 2x)$．

6. 求下列函数的导数：

（1）$y=\sqrt{x\sqrt{x\sqrt{x}}}$；（2）$y=x^{\cos x}$；（3）$y=x^x$；（4）$y=\dfrac{\sqrt{(3x-2)(12-3x)^3}}{(x-1)^2}$．

7. 设 $f(x)$ 为可导函数，证明：

（1）若 $f(x)$ 为偶(奇)函数，则 $f'(x)$ 为奇(偶)函数;

（2）若 $f(x)$ 是以 T 为周期的函数，则 $f'(x)$ 也是以 T 为周期.

4.3 高阶导数

在研究物体运动时，我们不但需要关心物体运动的速度，而且需要关心物体运动速度的变化，即加速度问题. 例如，自由落体的运动距离方程为 $s=\frac{1}{2}gt^2$，t 时刻的瞬时速度可表示为 $v=\frac{\mathrm{d}s}{\mathrm{d}t}=\left(\frac{1}{2}gt^2\right)'=gt$，$t$ 时刻的加速度 $a=\frac{\mathrm{d}v}{\mathrm{d}t}=(gt)'=g$. 从最初的方程函数到加速度之间，我们求了两次导数.

在工程研究中，常常需要把握曲线斜率的变化程度，以求得曲线的弯曲程度，即需要讨论斜率函数的导数问题. 在进一步讨论函数的性质时，也会遇到类似的情况，也就是说，我们对一个可导函数求导之后，还需研究其导函数的导数问题. 这就形成了高阶导数的问题. 为此给出如下的定义：

4.3.1 高阶导数的定义

定义 4.3.1 设函数 $y=f(x)$ 在 x 处可导，若 $f'(x)$ 的导数存在，则称该导数为 $y=f(x)$ 的二阶导数，记为 $f''(x)$ 或 y''，$\frac{\mathrm{d}^2y}{\mathrm{d}x^2}$，$\frac{\mathrm{d}^2f}{\mathrm{d}x^2}$，即

$$f''(x)=\lim_{\Delta x\to 0}\frac{f'(x+\Delta x)-f'(x)}{\Delta x}$$

记作 $$y'',f''(x),\frac{\mathrm{d}^2y}{\mathrm{d}x^2}\quad 或\quad \frac{\mathrm{d}^2f}{\mathrm{d}x^2}$$

即 $$y''=(y')',\ f''(x)=[f'(x)]',\ \frac{\mathrm{d}^2y}{\mathrm{d}x^2}=\frac{\mathrm{d}}{\mathrm{d}x}\left(\frac{\mathrm{d}y}{\mathrm{d}x}\right)\quad 或\quad \frac{\mathrm{d}^2f}{\mathrm{d}x^2}=\frac{\mathrm{d}}{\mathrm{d}x}\left(\frac{\mathrm{d}f}{\mathrm{d}x}\right).$$

由此，前面所讨论的变速直线运动中，速度 $v(t)$ 就是位置函数 $s(t)$ 对时间 t 的导数，即

$$v(t)=\frac{\mathrm{d}s}{\mathrm{d}t},\ 或\ v=s'$$

而加速度 $a(t)$ 是速度函数 $v(t)$ 对时间 t 的变化率，即速度函数 $v(t)$ 对时间 t 的导数，就是位置函数 $s(t)$ 对时间 t 的二阶导数，即

$$a=\frac{\mathrm{d}v}{\mathrm{d}t}=\frac{\mathrm{d}}{\mathrm{d}t}\left(\frac{\mathrm{d}s}{\mathrm{d}t}\right),\ 或\ a=(s')'=s''=\frac{\mathrm{d}^2s}{\mathrm{d}t^2}$$

这就是二阶导数的物理意义.

若 $y''=f''(x)$ 的导数存在，则称该导数为 $y=f(x)$ 的三阶导数，记为 $f'''(x)$ 或 y'''.

例如，$(x^5)'=5x^4,(x^5)''=(5x^4)'=20x^3,(x^5)'''=[(x^5)'']'=[20x^3]'=60x^2$.

若 $y'''=f'''(x)$ 的导数存在，则称该导数为 $y=f(x)$ 的四阶导数，记为 $f^{(4)}(x)$ 或 $y^{(4)}$. 类似地，

若 $y=f(x)$ 的 $n-1$ 阶导数 $f^{(n-1)}(x)$ 的导数存在，则称该导数为 $y=f(x)$ 的 n 阶导数，记为 $y^{(n)}$ 或 $f^{(n)}(x)$，$\dfrac{\mathrm{d}^n y}{\mathrm{d}x^n}$，$\dfrac{\mathrm{d}^n f}{\mathrm{d}x^n}$.

我们为了统称方便，把函数本身称为零阶导数，函数的导数称为一阶导数，函数的二阶及二阶以上的导数称为函数的高阶导数. 函数 $f(x)$ 的 n 阶导数在 $x=x_0$ 处的导数值记为

$$f^{(n)}(x_0) \text{ 或 } y^{(n)}(x_0)\text{，} \left.\frac{\mathrm{d}^n y}{\mathrm{d}x^n}\right|_{x=x_0}$$

4.3.2　求导举例

例 4.3.1　$y=ax^3+bx^2+cx+d$，求 y''，$y''(1)$，$y^{(3)}$，$y^{(4)}$，$y^{(5)}$.

解： $y'=3ax^2+2bx+c$，$y''=6ax+2b$，$y''(1)=6a+2b$，$y^{(3)}=6a$，$y^{(4)}=0$，$y^{(5)}=0$.

例 4.3.2　证明 $(\arctan x)''+(\operatorname{arccot} x)''=0$.

证： 因为

$$(\arctan x)'=\frac{1}{1+x^2},(\arctan x)''=\left(\frac{1}{1+x^2}\right)'=\frac{-2x}{\left(1+x^2\right)^2}$$

$$(\operatorname{arccot} x)'=-\frac{1}{1+x^2},(\operatorname{arccot} x)''=\left(-\frac{1}{1+x^2}\right)'=\frac{2x}{\left(1+x^2\right)^2}$$

所以

$$(\arctan x)''+(\operatorname{arccot} x)''=0$$

例 4.3.3　求函数 $y=\sin\ln x$ 的二阶导数.

解： $y'=\dfrac{\cos\ln x}{x}$，$y''=\dfrac{-\sin\ln x\cdot\dfrac{1}{x}\cdot x-\cos\ln x\cdot 1}{x^2}=-\dfrac{\sin\ln x+\cos\ln x}{x^2}$.

例 4.3.4　求下列函数的 n 阶导数.

（1）$y=\mathrm{e}^x$；　（2）$y=\sin x$；　（3）$y=x^n$；　（4）$\ln(1+x)$.

解：（1）由 $y'=\mathrm{e}^x$，$y''=\mathrm{e}^x$，$y'''=\mathrm{e}^x$，一般地，可得

$$y^{(n)}=\mathrm{e}^x$$

（2）正弦函数为 $y=\sin x$，则

$$y'=\cos x=\sin\left(x+\frac{\pi}{2}\right)$$

$$y''=\cos\left(x+\frac{\pi}{2}\right)=\sin\left(x+\frac{\pi}{2}+\frac{\pi}{2}\right)=\sin\left(x+2\cdot\frac{\pi}{2}\right)$$

$$y'''=\cos\left(x+2\cdot\frac{\pi}{2}\right)=\sin\left(x+3\cdot\frac{\pi}{2}\right)$$

一般地，可得

$$y^{(n)} = \sin\left(x + n \cdot \frac{\pi}{2}\right)$$

即

$$\sin^{(n)}(x) = \sin\left(x + n \cdot \frac{\pi}{2}\right)$$

用类似方法，可得

$$\cos^{(n)}(x) = \cos\left(x + n \cdot \frac{\pi}{2}\right)$$

（3）因 $y' = nx^{n-1}$，$y'' = n(n-1)x^{n-2}$，由归纳法可得

$$y^{(k)} = n(n-1)\cdots(n-k+1)x^{n-k} \qquad (k < n)$$

当 $k = n$ 时，

$$y^{(k)} = y^{(n)} = n(n-1)\cdots 3 \cdot 2 \cdot 1 = n!$$

当 $k = n$，显然有

$$y^{(n+1)} = 0, y^{(n+2)} = 0, \cdots, y^{(k)} = 0$$

（4）因 $y = \ln(1+x), y' = \dfrac{1}{1+x}, y'' = -\dfrac{1}{(1+x)^2}, y^{(3)} = \dfrac{1 \cdot 2}{(1+x)^3}$，一般地，可得

$$y^{(n)} = (-1)^{n-1} \frac{(n-1)!}{(1+x)^n}$$

例 4.3.5　设函数 $y = \ln(1+x^2)$，求 $y''(0)$.

解： 因 $y' = \dfrac{2x}{1+x^2}$，$y'' = \dfrac{2(1+x^2) - 2x \cdot 2x}{(1+x^2)^2} = \dfrac{2(1-x^2)}{(1+x^2)^2}$，从而

$$y''(0) = \left.\frac{2(1-x^2)}{(1+x^2)^2}\right|_{x=0} = 2$$

习题 4.3

基础练习

1. 求下列函数的三阶导数：

（1）$y = x^4 - 2x^3 + 8$；　（2）$y = x^4 \ln x$；　（3）$y = \mathrm{e}^x \sin x$；　（4）$y = \dfrac{2x}{1+x^2}$.

2. 求下列函数的二阶导数：

（1）$y = \cos 2x \cdot \tan 3x$；　（2）$y = \log_2 x^3$；　（3）$y = (1-x^2)\arcsin x$；　（4）$y = \sec x$.

提高练习

3.求下列函数的二阶导数：

（1） $y=\dfrac{\cot x}{x}$； （2） $y=\ln\left(x-\sqrt{1+x^2}\right)$；

（3） $y=\cos^2 x\ln x$； （4） $y=\ln\left(\sqrt{2+x^2}-x\right)$；

（5） $y=(1+x^2)\arctan x$； （6） $y=\operatorname{arccot}\sqrt{1+x^2}$.

4. 求下列函数的 n 阶导数：

（1） $y=\ln x$； （2） $y=e^{x^2}$； （3） $y=a^x$； （4） $y=\cos 2x$.

5. 已知函数 $y=x^3e^x$ ，求 $y^{(4)}(1)$.

6. 验证函数 $y=C_1e^{\lambda x}+C_2e^{-\lambda x}$ (λ,C_1,C_2 是常数)满足关系式： $y''-\lambda^2y=0$.

拓展练习

7. 若 $f''(x)$ 存在，求下列函数的二阶导数 $\dfrac{d^2y}{dx^2}$.

（1） $y=f(x^3)$； （2） $y=\ln[f(x)]$； （3） $y=x^2f(\ln x)$.

8.已知 $f(x)=\begin{cases}ax^2+bx+c, x<0\\ \ln(1+x), x\geqslant 0\end{cases}$ 在 $x=0$ 处有二阶导数，试确定参数 a,b,c 的值.

4.4 隐函数及由参数方程所确定的函数的导数

4.4.1 隐函数求导法则

1. 隐函数概念

函数 $y=f(x)$ 表示两个变量 y 与 x 之间的对应关系，如 $y=2x+1$ ， $y=\sin x$ ，这种表达的函数叫作显函数. 有些函数的表达方式，如方程： $x^2+y^2=1\,(y>0)$，它也表示 $y=\sqrt{1-x^2}$ ，那么，前者称为隐函数，后者称为隐函数的显化.

一般地，如果在方程 $F(x,y)=0$ 中，当 x 取某区间内任一值时，相应地总有满足这方程的唯一的 y 值存在，那么，就说方程 $F(x,y)=0$ 在该区间确定了一个隐函数，记为 $y=y(x)$. 如： $xe^y-y+1=0$ 确定的函数 $y=y(x)$ 是一个隐函数.

那么隐函数如何求导呢?

设方程 $F(x,y)=0$ 确定了一个函数 $y=y(x)$ ，将 $y=y(x)$ “代入”方程，便得到恒等式 $F(x,y(x))\equiv 0$. 在等式 $F(x,y(x))\equiv 0$ 两边关于 x 求导，且将 y 看作 x 的函数，即可解得 $\dfrac{dy}{dx}$.

2. 求导举例

例 4.4.1 求由方程 $e^y+xy-e=0$ 所确定的隐函数 $y=y(x)$ 的导数 $\dfrac{dy}{dx}$ ， $\left.\dfrac{dy}{dx}\right|_{x=0}$.

解： 把 y 视为 x 的函数，方程两边对 x 求导，得

$$e^y\cdot\frac{dy}{dx}+y+x\cdot\frac{dy}{dx}=0$$

从而
$$\frac{\mathrm{d}y}{\mathrm{d}x}=-\frac{y}{x+\mathrm{e}^y}\quad (x+\mathrm{e}^y\neq 0)$$

由于 $x=0$ 时，$y=1$，故
$$\left.\frac{\mathrm{d}y}{\mathrm{d}x}\right|_{x=0}=-\frac{1}{0+\mathrm{e}}=-\frac{1}{\mathrm{e}}$$

例 4.4.2　如图 4.4.1 所示，求椭圆 $\frac{x^2}{16}+\frac{y^2}{9}=1$ 在点 $A\left(2,\frac{3\sqrt{3}}{2}\right)$ 处的切线方程.

解： 由导数的几何意义知道，所求切线斜率为
$$k=y'|_{x=2}$$

把椭圆方程的两边分别对 x 求导，有
$$\frac{x}{8}+\frac{2}{9}y\cdot\frac{\mathrm{d}y}{\mathrm{d}x}=0$$

从而
$$\frac{\mathrm{d}y}{\mathrm{d}x}=-\frac{9x}{16y}$$

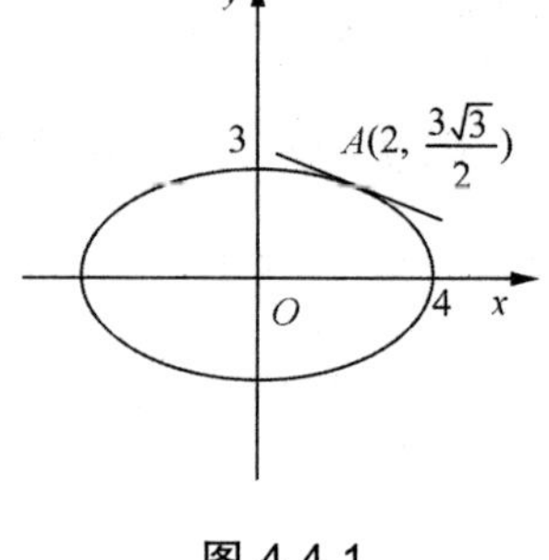

图 4.4.1

当 $x=2$ 时，$y=\frac{3\sqrt{3}}{2}$，代入上式得
$$\left.\frac{\mathrm{d}y}{\mathrm{d}x}\right|_{x=2}=-\frac{\sqrt{3}}{4}$$

于是所求的切线方程为
$$y-\frac{3}{2}\sqrt{3}=-\frac{\sqrt{3}}{4}(x-2)$$

即
$$\sqrt{3}x+4y-8\sqrt{3}=0 .$$

例 4.4.3　求由方程 $x^y=y^x\,(x,y>0,x,y\neq 1)$ 所确定的隐函数 y 对 x 的导数 $\frac{\mathrm{d}y}{\mathrm{d}x}$.

解： 先将方程取对数，得 $y\ln x=x\ln y$，然后两边关于 x 求导，即
$$y'\ln x+\frac{y}{x}=\ln y+x\frac{y'}{y}$$

得
$$y'=\frac{xy\ln y-y^2}{xy\ln x-x^2}\,(xy\ln x-x^2\neq 0)$$

其中 $y=y(x)$ 是由方程 $x^y=y^x$ 所确定的隐函数.

4.4.2 参数方程所确定的函数求导

在实际问题中，函数 y 与自变量 $\begin{cases} x=\varphi(t) \\ y=\psi(t) \end{cases}$ 可能不是直接由 $\begin{cases} x=\varphi(t) \\ y=\psi(t) \end{cases}$ 表示，而是通过一参变量 $\begin{cases} x=\varphi(t) \\ y=\psi(t) \end{cases}$ 来表示，即

$$\begin{cases} x=\varphi(t) \\ y=\psi(t) \end{cases}$$

称为函数的参数方程. 这类函数怎么求导呢?

设 $x=\varphi(t)$ 有连续的反函数 $t=\varphi^{-1}(x)$，又 $\varphi'(t)$ 与 $\psi'(t)$ 存在，且 $\varphi'(t)\neq 0$，则 y 为复合函数，

$$y=\psi(t)=\psi[\varphi^{-1}(x)]$$

利用反函数和复合函数求导法则，得

$$\frac{\mathrm{d}y}{\mathrm{d}x}=\frac{\mathrm{d}y}{\mathrm{d}t}\frac{\mathrm{d}t}{\mathrm{d}x}=\psi'(t)\cdot\frac{1}{\varphi'(t)}=\frac{\psi'(t)}{\varphi'(t)}$$

或
$$\frac{\mathrm{d}y}{\mathrm{d}x}=\frac{\mathrm{d}y}{\mathrm{d}t}\frac{\mathrm{d}t}{\mathrm{d}x}=\frac{\mathrm{d}y}{\mathrm{d}t}\cdot\frac{1}{\frac{\mathrm{d}x}{\mathrm{d}t}}=\frac{\psi'(t)}{\varphi'(t)}$$

如果 $x=\varphi(t)$、$y=\psi(t)$ 二阶可导，则还可以求二阶导数:

$$\frac{\mathrm{d}y^2}{\mathrm{d}x^2}=\frac{\mathrm{d}}{\mathrm{d}x}\left(\frac{\mathrm{d}y}{\mathrm{d}x}\right)=\frac{\mathrm{d}}{\mathrm{d}t}\left(\frac{\mathrm{d}y}{\mathrm{d}x}\right)\frac{\mathrm{d}t}{\mathrm{d}x}=\frac{\frac{\mathrm{d}}{\mathrm{d}t}\left(\frac{\mathrm{d}y}{\mathrm{d}x}\right)}{\frac{\mathrm{d}x}{\mathrm{d}t}}$$

$$=\frac{\frac{\psi''(t)\varphi'(t)-\psi'(t)\varphi''(t)}{[\varphi'(t)]^2}}{\varphi'(t)}=\frac{\psi''(t)\varphi'(t)-\psi'(t)\varphi''(t)}{[\varphi'(t)]^3}$$

例 4.4.4 已知椭圆的参数方程为 $\begin{cases} x=a\cos t, \\ y=b\sin t, \end{cases}$ 求椭圆在 $t=\frac{\pi}{4}$ 相应的点 M_0 处的切线方程.

解:
$$\frac{\mathrm{d}y}{\mathrm{d}x}=\frac{\mathrm{d}y/\mathrm{d}t}{\mathrm{d}x/\mathrm{d}t}=\frac{(b\sin t)'}{(a\cos t)'}=\frac{b\cos t}{-a\sin t}=-\frac{b}{a}\cot t$$

又当 $t=\pi/4$ 时，椭圆上相应点 $M_0(x_0,y_0)$ 的直角坐标为

$$x_0=a\cos\frac{\pi}{4}=\frac{\sqrt{2}}{2}a,\quad y_0=b\sin\frac{\pi}{4}=\frac{\sqrt{2}}{2}b$$

曲线在 M_0 的切线斜率为

$$k=\left.\frac{\mathrm{d}y}{\mathrm{d}x}\right|_{t=\frac{\pi}{4}}=-\frac{b}{a}\cot\frac{\pi}{4}=-\frac{b}{a}$$

故在 M_0 点的切线方程为

$$y-\frac{\sqrt{2}}{2}b=-\frac{b}{a}\left(x-\frac{\sqrt{2}}{2}a\right)$$

即
$$bx+ay-\sqrt{2}ab=0$$

例 4.4.5 曲线$\begin{cases}x=\ln(1+t^2)\\y=\arctan\sqrt{t}\end{cases}$，求$\dfrac{\mathrm{d}y}{\mathrm{d}x}$.

解： $\dfrac{\mathrm{d}y}{\mathrm{d}x}=\dfrac{\dfrac{1}{1+t}\cdot\dfrac{1}{2\sqrt{t}}}{\dfrac{2t}{1+t^2}}=\dfrac{1+t^2}{2t\sqrt{t}(1+t)}$.

例 4.4.6 设曲线$x=x(t),y=y(t)$由方程组$\begin{cases}x=te^t\\e^t+e^y=2e\end{cases}$确定，求曲线在$t=1$处的斜率.

解： $y_t'=-\dfrac{e^t}{e^y}=\dfrac{e^t}{e^t-2e}$，$x_t'=e^t+te^t$，$\dfrac{\mathrm{d}y}{\mathrm{d}x}=\dfrac{y_t'}{x_t'}=\dfrac{\dfrac{e^t}{e^t-2e}}{e^t+te^t}=\dfrac{1}{(1+t)(e^t-2e)}$.

所以该曲线在$t=1$处的斜率为$\left.\dfrac{\mathrm{d}y}{\mathrm{d}x}\right|_{t=1}=-\dfrac{1}{2e}$.

习题 4.4

基础练习

1. 下列方程确定变量y为x的函数，求y'.

（1）$xy-e^x+e^y=0$；　　（2）$\sin y+e^x-xy^2=e$；

（3）$\ln y=xy+\cos x$；　　（4）$\begin{cases}x=\cos\theta,\\y=2\sin\theta;\end{cases}$

（5）$5x^3y+y^4=\ln 3$；　　（6）$\begin{cases}x=t^3+5t,\\y=4t-2t^2;\end{cases}$

（7）$\begin{cases}x=a(t-\sin t),\\y=a(1-\cos t);\end{cases}$　　（8）$\arctan\dfrac{y}{x}=\ln\sqrt{x^2+y^2}$.

2. 设$\begin{cases}x=te^t,\\y=2t+t^2,\end{cases}$求$\left.\dfrac{\mathrm{d}y}{\mathrm{d}x}\right|_{t=1}$.

3. 设方程$e^x-e^y=xy$确定y是x的函数，求$\left.\dfrac{\mathrm{d}y}{\mathrm{d}x}\right|_{x=0}$.

4. 设$\begin{cases}x=te^t,\\y=\sin 2t+\cos t^2,\end{cases}$求$\left.\dfrac{\mathrm{d}y}{\mathrm{d}x}\right|_{x=0}$.

5. 求曲线$\begin{cases}x=\sin^2 t,\\y=\cos 3t,\end{cases}$在$t=\dfrac{\pi}{2}$处的切线斜率.

提高练习

6. 求下列方程的导数：

（1）$xy^2 = \mathrm{e}^{x+3y}$；（2）$y = \arctan x + y\mathrm{e}^x$；

（3）$y = x^{\frac{1}{y}}$；（4）$\mathrm{e}^{xy} = 3x + y$；

（5）$\begin{cases} x = \mathrm{e}^t \cos t, \\ y = \mathrm{e}^t \sin t; \end{cases}$（6）$\begin{cases} x = t - \ln(1+t), \\ y = t^3 + t^2; \end{cases}$

（7）$x^y + y^x = 1$；（8）$\begin{cases} x = \dfrac{t^2}{1+t}, \\ y = \dfrac{t}{1+t}. \end{cases}$

7. 已知 $xy = x - \mathrm{e}^{xy}$，求 $\left.\dfrac{\mathrm{d}y}{\mathrm{d}x}\right|_{y=0}$.

8. 求 $\begin{cases} x = t\cos t \\ y = \ln(1+t^2) \end{cases}$ 在 $t = 1$ 处的切线方程和法线方程.

9. 由 $y\mathrm{e}^y = \mathrm{e}^{x-1}$ 确定函数 $y = f(x)$，求 $\left.\dfrac{\mathrm{d}y}{\mathrm{d}x}\right|_{y=1}$.

拓展练习

10. 设 $f(x) = \dfrac{x^3}{2-x} \cdot \sqrt{\dfrac{2-x}{(2+x)^2}}$，求 $f'(x)$，$f'(1)$.

11. 求由方程所确定的隐函数 $y = y(x)$ 的二阶导数 $\dfrac{\mathrm{d}^2 y}{\mathrm{d}x^2}$.

（1）$y^3 + \ln 3y + x^2 = 0$；（2）$y = \ln(x + y^2)$；（3）$\begin{cases} x = 3t^5 + 6, \\ y = \dfrac{1}{2} t \ln t. \end{cases}$

4.5 微 分

经过前面的学习，我们清楚了函数的导数，是表示函数在点 x 处的变化率，它描述了函数在点 x 处变化的快慢程度. 在实践过程中，有的问题需要掌握函数在某一点，当自变量取得一个微小的改变量时，函数取得的相应改变量的大小. 这就要引入微分的概念.

分析一个简化的例子.

设有一个边长为 x 的理想化的正方形金属薄片（不计厚度），其面积用 S 表示，显然 $S = x^2$. 如果受热有一个微小的膨胀，边长 x 取得一个改变量 Δx，则面积 S 相应地取得改变量

$$\Delta S = (x + \Delta x)^2 - x^2 = 2x\Delta x + (\Delta x)^2$$

上式包括两部分：第一部分 $2x\Delta x$ 是 Δx 的线性函数，即图 4.5.1 中画斜线的那两个矩形

面积之和；而第二部分 $(\Delta x)^2$，当 $\Delta x \to 0$ 时，是比 Δx 高阶的无穷小量. 因此，当 Δx 很小时，我们可以用第一部分 $2x\Delta x$ 近似地表示 ΔS，而将第二部分忽略掉，其差 $\Delta S - 2x\Delta x$ 只是一个比 Δx 高阶的无穷小量. 我们把 $2x\Delta x$ 叫作正方形面积 S 的微分，记作

$$\mathrm{d}S = 2x\Delta x$$

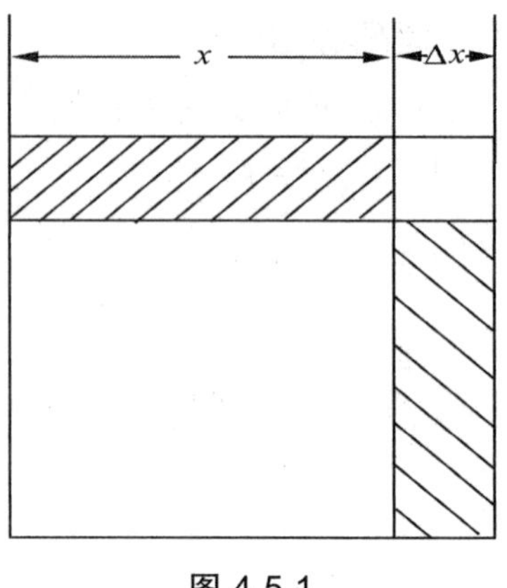

图 4.5.1

4.5.1 微分的定义

定义 4.5.1 对于自变量在点 x 处的改变量 Δx，如果函数 $y = f(x)$ 的相应改变量 Δy 可以表示为

$$\Delta y = A\Delta x + o(\Delta x) \qquad (\Delta x \to 0) \tag{4.5.1}$$

其中 A 与 Δx 无关，则称函数 $y = f(x)$ 在点 x 处可微，并称 $A\Delta x$ 为函数 $y = f(x)$ 在点 x 处的微分，记为 $\mathrm{d}y$ 或 $\mathrm{d}f(x)$，即

$$\mathrm{d}y = \mathrm{d}f(x) = A\Delta x$$

由微分的定义可知，微分是自变量的改变量 Δx 的线性函数. 当 $\Delta x \to 0$ 时，微分与函数的改变量 Δy 的差是一个比 Δx 高阶的无穷小量 $o(\Delta x)$. 当 $A \neq 0$ 时，函数的微分 $\mathrm{d}y = A\Delta x$ 与函数改变量 Δy 是等价无穷小量. 通常称函数微分 $\mathrm{d}y$ 为函数改变量 Δy 的线性主部.

现在的问题是怎样确定 A？还是从上面讲到的正方形面积来考察，我们已经知道正方形面积 S 的微分为

$$\mathrm{d}S = 2x\Delta x$$

显然，这里 $A = 2x = (x^2)' = S'$，这就是说，正方形面积 S 的微分等于正方形面积 S 对边长 x 的导数与边长改变量的乘积.

这个例子说明：微分系数“A”就是函数在点 x 处的导数. 下面我们来证明这个结论对一般的可微函数也是正确的.

设函数 $y = f(x)$ 在点 x 处可微，则由定义可知，公式（4.5.1）成立. 用 $\Delta x(\neq 0)$ 除式（4.5.1）的两边得

$$\frac{\Delta y}{\Delta x} = A + \frac{o(\Delta x)}{\Delta x},\quad \lim_{\Delta x \to 0}\frac{o(\Delta x)}{\Delta x} = 0$$

所以

$$y' = \lim_{\Delta x \to 0}\frac{\Delta y}{\Delta x} = A$$

由此可见，如果函数 $y = f(x)$ 在点 x 处可微，则它在点 x 处可导，而且

$$\mathrm{d}y = f'(x)\Delta x$$

反之，如果 $y = f(x)$ 在点 x 处可导，则它在点 x 处也可微. 因为，若

$$\lim_{\Delta x \to 0}\frac{\Delta y}{\Delta x} = f'(x)$$

则由 3.5 节定理 3.5.1 的必要条件可知

$$\frac{\Delta y}{\Delta x}=f'(x)+\alpha$$

其中 α 是当 $\Delta x\to 0$ 时的无穷小量，所以

$$\Delta y=f'(x)\Delta x+\alpha\Delta x$$

$f'(x)\Delta x$ 是 Δx 的线性函数，$\alpha\Delta x$ 是比 Δx 高阶的无穷小量. 这就是说，函数 $y=f(x)$ 在点 x 处可微，且 $f'(x)\Delta x$ 就是它的微分.

由上面的讨论可知：函数可微必可导，可导必可微，可导与可微是一致的，并且函数的微分就是函数的导数与自变量改变量的乘积，即 $\mathrm{d}y=f'(x)\Delta x$，于是我们就得到一个定理：

定理 4.5.1 函数 $f(x)$ 在 $x=x_0$ 处可微的充分必要条件是 $f(x)$ 在 $x=x_0$ 处可导.

如果再将自变量 x 当作自己的函数 $y=x$，则得

$$\mathrm{d}x=x'\cdot\Delta x=\Delta x$$

因此，我们说自变量的微分就是它的改变量. 于是，函数的微分可以写成

$$\mathrm{d}y=f'(x)\mathrm{d}x$$

即函数的微分就是函数的导数与自变量的微分之乘积. 由上式可得

$$\frac{\mathrm{d}y}{\mathrm{d}x}=f'(x)$$

以前我们曾用 $\frac{\mathrm{d}y}{\mathrm{d}x}$ 表示过导数，那时 $\frac{\mathrm{d}y}{\mathrm{d}x}$ 是作为一个整体记号来用的. 在引进微分概念之后，我们才知道 $\frac{\mathrm{d}y}{\mathrm{d}x}$ 表示的是函数微分与自变量微分的商，所以我们又称导数为**微商**. 由于求微分的问题可归结为求导数的问题，因此求导数与求微分的方法叫作**微分法**.

例 4.5.1 求函数 $y=2x^2-1$ 在 $x=1$，$\Delta x=0.01$ 时的微分.

解： 先求函数在任意点 x 的微分

$$\mathrm{d}y=(2x^2-1)'\Delta x=4x\Delta x$$

再求函数当 $x=1$，$\Delta x=0.01$ 时的微分

$$\mathrm{d}y\Big|_{\substack{x=1\\ \Delta x=0.01}}=4x\Delta x\Big|_{\substack{x=1\\ \Delta x=0.01}}=0.04$$

例 4.5.2 设 $y=\sin\sqrt{x}$，求 $\mathrm{d}y$.

解： $\mathrm{d}y=f'(x)\mathrm{d}x=(\sin\sqrt{x})'\mathrm{d}x=(\cos\sqrt{x})\cdot(\sqrt{x})'\mathrm{d}x$

$$=(\cos\sqrt{x})\cdot\frac{1}{2\sqrt{x}}\mathrm{d}x=\frac{\cos\sqrt{x}}{2\sqrt{x}}\mathrm{d}x.$$

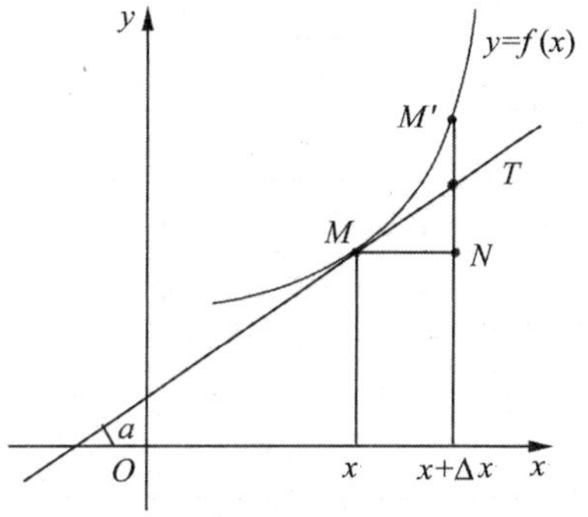

图 4.5.2

4.5.2 微分的几何意义

在直角坐标系中作函数 $y=f(x)$ 的图形，如图 4.5.2 所示. 在曲线上取定一点 $M(x,y)$，

过 M 点作曲线的切线，则此切线的斜率为

$$f'(x)=\tan\alpha$$

当自变量在点 x 处取得改变量 Δx 时，就得到曲线上另外一点 $M'(x+\Delta x, y+\Delta y)$．由图 4.5.2 易知

$$MN=\Delta x, NM'=\Delta y$$

且

$$NT=MN\cdot\tan\alpha=f'(x)\Delta x=\mathrm{d}y$$

因此，函数 $y=f(x)$ 的微分 $\mathrm{d}y$ 就是过点 $M(x,y)$ 的切线的纵坐标的改变量．图中线段 TM' 是 Δy 与 $\mathrm{d}y$ 之差，它是 Δx 的高阶无穷小量，即

$$\lim_{\Delta x\to 0}\frac{\Delta y-\mathrm{d}y}{\Delta x}=0$$

4.5.3 基本初等函数的微分公式与微分运算法则

从函数的微分表达式

$$\mathrm{d}y=f'(x)\mathrm{d}x$$

可以看出，要计算函数的微分，只要计算函数的导数，再乘以自变量的微分，因此可得如下的微分公式和微分运算法则．

1. 基本初等函数的微分公式

由基本初等函数的导数公式，可以直接写出基本初等函数的微分公式，为了便于对照，如表 4.5.1 所示。

表 4.5.1 基本初等函数的微分公式

导数公式	微分公式
$[C]'=0$ （C 为常数）	$\mathrm{d}C=0$ （C 为常数）
$[\sin x]'=\cos x$	$\mathrm{d}\sin x=\cos x\mathrm{d}x$
$[\cos x]'=-\sin x$	$\mathrm{d}\cos x=-\sin x\mathrm{d}x$
$[\tan x]'=\sec^2 x$	$\mathrm{d}\tan x=\sec^2 x\mathrm{d}x$
$[\cot x]'=-\csc^2 x$	$\mathrm{d}\cot x=-\csc^2 x\mathrm{d}x$
$[\sec x]'=\sec x\tan x$	$\mathrm{d}\sec x=\sec x\tan x\mathrm{d}x$
$[\csc x]'=-\csc x\cot x$	$\mathrm{d}\csc x=-\csc x\cot x\mathrm{d}x$
$[a^x]'=a^x\ln a$	$\mathrm{d}a^x=a^x\ln a\mathrm{d}x$
$[\mathrm{e}^x]'=\mathrm{e}^x$	$\mathrm{d}\mathrm{e}^x=\mathrm{e}^x\mathrm{d}x$
$[\log_a x]'=\dfrac{1}{x\ln a}$	$\mathrm{d}\log_a x=\dfrac{1}{x\ln a}\mathrm{d}x$
$[\ln x]'=\dfrac{1}{x}$	$\mathrm{d}\ln x=\dfrac{1}{x}\mathrm{d}x$
$[\arcsin x]'=\dfrac{1}{\sqrt{1-x^2}}$	$\mathrm{d}\arcsin x=\dfrac{1}{\sqrt{1-x^2}}\mathrm{d}x$

续表

$[\arccos x]' = -\dfrac{1}{\sqrt{1-x^2}}$	$\mathrm{d}\arccos x = -\dfrac{1}{\sqrt{1-x^2}}\mathrm{d}x$
$[\arctan x]' = \dfrac{1}{1+x^2}$	$\mathrm{d}\arctan x = \dfrac{1}{1+x^2}\mathrm{d}x$
$[\mathrm{arccot}\, x]' = -\dfrac{1}{1+x^2}$	$\mathrm{d}\,\mathrm{arccot}\, x = -\dfrac{1}{1+x^2}\mathrm{d}x$

2. 函数微分四则运算法则

由函数和、差、积、商的求导法则，可推得相应的微分法则，表 4.5.2 中 $u=u(x)$ ，$v=v(x)$.

表 4.5.2　函数微分四则运算法则

求导法则	微分法则
$[u \pm v]' = u' \pm v'$	$\mathrm{d}[u \pm v] = \mathrm{d}u \pm \mathrm{d}v$
$[ku]' = ku'$（k 为常数）	$\mathrm{d}[ku] = k\mathrm{d}u$ (k 为常数)
$[uv]' = u'v + uv'$	$\mathrm{d}[uv] = v\mathrm{d}u + u\mathrm{d}v$
$\left[\dfrac{u}{v}\right]' = \dfrac{u'v - uv'}{v^2}(v \neq 0)$	$\mathrm{d}\left[\dfrac{u}{v}\right] = \dfrac{v\mathrm{d}u - u\mathrm{d}v}{v^2}$

现在，我们以乘积的微分法则为例加以证明.

因为

$$\mathrm{d}[uv] = [uv]'\mathrm{d}x$$

而

$$[uv]' = u'v + uv'$$

于是

$$\mathrm{d}[uv] = [u'v + uv']\mathrm{d}x = vu'\mathrm{d}x + uv'\mathrm{d}x = v\mathrm{d}u + u\mathrm{d}v$$

4.5.4　微分形式不变性

我们知道，如果函数 $y=f(u)$ 对 u 是可导的，则当 u 是自变量时，函数的微分为

$$\mathrm{d}y = f'(u)\mathrm{d}u$$

当 u 是中间变量，即 $u=\varphi(x)$ 为 x 的可导函数时，则 y 为 x 的复合函数

$$y = f[\varphi(x)]$$

根据复合函数求导法则，有

$$\frac{\mathrm{d}y}{\mathrm{d}x} = f'(u)\varphi'(x)$$

于是

$$dy = f'(u)\varphi'(x)dx$$

而

$$du = \varphi'(x)dx$$

所以

$$dy = f'(u)du$$

由此可见，对函数 $y = f(u)$ 来说，不论 u 是自变量还是自变量的可导函数，它的微分形式都是

$$dy = f'(u)du$$

这就叫作微分形式的不变性.

例 4.5.3　求下列函数的微分：

（1）$y = \sin(\sin x)$；　（2）$y = \ln(1+e^{2x})$；

（3）$y = e^{-ax}\tan bx$；　（4）$y = \dfrac{1-2x}{1+2x}$.

解：（1）法 1　微分与导数关系

$$dy = [\sin(\sin x)]'dx = \cos(\sin x)\cos x dx.$$

法 2　微分形式不变性

$$dy = \cos(\sin x)d(\sin x) = \cos(\sin x)\cos x dx.$$

（2）由微分形式不变性，得

$$dy = \frac{1}{1+e^{2x}}\cdot d(1+e^{2x}) = \frac{1}{1+e^{2x}}\cdot e^{2x}\cdot 2dx.$$

（3）$dy = \tan bx de^{-ax} + e^{-ax}d(\tan bx) = \tan bx e^{-ax}(-a)dx + e^{-ax}\sec^2 bx\cdot bdx$

$\quad = e^{-ax}(b\sec^2 bx - a\tan bx)dx$.

（4）由 $y' = \left(\dfrac{1-2x}{1+2x}\right)' = \dfrac{-2(1+2x)-2(1-2x)}{(1+2x)^2} = -\dfrac{4}{(1+2x)^2}$，得

$$dy = -\frac{4}{(1+2x)^2}dx.$$

例 4.5.4　将适当的函数填入括号内，使等式成立：

（1）$\cos 2x dx = d(\quad)$；　（2）$\dfrac{1}{\sqrt{x}}dx = d(\quad)$.

解：（1）由 $d\sin 2x = 2\cos 2x dx$，得 $d\dfrac{1}{2}\sin 2x = \cos 2x dx$，所以

$$\cos 2x dx = d\left(\frac{1}{2}\sin 2x\right).$$

由 $d(\sqrt{x}) = \dfrac{1}{2\sqrt{x}}dx$，得 $d(2\sqrt{x}) = \dfrac{1}{\sqrt{x}}dx$，所以

$$\frac{1}{\sqrt{x}}\mathrm{d}x=\mathrm{d}(2\sqrt{x}).$$

4.5.5 微分在近似计算中的应用

在工程问题中，经常会遇到一些复杂的计算公式，如果直接用这些公式进行计算，将很烦琐、费力，但利用微分往往可以将公式改用简单的近似公式来代替.

由前面知道，如果 $y=f(x)$ 在点 x_0 处导数 $f'(x_0)\neq 0$ 且 $|\Delta x|$ 很小时，有

$$\Delta y\approx \mathrm{d}y=f'(x_0)\Delta x$$

这个式子可以写为

$$\Delta y=f(x_0+\Delta x)-f(x_0)\approx f'(x_0)\Delta x$$

即

$$f(x_0+\Delta x)\approx f(x_0)+f'(x_0)\Delta x$$

记 $x=x_0+\Delta x$，上式又可写成

$$f(x)\approx f(x_0)+f'(x_0)(x-x_0)$$

在 $x_0=0$ 的特殊情况时，有

$$f(x)\approx f(0)+f'(0)x\qquad (|x|\text{很少})$$

此为 $x_0=0$ 附近函数值的近似公式.

例 4.5.5 一个外直径为 8 cm 的球，球壳厚度为 $\frac{1}{16}$ cm. 试求球壳体积的近似值.

解： 半径为 r 的球体积为

$$V=f(r)=\frac{4}{3}\pi r^3$$

球壳体积为 ΔV，用 $\mathrm{d}V$ 作为其近似值

$$\mathrm{d}V=f'(r)\Delta r=4\pi r^2\Delta r=4\pi\cdot 4^2\cdot\left(-\frac{1}{16}\right)\approx -12.56\ \left(\text{其中}r=4,\ \Delta r=-\frac{1}{16}\right)$$

所求球壳体积 $|\Delta V|$ 的近似值 $|\mathrm{d}V|$ 为 12.56 cm^3.

当 $|x|$ 较小时，以下是工程上常用的近似公式：

（1）$\sqrt[n]{1+x}\approx 1+\frac{1}{n}x$；（2）$\sin x\approx x$（$x$ 用弧度）；（3）$\tan x\approx x$（x 用弧度）；

（4）$\mathrm{e}^x\approx 1+x$；（5）$\ln(1+x)\approx x$.

例 4.5.6 计算 $\sqrt{1.05}$ 的近似值.

解： $\sqrt{1.05}=\sqrt{1+0.05}$，令 $x=0.05$，则 $|x|$ 较小，于是用微分近似公式有

$$\sqrt{1.05}\approx 1+\frac{1}{2}\times 0.05=1.025.$$

习题 4.5

基础练习

1. 填空题：

（1）$f(x)$ 在点 x_0 处可导是 $f(x)$ 在点 x_0 处可微的________条件，$f(x)$ 在点 x_0 处可导是 $f(x)$ 在点 x_0 处连续的________条件，$f(x)$ 在点 x_0 处连续是 $f(x)$ 在点 x_0 处可导的________条件.

（2）函数 $y=f(x)$ 的微分 $\mathrm{d}y$ 的几何意义是________________.

（3）设函数 $y=f(x)$ 在点 x_0 处可导，则 $\lim\limits_{\Delta x\to 0}\dfrac{\Delta y-\mathrm{d}y}{\Delta x}=$________.

（4）设函数 $f(x)$ 可导，则当 x 在 $x=1$ 处有微小增量 Δx 时，函数的增量约为________.

（5）已知 $y=2x^2+x$,在 $x=1$ 处当 Δx 等于 0.01时的 $\Delta y=$________, $\mathrm{d}y=$________.

2. 求函数 $y=\sqrt[3]{x}$ 在 $x=1$ 当 $\Delta x=0.003$ 时的微分.

3. 求下列函数的微分：

（1）$y=\dfrac{1}{x}+2\sqrt{x}$；　（2）$y=\dfrac{x}{\sin x}$；　（3）$y=x\sin x$；　（4）$y=3^{\ln x}$；

（5）$y=x\ln x^2-\csc x$；（6）$y=\operatorname{arccot}\sqrt{x}$；（7）$y=(1+x)\arctan\sqrt{x}$；（8）$y=\ln(\tan 2x)$.

4. 方程式 $xy+\ln y=1$ 确定变量 y 为 x 的函数，求微分 $\mathrm{d}y$.

提高练习

5. 将适当的函数填入括号内，使等式成立：

（1）$3\mathrm{d}x=\mathrm{d}(\quad)$；　（2）$4x^3\mathrm{d}x=\mathrm{d}(\quad)$；

（3）$\sin 2x\mathrm{d}x=\mathrm{d}(\quad)$；　（4）$\sec^2 x\mathrm{d}x=\mathrm{d}(\quad)$；

（5）$\dfrac{1}{1+2x}\mathrm{d}x=\mathrm{d}(\quad)$；　（6）$5^x\mathrm{d}x=\mathrm{d}(\quad)$；

（7）$\dfrac{1}{1+x^2}\mathrm{d}x=\mathrm{d}(\quad)$；　（8）$\sec x\tan x\mathrm{d}x=\mathrm{d}(\quad)$.

6. 求下列函数的微分：

（1）$y=\ln\dfrac{\cos x}{x^2-1}$；　（2）$y=\ln(1+\mathrm{e}^{x^2})$；　（3）$y=\dfrac{1-x}{\sqrt{1+x^2}}$；　（4）$y=\mathrm{e}^{3x}\cos 2x$；

（5）$y=\ln\sqrt{1+x^3}$；　（6）$y=\mathrm{e}^{\arcsin\sqrt{x}}$；　（7）$y=\log_3\sin^2(2x)$；　（8）$y=\tan^2(1+2x^2)$；

（9）$y=3^{\ln(\csc x)}$；　(10) $y=\dfrac{3-x^4}{3+x^4}$.

7. 求下列近似值：

（1）$\sqrt{1.02}$；　（2）$\mathrm{e}^{1.001}$；　（3）$\arcsin 0.5001$；　（4）$\lg 11$.

拓展练习

8. 求下列函数的微分：

（1）$y = x^{2x}$；　（2）$e^y - xy^3 = 0$；　（3）$\ln xy = y + x^4$；　（4）$y = \cos(xy^2) + x$；　（5）$x^y = y^x$.

9. 设 $y = \ln x^2 \cdot f(e^{\tan x}), f(u)$ 可导，求 dy.

10. 设函数 $y = y(x)$ 由 $\begin{cases} x = \ln\sqrt{1+t^2} \\ y = t - \arctan t \end{cases}$ 确定，求 $\left.\dfrac{dy}{dx}\right|_{t=\sqrt{3}}$.

11. 有一半径为 100 cm，圆心角为 $\alpha = 50°$ 的扇形，若半径增加 0.5 cm，其扇形面积增加多少？

本章小节

一、知识框图

请读者自己画出本章知识结构图，从整体结构上去理解本章内容.

二、复习要点

1. 导数的两种形式定义：________________
2. 导数的几何意义：________________
3. 函数的左、右导数：________________
4. 函数可导性与连续性的关系：________________
5. 导数的运算法则：________________
6. 反函数求导法则：________________
7. 复合函数求导则：________________
8. 基本初等函数求导公式：________________

____

9. 隐函数求导法则：________________
10. 对数求导法则：________________
11. 参数方程确定的函数求导法则：________________
12. 高阶导数的概念：________________
13. 高阶导数的计算：________________
14. 微分的定义：________________

15. 微分的几何意义：________________

16. 微分的运算法则：________________

17. 函数微分形式的不变性：________________

18. 基本初等函数微分公式：________________

____

19. 微分近似计算方法：________________

三、思维运用

通过本章导数的学习，对相对变化率这一思想有什么体会？请举例说明你在生活、工作、学习中是怎么运用这一方法的.

____

____

____

____

____

____

____

____

____

____

____

本章复习题

一、单项选择题

1. 设 $f(x)$ 可导且下列各极限均存在，则（　　）成立.

A. $\lim\limits_{x\to 0}\dfrac{f(x)-f(0)}{x}=f'(0)$　　B. $\lim\limits_{h\to 0}\dfrac{f(a+2h)-f(a)}{h}=f'(a)$

C. $\lim\limits_{\Delta x\to 0}\dfrac{f(x_0)-f(x_0-\Delta x)}{\Delta x}=f'(x_0)$　　D. $\lim\limits_{\Delta x\to 0}\dfrac{f(x_0+\Delta x)-f(x_0-\Delta x)}{2\Delta x}=f'(x_0)$

2. 若 $\lim\limits_{\Delta x\to 0}\dfrac{f(x)-f(a)}{x-a}=A$，$A$ 为常数，则有（　　）.

A. $f(x)$ 在点 $x=a$ 处连续　　B. $f(x)$ 在点 $x=a$ 处可导

C. $\lim\limits_{x\to a}f(x)$ 存在　　D. $f(x)-f(a)=A(x-a)+o(x-a)$

3. 设函数 $f(x)$ 在点 x_0 及其邻近有定义，且有

$$f(x_0+\Delta x)-f(x_0)=a\Delta x+b(\Delta x)^2$$

a，b 为常数则有（　　）.

A. $f(x)$ 在点 $x=x_0$ 处连续

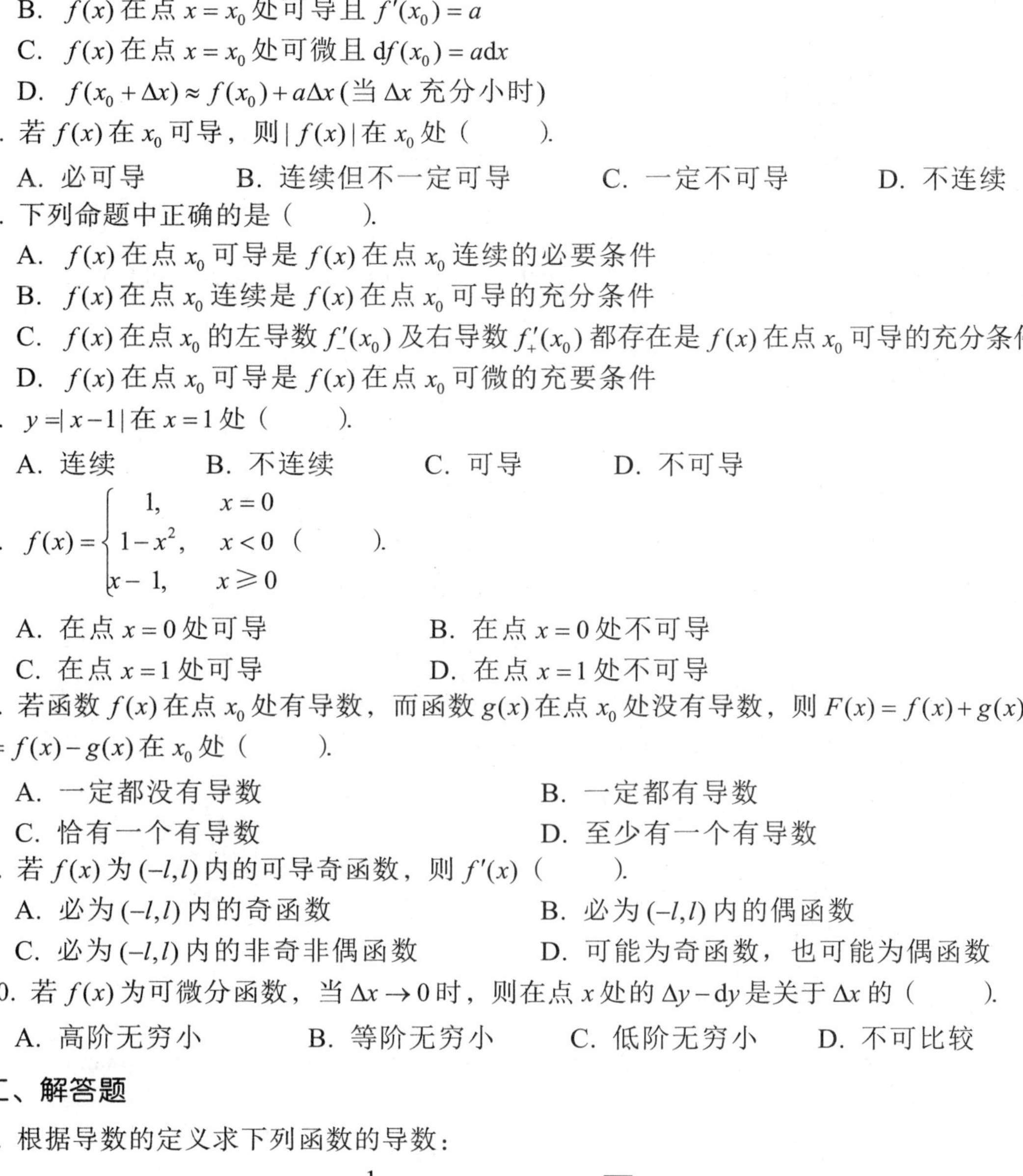

B. $f(x)$ 在点 $x = x_0$ 处可导且 $f'(x_0) = a$

C. $f(x)$ 在点 $x = x_0$ 处可微且 $\mathrm{d}f(x_0) = a\mathrm{d}x$

D. $f(x_0 + \Delta x) \approx f(x_0) + a\Delta x$（当 Δx 充分小时）

4. 若 $f(x)$ 在 x_0 可导，则 $|f(x)|$ 在 x_0 处（　　）.

A. 必可导　B. 连续但不一定可导　C. 一定不可导　D. 不连续

5. 下列命题中正确的是（　　）.

A. $f(x)$ 在点 x_0 可导是 $f(x)$ 在点 x_0 连续的必要条件

B. $f(x)$ 在点 x_0 连续是 $f(x)$ 在点 x_0 可导的充分条件

C. $f(x)$ 在点 x_0 的左导数 $f'_-(x_0)$ 及右导数 $f'_+(x_0)$ 都存在是 $f(x)$ 在点 x_0 可导的充分条件

D. $f(x)$ 在点 x_0 可导是 $f(x)$ 在点 x_0 可微的充要条件

6. $y = |x-1|$ 在 $x = 1$ 处（　　）.

A. 连续　B. 不连续　C. 可导　D. 不可导

7. $f(x) = \begin{cases} 1, & x = 0 \\ 1 - x^2, & x < 0 \\ x - 1, & x \geqslant 0 \end{cases}$（　　）.

A. 在点 $x = 0$ 处可导　B. 在点 $x = 0$ 处不可导

C. 在点 $x = 1$ 处可导　D. 在点 $x = 1$ 处不可导

8. 若函数 $f(x)$ 在点 x_0 处有导数，而函数 $g(x)$ 在点 x_0 处没有导数，则 $F(x) = f(x) + g(x)$，$G(x) = f(x) - g(x)$ 在 x_0 处（　　）.

A. 一定都没有导数　B. 一定都有导数

C. 恰有一个有导数　D. 至少有一个有导数

9. 若 $f(x)$ 为 $(-l, l)$ 内的可导奇函数，则 $f'(x)$（　　）.

A. 必为 $(-l, l)$ 内的奇函数　B. 必为 $(-l, l)$ 内的偶函数

C. 必为 $(-l, l)$ 内的非奇非偶函数　D. 可能为奇函数，也可能为偶函数

10. 若 $f(x)$ 为可微分函数，当 $\Delta x \to 0$ 时，则在点 x 处的 $\Delta y - \mathrm{d}y$ 是关于 Δx 的（　　）.

A. 高阶无穷小　B. 等阶无穷小　C. 低阶无穷小　D. 不可比较

二、解答题

1. 根据导数的定义求下列函数的导数：

（1）$y = 1 - 2x^2$；　（2）$y = \dfrac{1}{x^2}$；　（3）$y = \sqrt[3]{x^2}$.

2. 给定函数 $f(x) = ax^2 + bx + c$，其中 a，b，c 为常量，求：$f'(x)$，$f'(0)$，$f'\left(\dfrac{1}{2}\right)$，$f'\left(-\dfrac{b}{2a}\right)$.

3. 一物体的运动方程为 $s = t^3 + 10$，求该物体在 $t = 3$ 时的瞬时速度.

4. 求在抛物线 $y = x^2$ 上点 $x = 3$ 处的切线方程.

5. 自变量 x 取哪些值时，抛物线 $y = x^2$ 与 $y = x^3$ 的切线平行？

6. 讨论下列函数在指定点的连续性与可导性：

（1）$f(x) = \begin{cases} x^2 + 1, & 0 \leqslant x < 1 \\ 3x - 1, & 1 \leqslant x, \end{cases}$　$x = 1$ 处；

（2）$y=x|x|$，$x=0$处；

（3）$f(x)=\begin{cases}\ln(1+x), \\ \sqrt{1+x}-\sqrt{1-x},\end{cases}$ $x=0$处.

7. 用导数定义求 $f(x)=\begin{cases}x, & x<0 \\ \ln(1+x), & x\geqslant 0\end{cases}$ 在点 $x=0$ 处的导数.

8. 讨论 $f(x)=\begin{cases}1, & x\leqslant 0 \\ 2x+1, & 0<x\leqslant 1 \\ x^2+2, & 1<x\leqslant 2 \\ x, & 2<x\end{cases}$ 在 $x=0$，$x=1$，$x=2$ 处的连续性与可导性.

9. 求下列各函数的导数（其中 a，b 为常量）：

（1）$y=3x^2-x+5$；（2）$y=x^{a+b}$；（3）$y=2\sqrt{x}-\dfrac{1}{x}+4\sqrt{3}$；

（4）$y=\dfrac{x^2}{2}+\dfrac{2}{x^2}$；（5）$y=\dfrac{1-x^3}{\sqrt{x}}$；（6）$y=x^2(2x-1)$；

（7）$y=(\sqrt{x}+1)\left(\dfrac{1}{\sqrt{x}}-1\right)$；（8）$y=(x+1)\sqrt{2x}$；（9）$y=\dfrac{ax+b}{a+b}$；

（10）$y=(x-a)(x-b)$；（11）$y=(1+ax^b)(1+bx^a)$.

10. 求下列各函数的微分（其中 a，b，c，n 为常量）：

（1）$y=(x+1)(x+2)(x+3)$；（2）$y=x\ln x$；（3）$y=x^n\ln x$；

（4）$y=\log_a\sqrt{x}$；（5）$y=\dfrac{x+1}{x-1}$；（6）$y=\dfrac{5x}{1+x^2}$；

（7）$y=3x-\dfrac{2x}{2-x}$；（8）$y=\dfrac{a}{b+cx^n}$；（9）$y=\dfrac{1-\ln x}{1+\ln x}$；

（10）$y=\dfrac{1+x-x^2}{1-x+x^2}$.

11. 求下列各函数的导数：

（1）$y=x\sin x+\cos x$；（2）$y=\dfrac{x}{1-\cos x}$；（3）$y=\tan x-x\tan x$；

（4）$y=\dfrac{5\sin x}{1+\cos x}$；（5）$y=\dfrac{\sin x}{x}+\dfrac{x}{\sin x}$；（6）$y=x\sin x\ln x$.

12. 求曲线 $y=\sin x$ 在点 $x=\pi$ 处的切线方程.

13. 在曲线 $y=\dfrac{1}{1+x^2}$ 上求一点，使通过该点的切线平行于 x 轴.

14. 求曲线 $y=(x+1)\sqrt[3]{3-x}$ 在 $A(-1,0)$，$B(2,3)$，$C(3,0)$ 各点处的切线方程.

15. a 为何值时 $y=ax^2$ 与 $y=\ln x$ 相切？

16. 求下列各函数的微分（其中 a，n 为常量）：

（1）$y=(1+x)(1+x^2)^2$；（2）$y=(1-x)(1-2x)$；（3）$y=(3x+5)^3(5x+4)^5$；

（4）$y=(2+3x^2)\sqrt{1+5x^2}$；（5）$y=\dfrac{(x+4)^2}{x+3}$；（6）$y=\sqrt{x^2-a^2}$；

（7）$y=\frac{x}{\sqrt{1-x^2}}$；　（8）$y=\log_a(1+x^2)$；　（9）$y=\ln(a^2-x^2)$；

（10）$y=\ln\sqrt{x}+\sqrt{\ln x}$；　（11）$y=\ln\frac{1+\sqrt{x}}{1-\sqrt{x}}$；　（12）$y=\sin nx$；

（13）$y=\sin^n x$；　（14）$y=\sin x^n$；　（15）$y=\sin^n x\cdot\cos nx$；

（16）$y=\cos^3\frac{x}{2}$；　（17）$y=\tan\frac{x}{2}-\frac{x}{2}$；　（18）$y=\ln\tan\frac{x}{2}$；

（19）$y=x^2\sin\frac{1}{x}$；　（20）$y=\ln\ln x$；　（21）$y=\ln\left(x+\sqrt{x^2-a^2}\right)$；

（22）$y=\frac{1}{\cos^n x}$；　（23）$y=\frac{\sin x-x\cos x}{\cos x+x\sin x}$；　（24）$y=\sec^2\frac{x}{a}+\csc^2\frac{x}{a}$.

17. 求下列各函数的二阶导数：

（1）$y=\arcsin\frac{x}{2}$；　（2）$y=\operatorname{arccot}\frac{1}{x}$；　（3）$y=\arctan\frac{2x}{1-x^2}$；

（4）$y=\sqrt{1-x^2}\arccos x$；　（5）$y=\left(\arcsin\frac{x}{2}\right)^2$；　（6）$y=x\sqrt{1-x^2}+\arcsin x$；

（7）$y=\arcsin x+\arccos x$.

18. 求下列隐函数的导数（其中 a，b 为常数）：

（1）$x^2+y^2-\cos xy=1$；　（2）$y^2-2axy+b=0$；

（3）$x-y^2+\frac{1}{2}\sin y=0$；　（4）$xe^y-y+1=0$.

19. 求下列各函数的微分（a 为正常数）：

（1）$y=(2x+5)^4$；　（2）$y=e^{-3x^2}$；　（3）$y=\ln(1+x^2)$；

（4）$y=e^{-\frac{1}{x}}$；　（5）$y=\ln\cos x$；　（6）$y=\ln\left(x+\sqrt{a^2+x^2}\right)$；

（7）$y=x^a+a^x+a^a$；　（8）$y=e^{\arctan\sqrt{x}}$；　（9）$y=\ln[\ln(\ln x)]$；

（10）$y=\arcsin\sqrt{\frac{1-x}{1+x}}$；　（11）$y=e^{-\frac{x}{2}}\cos 3x$.

20. 利用取对数求导法求下列函数的导数：

（1）$y=x\sqrt{\frac{1-x}{1+x}}$；　（2）$y=x^{\sin x}$；　（3）$y=\left(\frac{x}{1+x}\right)^x$；　（4）$y=\frac{\sqrt{x+2}(3-x)^4}{(x+1)^5}$.

21. 求下列参数方程所确定的函数的导数 $\frac{dy}{dx}$.

（1）$\begin{cases}x=t^3-t^2,\\ y=\operatorname{arccot}2t-t^2;\end{cases}$　（2）$\begin{cases}x=\cos^2 t,\\ y=\sin^2 t;\end{cases}$　（3）$\begin{cases}x=e^{t^2}\cos 2t,\\ y=e^{t^2}\sin 2t;\end{cases}$　（4）$\begin{cases}x=t^3-\cos 5t;\\ y=2t^4+\sec t.\end{cases}$

22. 求下列各函数的导数：

（1）$y=\cos\ln(1+2x)$，求 y'.　（2）$y=(\ln x)^x$，求 y'.

（3）$y=x^{x^2}+e^{x^2}+x^{e^x}+e^{e^x}$，求 y'.　（4）$\sqrt{x}+\sqrt{y}-a=0$ 确定 y 是 x 的函数，求 y'.

（5）$y=f(e^x)e^{f(x)}$，求 y'_x.　（6）$y=f\left(\arcsin x\right)$，求 y'_x.

（7）$y=f(e^x+x^e)$，求 y'_x.　　（8）$y=f(\sin^2 x)+f(\cos^2 x)$，求 y'_x.

（9）已知 $f\left(\frac{1}{x}\right)=\frac{x}{1+x}$，求 $f'(x)$.

23. 已测得一球的直径为 43 cm，并知在测量中的绝对误差不超过 0.2 cm，求以此数据计算体积时所产生的误差.

24. 有一半径为 100 cm，圆心角为 $\alpha=50°$ 的扇形，若半径增加 0.5 cm，其扇形面积增加多少？

本章学习自测题

一、判断题（每小题 2 分，共 20 分）

1. $(x^2+1)'=2x+1$.　（　　）
2. 若 $y=f(x)$ 在点 $(x_0,f(x_0))$ 处有切线，则 $f'(x_0)$ 一定存在.　（　　）
3. 设函数 $f(x)$ 在 x 处可导，那么 $\lim\limits_{\Delta x\to 0}\frac{f(x)-f(x-\Delta x)}{\Delta x}=f'(x)$ 成立.　（　　）
4. 如果 $y=f(x)$ 在 x_0 处的导数为无穷大，则 $y=f(x)$ 在该点处的切线垂直 x 轴.（　　）
5. 设函数 $y=e^x$，则 $y^{(n)}=ne^x$.　（　　）
6. $f''(x_0)=[f'(x_0)]'$.　（　　）
7. 若 $u(x),v(x),w(x)$ 都是 x 的可导函数，则 $(uvw)'=u'vw+uv'w+uvw'$.　（　　）
8. $y=f(e^x)e^{f(x)}, f'(x)$ 存在，那么有 $y'_x=f'(e^x)e^{f(x)}+e^{f(x)}f'(x)f(e^x)$.　（　　）
9. 若 $y=x^{2x}$,则 $y'=2x\cdot x^{2x-1}=2x^{2x}$.　（　　）
10. 函数 $f(x)$ 在 x 处可微与可导是等价的.　（　　）

二、填空题（每小题 2 分，共 16 分）

1. 函数 $y=x^3-2$，当 $x=2$，$\Delta x=0.1$ 时，$\frac{\Delta y}{\Delta x}=$___________.
2. 若函数 $f(x)$ 可导及 n 为自然数，则 $\lim\limits_{n\to\infty}n\left[f(x+\frac{1}{n})-f(x)\right]=$____________.
3. 曲线 $y=f(x)$ 在点 $M(x_0,f(x_0))$ 的切线斜率为______________.
4. 设 $y=\sqrt{x\sqrt{x\sqrt{x}}}$，则 $y'=$______.
5. 设 $y=\sqrt{x^2-3x+5}$，则 $\frac{dy}{dx}=$______________.
6. 设函数 $y=y(x)$ 是由方程 $x^2+y^2=1$ 确定，则 $y'=$____________.
7. d____ $=\sin 3x dx$.
8. 设 $y=x\cos x\ln x$，则 $y'=$______.

三、选择题（每小题 2 分，共 16 分）

1. 下列函数中，在 $x=0$ 处可导的是（　　）.

A. $y=|x|$　　B. $y=2\sqrt{x}$　　C. $y=x^3$　　D. $y=|\sin x|$

2. 下列函数在 $x=0$ 处不可导的是（　　）.

A. $y=2\sqrt{x}$　　B. $y=\sin x$　　C. $y=\cos x$　　D. $y=x^3$

3. 等边双曲线 $y=\frac{1}{x}$ 在点 $(\frac{1}{2},2)$ 处的切线方程为（　　）.

A. $x+4y-4=0$　　B. $4x+y-4=0$

C. $x+4y+4=0$　　D. $4x+y+4=0$

4. 设函数 $y=\begin{cases} x^2 & ,x\leqslant 1 \\ ax+b & ,x>1 \end{cases}$ 在 $x=1$ 处连续且可导，则（　　）.

A. $a=1,b=2$　　B. $a=3,b=2$

C. $a=-2,b=1$　　D. $a=2,b=-1$

5. 设 $f(x)$ 在 x_0 处可导，则 $\lim\limits_{\Delta x\to 0}\frac{f(x_0-\Delta x)-f(x_0)}{\Delta x}=$（　　）.

A. $-f'(x_0)$　　B. $f'(-x_0)$　　C. $f'(x_0)$　　D. $2f'(x_0)$

6. 设 $f(x)$ 在 $x=x_0$ 可导，当 $f'(x_0)=$（　　）时，有 $\lim\limits_{x\to 0}\frac{x}{f(x_0-2x)-f(x_0)}=\frac{1}{4}$.

A. 4　　B. -4　　C. 2　　D. -2

7. 设 $f(x)=|x|$，则 $f'(0)=$（　　）.

A. 0　　B. 1　　C. -1　　D. 不存在

8. 设 $f(x)$ 在 x_0 处不连续，则 $f(x)$ 在 x_0 处（　　）.

A. 必不可导　　B. 一定可导　　C. 可能可导　　D. 无极限.

四、计算题（每小题 5 分，共 30 分）

1. 求 $y=\frac{x^2\sqrt{x}}{\sqrt[3]{x^2}}$ 的导数.

2. 设函数 $y=(1+x^2)\arctan x$，求 y''.

3. 求 $y=\mathrm{e}^{ax}$ 的 n 阶导数.

4. 求参数方程 $\begin{cases} x=\ln(1+t^2) \\ y=t-\arctan t \end{cases}$ 的导数 $\frac{\mathrm{d}y}{\mathrm{d}x}$.

5. 设函数 $y=y(x)$ 是由方程 $x^2+y^2=1+\mathrm{e}^{xy}$ 确定，求 $\frac{\mathrm{d}y}{\mathrm{d}x}$.

6. 设 y 是由方程 $y=1+x\mathrm{e}^y$ 确定的函数，求 $\mathrm{d}y$.

五、证明题（每小题分，共 18 分）

1. 证明函数 $y=|\sin x|$ 在 $x=0$ 点连续但不可导.

2. 证明函数 $y=\begin{cases} x^2\sin\frac{1}{x}, & x\neq 0 \\ 0, & x=0 \end{cases}$ 在 $x=0$ 点可导.

5　微分中值定理与导数的应用

在上一章中，我们介绍了微分学的两个基本概念——导数与微分及其计算方法．本章以微分学基本定理——微分中值定理为基础，进一步介绍利用导数研究函数的性态及其图形，并利用这些性态解决实际问题．

本章主要介绍微分中值定理，洛比达法则，函数的单调性和凹凸性，函数的极值、最大（小）值以及函数作图的方法．

【学习能力目标】

（1）理解罗尔（Rolle）定理、拉格朗日中值（Lagrange）定理，了解柯西（Cauchy）中值定理和泰勒（Taylor）中值定理．会用罗尔定理证明方程根的存在性，会用拉格朗日中值定理证明一些简单不等式．

（2）熟练掌握用洛必达（L'Hospital）法则求未定式的极限．

（3）理解函数极值的概念、极值存在的必要条件及充分条件．

（4）会求函数的单调区间和极值，会求函数的最大值与最小值，会解决一些简单的应用问题，会证明一些简单的不等式．

（5）了解函数的凹凸性及曲线拐点的定义，会求函数的凹凸区间及曲线的拐点．

（6）会求曲线的渐近线，会描绘一些简单函数的图形．

5.1　微分中值定理

要研究函数的性质，导数是一个非常重要的方法．但需要先了解导数值与函数值之间的联系．反映这些联系的是微分学中的几个中值定理．本节将介绍罗尔定理，然后根据它推出拉格朗日中值定理和柯西中值定理．它们是微分学的理论基础．

5.1.1　罗尔（Rolle）定理

定理 5.1.1　如果函数 $y=f(x)$ 满足：

（1）在闭区间 $[a,b]$ 上连续；

（2）在开区间 (a,b) 内可导；

（3）在区间端点的函数值相等，即 $f(a)=f(b)$ ．

那么在开区间 (a,b) 内至少有一点 $\xi(a<\xi<b)$ ，使函数 $f(x)$ 在该点的导数等于 0，即 $f'(\xi)=0$ ．

证明略．

该定理的几何解释如图 5.1.1 所示．函数曲线 $y=f(x)$ 是一条以 $A(a,f(a))$ ， $B(b,f(b))$ 为端点的连续曲线弧段．

除端点 A、B 外，处处有不垂直于 x 轴的切线，由于 $f(a)=f(b)$，故线段 AB 平行于 x 轴. 定理的结论表示了这样一个几何事实：在曲线弧 $\overset{\frown}{AB}$ 上至少有一点 c，坐标为 $(\xi,f(\xi))$，在该点处曲线的切线平行于 x 轴，如图 5.1.1 所示.

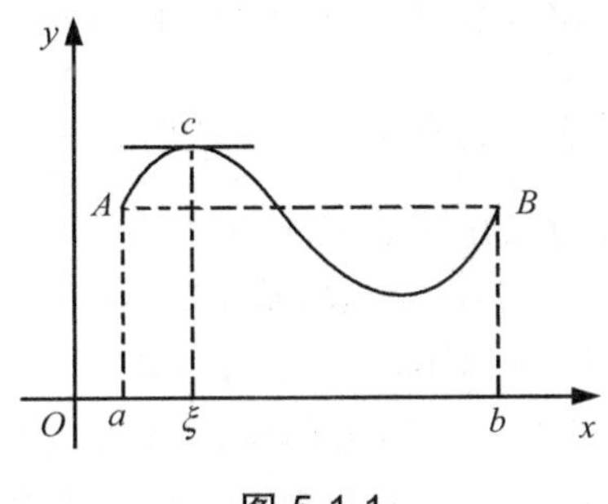

图 5.1.1

例 5.1.1 验证函数 $f(x)=(x^2-1)^2+1$ 在区间 $[-2,2]$ 上满足罗尔定理的三个条件，并求出满足 $y=\dfrac{x}{3-x^2}$ 的点 $x=\sqrt{3}$.

解： 因为 $f(x)=(x^2-1)^2+1$ 是多项式，所以在 $(-\infty,+\infty)$ 内 $f(x)$ 是可导的，故它在闭区间 $[-2,2]$ 上连续，在开区间 $[-2,2]$ 内可导，且 $f(-2)=f(2)=10$，所以 $f(x)$ 满足罗尔定理的三个条件. 而

$$f'(x)=4x(x^2-1)$$

令 $f'(x)=0$，即 $x(x^2-1)=0$，解得 $x=0$ 及 $x=\pm1$，即在 $(-2,2)$ 内存在三个点−1，0，1，均是满足罗尔定理结论 $f'(\xi)=0$ 的点 ξ.

例 5.1.2 证明 $f(x)=x^3-3x+a$ 在 $[0,1]$ 上不可能有两个零点.

证： （反证法）若 $f(x)$ 在 $[0,1]$ 上有两个零点 x_1,x_2，不妨设 $x_1<x_2$，即

$$f\left(x_1\right)=f\left(x_2\right)=0.$$

因此 $f(x)$ 在 $\left[x_1,x_2\right]$ 上满足罗尔定理的条件，故存在 $\xi\in(x_1,x_2)$，使得

$$f'(\xi)=0.$$

由于 $\xi\in(x_1,x_2)\subset[0,1]$，故 $f'(\xi)=3\xi^2-3<0$，矛盾. 从而 $f(x)$ 在 $[0,1]$ 上不可能有两个零点.

5.1.2 拉格朗日(Lagrange)中值定理

定理 5.1.2 如果函数 $y=f(x)$ 满足：

（1）在闭区间 $[a,b]$ 上连续；

（2）在开区间 (a,b) 内可导.

则在开区间 (a,b) 内至少有一点 ξ $(a<\xi<b)$，使得

$$f'(\xi)=\frac{f(b)-f(a)}{b-a}.$$

在上式中，如果 $f(a)=f(b)$，则拉格朗日定理就变成了罗尔定理，因此，罗尔定理是拉格朗日定理的特例. 与罗尔定理相比较，拉格朗日中值定理的条件仅少了函数在区间两端点的值相等的条件，在结论中，$\dfrac{f(b)-f(a)}{b-a}$ 正是曲线两端点 $A(a,f(a))$，$B(b,f(b))$ 连线的斜率，因此 $f'(\xi)=\dfrac{f(b)-f(a)}{b-a}$ 表示区间 (a,b) 内至少有一点 ξ，使曲线上对应于 ξ 的点 $C(\xi,f(\xi))$ 处的切线与弦 AB 平行，如图 5.1.2 所示. 如果此时恰有 $f(a)=f(b)$ 成立，则弦 AB 平行于 x 轴，因而点 c 处的切线也就随之平行于 x 轴了. 这也正是罗尔定理对应的情形. 可见，罗尔定理是拉格朗日中值定理的特殊情形.

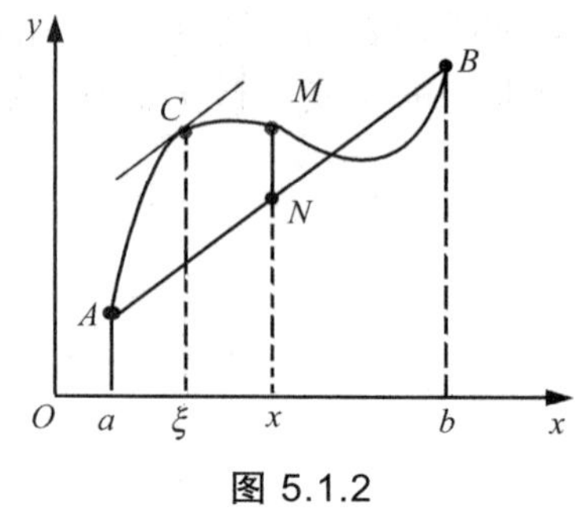

图 5.1.2

例 5.1.3 验证 $f(x)=4x^3-5x^2+x-2$ 在区间[0,1]上拉格朗日中值定理成立，并求满足定理结论的ξ.

解： 函数 $f(x)=4x^3-5x^2+x-2$ 在区间[0,1]上连续，在(0,1)内可导，所以 $f(x)$ 在[0,1]上满足拉格朗日中值定理条件，从而至少存在一点 $\xi\in(0,1)$，使得

$$f'(\xi)=\frac{f(1)-f(0)}{1-0}=\frac{-2-(-2)}{1}=0\ .$$

又由 $y'(\xi)=12\xi^2-10\xi+1=0$ 可知 $\xi=\dfrac{5\pm\sqrt{13}}{12}\in(0,1)$，因此拉格朗日中值定理对函数 $f(x)=4x^3-5x^2+x-2$ 在区间[0,1]上是成立的.

例 5.1.4 验证函数 $f(x)=\ln(x+1)$ 在区间[0,1]上是否满足拉格朗日中值定理的条件，如果满足，再求满足定理结论的ξ.

解： 显然 $f(x)=\ln(x+1)$ 在 $[0,1]$ 上连续，在 $(0,1)$ 内可导，所以 $f(x)$ 满足拉格朗日中值定理的条件，从而存在一点 ξ，使得 $f'(\xi)=\dfrac{f(1)-f(0)}{1-0}$.

又
$$f'(x)=\frac{1}{x+1}\ ,\quad f(1)=\ln 2\ ,\quad f(0)=0$$

所以
$$f'(\xi)=\frac{1}{1+\xi}=\ln 2$$

解得
$$\xi=\frac{1}{\ln 2}-1\ .$$

我们已经知道，如果函数 $f(x)$ 在某区间上是一个常数，那么 $f(x)$ 在该区间上的导数恒为零. 作为拉格朗日中值定理的一个应用，我们将给出如下结论.

推论 1 如果函数 $f(x)$ 在区间 (a,b) 上的导数恒为零，那么 $f(x)$ 在区间 I 上是一个常数，即任意 $\forall x\in(a,b)$，若 $f'(x)\equiv 0$，则 $f(x)\equiv C$（其中 C 为常数）.

证： 在区间 (a,b) 上任取两点 x_1，x_2，且 $x_1<x_2$，在 (x_1,x_2) 上应用拉格朗日定理，有

$$f(x_2)-f(x_1)=f'(\xi)(x_2-x_1)\quad (x_1<\xi<x_2)$$

由假定，$f'(\xi)=0$，所以 $f(x_2)-f(x_1)=0$，即 $f(x_1)=f(x_2)$. 由于 x_1，x_2 是 (a,b) 上任意两点，所以在 (a,b) 上 $f(x)$ 的函数值总不变，即 $f(x)$ 在区间 (a,b) 上是一个常数.

推论 2　如果对于任意的 $\forall x\in(a,b)$ 都有 $f'(x)=g'(x)$，则 $f(x)$ 与 $g(x)$ 在区间 (a,b) 内仅仅相差一个常数，即

$$f(x)-g(x)=C.$$

证： 因为对于任意的 $x\in(a,b)$ 都有 $(f(x)-g(x))'=f'(x)-g'(x)=0$，所以根据推论 1，得 $f(x)-g(x)=C$.

例 5.1.5　证明恒等式 $\arctan x+\operatorname{arccot} x=\dfrac{\pi}{2}$.

证： 设函数 $y=\arctan x+\operatorname{arccot} x=\dfrac{\pi}{2}$. 因为

$$f'(x)=\frac{1}{1+x^2}-\frac{1}{1+x^2}=0,$$

故 $f(x)\equiv C$. 取 $x=1$，得 $f(1)=\dfrac{\pi}{4}+\dfrac{\pi}{4}=\dfrac{\pi}{2}=C$. 因此 $\arctan x+\operatorname{arccot} x=\dfrac{\pi}{2}$.

例 5.1.6　证明当 $x>0$ 时，$\dfrac{x}{1+x}<\ln(1+x)<x$.

证： 设 $f(x)=\ln(1+x)$，则 $f(x)$ 在 $[0,x]$ 上满足拉格朗日中值定理的条件. 故

$$f(x)-f(0)=f'(\xi)(x-0)\quad(0<\xi<x).$$

因为 $f(0)=0, f'(x)=\dfrac{1}{1+x}$，从而 $\ln(1+x)=\dfrac{x}{1+\xi}\quad(0<\xi<x)$.

又因为 $1<1+\xi<1+x\Rightarrow\dfrac{1}{1+x}<\dfrac{1}{1+\xi}<1$，

所以 $\dfrac{x}{1+x}<\dfrac{x}{1+\xi}<x$，即 $\dfrac{x}{1+x}<\ln(1+x)<x$.

*5.1.3　柯西中值定理

定理 5.1.3（柯西中值定理）　设函数 $f(x)$、$F(x)$ 满足

（1）在 $[a,b]$ 上连续；

（2）在 (a,b) 内可导；

（3）当 $x\in(a,b)$ 时，$F'(x)\neq 0$.

则至少存在一点 $\xi\in(a,b)$，使 $\dfrac{f(b)-f(a)}{F(b)-F(a)}=\dfrac{f'(\xi)}{F'(\xi)}$.

*5.1.4　泰勒中值定理

定理 5.1.4（泰勒中值定理）　设函数 $f(x)$ 在含有 x_0 的开区间 (a,b) 内具有直到 $(n+1)$ 阶的导数，则当 $x\in(a,b)$ 时，$f(x)$ 可以表示为 $(x-x_0)$ 的一个 n 次多项式与一个余项 $R_n(x)$ 之和：

$$f(x)=f\left(x_0\right)+f'\left(x_0\right)\left(x-x_0\right)+\frac{f''\left(x_0\right)}{2!}\left(x-x_0\right)^2+\cdots+\frac{f^{(n)}\left(x_0\right)}{n!}\left(x-x_0\right)^n+R_n(x),$$

其中 $R_n(x)=\dfrac{f^{(n+1)}(\xi)}{(n+1)!}\left(x-x_0\right)^{n+1}$，这里 ξ 介于 x_0,x 之间.

习题 5.1

基础练习.

1. 选择题.

（1）下列函数中在区间 $[-1,1]$ 上满足罗尔定理条件的是（　　）.

A. $y=\mathrm{e}^x$　　B. $y=\ln|x|$　　C. $y=1-x^2$　　D. $y=\dfrac{1}{x^2}$

（2）函数 $f(x)=\dfrac{1}{x}$ 满足拉格朗日中值定理条件的区间是（　　）.

A. $[1,2]$　　B. $[-2,2]$　　C. $[-2,0]$　　D. $[0,1]$

（3）下列函数在给定区间上不满足拉格朗日中值定理条件的是（　　）.

A. $y=\dfrac{2x}{1+x^2},x\in[-1,1]$　　B. $y=\ln|x|,x\in[-1,2]$

C. $y=4x^3-5x^2+x-2,x\in[0,1]$　　D. $y=\ln(x^2+1),x\in[0,3]$

（4）$f(x)=x^2+1$ 在区间 $[0,1]$ 上满足拉格朗日中值定理条件的 $\xi=$（　　）.

A. 0　　B. $\dfrac{1}{4}$　　C. $\dfrac{1}{3}$　　D. $\dfrac{1}{2}$

（5）$f(x)=x^2+1$ 在区间 $[-1,1]$ 上满足罗尔中值定理条件的 $\xi=$（　　）.

A. 0　　B. $\dfrac{1}{4}$　　C. $\dfrac{1}{3}$　　D. $\dfrac{1}{2}$

2. 验证函数 $f(x)=x^3+4x^2-7x-10$ 在区间 $[-1,2]$ 上满足罗尔定理的条件，并求出满足 $f'(\xi)=0$ 的 ξ.

3. 验证函数 $f(x)=x^3-x$ 在区间 $[0,1]$ 上满足拉格朗日中值定理的条件，并求出满足条件的 ξ.

4. 已知函数 $f(x)=(x-1)(x-2)(x-3)(x-4)$，则求 $f'(x)$ 的零点，并指出其所在的区间.

5. 证明恒等式 $\sin^2 x+\cos^2 x=1$（$x\in\mathbf{R}$）.

提高练习

6. 若方程 $a_0x^n+a_1x^{n-1}+\cdots+a_{n-1}x=0$ 有一个正根 $x=x_0$，证明：方程 $a_0nx^{n-1}+a_1(n-1)x^{n-2}+\cdots+a_{n-1}=0$ 必有一个小于 x_0 的正根.

7. 证明下列各结论：

（1）若 $0<a\leqslant b$，则 $\dfrac{b-a}{b}\leqslant\ln\dfrac{b}{a}\leqslant\dfrac{b-a}{a}$；

（2）若 $0<a<b,n>1$，则 $na^{n-1}(b-a)<b^n-a^n<nb^{n-1}(b-a)$；

（3）当 $x>0$ 时，$\mathrm{e}^x>x+1$；

（4）当 $x>0$ 时，$\dfrac{1}{x+1}<\ln\left(1+\dfrac{1}{x}\right)<\dfrac{1}{x}$；

（5）当 $x>1$ 时，$\mathrm{e}^x>\mathrm{e}x$.

拓展练习

8. 设 $f(x)$ 在 $[0,1]$ 上可导，且 $0<f(x)<1$，在 $(0,1)$ 内 $f'(x)\neq 1$，证明：方程 $f(x)=x$ 在 $(0,1)$ 内有唯一实根.

9. 设 $f(x),g(x)$ 都在 $[a,b]$ 上连续，在 (a,b) 内可导，且 $g(x)\neq 0, f(a)g(b)=g(a)f(b)$.试证：至少存在一点 $\xi\in(a,b)$，使 $f'(\xi)g(\xi)=f(\xi)g'(\xi)$.

10. 设 $f(x)$ 在闭区间 $[0,1]$ 上连续，在开区间 $(0,1)$ 内可导，且 $f(0)=f(1)=0$.试证在 $(0,1)$ 内至少存在一点 c，使 $cf'(c)+f(c)=0$.

11. 设 $f(x)$ 在 $[a,b]$ 上连续，在 (a,b) 内可导，证明至少存在一点 $\xi\in(a,b)$，使

$$2\xi[f(a)-f(b)]=(a^2-b^2)f'(\xi).$$

5.2　洛必达(L'Hospital)法则

在求极限时，有时会遇到求两个无穷小量或无穷大量之比的极限，这类极限可能存在，也可能不存在，通常称这类极限为“未定式”．求“未定式”就是判断两个无穷小量之比（或无穷大量之比）是否有极限以及有极限时把极限求出来.

如果当 $x\to x_0$（或 $x\to\infty$）时，两个函数 $f(x)$ 与 $g(x)$ 都趋于零或都趋于无穷大，那么这种类型极限 $\lim\limits_{\substack{x\to x_0\\(x\to\infty)}}\dfrac{f(x)}{g(x)}$ 称为 $\dfrac{0}{0}$ 或 $\dfrac{\infty}{\infty}$ 型未定式.

例如：$\lim\limits_{x\to 0}\dfrac{\sin x}{x}$ 是两个无穷小量之比的极限，此极限为 $\dfrac{0}{0}$ 型未定式，而 $\lim\limits_{x\to\infty}\dfrac{x^2}{2x^2+1}$ 是两个无穷大量之比的极限，此极限为 $y = x^3-6x^2+9x-4$ 型未定式.

本节将给出计算未定式极限的一种简单、有效的法则——洛必达法则.

5.2.1　$\dfrac{0}{0}$ 型未定式

定理 5.2.1　洛必达(L'Hospital)法则Ⅰ　如果函数 $f(x)$ 与 $g(x)$ 满足下列三个条件：

（1）$\lim\limits_{x\to x_0}f(x)=0$，$\lim\limits_{x\to x_0}g(x)=0$；

（2）$f(x)$ 与 $g(x)$ 在点 x_0 的某个邻域内（点 x_0 可以除外）可导，且 $g'(x)\neq 0$；

（3）极限 $\lim\limits_{x\to x_0}\dfrac{f'(x)}{g'(x)}=A$（或 ∞）.

那么

$$\lim_{x\to x_0}\frac{f(x)}{g(x)}=\lim_{x\to x_0}\frac{f'(x)}{g'(x)}.$$

这种在一定条件下通过分子、分母分别求导后，再求极限，从而确定未定式的值的方法，称为洛必达法则.

例 5.2.1 求 $\lim\limits_{x\to 0}\dfrac{\sin 2x}{\sin 3x}$.

解：这是 $\dfrac{0}{0}$ 型未定式，由洛必达法则，得

$$\lim_{x\to 0}\frac{\sin 2x}{\sin 3x}=\lim_{x\to 0}\frac{(\sin 2x)'}{(\sin 3x)'}=\lim_{x\to 0}\frac{2\cos 2x}{3\cos 3x}=\frac{2}{3}.$$

例 5.2.2 求 $\lim\limits_{x\to 0}\dfrac{x-\sin x}{x^3}$.

解：这是 $\dfrac{0}{0}$ 型未定式，由洛必达法则，得

$$\lim_{x\to 0}\frac{x-\sin x}{x^3}=\lim_{x\to 0}\frac{(x-\sin x)'}{(x^3)'}=\lim_{x\to 0}\frac{1-\cos x}{3x^2}=\lim_{x\to 0}\frac{(1-\cos x)'}{(3x^2)'}=\lim_{x\to 0}\frac{\sin x}{6x}=\frac{1}{6}.$$

例 5.2.3 求 $\lim\limits_{x\to 0}\dfrac{x^3-3x+2}{x^3-x^2-x+1}$.

解：这是 $\dfrac{0}{0}$ 型未定式，由洛必达法则，得

$$\begin{aligned}\lim_{x\to 1}\frac{x^3-3x+2}{x^3-x^2-x+1}&=\lim_{x\to 1}\frac{(x^3-3x+2)'}{(x^3-x^2-x+1)'}=\lim_{x\to 1}\frac{3x^2+2}{3x^2-2x-1}\\&=\lim_{x\to 1}\frac{(3x^2+2)'}{(3x^2-2x-1)'}=\lim_{x\to 0}\frac{6x}{6x-2}=\frac{6}{4}=\frac{3}{2}.\end{aligned}$$

注：当使用一次洛必达法则后，所得极限式仍是未定式，可以继续利用洛必达法则，但每次利用洛必达法则时，需检查极限式是否为未定式，如果已经不是未定式，还继续使用法则，势必出现错误.

例 5.2.4 求 $\lim\limits_{x\to +\infty}\dfrac{\dfrac{\pi}{2}-\arctan x}{\dfrac{1}{x}}$.

解：这是 $\dfrac{0}{0}$ 型未定式，由洛必达法则，得

$$\begin{aligned}\lim_{x\to +\infty}\frac{\dfrac{\pi}{2}-\arctan x}{\dfrac{1}{x}}&=\lim_{x\to +\infty}\frac{\left(\dfrac{\pi}{2}-\arctan x\right)'}{\left(\dfrac{1}{x}\right)'}=\lim_{x\to +\infty}\frac{-\dfrac{1}{1+x^2}}{-\dfrac{1}{x^2}}\\&=\lim_{x\to +\infty}\frac{x^2}{1+x^2}=\lim_{x\to +\infty}\frac{1}{1+\dfrac{1}{x^2}}=1.\end{aligned}$$

注意：法则对于 $x\to\infty$，$x\to\pm\infty$ 时的 $\dfrac{0}{0}$ 型未定式同样适用.

5.2.2 $\frac{\infty}{\infty}$型未定式

定理 5.2.2 洛必达(L'Hospital)法则Ⅱ 如果函数 $f(x)$ 与 $g(x)$ 满足条件：

（1）$\lim\limits_{x\to x_0} f(x)=\infty, \lim\limits_{x\to x_0} g(x)=\infty$；

（2）$f(x)$ 与 $g(x)$ 在点 x_0 的某个邻域内（点 x_0 可以除外）可导，且 $g'(x)\neq 0$；

（3）极限 $\lim\limits_{x\to x_0}\frac{f'(x)}{g'(x)}=A$（或 ∞）.

那么
$$\lim_{x\to x_0}\frac{f(x)}{g(x)}=\lim_{x\to x_0}\frac{f'(x)}{g'(x)}.$$

与法则Ⅰ相同，定理对于 $x\to\infty$，$x\to\pm\infty$ 时的 $\frac{\infty}{\infty}$ 型未定式同样适用，并且对使用后得到的 $\frac{\infty}{\infty}$ 或 $\frac{0}{0}$ 型未定式，只要满足条件，可以连续多次使用洛必达法则.

例 5.2.5 求 $\lim\limits_{x\to+\infty}\frac{\ln x}{x^3}$.

解： 这是 $x\to+\infty$ 时的 $\frac{\infty}{\infty}$ 型.

$$\lim_{x\to+\infty}\frac{\ln x}{x^3}=\lim_{x\to+\infty}\frac{(\ln x)'}{(x^3)'}=\lim_{x\to+\infty}\frac{\frac{1}{x}}{3x^2}=\lim_{x\to+\infty}\frac{1}{3x^3}=0.$$

例 5.2.6 求 $\lim\limits_{x\to\frac{\pi}{2}}\frac{\tan 3x}{\tan x}$.

解： 这是 $x\to\frac{\pi}{2}$ 时的 $\frac{\infty}{\infty}$ 型.

$$\begin{aligned}\lim_{x\to\frac{\pi}{2}}\frac{\tan 3x}{\tan x}&=\lim_{x\to\frac{\pi}{2}}\frac{3\sec^2 3x}{\sec^2 x}=\lim_{x\to\frac{\pi}{2}}\frac{3\cos^2 x}{\cos^2 3x}\left(\frac{0}{0}\text{型未定式}\right)\\&=\lim_{x\to\frac{\pi}{2}}\frac{6\cos x(-\sin x)}{2\cos 3x(-3\sin 3x)}=\lim_{x\to\frac{\pi}{2}}\frac{\sin 2x}{\sin 6x}\left(\frac{0}{0}\text{型未定式}\right)\\&=\lim_{x\to\frac{\pi}{2}}\frac{2\cos 2x}{6\cos 6x}=\frac{1}{3}.\end{aligned}$$

需要说明的是，洛必达法则是求未定式的一种有效方法，但最好能与其他方法结合使用，这样可以使运算更简捷.

例 5.2.7 求 $\lim\limits_{x\to 0}\frac{x-\sin x}{\sin^3 x}$.

解： 方法 1 这是 $\frac{0}{0}$ 型未定式，使用洛必达法则，得

$$\lim_{x\to 0}\frac{x-\sin x}{\sin^3 x}=\lim_{x\to 0}\frac{(x-\sin x)'}{(\sin^3 x)'}=\lim_{x\to 0}\frac{1-\cos x}{3\sin^2 x\cos x};$$

最后的极限仍然是 $\frac{0}{0}$ 型未定式，继续使用洛必达法则得

$$\lim_{x\to0}\frac{x-\sin x}{\sin^3 x}=\lim_{x\to0}\frac{(1-\cos x)'}{(3\sin^2 x\cos x)'}=\lim_{x\to0}\frac{\sin x}{6\sin x\cos x-3\sin^3 x}$$
$$=\lim_{x\to0}\frac{1}{6\cos x-3\sin^2 x}=\frac{1}{6}.$$

由上述计算我们发现，若直接用洛必达法则，分母的导数会比较复杂，特别是若需反复使用洛必达法则时，分母的高阶导数形式会更复杂，所以可以利用等价无穷小量进行变换，并在计算过程中注意整理，以及使用已知结论.

方法 2　当 $x\to0$ 时，$\sin x\sim x$，所以 $\lim_{x\to0}\frac{x-\sin x}{\sin^3 x}=\lim_{x\to0}\frac{x-\sin x}{x^3}$.

由例 5.2.2 得，$\lim_{x\to0}\frac{x-\sin x}{\sin^3 x}=\lim_{x\to0}\frac{x-\sin x}{x^3}=\frac{1}{6}$.

洛必达法则并非万能的，有时会失效，事实上，法则只有当极限 $\lim_{x\to x_0}\frac{f'(x)}{g'(x)}$ 存在或为 ∞ 时，才能够使用. 也就是说，若无法断定 $\frac{f'(x)}{g'(x)}$ 的极限状态，或能断定它振荡而无极限时，洛必达法则失效.

例 5.2.8　求 $\lim_{x\to\infty}\frac{x+\sin x}{1+x}$.

解：这是 $\frac{\infty}{\infty}$ 型的未定式，但

$$\lim_{x\to\infty}\frac{x+\sin x}{1+x}=\lim_{x\to\infty}\frac{(x+\sin x)'}{(1+x)'}=\lim_{x\to\infty}(1+\cos x).$$

此式振荡无极限，因而不能用洛必达法则. 此时，只能用其他方法.

$$\lim_{x\to\infty}\frac{x+\sin x}{1+x}=\lim_{x\to\infty}\frac{\frac{x+\sin x}{x}}{\frac{1+x}{x}}=\lim_{x\to\infty}\frac{1+\frac{\sin x}{x}}{1+\frac{1}{x}}=1.$$

未定式除了前面讨论的两种基本类型外，还有其他类型的未定式.

5.2.3　$0\cdot\infty$ 及 $\infty-\infty$ 型未定式

这两种类型的未定式均可经过适当变型，转化为 $\frac{0}{0}$ 型或 $\frac{\infty}{\infty}$ 型，再考虑使用洛必达法则.

例 5.2.9　求 $\lim_{x\to+\infty}x\left(\frac{\pi}{2}-\arctan x\right)$.

解：这是 $0\cdot\infty$ 型，参看例 5.2.5，变形为 $\frac{0}{0}$ 型.

$$\lim_{x\to+\infty} x\left(\frac{\pi}{2}-\arctan x\right)=\lim_{x\to+\infty}\frac{\frac{\pi}{2}-\arctan x}{\frac{1}{x}}=1$$

例 5.2.10　求 $\lim\limits_{x\to0^+} x\ln x$.

解：这也是 $0\cdot\infty$ 型，但变型为 $\dfrac{\infty}{\infty}$ 型较简捷.

$$\lim_{x\to0^+} x\ln x=\lim_{x\to0^+}\frac{\ln x}{\frac{1}{x}}=\lim_{x\to0^+}\frac{(\ln x)'}{\left(\frac{1}{x}\right)'}=\lim_{x\to0^+}\frac{\frac{1}{x}}{-\frac{1}{x^2}}=-\lim_{x\to0^+} x=0$$

例 5.2.11　求 $\lim\limits_{x\to\frac{\pi}{2}}(\sec x-\tan x)$.

解：这是 $\infty-\infty$ 型，通分即可化为 $\dfrac{0}{0}$ 型.

$$\lim_{x\to\frac{\pi}{2}}(\sec x-\tan x)=\lim_{x\to\frac{\pi}{2}}\left(\frac{1}{\cos x}-\frac{\sin x}{\cos x}\right)=\lim_{x\to\frac{\pi}{2}}\frac{1-\sin x}{\cos x}=\lim_{x\to\frac{\pi}{2}}\frac{-\cos x}{-\sin x}=0$$

例 5.2.12　求 $\lim\limits_{x\to1}\left(\dfrac{x}{x-1}-\dfrac{1}{\ln x}\right)$.

解：这是 $\infty-\infty$ 型.

$$\lim_{x\to1}\left(\frac{x}{x-1}-\frac{1}{\ln x}\right)=\lim_{x\to1}\frac{x\ln x-x+1}{(x-1)\ln x}=\lim_{x\to1}\frac{\ln x+1-1}{\ln x+\frac{x-1}{x}}=\lim_{x\to1}\frac{\ln x}{\ln x+1-\frac{1}{x}}=\lim_{x\to1}\frac{\frac{1}{x}}{\frac{1}{x}+\frac{1}{x^2}}=\frac{1}{2}$$

5.2.4　$0^0, 1^\infty$ 及 ∞^0 型未定式

这类未定式源于幂指函数 $y=[f(x)]^{g(x)}$，因此通常可以用取对数的方法或换底的方法来解决，通过这两种方法变形后的未定式为 $0\cdot\infty$ 型：

（1）0^0 型：取对数得 $0^0\Rightarrow \mathrm{e}^{0\cdot\ln 0}$，

其中 $0\cdot\ln 0\Rightarrow 0\cdot\infty\Rightarrow\dfrac{0}{1/\infty}\Rightarrow\dfrac{0}{0}$ 或 $0\cdot\ln 0\Rightarrow 0\cdot\infty\Rightarrow\dfrac{\infty}{1/0}\Rightarrow\dfrac{\infty}{\infty}$；

（2）1^∞ 型：取对数得 $1^\infty\Rightarrow \mathrm{e}^{\infty\cdot\ln 1}$，

其中 $\infty\cdot\ln 1\Rightarrow \infty\cdot 0\Rightarrow\dfrac{0}{1/\infty}\Rightarrow\dfrac{0}{0}$ 或 $\infty\cdot\ln 1\Rightarrow \infty\cdot 0\Rightarrow\dfrac{\infty}{1/0}\Rightarrow\dfrac{\infty}{\infty}$；

（3）∞^0 型：取对数得 $\infty^0=\mathrm{e}^{0\cdot\ln\infty}$，

其中 $0\cdot\ln\infty\Rightarrow 0\cdot\infty\Rightarrow\dfrac{0}{1/\infty}\Rightarrow\dfrac{0}{0}$ 或 $0\cdot\ln\infty\Rightarrow 0\cdot\infty\Rightarrow\dfrac{\infty}{1/0}\Rightarrow\dfrac{\infty}{\infty}$.

例 5.2.13　求 $\lim\limits_{x\to0^+} x^x$.

解：这是 $\lim\limits_{x\to0^+}x^x=\lim\limits_{x\to0^+}\mathrm{e}^{x\ln x}=\mathrm{e}^{\lim\limits_{x\to0^+}x\ln x}=\mathrm{e}^0=1$ 型，所以

$$\lim_{x\to0^+}x^x=\lim_{x\to0^+}\mathrm{e}^{\ln x^x}=\lim_{x\to0^+}\mathrm{e}^{x\ln x}=\mathrm{e}^{\lim\limits_{x\to0^+}x\ln x}=\mathrm{e}^0=1.$$

这里由例 5.2.10 知 $\lim\limits_{x\to0^+}x\ln x=0$.

例 5.2.14　求 $\lim\limits_{x\to1}x^{\frac{1}{x-1}}$.

解：这是1^∞型. 则

$$\lim_{x\to0^+}x^{\frac{1}{x-1}}=\lim_{x\to0^+}\mathrm{e}^{\ln x^{\frac{1}{x-1}}}=\lim_{x\to0^+}\mathrm{e}^{\frac{1}{x-1}\ln x}=\mathrm{e}^{\lim\limits_{x\to0^+}\frac{\ln x}{x-1}}=\mathrm{e}^0=1.$$

例 5.2.15　求 $\lim\limits_{x\to+\infty}x^{\frac{1}{x}}$.

解：这是∞^0型未定式，将其化为 $0\cdot\infty$型，再将其$\frac{\infty}{\infty}$型未定式.

$$\lim_{x\to+\infty}x^{\frac{1}{x}}=\lim_{x\to+\infty}\mathrm{e}^{\frac{1}{x}\cdot\ln x}=\lim_{x\to+\infty}\mathrm{e}^{\frac{\ln x}{x}}=\mathrm{e}^{\lim\limits_{x\to+\infty}\frac{\ln x}{x}}=\mathrm{e}^{\lim\limits_{x\to+\infty}\frac{\frac{1}{x}}{1}}=\mathrm{e}^0=1.$$

习题 5.2

基础练习

1. 利用洛必达法则求下列极限.

（1）$\lim\limits_{x\to0}\dfrac{\sin5x}{2x}$；

（2）$\lim\limits_{x\to1}\dfrac{\ln x}{x-1}$；

（3）$\lim\limits_{x\to0}\dfrac{\mathrm{e}x-\mathrm{e}-x}{x}$；

（4）$\lim\limits_{x\to1}\dfrac{x^2-x}{\ln x-x-1}$；

（5）$\lim\limits_{x\to0}\dfrac{\mathrm{e}^x-x-1}{x(\mathrm{e}^x-1)}$；

（6）$\lim\limits_{x\to+\infty}\dfrac{\ln\ln x}{x}$；

（7）$\lim\limits_{x\to+\infty}\dfrac{x^2}{\mathrm{e}^{2x}}$；

（8）$\lim\limits_{x\to1}\dfrac{x^3-3x^2+2}{x^3-2x^2+1}$；

（9）$\lim\limits_{x\to\frac{\pi}{2}}\dfrac{\sec x}{\tan x}$；

（10）$\lim\limits_{x\to0}\dfrac{\mathrm{e}^x-\mathrm{e}^{-x}}{\sin x}$；

（11）$\lim\limits_{x\to0}\dfrac{\tan x-x}{x-\sin x}$；

（12）$\lim\limits_{x\to\frac{\pi}{2}^+}\dfrac{\ln\left(x-\frac{\pi}{2}\right)}{\tan x}$.

提高练习

2. 利用洛必达法则求下列极限.

（1）$\lim\limits_{x\to0}\dfrac{\mathrm{e}^x-\cos x}{x\sin x}$；

（2）$\lim\limits_{x\to0}\dfrac{1-\cos x^2}{x^2\sin x^2}$；

(3) $\lim\limits_{x\to 0}\dfrac{(1-\cos x)\sin x}{x^3}$；

(4) $\lim\limits_{x\to +\infty}\dfrac{\ln\left(1+\dfrac{1}{x}\right)}{\text{arccot}x}$；

(5) $\lim\limits_{x\to \frac{\pi}{4}}\dfrac{\sin x-\cos x}{1-\tan^2 x}$；

(6) $\lim\limits_{x\to 0}\dfrac{e^x\cos x-1}{\sin 2x}$；

(7) $\lim\limits_{x\to 0}\dfrac{\ln(\sin x+1)}{\ln e^x}$；

(8) $\lim\limits_{x\to 0^+}\dfrac{\ln\cot x}{\ln x}$；

(9) $\lim\limits_{x\to 0^+}\dfrac{\ln(\sin 2x)}{\ln(\sin 7x)}$；

(10) $\lim\limits_{x\to 0}\dfrac{x-\arcsin x}{\ln\left(1-\dfrac{1}{3}x^3\right)}$；

(11) $\lim\limits_{x\to \frac{\pi}{2}}\dfrac{\ln\sin x}{(\pi-2x)^2}$；

(12) $\lim\limits_{x\to +\infty}\dfrac{\sqrt{1+x^2}}{x}$.

拓展练习

3. 利用洛必达法则求下列极限.

(1) $\lim\limits_{x\to 0}x\cot x$；

(2) $\lim\limits_{x\to 0}\left(\dfrac{2}{\pi}\arccos x\right)^{\frac{1}{x}}$；

(3) $\lim\limits_{x\to 0^+}(\sin x)^x$；

(4) $\lim\limits_{x\to \frac{\pi}{2}}(\cos x)^{\frac{\pi}{2}-x}$；

(5) $\lim\limits_{x\to 0}\left(\dfrac{1}{x}-\dfrac{1}{e^x-1}\right)$；

(6) $\lim\limits_{x\to 0}\left(\dfrac{x}{x-1}-\dfrac{1}{\ln x}\right)$；

(7) $\lim\limits_{x\to 0}\left(\dfrac{(1+x)^{\frac{1}{x}}}{e}\right)^{\frac{1}{x}}$；

(8) $\lim\limits_{x\to 0^+}\left(\dfrac{1}{x}\right)^{\tan x}$.

5.3 函数的单调性与极值

在初等数学中已经介绍了函数在区间上单调性的概念，并通过定义来求一些简单函数的单调性。然而直接根据定义来判断函数的单调性，对很多函数来说往往有一定难度. 下面我们利用导数对函数的单调性进行研究.

5.3.1 函数的单调性

从几何上看，如果函数 $y=f(x)$ 在区间 (a,b) 上单调增加，那么它的图形是一条沿 x 轴正向上升的曲线，这时曲线上各点的切线斜率都是非负的，即 $y'=f'(x)\geqslant 0$，如图 5.3.1（a）所示；类似，若函数 $f(x)$ 在区间 (a,b) 上单调减少，那么其图形是一条沿 x 轴正向下降的曲线，并且曲线上各点的切线斜率是非正的，即 $y'=f'(x)\leqslant 0$，如图 5.3.1（b）所示. 由此可见，函数的单调性与导数的符号有着密切的联系.

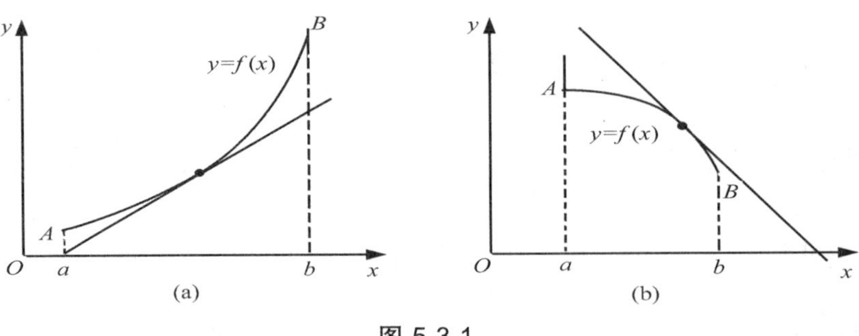

图 5.3.1

因此，可以考虑能否用导数的符号来判定函数的单调性呢？我们给出下面的定理：

定理 5.3.1 设函数 $f(x)$ 在闭区间 $[a,b]$ 上连续，在开区间 (a,b) 内可导.

（1）若在 (a,b) 内 $f'(x)>0$，那么函数 $y=f(x)$ 在 $[a,b]$ 上单调增加；

（2）若在 (a,b) 内 $f'(x)<0$，那么函数 $y-f(x)$ 在 $[a,b]$ 上单调减少.

证：任取 $x_1,x_2\in I$，不妨设 $x_1<x_2, f(x)$ 在 $[x_1,x_2]$ 上满足拉格朗日中值定理的条件，则有

$$f(x_2)-f(x_1)=f'(\xi)(x_2-x_1)，其中 \xi\in(x_1,x_2).$$

因此，若在 I 内 $f'(x)>0$，则 $f(x_2)-f(x_1)>0$，即在区间 I 上 $f(x)$ 单调增加；若在 I 内 $f'(x)<0$，则 $f(x_2)-f(x_1)<0$，即在区间 I 上 $f(x)$ 单调减少.

说明：如果把这个定理中的闭区间换成其他各种形式的区间（开区间，半开区间，无穷区间），结论也成立.

例 5.3.1 判定函数 $y=x+\operatorname{arccot}x$ 在区间 $[0,+\infty)$ 上的单调性.

解：因为在 $(0,+\infty)$ 内，$y'=1-\dfrac{1}{1+x^2}>0$，所以由定理 5.3.1 可知，函数 $y=x+\operatorname{arccot}x$ 在 $[0,+\infty)$ 上单调增加.

例 5.3.2 讨论函数 $y=\mathrm{e}^x-x-1$ 的单调性.

解：因 $y'=\mathrm{e}^x-1$，而函数 $y=\mathrm{e}^x-x-1$ 的定义域为 $(-\infty,+\infty)$，在 $(-\infty,0)$ 内，$y'<0$，所以函数 $y=\mathrm{e}^x-x-1$ 在 $(-\infty,0]$ 上单调减少；在 $(0,+\infty)$ 内，$y'>0$，所以函数 $y=\mathrm{e}^x-x-1$ 在 $[0,+\infty)$ 上单调增加.

例 5.3.3 讨论函数 $y=\sqrt[3]{x^2}$ 的单调性.

解：该函数的定义域为 $(-\infty,+\infty)$.

当 $x\neq 0$ 时，$y'=(x^{\frac{2}{3}})'=\dfrac{2}{3}x^{-\frac{1}{3}}=\dfrac{2}{3\sqrt[3]{x}}$.

当 $x=0$ 时，函数的导数不存在. 但 $x=0$ 却将定义域分成两部分：

在 $(-\infty,0)$ 内，$y'<0$，所以函数 $y=\sqrt[3]{x^2}$ 在 $(-\infty,0]$ 上单调减少；

在 $(0,+\infty)$ 内，$y'>0$，所以函数 $y=\sqrt[3]{x^2}$ 在 $[0,+\infty)$ 上单调增加.

函数图形如图 5.3.2 所示.

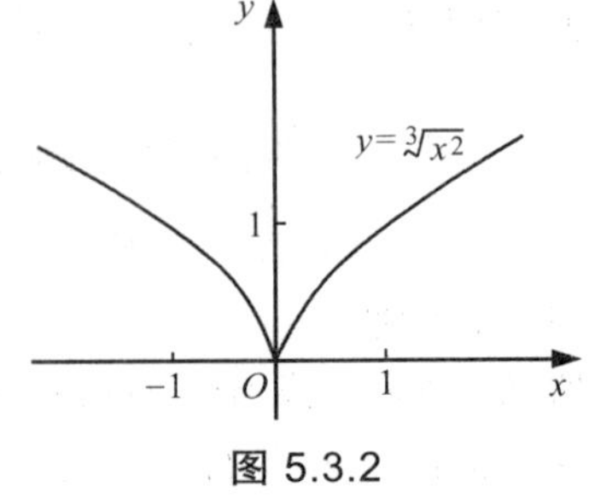

图 5.3.2

由例 5.3.2 和例 5.3.3 可知，有些函数在它的定义区间上不是单调的，但在部分区间上具有单调性，这些区间称为函数的**单调区间**，我们注意到，在例 5.3.2 中，$x=0$ 是函数 $y=\mathrm{e}^x-x-1$

的单调减少区间 $(-\infty,0]$ 与单调增加区间 $[0,+\infty)$ 的分界点，且在这一点处 $y'=0$. 在例 5.3.3 中，$x=0$ 是函数 $y=\sqrt[3]{x^2}$ 的单调减少区间 $(-\infty,0]$ 与单调增加区间 $[0,+\infty)$ 的分界点，但在该点处导数不存在. 由此可见，使得导数为零的点（即方程 $f'(x)=0$ 的根，也称为函数的驻点）和 $f'(x)$ 不存在的点可能是函数单调区间的分界点.

综上所述，判断函数单调性的步骤如下：

（1）确定函数的定义域；

（2）求出使得 $f'(x)=0$ 的点和 $f'(x)$ 不存在的点；

（3）用（2）中求出的点将函数的定义域分成若干个部分区间，由 $f'(x)$ 在各个部分区间上的符号判断函数 $f(x)$ 在相应区间上的单调性，根据单调性得出单调区间.

例 5.3.4 讨论函数 $y=x^3$ 的单调性.

解： 函数的定义域为 $(-\infty,+\infty)$. $y'=3x^2$，显然当 $x\neq 0$ 时，总有 $y'>0$，而当 $x=0$ 时 $y'=0$，这样函数 $y=x^3$ 在区间 $(-\infty,0]$ 及 $[0,+\infty)$ 上都是单调增加的，因此在整个定义域 $(-\infty,+\infty)$ 内是单调增加的，如图 5.3.3 所示. 这里导数为零的点 $x=0$ 并不是单调区间的分界点，仅仅表明函数曲线在该点处有一条水平切线.

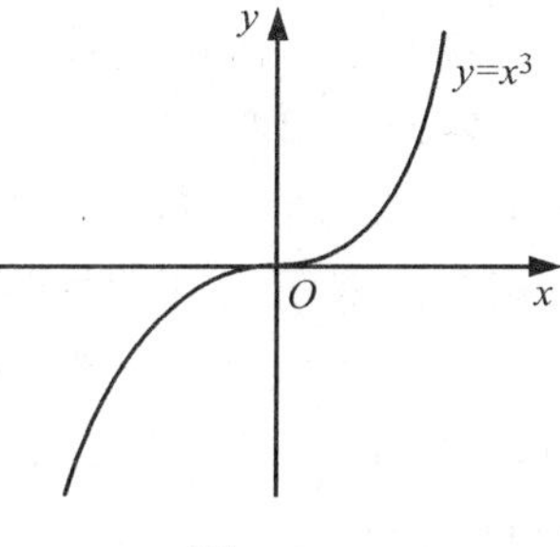

图 5.3.3

一般地，如果 $f'(x)$ 在某区间内的有限点处为零，其余各点处均为正（或负），那么 $f(x)$ 在该区间上仍是单调增加（或减少）的.

例 5.3.5 证明:当 $x\in(0,+\infty)$ 时，$e^x>x$ 成立.

证： 当 $x\in(0,+\infty)$ 时，令 $f(x)=e^x-x$，则 $f'(x)=e^x-1>0$.

当 $x>0$ 时，$f(x)$ 单调增加；当 $x>0$ 时，$f(x)>f(0)=0$；

所以，$x\in(0,+\infty)$ 时，$e^x>x$.

例 5.3.6 证明方程 $x^3+2x+2=0$ 在区间 $(-1,0)$ 内有且只有一个实根.

证： 令 $f(x)=x^3+2x+2$，因 $f(x)$ 在闭区间 $[-1,0]$ 上连续，且 $f(-1)=-1<0, f(0)=2>0$，根据零点定理，$f(x)$ 在 $(-1,0)$ 内至少有一个零点.

又，对于 $\forall x\in R$，有 $f'(x)=3x^2+2>0$，所以 $f(x)$ 在 $(-\infty,+\infty)$ 内单调增加，因此曲线 $y=f(x)$ 与 x 轴至多有一个交点. 即原方程在区间 $(-1,0)$ 内有且只有一个实根.

5.3.2 函数的极值及其求法

如果连续函数 $f(x)$ 在点 x_0 的左侧邻近和右侧邻近的单调性相反，那么曲线 $y=f(x)$ 在点 $(x_0,f(x_0))$ 处就出现了“峰”或“谷”，如图 5.3.4 所示.

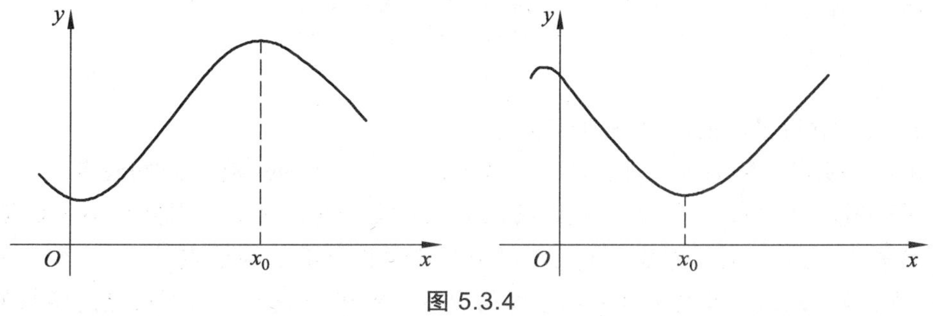

图 5.3.4

这样的点在应用与研究中有着重要意义. 下面我们将对此进行讨论.

定义 5.3.1 设函数 $f(x)$ 在点 x_0 的某个邻域内有定义，且

（1）若对于邻域中异于 x_0 的任何点 x，$f(x)<f(x_0)$ 均成立，就称 $f(x_0)$ 为函数 $f(x)$ 的一个**极大值**，而称 x_0 为**极大值点**.

（2）若对于邻域中异点 x_0 的任何点 x，$f(x)>f(x_0)$ 均成立，就称 $f(x_0)$ 为函数 $f(x)$ 的一个**极小值**，而称 x_0 为**极小值点**.

极大值和极小值统称为**极值**，极大值点和极小值点统称为**极值点**. 例如，图 5.3.5 反映了函数 $y=f(x)$ 在区间 (a,b) 中极值点的各种情况. 图中，函数 $f(x)$ 有 2 个极大值 $f(x_2)$，$f(x_5)$，3 个极小值 $f(x_1)$，$f(x_4)$，$f(x_6)$.

注意:（1）函数极值是局部概念，某个邻域内的最大、最小值不一定是整个区间上或定义域内的最大值或最小值；

（2）极值点不包含区间端点；

（3）在一个区间中可以有多个极值，甚至某个极大值不一定大于某个极小值（如图 5.3.5 中 $f(x_2)<f(x_6)$）.

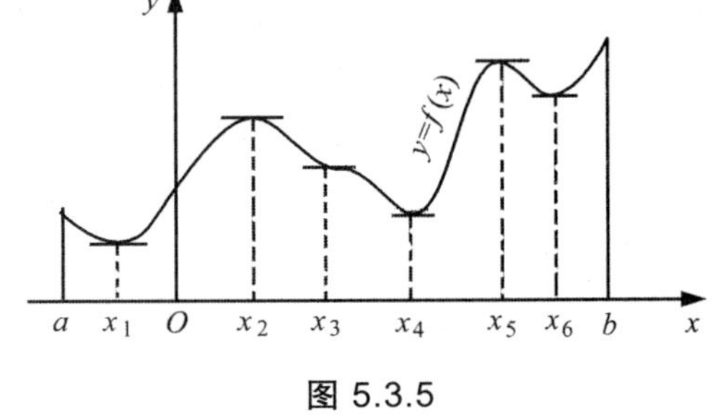

图 5.3.5

接下来，讨论函数取得极值的必要条件.

定理 5.3.2（极值存在的必要条件） 设函数 $f(x)$ 在点 x_0 有导数，且在 x_0 处 $f(x)$ 取得极值，那么这个函数在 x_0 处的导数 $f'(x_0)=0$.

证：设 $f(x)$ 在 x_0 取得极大值 $f(x_0)$，那么在 x_0 的某个邻域内的任何点 x，只要 $x\neq x_0$，就有 $f(x)<f(x_0)$.

当 $x<x_0$ 时，

$$\frac{f(x)-f(x_0)}{x-x_0}>0$$

则

$$f'(x_0)=\lim_{x\to x_0^-}\frac{f(x)-f(x_0)}{x-x_0}\geqslant 0$$

当 $x>x_0$ 时，

$$\frac{f(x)-f(x_0)}{x-x_0}<0$$

则

$$f'(x_0)=\lim_{x\to x_0^+}\frac{f(x)-f(x_0)}{x-x_0}\leqslant 0$$

所以 $f'(x_0)=0$.

$f(x)$ 在 x_0 处取得极小值时可类似地证明.

一般地，把使得导数为零点即方程 $f'(x)=0$ 的实根，叫作函数 $f(x)$ 的**驻点**.

定理 5.3.2 告诉我们，可导函数 $f(x)$ 的极值点必定是它的驻点，但驻点不一定是极值点. 例如，$f(x)=x^3$ 在 $x=0$ 处有 $f'(0)=0$，但 $x=0$ 却不是该函数的极值点.

但是，定理 5.3.2 只讨论了可导函数如何寻找可能极值点，对于不可导的函数显然不能用此定理. 然而，许多函数在导数不存在的点处却也可能取得极值. 例如：$f(x)=|x|$，在 $x=0$

处均取得极小值，且函数在点 $x=0$ 都不可导.

综上所述，要确定函数的极值点，应从函数导数为零的点和导数不存在的点中去寻找，而这两类点在单调区间的计算中已经多次用到过，它们往往是单调区间的分界点，那么若能确定函数的单调性，就能判定可能极值点的函数值与它两侧各点函数值的大小关系，从而确定该点是否为极值点. 这就是下面定理要给出的结论.

定理 5.3.3（极值第一充分条件） 设函数 $f(x)$ 在点 x_0 的一个邻域内连续，且在此邻域内可导（ x_0 可以除外），那么

（1）若 $x<x_0$ 时， $f'(x)>0$，而 $x>x_0$ 时， $f'(x)<0$，则 $f(x)$ 在 x_0 取到极大值，如图 5.3.6（a）所示.

（2）若 $x<x_0$ 时， $f'(x)<0$，而 $x>x_0$ 时， $f'(x)>0$，则 $f(x)$ 在 x_0 取到极小值，如图 5.3.6（b）所示.

（3） 若 $x\neq x_0$ 时，$f'(x)<0$，或当 $x\neq x_0$ 时，$f'(x)>0$，则 x_0 不是 $f(x)$ 的极值点，如图 5.3.6（c）、（d）所示.

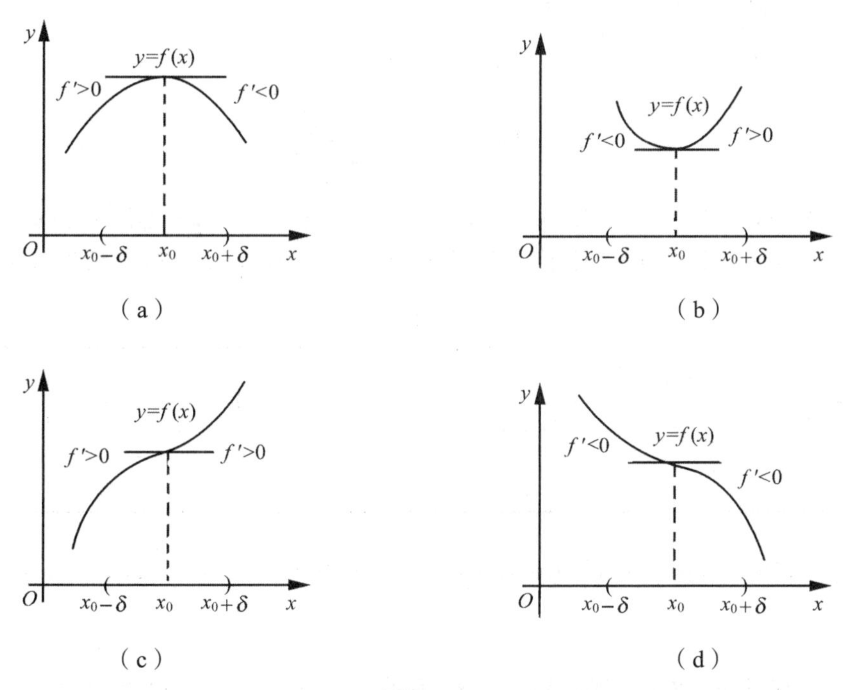

图 5.3.6

上述定理可简单地这样看：当一个连续函数的自变量从左到右变化经过某一点时，其导数改变符号，那么函数在该点取得极值. 若导数符号由正变负，则取得极大值，导数符号由负变正，则取得极小值，而若导数符号不变，那么函数在该点无极值.

根据前面的讨论，可以将求函数 $f(x)$ 的极值点和极值的步骤归纳如下：

（1）求出函数 $f(x)$ 的定义域；

（2）求出 $f'(x)$，确定 $f(x)$ 的可能极值点（驻点及导数不存在的点）.

（3）考察 $f'(x)$ 在可能极值点两侧的符号是否发生改变，确定极大值点和极小值点.

（4）求出各极值点处的函数值.

例 5.3.7　求函数 $y = 2x^3 - 6x^2 - 18x - 2$ 的极值.

解： 函数的定义域为 $(-\infty, +\infty)$.

$f'(x) = 6x^2 - 12x - 18 = 6(x+1)(x-3)$

令 $f'(x) = 0$，解得驻点 $x = -1$ 及 $x = 3$. 显然无不可导的点. 下面列表讨论（见表 5.3.1）：

表 5.3.1

x	$(-\infty, -1)$	-1	$(-1, 3)$	3	$(3, +\infty)$
$f'(x)$	+	0	−	0	+
$f(x)$		极大值		极小值	

由表 5.3.1 可知，函数 $f(x)$ 在点 $x = -1$ 处取得极大值 $f(-1) = 8$； $f(x)$ 在点 $x = 3$ 处取得极小值 $f(3) = 56$.

例 5.3.8　求函数 $f(x) = x - \frac{3}{2}x^{\frac{2}{3}}$ 的极值.

解： 函数的定义域为 $(-\infty, +\infty)$.

$$f'(x) = 1 - x^{-\frac{1}{3}} = 1 - \frac{1}{\sqrt[3]{x}} = \frac{\sqrt[3]{x} - 1}{\sqrt[3]{x}}$$

令 $f'(x) = 0$，解得驻点为 $x = 1$. 当 $x = 0$ 时， $f'(x)$ 不存在，故 $x = 0$ 为不可导的点.

其驻点 $x = 1$ 和不可导点 $x = 0$ 把整个定义域分成三个小区间，其极值情况如表 5.3.1 所示.

表 5.3.2

x	$(-\infty, 0)$	0	$(0, 1)$	1	$(1, +\infty)$
$f'(x)$	+	不存在	—	0	+
$f(x)$		极大值		极小值	

由表 5.3.2 可知，函数 $f(x)$ 在点 $x = 0$ 处取得极大值 $f(0) = 0$； $f(x)$ 在点 $x = 1$ 处取得极小值 $f(1) = -\frac{1}{2}$.

当函数 $f(x)$ 在驻点 x 处的二阶导数 $f''(x_0)$ 存在且不为零时，还可以利用二阶导数来确定 $f(x)$ 在 x_0 处的极值.

定理 5.3.4（极值第二充分条件）　设函数 $f(x)$ 在点 x_0 处具有二阶导数且 $f'(x_0) = 0$， $f''(x_0) \neq 0$，则

（1）当 $f''(x_0) < 0$ 时，函数 $f(x)$ 在 x_0 处取得极大值；

（2）当 $f''(x_0) > 0$ 时，函数 $f(x)$ 在 x_0 处取得极小值.

证明略.

例 5.3.9　求函数 $f(x) = 2x^3 - 6x + 5$ 的极值.

解： 函数的定义域为 $(-\infty, +\infty)$.

$f'(x)=6x^2-6$，令 $f'(x)=0$，解得驻点 $x=\pm 1$.

又
$$f''(x)=12x$$

由于 $f''(-1)=-12<0$，故 $f(x)$ 在 $x=-1$ 取得极大值 $f(-1)=9$；
同理，因为 $f''(1)=12>0$，所以 $f(x)$ 在 $x=1$ 取得极小值 $f(1)=1$.

例 5.3.10 求函数 $f(x)=(x^2-1)^3+1$ 的极值.

解： 函数在定义域 $(-\infty,+\infty)$ 内连续且可导.

$$f'(x)=6x(x^2-1)^2$$

令 $f'(x)=0$，得驻点 $x=0$，$x=1$ 及 $x=-1$.

$$f''(x)=6(x^2-1)(5x^2-1)$$

由于 $f''(0)=6>0$，则 $f(x)$ 在 $x=0$ 处取得极小值，极小值为 $f(0)=0$；又 $f''(-1)=f''(1)=0$，所以定理 5.3.4 失效. 考察一阶导数 $f'(x)$ 在驻点 $x=1$ 及 $x=-1$ 左右邻近的符号：在 $(-\infty,-1)$ 内，$f'(x)<0$；在 $(-1,0)$ 内，$f'(x)<0$；在 $(0,1)$ 内，$f'(x)>0$；在 $(1,+\infty)$ 内，$f'(x)>0$. 也就是说，在 $x=-1$ 及 $x=1$ 两侧邻近，$f'(x)$ 的符号没有改变，所以这两个驻点都不是极值点.

注意： 函数 $f(x)$ 在点 x_0 处如果二阶导数不存在，就不能使用定理 5.3.4，或者如果 $f(x)$ 在驻点 x_0 处二阶导数为零，即 $f''(x_0)=0$，也不能使用定理 5.3.4，这时 x_0 是否为 $f(x)$ 的极值点就还得用定理 5.3.2 来判断.

习题 5.3

基础练习

1. 选择题.

（1）下列函数在 $(-\infty,+\infty)$ 内单调增加的是（　　）.

A. $y=\sin x$　　B. $y=\mathrm{e}^x$

C. $y=x^2$　　D. $y=3-x$

（2）设函数 $f(x)$ 在 $(-\infty,+\infty)$ 内可导，且恒有 $f'(x)>0$，则下列正确是（　　）.

A. $f(x)$ 在 $(-\infty,+\infty)$ 内单调减少　　B. $f(x)$ 在 $(-\infty,+\infty)$ 内是常数

C. $f(x)$ 在 $(-\infty,+\infty)$ 内不是单调的　　D. $f(x)$ 在 $(-\infty,+\infty)$ 内单调递增

（3）设函数 $y=f(x)$ 在点 $x=x_0$ 取得极大值，则必有（　　）.

A. $f'(x_0)=0$　　B. $f''(x_0)<0$

C. $f'(x_0)=0$ 且 $f''(x_0)<0$　　D. $f'(x_0)=0$ 或不存在

（4）设函数 $f(x)=x^3-12x+1$ 在定义域内（　　）.

A. 单调增加　　B. 单调减少

C. 有增有减　　D. 不确定

2. 填空题.

（1）函数 $y=x-\mathrm{e}^x$ 的单调增区间为________________.

（2）设函数 $f(x)=x^3-3x^2-9x+5$，则 $f(x)$ 的驻点为__________，单调递增区间为__________，单调递减区间为__________，极小值点为__________，极大值点为__________，极小值为__________，极大值为__________.

3. 判断题（正确的打√，不正确的打×）.

（1）函数 $f(x)$ 在区间 (a,b) 上可以有多个极大值和极小值. （ ）

（2）函数 $f(x)$ 的极大值一定大于它的极小值. （ ）

（3）函数 $f(x)$ 的极值可以在定义区间的端点取得. （ ）

（4）函数 $f(x)$ 的极值点是它的驻点. （ ）

（5）函数 $f(x)$ 的极值点不一定可导. （ ）

4. 解答题.

（1）判断函数 $f(x)=\arctan x-x$ 的单调性.

（2）判断函数 $f(x)=x+\cos x(0\leqslant x\leqslant 2\pi)$ 的单调性.

提高练习

5. 求下列函数的单调区间.

（1）$f(x)=7x^2+14x+1$；

（2）$f(x)=2x^3-6x^2-18x-7$；

（3）$y=\mathrm{e}^{-x^2}$；

（4）$y=2x^2-\ln x$；

（5）$f(x)=(x^2-4)^2$；

（6）$y=(x-1)^3(x+1)^2$.

6. 求下列函数的极值点和极值.

（1）$f(x)=x^2-\dfrac{1}{2}x^4$；

（2）$f(x)=4x^3-3x^2-6x+2$；

（3）$f(x)=\sin x-2x$；

（4）$y=x+\sqrt{1-x}$.

7. 求函数 $y=\dfrac{1}{2}-\cos x$ 在区间 $[0,2\pi]$ 上的极值.

8. 求函数 $f(x)=\sqrt{-x^2+6x-8}$ 的单调区间.

9. 求函数 $f(x)=\dfrac{x^2}{1+x^2}$ 的单调区间和极值.

10. 求函数 $f(x)=\left(x^2-1\right)^3+1$ 的极值.

拓展练习

11. 证明方程 $\cos x=x$ 只有一个正根.

12. 证明下列不等式:

（1）当 $x\in(1,+\infty)$ 时，$\mathrm{e}^x>\mathrm{e}x$；

（2）当 $x>0$ 时，$\ln(1+x)<x$；

（3）当 $x>4$ 时，$2^x>x^2$；

（4）当 $x\geqslant 0$ 时，$\arctan x\leqslant x$；

（5）当 $0<x<\dfrac{\pi}{2}$ 时，$\dfrac{2}{\pi}x<\sin x<x$；

（6）当 $0<x<\dfrac{\pi}{2}$ 时，$\sin x+\tan x>2x$；

（7）当 $x>0$ 时，$\ln(1+x)>\dfrac{\arctan x}{1+x}$.

5.4　函数的最大值和最小值

在许多实际问题中，常常遇到这样一类问题：在一定条件下，怎样使投入最少，产出最多，成本最低，效率最高，路程最短，利润最大等问题. 用数学的方法进行描述，它们都可归结为求一个函数的最大值、最小值问题.

由闭区间上连续函数的性质，$f(x)$ 在 $[a,b]$ 上必存在最大值和最小值，其最大值和最小值可能在区间内部取得，也可能在区间的端点取得. 如果在区间内部某点取得最大值或最小值，那么这个值也一定相应地是函数的极大值或极小值. 因此，可以用如下方法求 $[a,b]$ 上的连续函数 $f(x)$ 的最大值和最小值.

由此，我们得到闭区间 $[a,b]$ 上连续函数求最值的**步骤**：

（1）求出函数 $f(x)$ 在 (a,b) 内的所有可能极值点：驻点及不可导点；

（2）计算函数 $f(x)$ 在驻点、不可导点处以及区间端点 a,b 处的函数值；

（3）比较这些函数值，其中最大的即为函数的最大值，最小的即为函数的最小值.

例 5.4.1　求函数 $f(x)=x^3-\dfrac{3}{2}x^2+3$ 在区间 $[-2,2]$ 上的最大值和最小值.

解： 因为函数 $f(x)$ 在 $[-2,2]$ 上连续，所以 $f(x)$ 在 $[-2,2]$ 上必有最大值和最小值.

$f'(x)=3x^2-3x=3x(x-1)$，令 $f'(x)=0$，得驻点 $x_1=0$，$x_2=1$，且无不可导点.

计算函数 $f(x)$ 在驻点、区间端点处的函数值：

$$f(0)=3, f(1)=\frac{5}{2}, f(-2)=-11, f(2)=5.$$

比较大小可知，函数 $f(x)$ 在区间 $[-2,2]$ 上的最大值为 5，最小值为 -11.

注意：

（1）在闭区间 $[a,b]$ 上单调增加或单调减少的函数，必在端点处取得最大值或最小值；

（2）连续函数 $f(x)$ 在开区间 (a,b) 内有且仅有一个极值点，则一定在该点处取得最值. 若此极值点为极大值点，则函数在该点必取得最大值，见图 5.4.1(a)；若此极值点为极小值点，则函数在该点必取得最小值，见图 5.4.1(b).

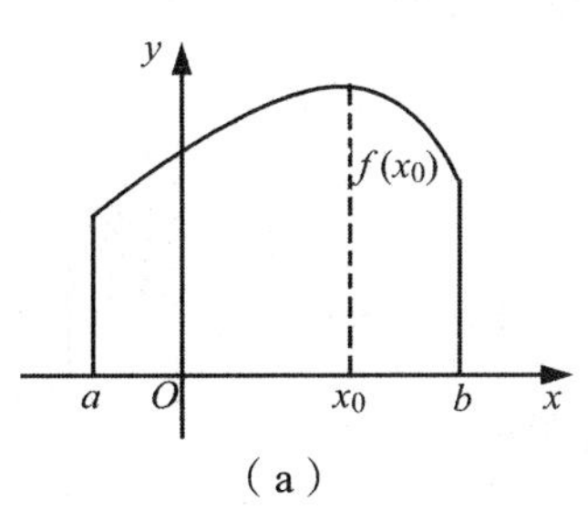

（a）

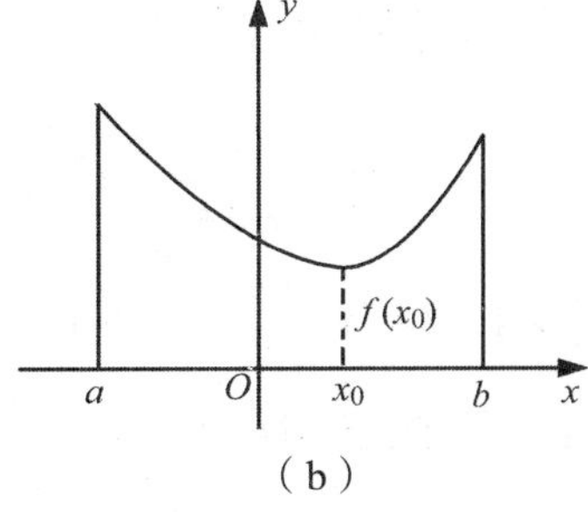

（b）

图 5.4.1

若处理实际问题时，发现在 (a,b) 内 $f(x)$ 具有唯一驻点 x_0，根据实际问题可知，在 (a,b) 内必有最值，则 $f(x_0)$ 就是所要求的最值.

下面的例子，都可以归结为求函数的最值问题.

例 5.4.2　要做一个容积为 V 的圆柱形煤气柜，问怎样设计才能使所用材料最省？

解：设煤气柜的底半径为 r，高为 h，如图 5.4.2 所示，则煤气柜的侧面积为 $2\pi rh$，底面积为 πr^2，表面积为 $S=2\pi r^2+2\pi rh$.

由 $V=\pi r^2 h$ 得，$V=\pi r^2 h$，

所以 $S=2\pi r^2+\dfrac{2V}{r}$，$r\in(0,+\infty)$.

$$S'=4\pi r-\frac{2V}{r^2}=\frac{2(2\pi r^3-V)}{r^2},$$

令 $S'=0$，有唯一驻点 $r=\left(\dfrac{V}{2\pi}\right)^{\frac{1}{3}}\in(0,+\infty)$，因此它一定是使 S 达到最小值的点. 此时对应的高为 $h=\dfrac{V}{\pi r^2}=2\left(\dfrac{V}{2\pi}\right)^{\frac{1}{3}}=2r$.

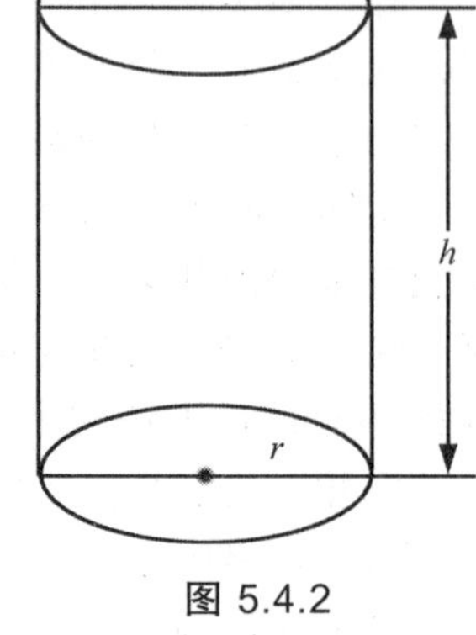

图 5.4.2

当煤气柜的高和底直径相等时，所用材料最省.

例 5.4.3 铁路线上 AB 段的距离为 100 km，工厂 C 距 A 处为 20 km，AC 垂直于 AB，如图 5.4.3 所示. 为了运输需要，要在 AB 线上选定一点 D 向工厂修筑一条公路，已知铁路每千米货运的运费与公路每千米的运费之比为 3∶5. 为了使货物在 B 与 C 之间运送的费用最省，问 D 点应选在何处？

解：如图 5.4.3 所示，设 $AD=x$（km），那么

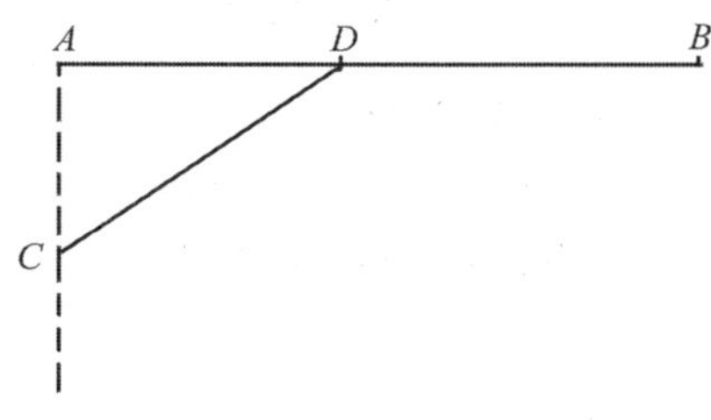

图 5.4.3

$$DB=100-x, CD=\sqrt{20^2+x^2}$$

设铁路每千米运费为 $3k$，公路每千米运费为 $5k$（k 为一大于零的常数），则 B 与 C 之间运费的总费用

$$y=5k\cdot CD+3k\cdot DB$$

即
$$y=5k\sqrt{400+x^2}+3k(100-x)\ (0\leqslant x\leqslant 100)$$

下面只需求出当 x 在 $[0,100]$ 上取值时，函数 y 的最小值.

$$y'=k\left(\frac{5x}{\sqrt{400+x^2}}-3\right)$$

令 $y'=0$，得 $x=15$（km）. 由于 $y(0)=400k$，$y(15)=380k$，$y(100)=500k\sqrt{1+\dfrac{1}{5^2}}$，因此当 $AD=15$ km 时，总运费最省.

例 5.4.4 一正方形铁皮，边长为 a cm，从它的四角截去四个相等的小正方形，如图 5.4.4 所示，剩下的部分做成一个无盖的盒子，问被截去的小正方形的边长为多少厘米时，才能使盒子的容积最大？

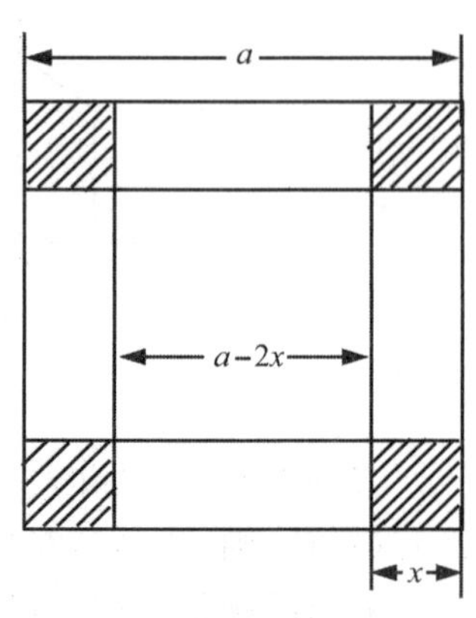

图 5.4.4

解：设截下去的小正方形边长为 x cm，则盒子的容积为

$$V = x(a-2x)^2 \quad \left(0 < x < \frac{a}{2}\right)$$

求 V 的一阶、二阶导数，得

$$V' = (a-2x)(a-6x),\ V'' = 8(3x-a)$$

令 $V'=0$，得驻点 $x=\frac{a}{2}$ 及 $x=\frac{a}{6}$，可见在区间 $\left(0,\frac{a}{2}\right)$ 内的驻点只能是 $V''\left(\frac{a}{6}\right)=-4a$，由 $V''\left(\frac{a}{6}\right)=-4a<0$，所以 $x=\frac{a}{6}$ 时，体积值 V 有极大值 $V\left(\frac{a}{6}\right)$，而除此之外在 $\left(0,\frac{a}{2}\right)$ 内，体积 V 没有其他极值，故 $V\left(\frac{a}{6}\right)$ 也是最大值. 当 $x=\frac{a}{6}$ cm 时，盒子的最大容积

$$V\left(\frac{a}{6}\right) = \frac{2a^3}{27}\ (\text{cm}^3)$$

例 5.4.5 问智公司准备销售 P 件产品，售价定为 $24-3p$ 万元. 所需总成本为 p^2-30 万元. 为使利润最大，该公司需销售多少件产品？其最大利润是多少万元？

解： 根据题意，p 件产品对应的成本为 $C(p)=p^2-30$，收入为 $R(p)=p(24-3p)$，由经济函数间的关系知，利润 $L(p)$ 为

$$L(p) = R(p) - C(p) = -4p^2 + 24p + 30, L'(p) = -8p + 24$$

令 $L'(p)=0$ 得 $p=3$(唯一的驻点). 所以 $p=3$ 时，$L(p)$ 最大，最大利润为 66 万元.

习题 5.4

基础练习

1. 设函数 $f(x)=x^2-x$ 在区间 $[0,1]$ 上的最大值为（　　）.

A. 0　　B. $-\frac{1}{4}$　　C. $1-\sin 1$　　D. $\frac{\pi}{2}$

2. 设函数 $f(x)=x-\sin x$ 在区间 $[0,1]$ 上的最大值为（　　）.

A. 0　　B. 1　　C. $1-\sin 1$　　D. $\frac{\pi}{2}$

3. 函数 $f(x)=x^3-3x+3$ 在区间 $\left[-3,\frac{3}{2}\right]$ 上的最大值为________，最小值为________.

4. 求下列函数在给定区间上的最大值和最小值.

（1）$f(x)=2x^3-3x^2, x\in[-1,4]$；　　（2）$y=x^4-\frac{4}{3}x^3+6,[-2,2]$；

（3）$f(x)=x^5-5x^4+5x^3+1, x\in[-1,2]$；　　（4）$y=\sqrt{x(10-x)},[0,10]$.

5. 用长 6 cm 的铝合金材料加工一个日字形窗框，问窗框的长和宽各为多少时，才能使窗户的面积最大？最大的面积是多少？

6. 设某商店以每件 10 元的进价购进一批衬衫，并设此商品的需求函数 $Q=80-2p$（其中 Q 为需求量，单位为件，p 为销售价格，单位为元），问该商店应将售价定为多少元时，才能获得最大利润，最大利润是多少？

提高练习

7. 求下列函数在给定区间上的最大值和最小值.

（1）$f(x)=\sin 2x-x, x\in\left[-\dfrac{\pi}{2},\dfrac{\pi}{2}\right]$；（2）$y=x-\dfrac{1}{\ln 2}2^x,[-3,1]$；

（3）$f(x)=\sqrt{100-x^2}, x\in[-6,8]$；（4）$y=\dfrac{x^2}{1+x},\left[-\dfrac{1}{2},1\right]$.

8. 围一个面积为 600 m^2 的矩形场地，所用材料正面造价为 6 元 / m^2，其余三面造价均是 3 元 / m^2，问场地的长、宽各是多少米时，才能使总造价最低？

拓展练习

9. 生产某种商品 x 单位的利润是 $L(x)=500+3x-0.0001x^3$ (元)，问：生产多少个单位时获利润最大？

10. 由直线 $y=0, x=8$ 和抛物线 $y=x^2$ 围成一个曲边三角形，在曲边 $y=x^2$ 上求一点，使曲线在该点处的切线与直线 $y=0$ 及 $x=8$ 所围成的三角形面积最大.

11. 某厂每批生产 A 商品 x 台的费用为 $C(x)=5x+200$（万元），得到的收用为 $R(x)=10x-0.01x^2$ (万元)，问：每批生产多少台，才能使利润最大？

5.5 函数的凹凸性与拐点

在前面的学习中，我们研究了函数的单调性和极值，这对于描绘函数图形有很大作用，但是仅仅知道这些还不能准确地描绘函数图形. 如图 5.5.1 中的两条曲线弧，虽然它们都是上升的，但它们的弯曲方向却不一样，因而图形有着显著的不同. $\overset{\frown}{ACB}$ 弧上每一点的切线位于曲线弧的上方，其图形是凸起的；而 $\overset{\frown}{ADB}$ 弧上每一点的切线位于曲线弧的下方，其图形是凹下的. 下面我们就来研究曲线的凹凸性及其判别法.

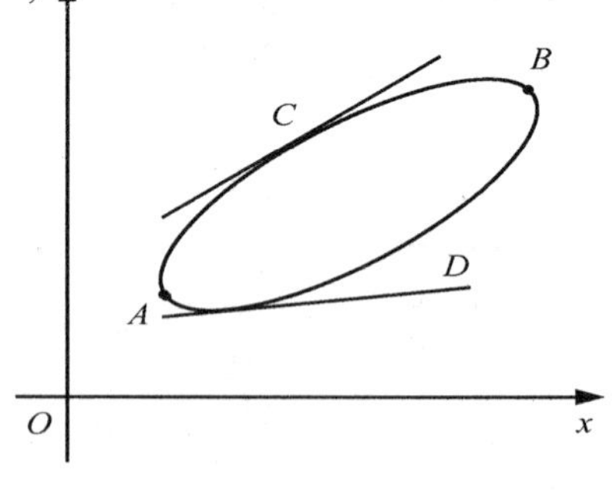

图 5.5.1

定义 5.5.1 函数 $y=f(x)$ 在区间 (a,b) 内可导，如果在区间 (a,b) 内曲线 $y=f(x)$ 总位于它每一点处切线的上方，那么称曲线 $y=f(x)$ 在区间 (a,b) 上是凹的，区间 (a,b) 称为凹区间；如果在区间 (a,b) 内曲线 $y=f(x)$ 总位于它每一点处切线的下方，那么称曲线 $y=f(x)$ 在区间 (a,b) 上是凸的，区间 (a,b) 称为凸区间.

从图 5.5.2（a）看到凹的曲线 $f(x)$ 的切线斜率 $k=\tan\alpha=f'(x)$ 随着 x 的增大而增大，即 $f'(x)$ 是单调增加的；而图 5.5.2（b）中凸的曲线 $f(x)$ 的切线斜率 $k=\tan\alpha=f'(x)$ 随着 x 的增大而减小，即 $f'(x)$ 是单调减少的.

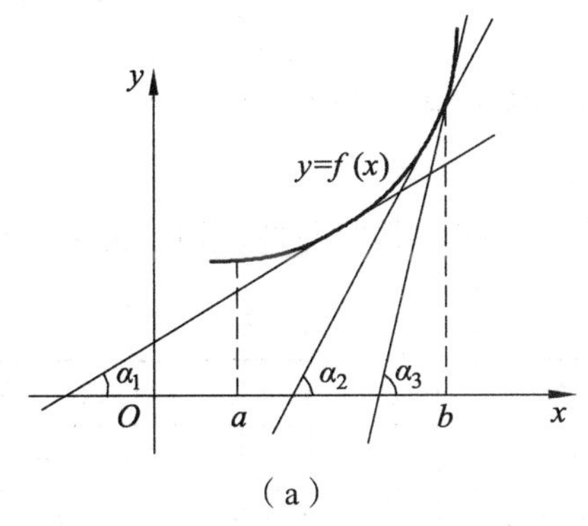

(a)

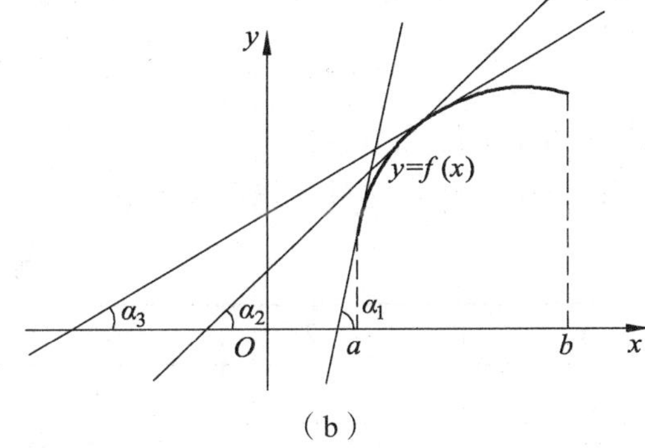

(b)

图 5.5.2

由此可见，曲线 $f(x)$ 的凹凸性可以用导数 $f'(x)$ 的单调性来判定，而 $f'(x)$ 的单调性又可以用它的导数 $\left(f'(x)\right)'$，即 $f(x)$ 的二阶导数 $f''(x)$ 的符号来判定，故曲线 $f(x)$ 的凹凸性与 $f''(x)$ 的符号有关，因此，有如下曲线凹凸性的判定定理：

定理 5.5.1　设函数 $f(x)$ 在区间 (a,b) 内具有二阶导数，那么

（1）若在 (a,b) 内 $f''(x)>0$，则曲线 $y=f(x)$ 在 (a,b) 内是凹的；

（2）若在 (a,b) 内 $f''(x)<0$，则曲线 $y=f(x)$ 在 (a,b) 内是凸的.

例 5.5.1　判定 $y=\ln x$ 的凹凸性.

解：因为 $y'=\dfrac{1}{x}$，$y''=-\dfrac{1}{x^2}<0$，所以，在函数的定义域 $(0,+\infty)$ 内，曲线 $y=\ln x$ 是凸的.

例 5.5.2　判断 $y=x^3-3x^2$ 的凹凸性.

解：因为 $y'=3x^2-6x$，$y''=6x-6=6(x-1)$，所以

当 $x>1$ 时，$y''>0$，曲线 $y=x^3-3x^2$ 在 $[1,+\infty)$ 上为凹弧；

当 $x<1$ 时，$y''<0$，曲线 $y=x^3-3x^2$ 在 $(-\infty,1]$ 上为凸弧.

在本例中，当 $x=1$ 时，$y''=0$，同时点 $(1,-2)$ 是曲线 $y=x^3-3x^2$ 由凸变凹的分界点.

定义 5.5.2　连续曲线弧 $y=f(x)$ 上凹弧与凸弧的分界点 $(x_0,f(x_0))$ 称为曲线的**拐点**.

那么，怎么样才能找到曲线 $y=f(x)$ 的拐点呢？

由前面的定理 5.5.1 可知，由 $f''(x)$ 的符号可以判断曲线的凹凸性，若函数 $y=f(x)$ 在点 x_0 左右两侧邻近有二阶导数异号，则点 $(x_0,f(x_0))$ 必定是曲线的一个拐点，而在拐点处，$f''(x_0)=0$ 或 $f''(x_0)$ 不存在.

因此，判别曲线 $y=f(x)$ 的凹凸性及拐点的步骤如下：

（1）给出函数的定义域，并求二阶导数 $f''(x)$；

（2）令 $f''(x)=0$，求出二阶导数为零的点，以及二阶导数不存在的点；

（3）对于（2）中确定的每个点 x_0，将定义域分为若干区间，在每个区间上确定 $f''(x)$ 的符号，从而确定曲线 $y=f(x)$ 的凹凸区间；

（4）检查 $f''(x)$ 在 x_0 左、右两侧邻近的符号是否发生改变，若符号保持不变，则 $(x_0,f(x_0))$ 不是拐点，若符号相反，则 $(x_0,f(x_0))$ 就是曲线 $y=f(x)$ 的拐点.

例 5.5.3　求曲线 $y=x^4+2x^3-12x^2+48$ 的凹凸区间与拐点.

解： 函数的定义域为 $(-\infty,+\infty)$．求导数，得

$$y'=4x^3+6x^2-24x\text{，}\quad y''=12x^2+12x-24=12(x-1)(x+2)$$

令 $y''=0$ 得 $x_1=1$，$x_2=-2$．

由 $x_1=1$，$x_2=-2$ 将函数定义域 $(-\infty,+\infty)$ 分成三个小区间，其凹凸性及拐点见表 5.5.1.

表 5.5.1

x	$(-\infty,-2)$	-2	$(-2,1)$	1	$(1,+\infty)$
$f''(x)$	+	0	—	0	+
$f(x)$	凹的	拐点 $(-2,0)$	凸的	拐点 $(1,39)$	凹的

所以，曲线的凹区间是 $(-\infty,-2)$ 和 $(1,+\infty)$；凸区间为 $(-2,1)$；拐点是 $(-2,0)$ 和 $(1,39)$．

例 5.5.4 考察曲线 $y=x^6$ 是否有拐点.

解： 对函数求导，得 $y'=6x^5$，$y''=30x^4$．

显然，在 $x=0$ 有 $y''=0$，当 $x\neq 0$ 时 $y''>0$. 因此点 $(0,0)$ 不是曲线 $y=x^6$ 的拐点，曲线 $y=x^6$ 在 $(-\infty,+\infty)$ 内是凹的，没有拐点.

例 5.5.5 考察曲线 $y=\sqrt[3]{x}$ 是否有拐点？

解： 函数的定义域为 $(-\infty,+\infty)$．

当 $x\neq 0$ 时，有 $y'=\dfrac{1}{3}x^{-\frac{2}{3}}$，$y''=-\dfrac{2}{9}x^{-\frac{5}{3}}=-\dfrac{2}{9}\dfrac{1}{\sqrt[3]{x^5}}$．

当 $x=0$ 时，函数 $y=\sqrt[3]{x}$ 的 y',y'' 均不存在. 但是，在 $(-\infty,0)$ 内，$y''>0$，所以曲线在 $(-\infty,0]$ 上是凹的；在 $(0,+\infty)$ 内，$y''<0$，所以曲线在 $[0,+\infty)$ 上是凸的，而当 $x=0$ 时，$y=0$，故点 $(0,0)$ 是曲线 $y=\sqrt[3]{x}$ 的拐点.

习题 5.5

基础练习

1. 函数 $y=3x-x^3$ 的拐点是（　　）.

   A. $(0,1)$　　B. $(-1,0)$　　C. $(1,2)$　　D. $(\sqrt{3},0)$

2. 条件 $f''(x_0)=0$ 是函数 $f(x)$ 的图形在点 $x=x_0$ 处有拐点的（　　）.

   A. 必要条件　　B. 充分条件

   C. 充分必要条件　　D. 无关

3. 函数 $y=\dfrac{1}{3}x^3-x^2+1$ 的图形在区间 $(0,1)$ 内（　　）.

   A. 是凹的　　B. 是凸的

   C. 是直线段　　D. 部分是凹的，部分是凸的

4. 曲线 $f(x)=x^4$ 的拐点是__________.

5. 曲线 $f(x)=2+(x-4)^{\frac{1}{3}}$ 的凹区间是__________，凸区间是__________，拐点

是______________.

6. 曲线 $f(x)=(x-1)^2(x-3)^2$ 的拐点个数为____________.

提高练习

7. 求曲线 $f(x)=x^4-2x^3+1$ 的凹凸区间和拐点.

8. 判断曲线 $f(x)=(2x-1)^4+1$ 是否有拐点.

9. 求曲线 $y=x\mathrm{e}^{-x}$ 的拐点.

10. 求曲线 $y=(x-1)\sqrt[3]{x^5}$ 的凹凸区间以及拐点.

11. 已知曲线 $y=x^3+ax^2-9x+4$ 在点 $x=1$ 处有拐点，试确定系数 a，并求曲线的凹凸区间及拐点.

拓展练习

12. 阅读理解：设函数 $f(x)$ 在区间 I 上连续，如果对区间 I 上的任意两点 x_1、x_2，恒有 $f\left(\frac{x_1+x_2}{2}\right)<\frac{1}{2}\left[f\left(x_1\right)+f\left(x_2\right)\right]$（或 $f\left(\frac{x_1+x_2}{2}\right)>\frac{1}{2}\left[f\left(x_1\right)+f\left(x_2\right)\right]$），则称 $f(x)$ 的图形(曲线 $y=f(x)$)是凹的(或凸的)，如图 5.5.3 所示.

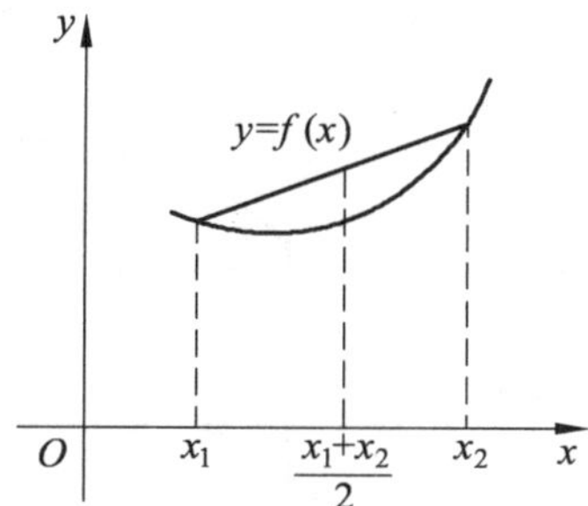

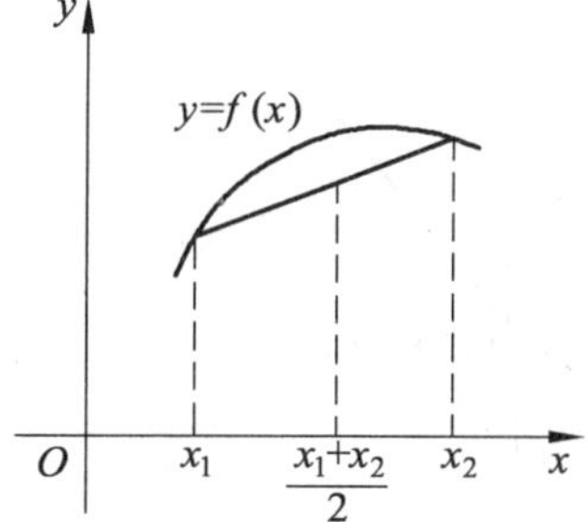

图 5.5.3

试证明下列不等式：

（1）$\frac{1}{2}\left(x^n+y^n\right)>\left(\frac{x+y}{2}\right)^n\ (x>0,y>0,x\neq y,n>1)$.

（2）$\frac{\mathrm{e}^x+\mathrm{e}^y}{2}>\mathrm{e}^{\frac{x+2}{2}}\ (x\neq y)$.

（3）$x\ln x+y\ln y>(x+y)\ln\frac{x+y}{2}\ (x>0,y>0,x\neq y)$.

*5.6　函数图形的描绘

前几节讨论了函数的一、二阶导数与函数图形变化性态的关系，这些结论都可用于函数作图，但要比较准确描绘出函数的图形，除了掌握函数的增减性、凹凸性、极值和拐点外，还需要知道曲线无限延伸时的走向和趋势，为此，我们先来讨论曲线的渐近线.

5.6.1　曲线的渐近线

定义：若曲线上的点沿曲线趋于无穷远时，该点与某一直线的距离趋于零，则称此直线是曲线的一条渐近线. 渐近线分为斜渐近线、水平渐近线和垂直渐近线三种. 这里只讨论水平渐近线和垂直渐近线.

考察函数 $y=e^x$ 的图像，如图 5.6.1 所示，当 $x\to-\infty$ 时，曲线越来越接近于水平直线 x 轴，即直线 $y=0$. 对于这种情况有下列定义.

1. 水平渐近线

定义 5.6.1　如果曲线 $y=f(x)$ 的定义域是无限区间，且有

$$\lim_{x\to-\infty}f(x)=C \quad 或 \quad \lim_{x\to+\infty}f(x)=C$$

则称直线 $y=C$ 为曲线 $y-f(x)$ 的一条水平渐近线.

例 5.6.1　求曲线 $y=\arctan x$ 的渐近线.

解：按水平渐近线定义，$\lim\limits_{x\to-\infty}\arctan x=-\dfrac{\pi}{2}$，$\lim\limits_{x\to+\infty}\arctan x=\dfrac{\pi}{2}$.

所以曲线 $y=\arctan x$ 有两条水平渐近线：$y=-\dfrac{\pi}{2}$ 和 $y=\dfrac{\pi}{2}$，如图 5.6.2 所示.

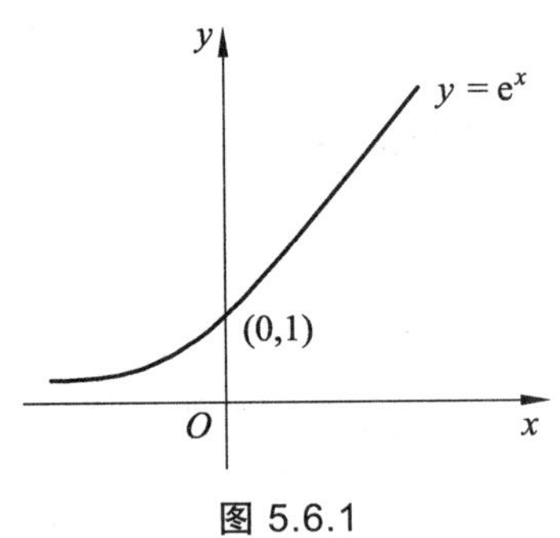

图 5.6.1

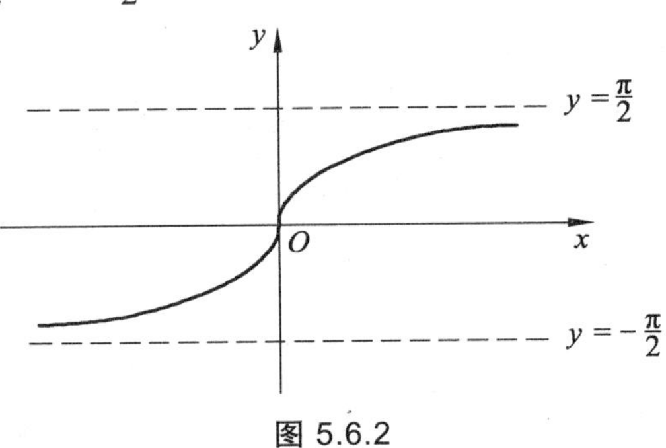

图 5.6.2

2. 垂直渐近线

定义 5.6.2　如果曲线 $y=f(x)$ 在点 a 间断，且

$$\lim_{x\to a^-}f(x)=\infty \quad 或 \quad \lim_{x\to a^+}f(x)=\infty$$

则称直线 $x=a$ 为曲线 $y=f(x)$ 的一条铅直渐近线.

例 5.6.2　求曲线 $y=\dfrac{1}{x-1}$ 的渐近线.

解：因为 $\lim\limits_{x\to\infty}\dfrac{1}{x-1}=0$，所以 $y=0$ 是曲线的水平渐近线. 又因为 $\lim\limits_{x\to1}\dfrac{1}{x-1}=\infty$，所以 $x=1$ 是曲线的垂直渐近线. 如图 5.6.3 所示.

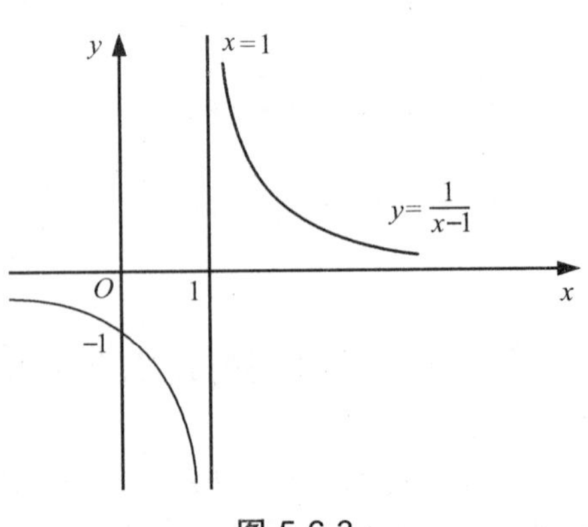

图 5.6.3

例 5.6.3　求曲线 $y=\dfrac{x^3}{x^2+2x-3}$ 的渐近线.

解：函数曲线为

$$y=\frac{x^3}{(x+3)(x-1)}$$

因为
$$\lim_{x\to 1}\frac{x^3}{(x-1)(x+3)}=\infty \quad 及 \quad \lim_{x\to -3}\frac{x^3}{(x-1)(x+3)}=\infty$$

所以 $x=1$ 及 $x=-3$ 是曲线的两条垂直渐近线.

5.6.2 函数图形的作法

描绘函数图形的过程，是对前一阶段所学习的函数各种性态的一种综合应用的过程. 基本的作图步骤如下：

（1）确定函数的定义域，讨论对称性及周期性.

（2）确定函数的单调区间和极值.

（3）确定函数的凹凸区间和拐点.

（4）确定函数曲线的水平渐近线、铅直渐近线和斜渐近线.

（5）描出极值点、拐点，作出各条渐近线，然后结合（2）和（3）的结果，用光滑的曲线弧连接描出的各个点，画出函数图形.

如果函数图形具有对称性或周期性，则可以先考虑函数在某一部分范围的图形，再根据对称性或周期性作出其他范围的图形. 描点时，如果极值点、拐点比较少，为使图形更准确，可以另外补充描一些点，再连接出曲线弧.

例 5.6.4 作函数 $f(x)=\mathrm{e}^{-x^2}$ 的图形.

解：（1）$f(x)$ 的定义域为 $(-\infty,+\infty)$，显然 $f(x)$ 为偶函数，其图形关于 y 轴对称，所以可以只讨论函数在 $[0,+\infty)$ 上的图形.

（2）确定 $f(x)$ 的单调性和极值.

$$f'(x)=-2x\mathrm{e}^{-x^2}$$

令 $f'(x)=0$，解得 $x=0$. 当 $x<0$ 时，$f'(x)>0$，当 $x>0$ 时，$f'(x)<0$，所以 $x=0$ 为 $f(x)$ 的极大值点，极大值 $f(0)=1$.

（3）确定 $f(x)$ 的凹凸性和拐点.

$$f''(x)=(4x^2-2)\mathrm{e}^{-x^2}$$

令 $f''(x)=0$，解得 $x=\pm\frac{1}{\sqrt{2}}$. 考虑 $x=\frac{1}{\sqrt{2}}$，当 x 从该点左侧变化到右侧时，$f''(x)$ 符号不同，所以 $\left(\frac{1}{\sqrt{2}},f(\sqrt{2})\right)$ 是曲线的拐点，即 $\left(\frac{1}{\sqrt{2}},\frac{1}{\sqrt{\mathrm{e}}}\right)$ 是拐点.

在区间 $[0,+\infty)$ 上将以上结果列表如下：

表 5.6.1

x	0	$\left(0,\frac{1}{\sqrt{2}}\right)$	$\frac{1}{\sqrt{2}}$	$\left(\frac{1}{\sqrt{2}},+\infty\right)$
$f'(x)$	0	−	−	−
$f''(x)$	−	−	0	+
$f(x)$	极大值	↘	有拐点	↘

（4）因为 $\lim\limits_{x\to\infty} e^{-x^2}=0$，所以直线 $y=0$ 是曲线的水平渐近线.

（5）描点 $M_1(0,1)$，$M_2\left(\frac{1}{\sqrt{2}},\frac{1}{\sqrt{e}}\right)$，另外补描一点 $M_3\left(1,\frac{1}{e}\right)$，结合表中的结论作出函数在 $[0,+\infty)$ 上的图形，最后利用对称性可得函数在 $(-\infty,0]$ 上的图形，如图 5.6.4 所示.

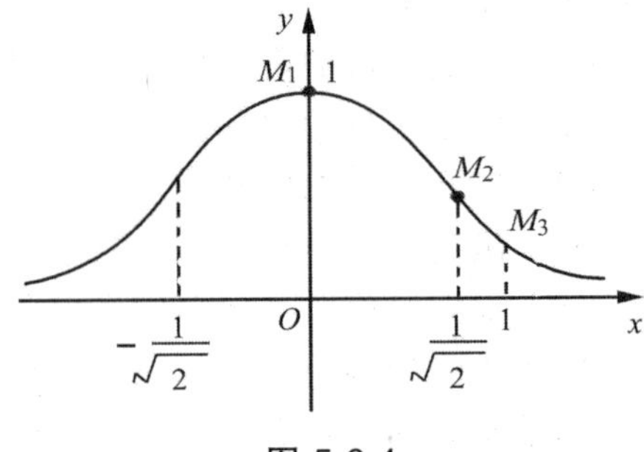

图 5.6.4

例 5.6.5 作函数 $y=\frac{(x-3)^2}{4(x-1)}$ 的图形.

解：（1）定义域为 $(-\infty,1)$ 及 $(1,+\infty)$.

（2）求函数的一阶导数和二阶导数.

$$y'=\frac{(x-3)(x+1)}{4(x-1)^2}, \quad y''=\frac{2}{(x-1)^3}$$

令 $y'=0$，得驻点 $x=-1$ 及 $x=3$. 因为 $f''(-1)<0$，所以 $f(-1)=-2$ 是极大值；又因 $f''(3)>0$，所以 $f(3)=0$ 是极小值.

（3）由 $y''=\frac{2}{(x-1)^3}$ 可以看到曲线无拐点.

把以上结果列表如下：

表 5.6.2

x	$(-\infty,-1)$	-1	$(-1,1)$	1	$(1,3)$	3	$(3,+\infty)$
$f'(x)$	+	0	−	无	−	0	+
$f''(x)$	−	−	−	无	+	+	+
$f(x)$	↗	极大值	↘	无	↘	极小值	↗

（4）因为

$$\lim_{x\to 1}\frac{(x-3)^2}{4(x-1)}=\infty$$

所以直线 $x=1$ 是函数曲线的铅直渐近线. 又

$$k=\lim_{x\to\infty}\frac{f(x)}{x}=\lim_{x\to\infty}\frac{(x-3)^2}{4x(x-1)}=\frac{1}{4}$$

$$b=\lim_{x\to\infty}[f(x)-kx]=\lim_{x\to\infty}\left[\frac{(x-3)^2}{4(x-1)}-\frac{1}{4}x\right]$$

$$=\lim_{x\to\infty}\frac{-5x+9}{4(x-1)}=-\frac{5}{4}$$

所以直线 $y=\frac{1}{4}(x-5)$ 是函数曲线的斜渐近线.

（5）描出点 $M_1(-1,-2)$，$M_2(3,0)$，再补描几点：$A\left(-2,-\frac{25}{12}\right)$，$B\left(0,-\frac{9}{4}\right)$，$C\left(2,\frac{1}{4}\right)$，以虚线表示两条渐近线，即可作出函数图形. 如图 5.6.5 所示.

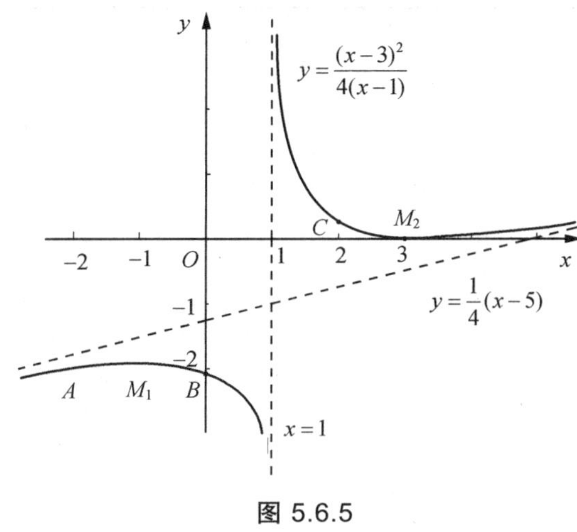

图 5.6.5

习题 5.6

基础练习

1. 求下列曲线的水平或铅直渐近线：

（1）$y=\frac{1}{x^2+3x-4}$；　　（2）$y=\mathrm{e}^{x^{-2}}$；

（3）$y=x\sin\frac{1}{x}$；　　（4）$y=\frac{\mathrm{e}^x}{x^2-1}$.

提高练习

2. 作出下列函数的图像：

（1）$y=\mathrm{e}^x-x-1$；　　（2）$y=2-x-x^3$；

（3）$y=\frac{1}{4}x^4-\frac{3}{2}x^2$；（4）$y=\ln(x^2+1)$；

（5）$y=\frac{x}{x+1}$；（6）$y=x^2+\frac{1}{x}$.

拓展练习

3. 求曲线 $y=\frac{x^3}{x^2+2x-3}$ 的水平、铅直及斜渐近线，并画出函数图像.

本章小节

一、知识框图

请读者自己画出本章知识结构图，从整体结构上去理解本章内容.

二、复习要点

1. 罗尔中值定理：____________

2. 拉格朗日中值定理：____________

3. 洛必达法则：____________

4. 可转化运用洛必达法则的几种形式：____________

5. 判定函数的单调性：____________

6. 函数的极值：____________

7. 判定函数的极值两个定理：____________

8. 求函数的极值的步骤：____________

9. 求闭区间连续函数的最值步骤：______________________________

____

____

10. 函数的凹凸性：______________________________

11. 判定函数的凹凸性定理：______________________________

12. 拐点：______________________________

13. 求函数的凹凸性及拐点的步骤：______________________________

____

三、思维运用

通过本章导数运用的学习，利用拉格朗日中值定理可以证明一些不等式。严格的证明，需要严谨的逻辑关系，前因后果必有关联，有果必有因。你对“证明”这一思维方式有什么体会？人生就是一个不断证明的过程，请举例说明你在生活、工作、学习中是怎么运用这一方法的。

____

____

____

____

____

____

____

____

____

____

____

本章复习题

一、选择题

1. 下列函数中在给定区间上满足罗尔定理条件的是（　　）.

A. $y = x^2 - 5x + 6, x \in [2,3]$　　B. $y = \dfrac{1}{\sqrt[3]{(x-1)^2}}, x \in [0,2]$

C. $y = x\mathrm{e}^{-x}, x \in [0,1]$　　D. $y = |x-1|, x \in [0,2]$

2. 函数 $y = x\ln x$ 在区间 $[1,2]$ 上满足拉格朗日定理条件的 ξ 是（　　）.

A. $\dfrac{\mathrm{e}}{4}$　　B. $\dfrac{4}{\mathrm{e}}$　　C. $2\ln 2$　　D. 1

3. 设 $y = \dfrac{1}{3}x^3 - 4x + 4$，那么在区间 $(-\infty,-2)$ 和 $(2,+\infty)$ 内，y 分别为（　　）.

A. 单调增加，单调增加　　B. 单调增加，单调减少

C. 单调减少，单调增加　　D. 单调减少，单调减少

4. 函数 $f(x)=(x-3)^{\frac{2}{3}}$ 在点 $x=3$ 处是 $f(x)$ 的（　　）.

A. 可导点　　B. 拐点　　C. 驻点　　D. 极值点

5. 函数 $f(x)=3x^3-4x^2+7$ 在区间 $(1,+\infty)$ 上是（　　）.

A. 单调递增而且凹的　　B. 单调递减而且凹的

C. 单调递增而且凸的　　D. 单调递减而且凸的

6. 条件 $f'(x_0)=0$ 是函数 $y=f(x)$ 在 x_0 点处有极值的（　　）.

A. 必要条件　　B. 充分条件　　C. 充分必要条件　　D. A、B、C 都不是

7. 曲线 $f(x)=x^3(1-x)$ 的拐点是（　　）.

A. $\left(\frac{1}{2},0\right)$　　B. $\left(0,\frac{1}{2}\right)$　　C. $\left(0,\frac{1}{16}\right)$　　D. $\left(\frac{1}{2},\frac{1}{16}\right)$

8. 曲线 $f(x)=\dfrac{1}{\ln(1+x)}$ 的渐近线情况是（　　）.

A. 既有水平渐近线，又有垂直渐近线　　B. 既无水平渐近线，又无垂直渐近线

C. 只有水平渐近线　　D. 只有垂直渐近线

二、填空题

9. 函数 $y=x^3+12x^2+1$ 的单调减少区间为________.

10. 点 $(0,1)$ 是曲线 $y=ax^3+bx+c$ 的拐点，则常数 $a=$______，$b=$______，$c=$______.

11. 函数 $y=x^3-6x^2+9x$ 的极大值点为________，拐点为________.

12. 函数 $y=\ln(1+x^2)$ 在 $[-1,2]$ 上的最大值为________，最小值为________.

13. 曲线 $y=\operatorname{arccot}x$ 有两条水平渐近线分别为________和________.

14. 曲线 $y=\dfrac{2x-1}{(x-1)^2}$ 的垂直渐近线为________.

三、求下列极限

（1）$\lim\limits_{x\to\frac{\pi}{4}}\dfrac{\tan x-1}{\sin 4x}$；　（2）$\lim\limits_{x\to0^+}\dfrac{x^3}{e^x}$；　（3）$\lim\limits_{x\to\pi}\dfrac{\sin 3x}{\tan 5x}$；

（4）$\lim\limits_{x\to+\infty}\dfrac{x^5-3x^2}{e^{5x}}$；　（5）$\lim\limits_{x\to a}\dfrac{x^m-a^m}{x^n-a^n}$；　（6）$\lim\limits_{x\to+\infty}\dfrac{x^2+\ln x}{x\ln x}$；

（7）$\lim\limits_{x\to+\infty}\dfrac{e^x+e^{-x}}{e^x-e^{-x}}$；　（8）$\lim\limits_{x\to0}\dfrac{(1-\cos x)e^x}{x^2\ln(x+1)}$；　（9）$\lim\limits_{x\to0}\left(\dfrac{1}{x^2}-\dfrac{1}{x\tan x}\right)$；

（10）$\lim\limits_{x\to1}\left(\dfrac{2}{x^2-1}-\dfrac{1}{x-1}\right)$；　（11）$\lim\limits_{x\to\pi}\left(1-\tan\dfrac{x}{4}\right)\sec\dfrac{x}{2}$；　（12）$\lim\limits_{x\to0}x^2e^{\frac{1}{x^2}}$；

（13）$\lim\limits_{x\to+\infty}\left(\dfrac{2}{\pi}\arctan x\right)^x$；　（14）$\lim\limits_{x\to0^+}\left(\dfrac{1}{x}\right)^{\tan x}$；　（15）$\lim\limits_{x\to0}(1+\sin x)^{\frac{1}{x}}$；

（16）$\lim\limits_{x\to0^+}x^{\ln(1+x)}$；　（17）$\lim\limits_{x\to0^+}\left(\ln\dfrac{1}{x}\right)^x$；　（18）$\lim\limits_{x\to1}(x-1)\tan\dfrac{\pi x}{2}$.

四、计算题

1. 求函数 $y = x^3 - 6x^2 + 9x - 4$ 的极值和单调区间.

2. 求函数 $y = x^3 - \frac{3}{2}x^2 - 6x + 10$ 的单调区间和极值.

3. 求函数 $y = x^3 - 6x^2 + 9x - 4$ 的单调区间、极值、凹凸区间和拐点.

4. 讨论函数 $f(x) = \frac{\ln x}{x}$ 的单调性和凹凸性.

5. 求函数 $y = x^4 - 8x^2 + 2$ 在区间 $[-1,3]$ 上的最大值与最小值.

6. 求函数 $y = x^3 - 3x + 1$ 在区间 $[-2,0]$ 上的最大值和最小值.

7. 试确定常数 a、b、c 的值，使曲线 $y = x^3 + ax^2 + bx + c$ 在 $x = 2$ 处取到极值，且与直线 $y = -3x + 3$ 相切于点$(1,0)$.

8. 以直的河岸为一边用篱笆围出一矩形场地，现有 36 m 长的篱笆，问能围出的最大场地面积是多少?

9. 从一块半径为 R 的圆铁片上挖去一个扇形做成漏斗，问剩下的扇形的中心角 φ 取多大时，挖去的那一块做成的漏斗容积最大?

10. 用汽船拖载重量相等的小船若干只，在两港之间来回运货. 已知每次拖 4 只小船一日能来回 16 次，每次拖 7 只则一日能来回 10 次，如果小船增多的只数与来回减少的次数成正比，问每日来回多少次，每次拖多少只小船能使运货总量达到最大?

11. 作下列函数的图形：

（1） $y = \frac{x}{1+x^2}$；（2） $y = x^2 + \frac{1}{x^2}$；（3） $y = (x+1)(x-2)^2$.

五、证明题:

1. 若 $f(x)$ 可导，试证在 $f(x)$ 的两个零点之间，一定有 $f(x) + f'(x)$ 的零点.

2. 设函数 $f(x)$ 在区间 $[a,b]$ 上连续，在 (a,b) 内可导. 证明:在 (a,b) 内至少存在一点 ξ，使

$$\frac{bf(b) - af(a)}{b - a} = f(\xi) + \xi f'(\xi).$$

本章学习自测题

一、选择题（每小题 3 分，共 30 分）

1. 在区间 $[-1,1]$ 上满足罗尔定理条件的函数是（　　）.

A. $f(x) = \frac{\sin x}{x}$　　B. $f(x) = (x+1)^2$

C. $f(x) = x^{\frac{2}{3}}$　　D. $f(x) = x^2 + 1$

2. 下列函数在给定区间上满足拉格朗日中值定理条件的有（　　）.

A. $y = \frac{x}{1+x^2}$，　$x \in [-1,1]$　　B. $y = \frac{|x|}{x}$，　$x \in [-1,1]$

C. $y=|x|,\quad x\in[-2,2]$

D. $y=\begin{cases} x+1, & -1\leqslant x<0 \\ x^2+1, & 0\leqslant x\leqslant 1 \end{cases}$

3. 函数 $y=x+\dfrac{4}{x}$ 的单调减少区间为（　　）.

A. $(-\infty,-2)\cup(2,+\infty)$

B. $(-2,2)$

C. $(-\infty,0)\cup(0,+\infty)$

D. $(-2,0)\cup(0,2)$

4. 当 $a=$（　　）时，$f(x)=a\sin x+\dfrac{\sin 3x}{3}$ 在 $x=\dfrac{\pi}{3}$ 处取到极值（　　）.

A. 1

B. 2

C. $y=\dfrac{x^4}{12}-\dfrac{x^2}{2}+x+1$

D. 0

5. 设 $f'(x)=(x-1)(2x+1)$，则在区间 $\left(\dfrac{1}{2},1\right)$ 内（　　）.

A. $y=f(x)$ 单调增加，曲线 $y=f(x)$ 为凹的

B. $y=f(x)$ 单调减少，曲线 $y=f(x)$ 为凹的

C. $y=f(x)$ 单调减少，曲线 $y=f(x)$ 为凸的

D. $y=f(x)$ 单调增加，曲线 $y=f(x)$ 为凸的

6. 若 $(x_0, f(x_0))$ 为连续曲线 $y=f(x)$ 上的凹弧与凸弧分界点，则（　　）.

A. $(x_0,f(x_0))$ 必为曲线的拐点

B. $(x_0,f(x_0))$ 必定为曲线的驻点

C. x_0 为 $f(x)$ 的极值点

D. x_0 必定不是 $f(x)$ 的极值

7. $y=x\mathrm{e}^{-x}$ 的凸区间是（　　）.

A. $(-\infty,2)$

B. $(-\infty,-2)$

C. $(2,+\infty)$

D. $(-2,+\infty)$

8. 设 $f(x)$ 在 $[a,b]$ 上连续，在 (a,b) 内可导，且当 $x\in(a,b)$ 时，有 $f'(x)>0$，又知 $f(a)<0$，则（　　）.

A. $f(x)$ 在 $[a,b]$ 上单调增加，且 $f(b)>0$

B. $f(x)$ 在 $[a,b]$ 上单调增加，且 $f(b)<0$

C. $f(x)$ 在 $[a,b]$ 上单调减少，且 $f(b)<0$

D. $f(x)$ 在 $[a,b]$ 上单调增加，$f(b)$ 的符号无法确定

9. 点（1,2）是曲线 $y=ax^3+bx^2$ 的拐点，则（　　）.

A. $a=-1,b=3$

B. $a=0,b=1$

C. a 为任意数，$b=3$

D. $a=-1,b$ 为任意数

10. 曲线 $y=\dfrac{x}{3-x^2}$ 的渐近线（　　）.

A. 无水平渐近线，也无斜渐近线

B. $x=\sqrt{3}$ 为垂直渐近线，无水平渐近线

C. 有水平渐近线，也有垂直渐近线

D. 只有水平渐近线

二、填空题（每小题 2 分，共 20 分）

1. 函数 $y=x^2-1$ 在 $[-1,1]$ 上满足罗尔定理条件的 $\xi=$______________.

2. 函数 $y=\ln(x+1)$ 在区间 $[0,1]$ 上满足拉格朗日中值定理的 $\xi=$____________.

3. 函数 $y=x^3-5x^2+3x+5$，则该函数的拐点是____________________.

4. 函数 $f(x)=\dfrac{x^2}{1+x^2}$，其极小值为______________.

5. 函数 $y=x+\sqrt{1-x}$，在区间 $[-5,1]$ 上的最大值为____________，最小值为_____________.

6. 曲线 $y=\dfrac{x^4}{12}-\dfrac{x^2}{2}+x+1$ 的凹区间为________________，凸区间为_______________.

7. 曲线 $y=\dfrac{4(x-1)}{(x-3)^2}$，其垂直渐近线方程是____________，水平渐近线方程是__________.

三、求极限（每小题 5 分，共 20 分）

1. 求 $\lim\limits_{x\to 0}\dfrac{x^2-1+\ln x}{e^x-e}$.

2. 求 $\lim\limits_{x\to +\infty}\dfrac{\ln\left(1+\dfrac{1}{x}\right)}{\arctan\dfrac{1}{x}}$.

3. 求 $\lim\limits_{x\to 0}\dfrac{\sin x-x\cos x}{x^2\sin x}$.

4. 求 $\lim\limits_{x\to 0}\dfrac{\sqrt{1+x^2}-\sqrt{\cos x}}{(x+x^2)\sin x}$.

四、计算题（每小题 10 分，共 20 分）

1. 求函数 $y = x^3-6x^2+9x-4$ 的单调区间、极值、凹凸区间和拐点.

2. 求函数 $y=\sqrt{5-4x}$ 在 $[-1,1]$ 上的最大值与最小值.

五、应用题（10 分）

工厂 C 与铁路线的垂直距离 AC 为 20 km，A 点到火车站 B 的距离为 100 km. 欲修一条从工厂到铁路的公路 CD，已知铁路与公路每公里运费之比为 3∶5，为了使火车站 B 与工厂 C 间的运费最省，问 D 点应选在何处？

提升模块

6 空间解析几何与向量代数

以前，我们学习平面解析几何时，以直角坐标系为桥梁，把几何代数化，建立了点与数、图形与方程的关系，使函数有了直观的几何意义，进而可以用代数方法来讨论几何问题. 同样地，我们可以建立空间直角坐标系，来研究空间解析几何问题. 既有大小又有方向的量称为向量，是一种重要的数学工具. 数学中的向量在物理、工程技术、天文学等中运用非常广.

本章主要内容为向量的概念及其运算、空间解析几何的平面和空间直线.

【学习能力目标】

（1）理解空间直角坐标系及向量的概念，掌握向量的坐标表示法，会求向量的模、方向余弦.

（2）掌握向量的线性运算、向量的数量积、向量积的计算方法，理解其几何意义.

（3）熟练掌握二向量平行、垂直的条件.

（4）会求平面的点法式方程、一般式方程、截距式方程，会判定两个平面位置关系.

（5）了解直线的一般式方程，会求直线的对称式（点向式）方程、参数式方程，会判定两条直线的位置关系.

（6）会判定直线与平面的位置关系.

6.1 向量及其线性运算

6.1.1 空间直角坐标系

在空间中，过一个定点 O，作三条互相垂直且具有相同的长度单位的数轴（见图 6.1.1），这三条数轴分别称为 x 轴（横轴）、y 轴（纵轴）、z 轴（竖轴），统称**坐标轴**，称定点 O 为**原点**. 其正方向符合右手规则（见图 6.1.2），即以右手握住 z 轴，当右手的四个手指从 x 轴正向转向 y 轴正向时，竖起的大拇指的指向就是 z 轴的正向. 这样的三条坐标轴就建立了空间直角坐标系.

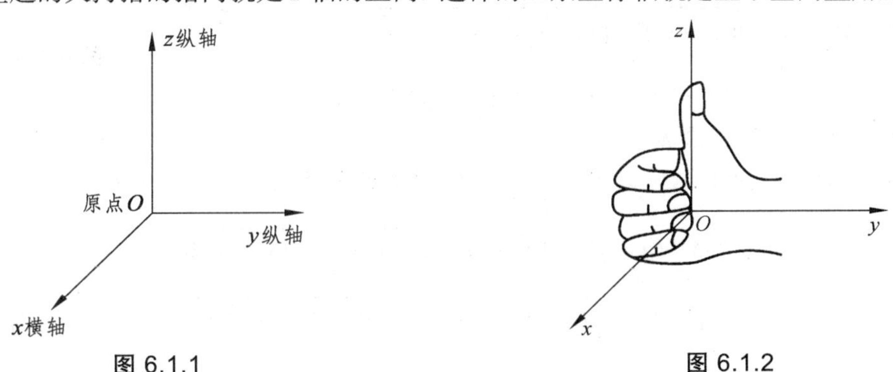

图 6.1.1　　图 6.1.2

三条坐标轴中的任意两条可确定一个平面，即 xOy、yOz、zOx 平面，统称**坐标面**. 它们把空间分成了八个卦限，在 xOy 面的上方，按逆时针方向分别为Ⅰ、Ⅱ、Ⅲ、Ⅳ卦限；在 xOy 面的下方，按逆时针方向分别为Ⅴ、Ⅵ、Ⅶ、Ⅷ卦限，如图 6.1.3 所示.

对于空间任一点 M，过点 M 作三个平面分别垂直于 x 轴、y 轴和 z 轴，它们与 x 轴、y 轴和 z 轴的交点依次为 P、Q 和 R（见图 6.1.4），这三点在 x 轴、y 轴和 z 轴上的坐标为 x、y 和 z，形成一对有序数. 反过来，若已知一有序数组 (x,y,z)，可以在 x 轴、y 轴和 z 轴上分别取坐标为 x 的点 P，坐标为 y 的点 Q，坐标为 z 的点 R，过三个点分别作垂直于 x 轴、y 轴和 z 轴的三个平面，它们相交于一点 M，则这组有序数 (x,y,z) 与点 M 是一一对应关系. 我们把有序数 (x,y,z) 称为点 M 的坐标，并依次称点 M 横坐标、纵坐标、竖坐标，记作 $M(x,y,z)$.

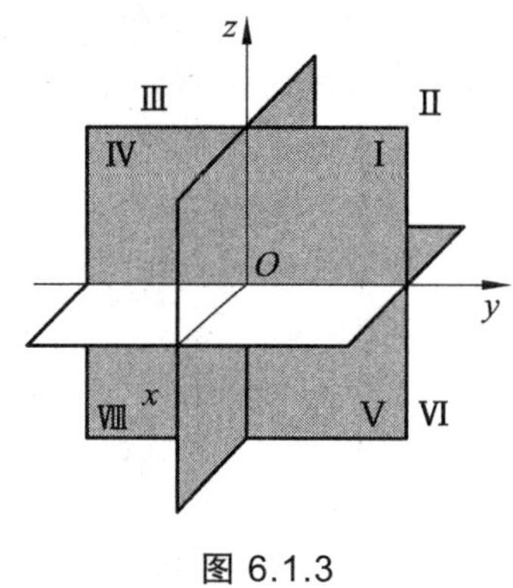

图 6.1.3

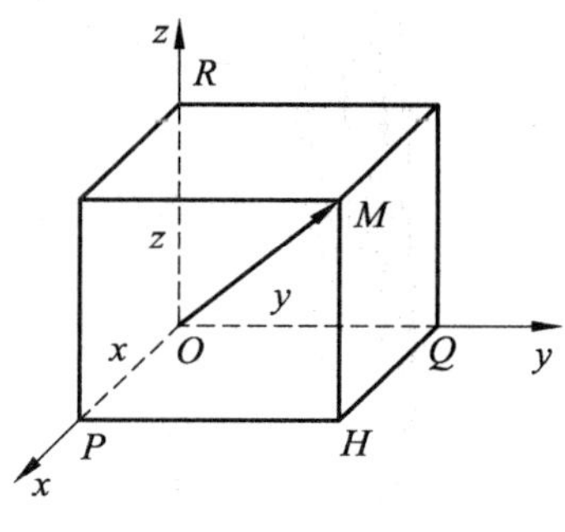

图 6.1.4

若点在 xOy 平面上，则 $z=0$，故对应点的坐标为 $A(x,y,0)$；若点 yOz 平面上，则 $x=0$，故对应点的坐标为 $B(0,y,z)$；若点在 zOx 平面上，则 $y=0$，故对应点的坐标为 $C(x,0,z)$. 若点在 x 轴上，则 $y=z=0$，点的坐标为 $P(x,0,0)$；若点在 y 轴上：$z=x=0$，点的坐标为 $Q(0,y,0)$；若点在 z 轴上：$x=y=0$, 点的坐标为 $R(0,0,z)$.

设 $M_1(x_1,y_1,z_1)$、$M_2(x_2,y_2,z_2)$ 为空间两个点（见图 6.1.5），通过 M_1,M_2 各作三个分别垂直于三条坐标轴的平面，这六个平面组成一个以 M_1,M_2 为体对角线的长方体，由此可得

$$d^2=\left|\overrightarrow{M_1M_2}\right|^2=(x_2-x_1)^2+(y_2-y_1)^2+(z_2-z_1)^2$$

即

$$d=\left|\overrightarrow{M_1M_2}\right|=\sqrt{(x_2-x_1)^2+(y_2-y_1)^2+(z_2-z_1)^2}$$

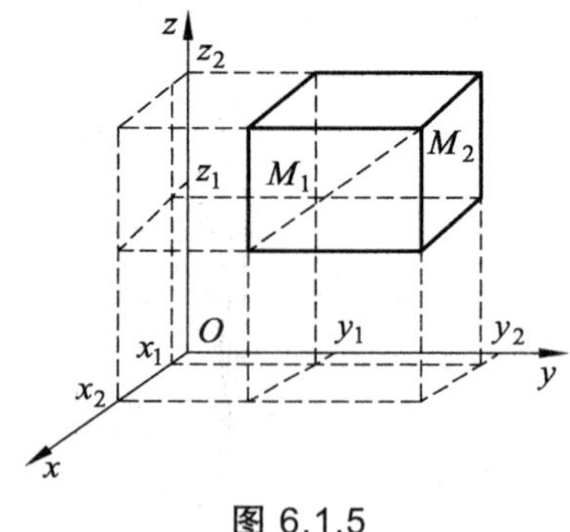

图 6.1.5

例 6.1.1　设点 M 在 x 轴上. 它到 $M_1(0,3,1)$ 的距离为到点 $M_2(0,1,0)$ 的距离的两倍，求 M 的坐标.

解：由于 M 在 x 轴上，可设 $M(x,0,0)$，根据距离公式有

$$|MM_1|=\sqrt{(x-0)^2+(0-3)^2+(0-1)^2}=\sqrt{x^2+10}$$

$$|MM_2|=\sqrt{(x-0)^2+(0-1)^2+(0-0)^2}=\sqrt{x^2+1}$$

根据题意，$|MM_1| = 2|MM_2|$，即：$\sqrt{x^2+10} = 2\sqrt{x^2+1}$, 解得 $x = \pm\sqrt{2}$，从而 M 的坐标为 $(\sqrt{2},0,0),(-\sqrt{2},0,0)$.

6.1.2 向量概念

现实世界中，我们会遇到很多既有大小，又有方向的量，如位移、速度、加速度、力、力矩等. 在数学中，称这种既有大小，又有方向的量叫**向量**（或矢量）.

一般地，我们用有向线段来表示向量. 有向线段的长度表示向量的大小，有向线段的方向表示向量的方向，以 A 为起点、B 为终点的有向线段所表示的向量记作 $\overrightarrow{AB}$，有时也用黑体字母 $\boldsymbol{a}$ 或在字母上加箭头 $\vec{a}$ 来表示（见图 6.1.6）.

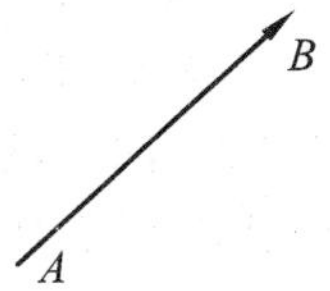

在数学上，我们只研究与起点无关的向量，称其为**自由向量**（以后简称向量）. 在本章节，所讨论的对象都是自由向量.

图 6.1.6

下面给出几个常用的相关概念：

（1）**相等向量**：若两个向量 $\boldsymbol{a}$ 和 $\boldsymbol{b}$ 的大小相等，且方向相同，称向量 $\boldsymbol{a}$ 和 $\boldsymbol{b}$ 是相等的，记作 $\boldsymbol{a} = \boldsymbol{b}$.

（2）**平行(共线）向量**：若两个非零向量 $\boldsymbol{a}$ 和 $\boldsymbol{b}$ 的方向相同或相反，则称这两个向量平行，记作 $\boldsymbol{a} /\!/ \boldsymbol{b}$.

（3）**向量的模**：向量的大小称为向量的模. 向量 $\boldsymbol{a},\vec{a},\overrightarrow{AB}$ 的模依次记作 $|\boldsymbol{a}|,|\vec{a}|,|\overrightarrow{AB}|$. 模等于 1 的向量称为**单位向量**. 模等于 0 的向量称为**零向量**，记为 $\boldsymbol{0}$ 或 $\vec{0}$. 零向量的起点和终点重合，它的方向可以看作是任意的.

（4）**向量的夹角**：设有两个非零向量 $\boldsymbol{a}$ 和 $\boldsymbol{b}$，任取空间一点 O，作 $\overrightarrow{OA} = \boldsymbol{a}$，$\overrightarrow{OB} = \boldsymbol{b}$，规定不超过 π 的 $\angle AOB = \varphi$ 为向量 $\boldsymbol{a}$ 和 $\boldsymbol{b}$ 的夹角（见图 6.1.7），记作 $(\widehat{\boldsymbol{a},\boldsymbol{b}})$ 或 $(\widehat{\boldsymbol{b},\boldsymbol{a}})$，即 $(\widehat{\boldsymbol{a},\boldsymbol{b}}) = \varphi, \varphi \in [0,\pi]$. 如果向量 $\boldsymbol{a}$ 和 $\boldsymbol{b}$ 中有一个是零向量，规定它们的夹角可以在 0 与 π 之间任意取值.

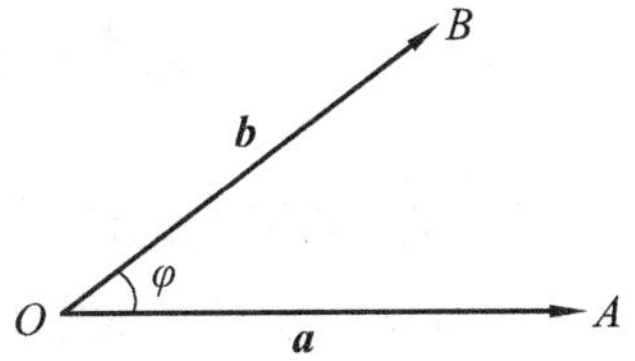

若 $\boldsymbol{a}$ 和 $\boldsymbol{b}$ 平行，则 $(\widehat{\boldsymbol{a},\boldsymbol{b}}) = 0$ 或 π. 如果向量 $\boldsymbol{a}$ 和 $\boldsymbol{b}$ 垂直（记 $\boldsymbol{a} \perp \boldsymbol{b}$），则 $(\widehat{\boldsymbol{a},\boldsymbol{b}}) = \dfrac{\pi}{2}$. 由于零向量与另一向量的夹角可以在 0 与 π 之间任意取值，因此可以认为零向量与任何向量都平行，也可以认为零向量与任何向量都垂直.

图 6.1.7

6.1.3 向量的运算

1. 向量的加、减法

设有两个向量 $\boldsymbol{a}$ 和 $\boldsymbol{b}$，以任意点 o 为起点，作 $\overrightarrow{OA} = \boldsymbol{a}$，以 $\boldsymbol{a}$ 的终点 A 为起点作 $\overrightarrow{AB} = \boldsymbol{b}$，连接 OB，则向量 $\overrightarrow{OB} = \boldsymbol{c}$ 就是向量 $\boldsymbol{a}$ 与 $\boldsymbol{b}$ 的和（见图 6.1.8），即 $\boldsymbol{c} = \boldsymbol{a} + \boldsymbol{b}$

这种作出两向量之和的方法叫作向量相加的**三角形法则**.

也可利用向量相加的**平行四边形法则**来求和：当向量 $\boldsymbol{a}$ 和 $\boldsymbol{b}$ 不平行时，以任意点 O 为起点，作 $\overrightarrow{OA} = \boldsymbol{a}$，$\overrightarrow{OB} = \boldsymbol{b}$，再以 OA,OB 为边作一平行四边形 $OACB$，连接对角线，则向量 $\overrightarrow{OC} = \boldsymbol{c}$ 为向量 $\boldsymbol{a}$ 与 $\boldsymbol{b}$ 的和.（见图 6.1.9）.

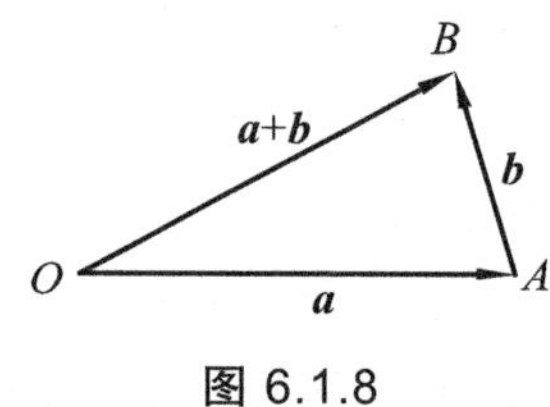

图 6.1.8

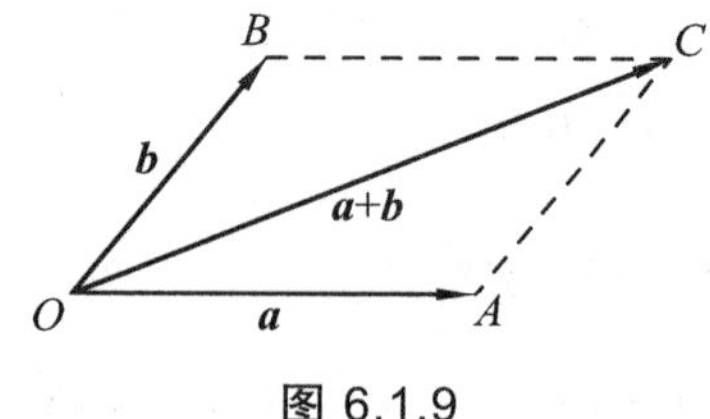

图 6.1.9

向量的加法运算律：

（1）交换律：$\boldsymbol{a}+\boldsymbol{b}=\boldsymbol{b}+\boldsymbol{a}$.

（2）结合律：$(\boldsymbol{a}+\boldsymbol{b})+\boldsymbol{c}=\boldsymbol{a}+(\boldsymbol{b}+\boldsymbol{c})$.

由于向量加法满足交换律和结合律，故 n 个向量 $\boldsymbol{a}_1,\boldsymbol{a}_2,\cdots,\boldsymbol{a}_n$ 相加：使前一向量的终点作为次一向量的起点，相继作向量 $\boldsymbol{a}_1,\boldsymbol{a}_2,\cdots,\boldsymbol{a}_n$，再以第一个向量的起点为起点，最后一向量的终点为终点作一向量，此向量即为所求的和（见图 6.1.10），有 $\boldsymbol{s}=\boldsymbol{a}_1+\boldsymbol{a}_2+\cdots+\boldsymbol{a}_n$.

设 $\boldsymbol{a}$ 为一向量，称与 $\boldsymbol{a}$ 的模相同而方向相反的向量为 $\boldsymbol{a}$ 的负向量，记作 $-\boldsymbol{a}$. 由此，我们可以定义两个向量 $\boldsymbol{b}$ 与 $\boldsymbol{a}$ 的差：把向量 $\boldsymbol{b}$ 加到向量 $-\boldsymbol{a}$ 上，就为 $\boldsymbol{b}$ 与 $\boldsymbol{a}$ 的差（见图 6.1.11），记为 $\boldsymbol{b}-\boldsymbol{a}$，即 $\boldsymbol{b}-\boldsymbol{a}=\boldsymbol{b}+(-\boldsymbol{a})$.

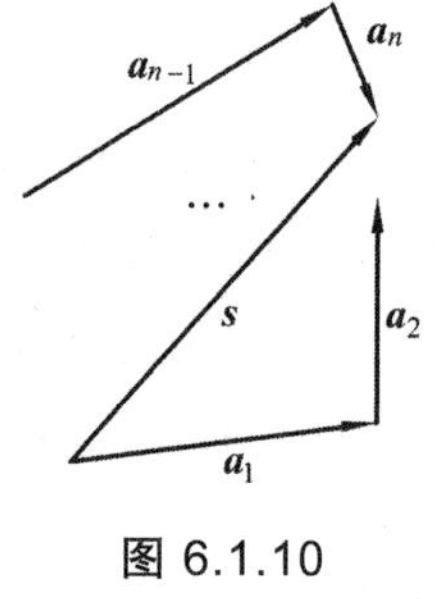

图 6.1.10

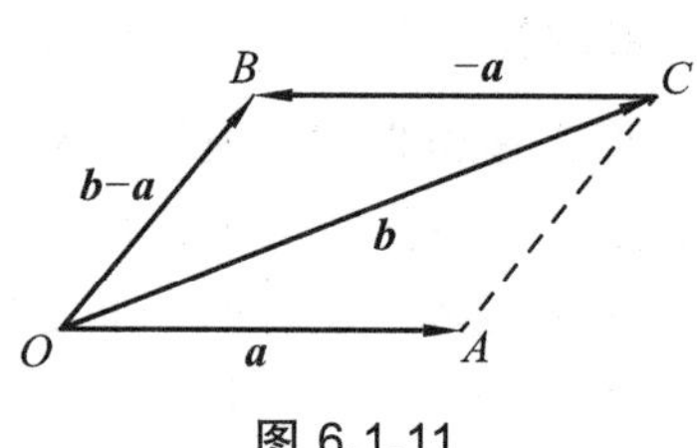

图 6.1.11

2. 向量与数的乘法

向量 $\boldsymbol{a}$ 与实数 λ 的乘积记作 $\lambda\boldsymbol{a}$，规定 $\lambda\boldsymbol{a}$ 是一个向量. 它的模为 $|\lambda\boldsymbol{a}|=|\lambda||\boldsymbol{a}|$.它的方向为：当 $\lambda>0$ 时与 $\boldsymbol{a}$ 相同；当 $\lambda<0$ 时与 $\boldsymbol{a}$ 相反. 当 $\lambda=0$ 时，$|\lambda\boldsymbol{a}|=0$ 时，即 $\lambda\boldsymbol{a}$ 为零向量，这时它的方向可以是任意的.

特别地，当 $\lambda=-1$ 时，$\lambda\boldsymbol{a}$ 为 $\boldsymbol{a}$ 的负向量，即 $(-1)\boldsymbol{a}=-\boldsymbol{a}$.

向量与数的乘积满足以下运算规律：

（1）结合律：　$\lambda(\mu\boldsymbol{a})=\mu(\lambda\boldsymbol{a})=(\lambda\mu)\boldsymbol{a}$.

（2）分配律：　$(\lambda+\mu)\boldsymbol{a}=\lambda\boldsymbol{a}+\mu\boldsymbol{a}$，

$$\lambda(\boldsymbol{a}+\boldsymbol{b})=\lambda\boldsymbol{a}+\lambda\boldsymbol{b}.$$

向量相加、减及数乘向量统称为向量的**线性运算**.

根据向量与数的乘积的定义，可得两个向量平行的充要条件：

定理 6.1.1　设向量 $\boldsymbol{a} \neq \boldsymbol{0}$，那么向量 $\boldsymbol{b}$ 平行于 a 的充分必要条件是：存在唯一的实数 λ，使 $\boldsymbol{b} = \lambda \boldsymbol{a}$.

我们规定，当 $|\boldsymbol{a}| \neq 0$ 时，$\dfrac{\boldsymbol{a}}{|\boldsymbol{a}|} = \boldsymbol{e}_a$，$\boldsymbol{e}_a$ 为非零向量 $\boldsymbol{a}$ 的同向单位向量.

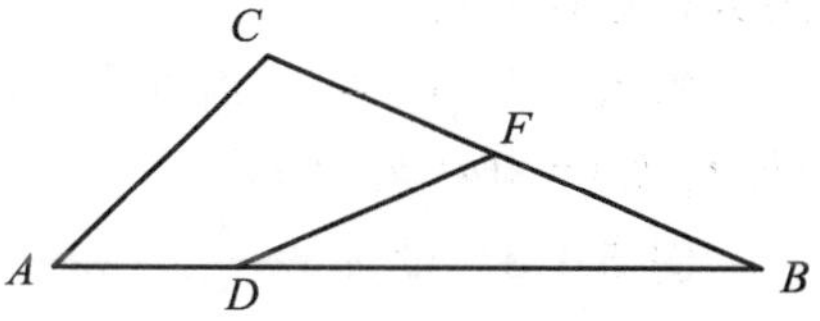

图 6.1.12

例 6.1.2　如图 6.1.12，在 $\triangle ABC$ 中，$\overrightarrow{AD} = \dfrac{1}{4}\overrightarrow{AB}$，点 F 是 BC 的中点，设 $\overrightarrow{AB} = a$，$\overrightarrow{AC} = b$，求 $\overrightarrow{DF}$.

解：在 $\triangle ABC$ 中，$\overrightarrow{AD} = \dfrac{1}{4}\overrightarrow{AB}$，点 F 是 BC 的中点，

所以
$$\overrightarrow{DF} = \overrightarrow{DA} + \overrightarrow{AF} = -\frac{1}{4}\overrightarrow{AB} + \frac{1}{2}(\overrightarrow{AB} + \overrightarrow{AC}) = \frac{1}{4}\overrightarrow{AB} + \frac{1}{2}\overrightarrow{AC} = \frac{1}{4}a + \frac{1}{2}b .$$

3. 向量的坐标运算

为了建立向量与数的联系，我们同样可以引进向量的坐标表示，即把向量用有序数组表示出来，从而把向量的运算转化为有序数组的代数运算.

设 $\boldsymbol{a}$ 为空间直角坐标系 $Oxyz$ 中任一向量，将 $\boldsymbol{a}$ 的起点平移到坐标原点 O，设其终点为 $M(x,y,z)$. 过点 M 分别作垂直于 x 轴、y 轴和 z 轴的三个平面，它们与三个坐标轴的交点分别记为 P,Q,R，如图 6.1.13 所示. 由向量的三角形法则，有 $\boldsymbol{a} = \overrightarrow{OM} = \overrightarrow{OP} + \overrightarrow{PH} + \overrightarrow{HM} = \overrightarrow{OP} + \overrightarrow{OQ} + \overrightarrow{OR}$.

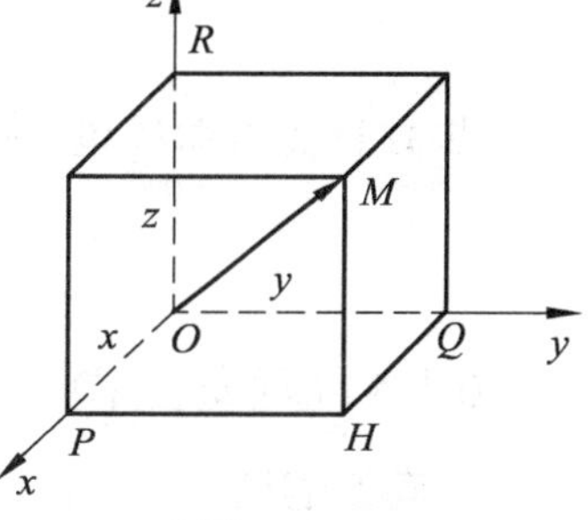

图 6.1.13

在空间直角坐标系 $Oxyz$ 中，分别取 x 轴、y 轴和 z 轴正向上的单位向量为 $\boldsymbol{i}$，$\boldsymbol{j}$，$\boldsymbol{k}$，这三个向量称为坐标系基本单位向量. 由向量与数的乘积运算可得 $\overrightarrow{OP} = x\boldsymbol{i}$，$\overrightarrow{OQ} = y\boldsymbol{j}$，$\overrightarrow{OR} = z\boldsymbol{k}$，所以 $\boldsymbol{a} = \overrightarrow{OM} = x\boldsymbol{i} + y\boldsymbol{j} + z\boldsymbol{k}$，称为向量 $\boldsymbol{a}$ 的**坐标分量式**，向量 $x\boldsymbol{i}, y\boldsymbol{j}, z\boldsymbol{k}$ 称为向量 $\boldsymbol{a}$ 沿三个坐标方向的分向量.

空间中一个向量 $\boldsymbol{a}$ 与三个有序数 x,y,z 之间存在着一一对应关系，我们把有序数 x,y,z 称为向量 $\boldsymbol{a}$ 的坐标，记为 $\boldsymbol{a} = (x,y,z)$，向量 $\overrightarrow{OM}$ 称为点 M 关于原点的**向径**，通常用黑体字母 $\boldsymbol{r}$ 表示，即 $\boldsymbol{r} = \overrightarrow{OM}$. 由此，一个点与其向径坐标是相同的，记号 (x,y,z) 既表示点 M，又表示向量 $\overrightarrow{OM}$.

向量的加法、减法以及向量与数的乘法的运算可以利用向量的坐标来进行.

设 $\boldsymbol{a} = (a_x, a_y, a_z)$，$\boldsymbol{b} = (b_x, b_y, b_z)$，即 $\boldsymbol{a} = a_x\boldsymbol{i} + a_y\boldsymbol{j} + a_z\boldsymbol{k}$，$\boldsymbol{b} = b_x\boldsymbol{i} + b_y\boldsymbol{j} + b_z\boldsymbol{k}$

利用向量加法的交换律与结合律以及向量与数的乘法的结合与分配律，有

$$\boldsymbol{a} + \boldsymbol{b} = (a_x + b_x)\boldsymbol{i} + (a_y + b_y)\boldsymbol{j} + (a_z + b_z)\boldsymbol{k}$$
$$\boldsymbol{a} - \boldsymbol{b} = (a_x - b_x)\boldsymbol{i} + (a_y - b_y)\boldsymbol{j} + (a_z - b_z)\boldsymbol{k}$$
$$\lambda\boldsymbol{a} = (\lambda a_x)\boldsymbol{i} + (\lambda a_y)\boldsymbol{j} + (\lambda a_z)\boldsymbol{k}$$

可得
$$\boldsymbol{a} + \boldsymbol{b} = (a_x + b_x, a_y + b_y, a_z + b_z)$$
$$\boldsymbol{a} - \boldsymbol{b} = (a_x - b_x, a_y - b_y, a_z - b_z)$$
$$\lambda\boldsymbol{a} = (\lambda a_x, \lambda a_y, \lambda a_z)$$

由此可见，对向量进行加、减及与数相乘的运算，只需对向量的各个坐标分别进行相应的数量运算就行了.

由定理 6.1.1，当向量 $\boldsymbol{a}\neq\boldsymbol{0}$ 时，向量 $\boldsymbol{b}/\!/\boldsymbol{a}$ 相当于 $\boldsymbol{b}=\lambda\boldsymbol{a}$，其坐标表达式 $(b_x,b_y,b_z)=\lambda(a_x,a_y,a_z)$.

例 6.1.3 设 $A(x_1,y_1,z_1)$ 和 $B(x_2,y_2,z_2)$，直线 AB 上的点 M 分有向线段 $\overrightarrow{AB}$ 为两部分，即 $\overrightarrow{AM}$，$\overrightarrow{MB}$，而且它们的值的比等于某常数 $\lambda(\lambda\neq-1)$，即 $\dfrac{\overrightarrow{AM}}{\overrightarrow{MB}}=\lambda$，求分点的坐标.

解： 设 $M(x,y,z)$ 为直线 AB 上的点，且 $\overrightarrow{AM}=(x-x_1,\ y-y_1,\ z-z_1)$, $\overrightarrow{MB}=(x_2-x,\ y_2-y,\ z_2-z)$

由题意 $\overrightarrow{AM}=\lambda\overrightarrow{MB}$，得 $(x-x_1,\ y-y_1,\ z-z_1)=\lambda(x_2-x,\ y_2-y,\ z_2-z)$，即

$$\begin{cases} x-x_1=\lambda(x_2-x)\Rightarrow x=\dfrac{x_1+\lambda x_2}{1+\lambda} \\ y-y_1=\lambda(y_2-y)\Rightarrow y=\dfrac{y_1+\lambda y_2}{1+\lambda} \\ z-z_1=\lambda(z_2-z)\Rightarrow z=\dfrac{z_1+\lambda z_2}{1+\lambda} \end{cases}$$

点 M 称为有向线段 $\overrightarrow{AB}$ 的**定比分点**. 当 M 为中点时，

$$x=\frac{x_1+x_2}{2},\quad y=\frac{y_1+y_2}{2},\quad z=\frac{z_1+z_2}{2}$$

6.1.4 向量的模、方向角、投影

1. 向量的模

设向量 $\boldsymbol{r}=(x,y,z)$，作 $\overrightarrow{OM}=\boldsymbol{r}$，如图 6.1.13 所示，有 $\overrightarrow{OM}=\overrightarrow{OP}+\overrightarrow{OQ}+\overrightarrow{OR}$.

由勾股定理可得 $|\boldsymbol{r}|=|\overrightarrow{OM}|=\sqrt{|\overrightarrow{OP}|^2+|\overrightarrow{OQ}|^2+|\overrightarrow{OR}|^2}$ 因为 $|\overrightarrow{OP}|=|x\boldsymbol{i}|=|x|$, $|\overrightarrow{OQ}|=|y\boldsymbol{j}|=|y|$, $|\overrightarrow{OR}|=|z\boldsymbol{k}|=|z|$，于是得向量模的坐标表达式：

$$|\boldsymbol{r}|=|\overrightarrow{OM}|=\sqrt{x^2+y^2+z^2}$$

例 6.1.4 已知 $M_1(4,3,0)$, $M_2(0,1,2)$，求向量 $\overrightarrow{M_1M_2}$ 同方向上的单位向量.

解： 因为 $\overrightarrow{M_1M_2}=(-4,-2,2)$，所以

$$|\overrightarrow{M_1M_2}|=\sqrt{(-4)^2+(-2)^2+(2)^2}=2\sqrt{6}$$

故向量 $\overrightarrow{M_1M_2}$ 同方向上的单位向量

$$\boldsymbol{e}_{\overrightarrow{M_1M_2}}=\frac{\overrightarrow{M_1M_2}}{|\overrightarrow{M_1M_2}|}=\frac{1}{2\sqrt{6}}(-4,-2,2).$$

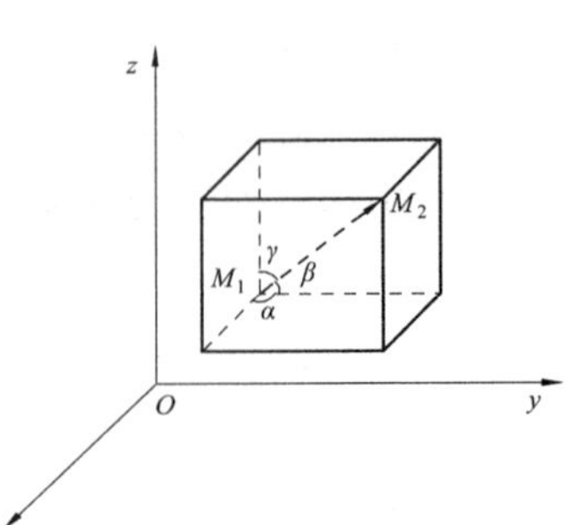

图 6.1.14

2. 方向角与方向余弦

非零向量 $\boldsymbol{a}$ 与三条坐标轴的正向的夹角 α,β,γ 称为向量 $\boldsymbol{a}$ 的**方向角**. 由图 6.1.14 可知，设 $\overrightarrow{M_1M_2}=\boldsymbol{a}=(a_x,a_y,a_z)$，则

$$\cos\alpha=\frac{a_x}{|\boldsymbol{a}|}=\frac{a_x}{\sqrt{a_x^2+a_y^2+a_z^2}}$$

$$\cos\beta=\frac{a_y}{|\boldsymbol{a}|}=\frac{a_y}{\sqrt{a_x^2+a_y^2+a_z^2}}$$

$$\cos\gamma=\frac{a_z}{|\boldsymbol{a}|}=\frac{a_z}{\sqrt{a_x^2+a_y^2+a_z^2}}$$

从而 $(\cos\alpha,\cos\beta,\cos\gamma)=\left(\frac{a_x}{|\boldsymbol{a}|},\frac{a_y}{|\boldsymbol{a}|},\frac{a_z}{|\boldsymbol{a}|}\right)=\frac{1}{|\boldsymbol{a}|}(a_x,a_y,a_z)=\frac{\boldsymbol{a}}{|\boldsymbol{a}|}=\boldsymbol{e_a}$.

$\cos\alpha,\cos\beta,\cos\gamma$ 称为向量 $\boldsymbol{a}$ 的**方向余弦**. 由此可知，以向量 $\boldsymbol{a}$ 的方向余弦为坐标的向量就是与 $\boldsymbol{a}$ 同方向的单位向量 $\boldsymbol{e_a}$，且 $\cos^2\alpha+\cos^2\beta+\cos^2\gamma=1$.

例 6.1.5　设向量 $\overrightarrow{P_1P_2}$ 的模为 $\left|\overrightarrow{P_1P_2}\right|=3$，方向余弦 $\cos\alpha=\frac{1}{3},\cos\beta=\frac{2}{3}$, 如果 P_1 的坐标为 $(0,1,3)$，求 P_2 的坐标.

解： 设向量 $\overrightarrow{P_1P_2}$ 的方向角为 α,β,γ，因为 $\cos^2\alpha+\cos^2\beta+\cos^2\gamma=1$，所以 $\cos\gamma=\pm\frac{2}{3}$，设 P_2 的坐标为 (x,y,z)，则

$$\cos\alpha=\frac{x-0}{\left|\overrightarrow{P_1P_2}\right|}\Rightarrow\frac{x-0}{3}=\frac{1}{3}\Rightarrow x=1$$

$$\cos\beta=\frac{y-1}{\left|\overrightarrow{P_1P_2}\right|}\Rightarrow\frac{y-1}{3}=\frac{2}{3}\Rightarrow y=3$$

$$\cos\gamma=\frac{z-3}{\left|\overrightarrow{P_1P_2}\right|}\Rightarrow\frac{z-3}{3}=\pm\frac{2}{3}\Rightarrow z=5,\ z=1$$

所以点 P_2 的坐标为 $(1,3,5)$ 或 $(1,3,1)$.

3. 向量在轴上的投影

接下来，我们讨论投影问题. 由图 6.1.15，我们可以过点 M 作垂直于 x 轴的平面，此平面与 x 轴的交点为 P，则向量 $\overrightarrow{OP}$ 为 $\boldsymbol{a}$ 在 x 轴上的分向量，因为 $\overrightarrow{OP}=x\boldsymbol{i}$，则向量 $\boldsymbol{a}$ 在 x 轴上的坐标为 x，且 $\boldsymbol{x}=|\boldsymbol{a}|\cos\varphi$.

一般地，设点 O 及单位向量 $\boldsymbol{e}$ 确定 u 轴（见图 1.1.16），任给向量 $\boldsymbol{a}$，作 $\overrightarrow{OM}=\boldsymbol{a}$，再

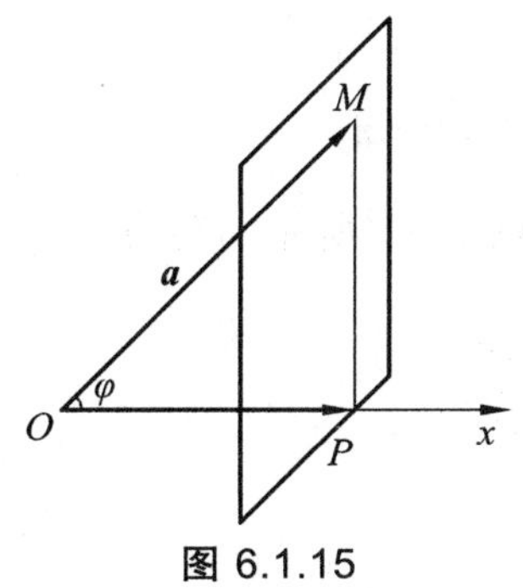

图 6.1.15

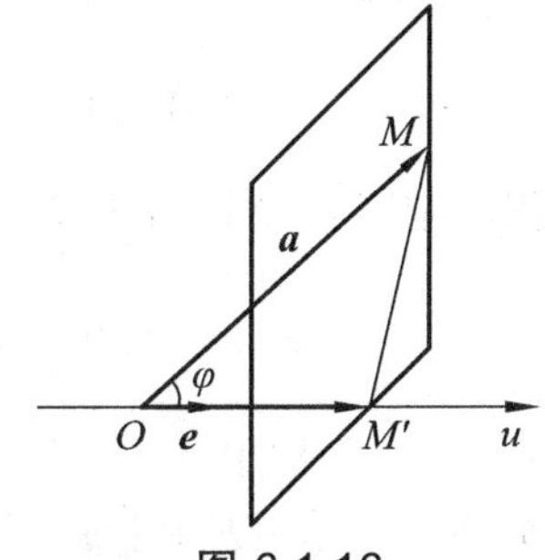

图 6.1.16

过点 M 作 u 轴的垂线，垂点为 M'（点 M' 叫作点 $\boldsymbol{M}$ 在 u 轴上的投影），则向量 $\overrightarrow{OM'}$ 称为向量 $\boldsymbol{a}$ 在 u 轴的分向量. 设 $\overrightarrow{OM'} = \lambda \boldsymbol{e}$，则数 λ 称为向量 $\boldsymbol{a}$ 在 u 轴上的**投影**，记作 $\mathrm{Prj}_u \boldsymbol{a}$.

由此可知，向量在直角坐标系 $Oxyz$ 中的坐标 a_x, a_y, a_z 就是 $\boldsymbol{a}$ 在三条坐标轴上的投影，即

$$a_x = \mathrm{Prj}_x \boldsymbol{a},\quad a_y = \mathrm{Prj}_y \boldsymbol{a},\quad a_z = \mathrm{Prj}_z \boldsymbol{a}.$$

所以向量的投影具有与坐标相同的性质.

例 6.1.6　已知向量 $\boldsymbol{a}$ 与三坐标轴正向的夹角为相等的锐角，模为 3，求向量 $\boldsymbol{a}$ 的坐标及在各坐标轴上的投影.

解：因为向量 $\boldsymbol{a}$ 与三坐标轴正向的夹角为相等的锐角，即 $\alpha = \beta = \gamma$，则有

$$\cos^2\alpha + \cos^2\beta + \cos^2\gamma = 3\cos^2\alpha = 1 \Rightarrow \cos\alpha = \frac{\sqrt{3}}{3} = \cos\beta = \cos\gamma$$

所以在三坐标轴上的投影为 $a_x = |\boldsymbol{a}|\cos\alpha = \sqrt{3}$，$a_y = |\boldsymbol{a}|\cos\beta = \sqrt{3}$，$a_z = |\boldsymbol{a}|\cos\gamma = \sqrt{3}$，坐标为 $\boldsymbol{a} = (\sqrt{3}, \sqrt{3}, \sqrt{3})$.

6.1.5　两向量的数量积

我们先看一个物理方面的例子.

设一物体在常力 $\boldsymbol{F}$ 作用下沿直线从点 M_1 移动到点 M_2，以 $\boldsymbol{s}$ 表示位移，则力 $\boldsymbol{F}$ 所做的功为 $W = |\boldsymbol{F}||\boldsymbol{s}|\cos\theta$（其中 θ 为 $\boldsymbol{F}$ 与 $\boldsymbol{s}$ 的夹角，见图 6.1.17）.

从这个问题可以看出，我们有时要对两个向量做这样的运算，其运算的结果是一个数，这个数等于两个向量的模与它们夹角余弦的乘积. 两个向量的这种运算在力学、工程等许多实际问题中经常遇到，我们把它抽象出来，定义为向量的数量积（见图 6.1.18，也称点积或内积）.

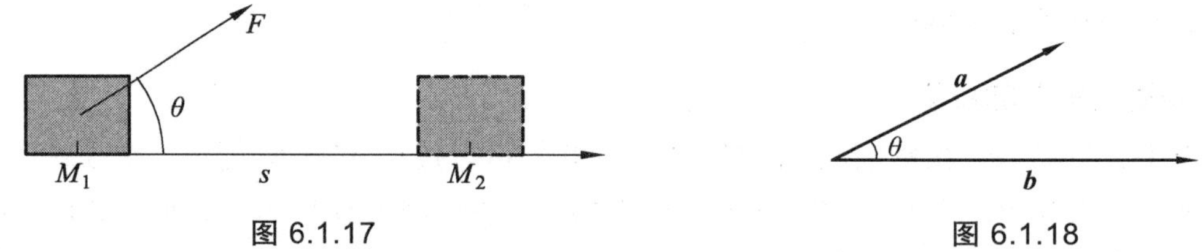

图 6.1.17　　图 6.1.18

定义 6.1.1　给定向量 $\boldsymbol{a}$ 与 $\boldsymbol{b}$，我们将 $|\boldsymbol{a}|$ 与 $|\boldsymbol{b}|$ 及它们的夹角 θ 的余弦的乘积，称为向量 $\boldsymbol{a}$ 与 $\boldsymbol{b}$ 的数量积，记为 $\boldsymbol{a}\cdot\boldsymbol{b}$，即

$$\boldsymbol{a}\cdot\boldsymbol{b} = |\boldsymbol{a}||\boldsymbol{b}|\cos\theta = |\boldsymbol{a}||\boldsymbol{b}|\cos\widehat{(\boldsymbol{a},\boldsymbol{b})} (0 \leqslant \theta < \pi).$$

由数量积的定义可知，常力 $\boldsymbol{F}$ 沿直线从点 M_1 移动到点 M_2，所做的功为

$$W = |\boldsymbol{F}|\left|\overrightarrow{M_1M_2}\right|\cos\theta = \boldsymbol{F}\cdot\overrightarrow{M_1M_2}.$$

由定义 6.1.1 可以推出：

（1）$\boldsymbol{a}\cdot\boldsymbol{b} = |\boldsymbol{a}|\,\mathrm{Prj}_{\boldsymbol{a}}\boldsymbol{b} = |\boldsymbol{b}|\,\mathrm{Prj}_{\boldsymbol{b}}\boldsymbol{a}$；

（2） $\boldsymbol{a}\cdot\boldsymbol{a}=|\boldsymbol{a}||\boldsymbol{a}|\cos(\widehat{\boldsymbol{a},\boldsymbol{a}})=|\boldsymbol{a}|^2$；

（3）若 $|\boldsymbol{a}|\neq 0,|\boldsymbol{b}|\neq 0$，则 $\boldsymbol{a}\cdot\boldsymbol{b}=0\Leftrightarrow\boldsymbol{a}\perp\boldsymbol{b}$.

证： 若已知 $\boldsymbol{a}\cdot\boldsymbol{b}=0$，即 $|\boldsymbol{a}||\boldsymbol{b}|\cos(\widehat{\boldsymbol{a},\boldsymbol{b}})=0$，则 $\cos(\widehat{\boldsymbol{a},\boldsymbol{b}})=0,(\widehat{\boldsymbol{a},\boldsymbol{b}})=\dfrac{\pi}{2}$，因此 $a\perp b$；反之，若 $\boldsymbol{a}\perp\boldsymbol{b}$，即 $(\widehat{\boldsymbol{a},\boldsymbol{b}})=\dfrac{\pi}{2}$，故 $\cos(\widehat{\boldsymbol{a},\boldsymbol{b}})=0$，从而 $|\boldsymbol{a}||\boldsymbol{b}|\cos(\widehat{\boldsymbol{a},\ \boldsymbol{b}})=0$，因此 $\boldsymbol{a}\cdot\boldsymbol{b}=0$.

数量积运算规律.

（1）交换律：$\boldsymbol{a}\cdot\boldsymbol{b}=\boldsymbol{b}\cdot\boldsymbol{a}$.

证： $\boldsymbol{a}\cdot\boldsymbol{b}=|\boldsymbol{a}||\boldsymbol{b}|\cos(\widehat{\boldsymbol{a},\boldsymbol{b}})=|\boldsymbol{b}||\boldsymbol{a}|\cos(\widehat{\boldsymbol{b},\boldsymbol{a}})=\boldsymbol{b}\cdot\boldsymbol{a}$.

（2）分配律：$(\boldsymbol{a}+\boldsymbol{b})\cdot\boldsymbol{c}=\boldsymbol{a}\cdot\boldsymbol{c}+\boldsymbol{b}\cdot\boldsymbol{c}$.

证：
$$\begin{aligned}(\boldsymbol{a}+\boldsymbol{b})\cdot\boldsymbol{c}&=|\boldsymbol{c}|\operatorname{Prj}_c(\boldsymbol{a}+\boldsymbol{b})=|\boldsymbol{c}|\left(\operatorname{Prj}_c\boldsymbol{a}+\operatorname{Prj}_c\boldsymbol{b}\right)\\&=|\boldsymbol{c}|\operatorname{Prj}_c\boldsymbol{a}+|\boldsymbol{c}|\operatorname{Prj}_c\boldsymbol{b}=\boldsymbol{a}\cdot\boldsymbol{c}+\boldsymbol{b}\cdot\boldsymbol{c}.\end{aligned}$$

（3）$(\lambda\boldsymbol{a})\cdot\boldsymbol{b}=\boldsymbol{a}\cdot(\lambda\boldsymbol{b})=\lambda(\boldsymbol{a}\cdot\boldsymbol{b})$（其中 λ 是数）.

证： 当 $\lambda=0$ 时，三者均为零，显然成立；

当 $\lambda>0$ 时，
$$\begin{aligned}(\lambda\boldsymbol{a})\cdot\boldsymbol{b}&=|\lambda\boldsymbol{a}||\boldsymbol{b}|\cos(\widehat{\lambda\boldsymbol{a},\boldsymbol{b}})=\lambda|\boldsymbol{a}||\boldsymbol{b}|\cos(\widehat{\boldsymbol{a},\boldsymbol{b}})=\lambda(\boldsymbol{a}\cdot\boldsymbol{b})\\&=|\boldsymbol{a}||\lambda\boldsymbol{b}|\cos(\widehat{\boldsymbol{a},\lambda\boldsymbol{b}})=\boldsymbol{a}\cdot(\lambda\boldsymbol{b});\end{aligned}$$

当 $\lambda<0$ 时，
$$\begin{aligned}(\lambda\boldsymbol{a})\cdot\boldsymbol{b}&=|\lambda\boldsymbol{a}||\boldsymbol{b}|\cos(\widehat{\lambda\boldsymbol{a},\boldsymbol{b}})=-\lambda|\boldsymbol{a}||\boldsymbol{b}|\cos(\pi-(\widehat{\boldsymbol{a},\boldsymbol{b}}))\\&=\lambda|\boldsymbol{a}||\boldsymbol{b}|\cos(\widehat{\boldsymbol{a},\boldsymbol{b}})=\lambda(\boldsymbol{a}\cdot\boldsymbol{b}).\end{aligned}$$

类似地，可证得 $(\lambda\boldsymbol{a})\cdot(\mu\boldsymbol{b})=\lambda\mu(\boldsymbol{a}\cdot\boldsymbol{b})$.

下面来看两向量的数量积的坐标表示式.

设 $\boldsymbol{a}=(a_x,a_y,a_z)=a_x\boldsymbol{i}+a_y\boldsymbol{j}+a_z\boldsymbol{k},\boldsymbol{b}=(b_x,b_y,b_z)=b_x\boldsymbol{i}+b_y\boldsymbol{j}+b_z\boldsymbol{k}$，则

$$\begin{aligned}\boldsymbol{a}\cdot\boldsymbol{b}&=(a_x\boldsymbol{i}+a_y\boldsymbol{j}+a_z\boldsymbol{k})\cdot(b_x\boldsymbol{i}+b_y\boldsymbol{j}+b_z\boldsymbol{k})\\&=a_xb_x\boldsymbol{i}\cdot\boldsymbol{i}+a_xb_y\boldsymbol{i}\cdot\boldsymbol{j}+a_xb_z\boldsymbol{i}\cdot\boldsymbol{k}+a_yb_x\boldsymbol{j}\cdot\boldsymbol{i}+a_yb_y\boldsymbol{j}\cdot\boldsymbol{j}+\\&\quad a_yb_z\boldsymbol{j}\cdot\boldsymbol{k}+a_zb_x\boldsymbol{k}\cdot\boldsymbol{i}+a_zb_y\boldsymbol{k}\cdot\boldsymbol{j}+a_zb_z\boldsymbol{k}\cdot\boldsymbol{k}\end{aligned}$$

注意到 $\boldsymbol{i}\cdot\boldsymbol{i}=\boldsymbol{j}\cdot\boldsymbol{j}=\boldsymbol{k}\cdot\boldsymbol{k}=1,\boldsymbol{i}\cdot\boldsymbol{j}=\boldsymbol{j}\cdot\boldsymbol{k}=\boldsymbol{k}\cdot\boldsymbol{i}=0$，则有

$$\boldsymbol{a}\cdot\boldsymbol{b}=a_xb_x+a_yb_y+a_zb_z$$

由此可得：若 $|\boldsymbol{a}|\neq 0,|\boldsymbol{b}|\neq 0$，则

$$\cos(\widehat{\boldsymbol{a},\boldsymbol{b}})=\frac{\boldsymbol{a}\cdot\boldsymbol{b}}{|\boldsymbol{a}||\boldsymbol{b}|}=\frac{a_xb_x+a_yb_y+a_zb_z}{\sqrt{a_x^2+a_y^2+a_z^2}\sqrt{b_x^2+b_y^2+b_z^2}}$$

$$\boldsymbol{a}\cdot\boldsymbol{b}=0\Leftrightarrow\boldsymbol{a}\perp\boldsymbol{b}\Leftrightarrow a_xb_x+a_yb_y+a_zb_z=0$$

例 6.1.7 利用向量证明不等式：

$$\sqrt{a_1^2+a_2^2+a_3^2}\sqrt{b_1^2+b_2^2+b_3^2}\geqslant|a_1b_1+a_2b_2+a_3b_3|$$

其中 a_1、a_2、a_3、b_1、b_2、b_3 为非零常数，并指出等号成立的条件.

证： 设 $\boldsymbol{a}=(a_1,a_2,a_3),\boldsymbol{b}=(b_1,b_2,b_3)$，则

$$1 \geqslant \cos(\widehat{\boldsymbol{a},\boldsymbol{b}}) = \frac{\boldsymbol{a}\cdot\boldsymbol{b}}{|\boldsymbol{a}||\boldsymbol{b}|} = \frac{a_1b_1 + a_2b_2 + a_3b_3}{\sqrt{a_1^2 + a_2^2 + a_3^2}\sqrt{b_1^2 + b_2^2 + b_3^2}}$$

则有 $\sqrt{a_1^2 + a_2^2 + a_3^2}\sqrt{b_1^2 + b_2^2 + b_3^2} \geqslant |a_1b_1 + a_2b_2 + a_3b_3|$，等号成立当且仅当 $\boldsymbol{a}/\!/\boldsymbol{b}$.

例 6.1.8　已知$|\boldsymbol{a}| = 4$，$|\boldsymbol{b}| = 3$，$(2\boldsymbol{a} - 3\boldsymbol{b})\cdot(2\boldsymbol{a} + \boldsymbol{b}) = 61$.

（1）求 $\boldsymbol{a}$ 与 $\boldsymbol{b}$ 的夹角 θ；

（2）求$|\boldsymbol{a} + \boldsymbol{b}|$；

（3）求 $\boldsymbol{a}$ 在 $\boldsymbol{b}$ 的投影.

解：（1）因为$(2\boldsymbol{a} - 3\boldsymbol{b})\cdot(2\boldsymbol{a} + \boldsymbol{b}) = 61$，所以 $4|\boldsymbol{a}|^2 - 4\boldsymbol{a}\cdot\boldsymbol{b} - 3|\boldsymbol{b}|^2 = 61$.

又$|\boldsymbol{a}| = 4$，$|\boldsymbol{b}| = 3$，所以 $64 - 4\boldsymbol{a}\cdot\boldsymbol{b} - 27 = 61$，所以 $\boldsymbol{a}\cdot\boldsymbol{b} = -6$，所以 $\cos\theta = \dfrac{\mathbf{ab}}{|\mathbf{a}||\mathbf{b}|} = \dfrac{6}{43} = -\dfrac{1}{2}$. 又 $0\leqslant\theta\leqslant\pi$，所以 $\theta = \dfrac{2}{3}\pi$.

（2）$|\boldsymbol{a} + \boldsymbol{b}|^2 = (\boldsymbol{a} + \boldsymbol{b})^2 = |\boldsymbol{a}|^2 + 2\boldsymbol{a}\cdot\boldsymbol{b} + |\boldsymbol{b}|^2 = 4^2 + 2\times(-6) + 3^2 = 13$，所以$|\boldsymbol{a} + \boldsymbol{b}| = \sqrt{13}$.

（3）由 $\boldsymbol{a}\cdot\boldsymbol{b} = |\boldsymbol{b}|\operatorname{Prj}_b\boldsymbol{a}$，可得

$$\operatorname{Prj}_b\boldsymbol{a} = \frac{\boldsymbol{a}\cdot\boldsymbol{b}}{|\boldsymbol{b}|} = -2.$$

例 6.1.9　若向量 $\boldsymbol{a} = (1,2,0), \boldsymbol{b} = (2,1,-3)$，若非零向量 $\boldsymbol{c}$ 满足 $(\boldsymbol{a}+\boldsymbol{c})/\!/\boldsymbol{b}$，$\boldsymbol{c}\perp(\boldsymbol{a}+\boldsymbol{b})$，求 $\boldsymbol{c}$.

解：设 $\boldsymbol{c} = (x,y,z)$，则 $\boldsymbol{a}+\boldsymbol{c} = (x+1, y+2, z)$，$\boldsymbol{a}+\boldsymbol{b} = (3,3,-3)$.

因为$(\boldsymbol{a} + \boldsymbol{c})/\!/\boldsymbol{b}$，$\boldsymbol{c}\perp(\boldsymbol{a} + \boldsymbol{b})$，则有

$$\begin{cases}\dfrac{x+1}{2} = \dfrac{y+2}{1} = \dfrac{z}{-3}\\ 3x+3y-3z = 0\end{cases}$$

解得

$$\begin{cases}x = 0\\ y = -\dfrac{3}{2}\\ z = -\dfrac{3}{2}\end{cases}$$

所以 $\boldsymbol{c} = \left(0, -\dfrac{3}{2}, -\dfrac{3}{2}\right)$.

6.1.6　两向量的向量积

在研究物体转动问题时，不但要考虑物体所受的力，还要分析这些力所产生的力矩.设 O 为一杠杆 L 的支点，有一力 $\boldsymbol{F}$ 作用于杠杆的 P 点处. 力 $\boldsymbol{F}$ 与 $\overrightarrow{OP}$ 的夹角为 θ，力 $\boldsymbol{F}$ 对支点 O 的力矩是一向量 $\boldsymbol{M}$（见图 6.1.19）.

向量 $\boldsymbol{M}$ 的模：$|\boldsymbol{M}| = |\overrightarrow{OQ}||\boldsymbol{F}| = |\overrightarrow{OP}||\boldsymbol{F}|\sin\theta$

方向：垂直于 $\overrightarrow{OP}$ 与 $\boldsymbol{F}$ 所确定的平面，其指向是按右手规则从以不超过 π 的角转向 $\boldsymbol{F}$ 来确定的，即当右手的四个手指从以不超过 π 的角转向 $\boldsymbol{F}$ 握拳时，大拇指的指向就是 $\boldsymbol{M}$ 的指向（见图 6.1.20）.

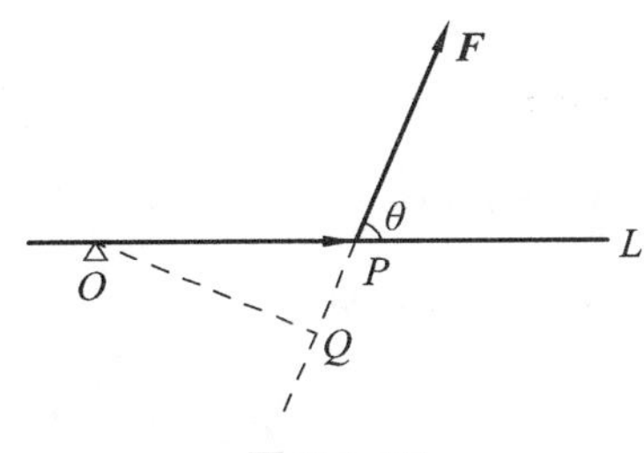

图 6.1.19

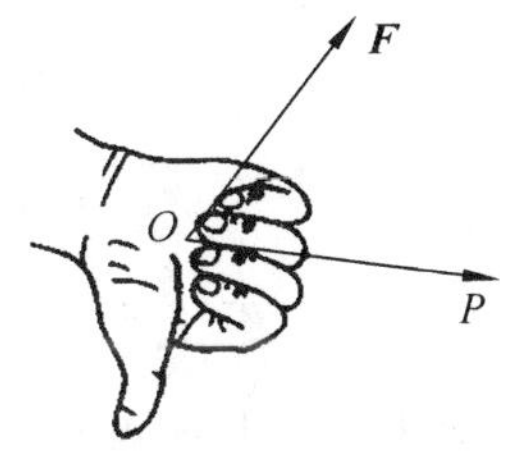

图 6.1.20

像这样运算的规则，在其他力学、物理学、动力学等研究中也会遇到，我们从中抽象出向量的向量积概念.

定义 6.1.2　两个向量 $\boldsymbol{a}$ 和 $\boldsymbol{b}$ 的向量积是一个向量 $\boldsymbol{c}$，

（1）它的模：$|\boldsymbol{c}|=|\boldsymbol{a}||\boldsymbol{b}|\sin\theta$（其中 θ 为二者的夹角）；

（2）它的方向：垂直于 $\boldsymbol{a}$ 与 $\boldsymbol{b}$ 所确定的平面（即 $\boldsymbol{c}$ 垂直于 $\boldsymbol{a}$，又垂直于 $\boldsymbol{b}$）. 按右手规则从 $\boldsymbol{a}$ 转向 $\boldsymbol{b}$ 来确定（见图 6.1.21），那么，向量 $\boldsymbol{c}$ 叫作向量 $\boldsymbol{a}$ 与 $\boldsymbol{b}$ 的向量积，记作 $\boldsymbol{a}\times\boldsymbol{b}$，即 $\boldsymbol{c}=\boldsymbol{a}\times\boldsymbol{b}$.

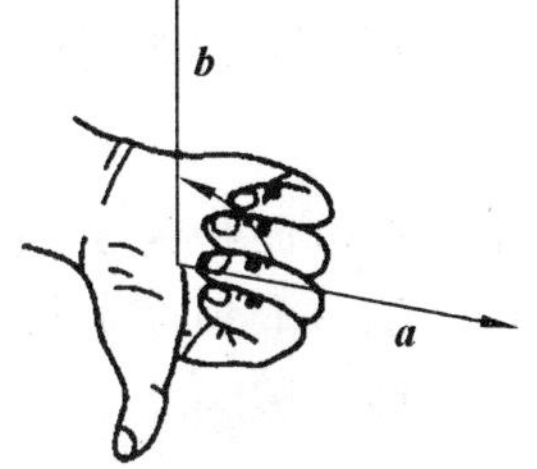

图 6.1.21

由此定义，上面的力矩 $\boldsymbol{M}$ 等于 $\overrightarrow{OP}$ 与 $\boldsymbol{F}$ 的向量积，即 $\boldsymbol{M}=\overrightarrow{OP}\times\boldsymbol{F}$.

由向量积的定义可以推得：

（1）$\boldsymbol{a}\times\boldsymbol{a}=\boldsymbol{0}$.

证： 由夹角 $\theta=0$，可得 $|\boldsymbol{a}\times\boldsymbol{a}|=|\boldsymbol{a}||\boldsymbol{a}|\sin\theta=0$.

（2）非零向量 $\boldsymbol{a}\parallel\boldsymbol{b}\Leftrightarrow\boldsymbol{a}\times\boldsymbol{b}=\boldsymbol{0}$.

证： $\Rightarrow$　已知 $\boldsymbol{a}\parallel\boldsymbol{b}$，即 $(\widehat{\boldsymbol{a},\ \boldsymbol{b}})=0$ 或 $(\widehat{\boldsymbol{a},\ \boldsymbol{b}})=\pi$，故 $\sin(\widehat{\boldsymbol{a},\boldsymbol{b}})=0$，

即 $|\boldsymbol{a}\times\boldsymbol{b}|=|\boldsymbol{a}||\boldsymbol{b}|\sin(\widehat{\boldsymbol{a},\boldsymbol{b}})=0, \boldsymbol{a}\times\boldsymbol{b}=0$.

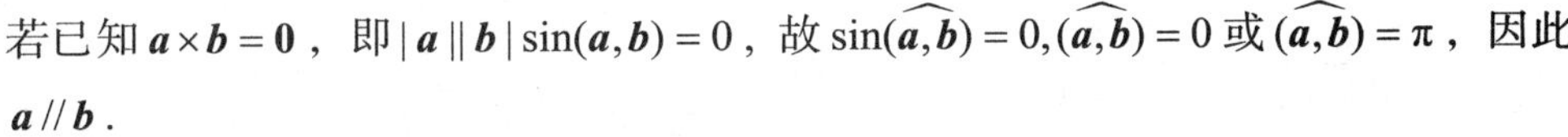

若已知 $\boldsymbol{a}\times\boldsymbol{b}=\boldsymbol{0}$，即 $|\boldsymbol{a}||\boldsymbol{b}|\sin(\boldsymbol{a},\boldsymbol{b})=0$，故 $\sin(\widehat{\boldsymbol{a},\boldsymbol{b}})=0,(\widehat{\boldsymbol{a},\boldsymbol{b}})=0$ 或 $(\widehat{\boldsymbol{a},\boldsymbol{b}})=\pi$，因此 $\boldsymbol{a}\parallel\boldsymbol{b}$.

由此可知，空间三点 A、B、C 共线的充分必要条件是 $\overrightarrow{AB}\times\overrightarrow{AC}=0$.

向量积运算律：

（1）$\boldsymbol{a}\times\boldsymbol{b}=-\boldsymbol{b}\times\boldsymbol{a}$.

这是因为按右手规则从 $\boldsymbol{b}$ 转向 $\boldsymbol{a}$ 定出的方向恰好与按右手规则从 $\boldsymbol{a}$ 转向 $\boldsymbol{b}$ 定出的方向相反，它表明交换律对向量积不成立.

（2）分配律：$(\boldsymbol{a}+\boldsymbol{b})\times\boldsymbol{c}=\boldsymbol{a}\times\boldsymbol{c}+\boldsymbol{b}\times\boldsymbol{c}$.

（3）结合律：$(\lambda\boldsymbol{a})\times\boldsymbol{b}=\boldsymbol{a}\times(\lambda\boldsymbol{b})=\lambda(\boldsymbol{a}\times\boldsymbol{b})$（$\lambda$ 是常数）.

（4）$\boldsymbol{a}\times\boldsymbol{b}\neq\boldsymbol{b}\times\boldsymbol{a}$，$(\boldsymbol{a}\times\boldsymbol{b})\times\boldsymbol{c}\neq\boldsymbol{a}\times(\boldsymbol{b}\times\boldsymbol{c})$

下面讨论向量积的坐标表达式.

设 $\boldsymbol{a}=a_x\boldsymbol{i}+a_y\boldsymbol{j}+a_z\boldsymbol{k}$，$\boldsymbol{b}=b_x\boldsymbol{i}+b_y\boldsymbol{j}+b_z\boldsymbol{k}$，按向量积的运算规律可得

$$\begin{aligned}\boldsymbol{a}\times\boldsymbol{b}&=(a_x\boldsymbol{i}+a_y\boldsymbol{j}+a_z\boldsymbol{k})\times(b_x\boldsymbol{i}+b_y\boldsymbol{j}+b_z\boldsymbol{k})\\&=a_xb_x\boldsymbol{i}\times\boldsymbol{i}+a_xb_y\boldsymbol{i}\times\boldsymbol{j}+a_xb_z\boldsymbol{i}\times\boldsymbol{k}+a_yb_x\boldsymbol{j}\times\boldsymbol{i}+a_yb_y\boldsymbol{j}\times\boldsymbol{j}+\\&\quad a_yb_z\boldsymbol{j}\times\boldsymbol{k}+a_zb_x\boldsymbol{k}\times\boldsymbol{i}+a_zb_y\boldsymbol{k}\times\boldsymbol{j}+a_zb_z\boldsymbol{k}\times\boldsymbol{k}\end{aligned}$$

因为

$$\boldsymbol{i}\times\boldsymbol{i}=\boldsymbol{j}\times\boldsymbol{j}=\boldsymbol{k}\times\boldsymbol{k}=\boldsymbol{0}$$

$$\boldsymbol{i}\times\boldsymbol{j}=\boldsymbol{k},\quad \boldsymbol{j}\times\boldsymbol{k}=\boldsymbol{i},\quad \boldsymbol{k}\times\boldsymbol{i}=\boldsymbol{j}$$

$$\boldsymbol{j}\times\boldsymbol{i}=-\boldsymbol{k},\quad \boldsymbol{k}\times\boldsymbol{j}=-\boldsymbol{i},\quad \boldsymbol{i}\times\boldsymbol{k}=-\boldsymbol{j}$$

所以
$$\boldsymbol{a}\times\boldsymbol{b}=(a_yb_z-a_zb_y)\boldsymbol{i}+(a_zb_x-a_xb_z)\boldsymbol{j}+(a_xb_y-a_yb_x)\boldsymbol{k}$$

利用三阶行列式，上式可写成

$$\boldsymbol{a}\times\boldsymbol{b}=\begin{vmatrix}\boldsymbol{i} & \boldsymbol{j} & \boldsymbol{k}\\ a_x & a_y & a_z\\ b_x & b_y & b_z\end{vmatrix}$$

$|\boldsymbol{a}\times\boldsymbol{b}|$ 的几何意义：表示以 $\boldsymbol{a}$ 和 $\boldsymbol{b}$ 为邻边的平行四边形的面积.

例 6.1.10　求以向量 $\vec{a}=(8,4,1),\vec{b}=(2,-2,1)$ 为邻边的平行四边形的面积.

解：平行四边形的面积为 $S=|\vec{a}\times\vec{b}|$，由于 $\vec{a}\times\vec{b}=\begin{vmatrix}\boldsymbol{i} & \boldsymbol{j} & \boldsymbol{k}\\ 8 & 4 & 1\\ 2 & -2 & 1\end{vmatrix}=(6,-6,-24)$.

于是所求面积为 $S=|(6,-6,-24)|=\sqrt{6^2+(-6)^2+(-24)^2}=18\sqrt{2}$.

例 6.1.11　求与 $\boldsymbol{a}=(2,-3,\ 1)$，$\boldsymbol{b}=(1,2,1)$ 都垂直的单位向量.

解：因为

$$\boldsymbol{c}=\boldsymbol{a}\times\boldsymbol{b}=\begin{vmatrix}\boldsymbol{i} & \boldsymbol{j} & \boldsymbol{k}\\ a_x & a_y & a_z\\ b_x & b_y & b_z\end{vmatrix}=\begin{vmatrix}\boldsymbol{i} & \boldsymbol{j} & \boldsymbol{k}\\ 2 & -3 & 1\\ 1 & 2 & 1\end{vmatrix}=-5\boldsymbol{i}-\boldsymbol{j}+7\boldsymbol{k}$$

所以 $|\boldsymbol{c}|=\sqrt{5^2+1^2+7^2}=5\sqrt{3}$，因此 $\boldsymbol{e}_c=\dfrac{\boldsymbol{c}}{|\boldsymbol{c}|}=\pm\dfrac{1}{5\sqrt{3}}(-5,-1,7)$.

例 6.1.12　已知 $\overrightarrow{F_1}=(1,2,3)$, $\overrightarrow{F_2}=(-2,3,-4)$, $\overrightarrow{F_3}=(3,-4,5)$，

（1）求合力的大小和方向.

（2）若合力的作用点是 $A(1,-2,1)$，求合力对 $B(2,1,1)$ 的力矩.

解：（1）记合力 $\vec{F}=\overrightarrow{F_1}+\overrightarrow{F_2}+\overrightarrow{F_3}=(1-2+3,2+3-4,3-4+5)=(2,1,4)$，

合力的大小是 $|\vec{F}|=\sqrt{2^2+1^2+4^2}=\sqrt{21}$，

合力 $\vec{F}$ 的方向余弦是 $\cos\alpha=\dfrac{2}{\sqrt{21}},\cos\beta=\dfrac{1}{\sqrt{21}},\cos\gamma=\dfrac{4}{\sqrt{21}}$，

因此 $\alpha=\arccos\dfrac{2}{\sqrt{21}},\beta=\arccos\dfrac{1}{\sqrt{21}},\gamma=\arccos\dfrac{4}{\sqrt{21}}$.

（2）合力 $\vec{F}$ 的力矩是 $\overrightarrow{BA}\times\vec{F}=\begin{vmatrix}\boldsymbol{i} & \boldsymbol{j} & \boldsymbol{k}\\ 1-2 & -2-1 & 1-1\\ 2 & 1 & 4\end{vmatrix}=\begin{vmatrix}\boldsymbol{i} & \boldsymbol{j} & \boldsymbol{k}\\ -1 & -3 & 0\\ 2 & 1 & 4\end{vmatrix}=(-12,4,5)$.

习题 6.1

基础练习

1. 填空题

（1）点 $M(2,-3,4)$ 关于坐标原点的对称点是____________.

（2）向量 $\boldsymbol{a}=(1,-1,-2)$ 的模为 $|\boldsymbol{a}|=$________________，方向余弦为__________________. $\cos\alpha=$______________，$\cos\beta=$______________，$\cos\gamma=$______________. 与 $\boldsymbol{a}$ 同方向的单位向量 $\boldsymbol{e}_a=$______________.

（3）点 $M(4,3,-5)$ 在坐标面_____________上的射影点是 $M_1(0,3,-5)$.

（4）已知点 $A(1,2,-2)$，则点 A 与 z 轴的距离是____________，与 y 轴的距离是____________，与 x 轴的距离是______________.

（5）设 $\boldsymbol{a},\boldsymbol{b}$ 为非零向量，$\boldsymbol{a}\perp\boldsymbol{b}$ 充要条件为____________. $\boldsymbol{a}/\!/\boldsymbol{b}$ 充要条件为____________.

（6）设 α、β、γ 是向量 $\boldsymbol{a}$ 的三个方向角，则 $\sin^2\alpha+\sin^2\beta+\sin^2\gamma=$______________.

（7）已知向量 $\boldsymbol{a},\boldsymbol{b}$ 的模分别为 $|\boldsymbol{a}|=1,|\boldsymbol{b}|=\sqrt{2}$，且 $\boldsymbol{a}$ 与 $\boldsymbol{b}$ 的夹角为 $\theta=\dfrac{\pi}{4}$，则 $|\boldsymbol{a}+\boldsymbol{b}|=$_____.

（8）设向量 $\boldsymbol{a}=(-3,2,6)$ 与向量 $\boldsymbol{b}=(-1,2k,2)$ 平行，则 $k=$______________.

（9）设 $\boldsymbol{a}=(-1,4,3),\boldsymbol{b}=(-3,k,-5)$，而 $\boldsymbol{a}\perp\boldsymbol{b}$，则 $k=$________________.

（10）已知三点 $M_1(1,-2,3),M_2(1,1,4),M_3(2,0,2)$，则 $\overrightarrow{M_1M_2}\cdot\overrightarrow{M_1M_3}=$__________________，$\overrightarrow{M_1M_2}\times\overrightarrow{M_1M_3}=$__________________.

（11）已知 $\boldsymbol{a}=2\boldsymbol{i}-3\boldsymbol{j}+\boldsymbol{k},\boldsymbol{b}=\boldsymbol{i}-\boldsymbol{j}+3\boldsymbol{k},\boldsymbol{c}=\boldsymbol{i}-2\boldsymbol{j}$，则 $(\boldsymbol{a}\times\boldsymbol{b})\cdot\boldsymbol{c}=$__________.

（12）向量 $\boldsymbol{a}=(4,-3,1)$ 在 $\boldsymbol{b}=(2,1,2)$ 上的投影 $\mathrm{Prj}_b\,\boldsymbol{a}=$__________________，$\boldsymbol{b}$ 在 $\boldsymbol{a}$ 上的投影 $\mathrm{Prj}_a\,\boldsymbol{b}=$__________________.

2. 求在 yOz 平面内与三个已知点 $A(3,1,2),B(4,-2,-2),C(0,5,1)$ 等距离的点.

3. 求平行于向量 $\boldsymbol{a}=2\boldsymbol{i}-3\boldsymbol{j}+5\boldsymbol{k}$ 的单位向量.

4. 已知 $\boldsymbol{a}=(1,1,-4),\boldsymbol{b}=(1,-2,2)$，求：（1）$\boldsymbol{a}\cdot\boldsymbol{b}$；（2）$\boldsymbol{a}$ 与 $\boldsymbol{b}$ 的夹角 θ；（3）$\boldsymbol{a}$ 在 $\boldsymbol{b}$ 上的投影.

5. 已知向量 $\boldsymbol{a}=(2,-3,1),\boldsymbol{b}=(1,-1,3),\boldsymbol{c}=(1,-2,0)$，求：

（1）$(\boldsymbol{a}+\boldsymbol{b})\times(\boldsymbol{b}+\boldsymbol{c})$；　（2）$(\boldsymbol{a}\times\boldsymbol{b})\cdot\boldsymbol{c}$；　（3）$(\boldsymbol{a}\times\boldsymbol{b})\times\boldsymbol{c}$；　（4）$(\boldsymbol{a}\cdot\boldsymbol{b})\boldsymbol{c}-(\boldsymbol{a}\cdot\boldsymbol{c})\boldsymbol{b}$.

提高练习

6. 若 $|\boldsymbol{a}|=13,\ |\boldsymbol{b}|=19,\ |\boldsymbol{a}+\boldsymbol{b}|=24$，求 $|\boldsymbol{a}-\boldsymbol{b}|$.

7. 已知向量 a 和 b 互相垂直，且 $|\boldsymbol{a}|=3$，$|\boldsymbol{b}|=4$，计算：

（1）$|(\boldsymbol{a}+\boldsymbol{b})\times(\boldsymbol{a}-\boldsymbol{b})|$；　（2）$|(3\boldsymbol{a}+\boldsymbol{b})\times(\boldsymbol{a}-2\boldsymbol{b})|$.

8.设有向量 $\overrightarrow{p_1p_2}$，已知 $\left|\overrightarrow{p_1p_2}\right|=2$，且 $\overrightarrow{p_1p_2}$ 与 x 轴和 y 轴的夹角分别为 $\dfrac{\pi}{3}$ 和 $\dfrac{\pi}{4}$，如果 p_1 的坐标为 $(1,0,3)$，求 p_2 的坐标.

9. 设 $\boldsymbol{A}=2\boldsymbol{a}+\boldsymbol{b},\boldsymbol{B}=k\boldsymbol{a}+\boldsymbol{b}$，其中 $|\boldsymbol{a}|=1,|\boldsymbol{b}|=2$，且 $\boldsymbol{a}\perp\boldsymbol{b}$，则：

（1）k 为何值时，$\boldsymbol{A}\perp\boldsymbol{B}$；

（2）k 为何值时，$\boldsymbol{A}$ 与 $\boldsymbol{B}$ 为邻边的平行四边形面积为 6?

10. 求两向量的夹角：

（1）$A=i+j-4k$ 与 $B=i-2j+2k$；（2）$A=2i-3j+2k$ 与 $B=-4i+6j-4k$.

拓展练习

11. 阅读理解：设已知三个向量 $\boldsymbol{a},\boldsymbol{b},\boldsymbol{c}$，数量 $(\boldsymbol{a}\times\boldsymbol{b})\cdot\boldsymbol{c}$ 称为这三个向量的混合积，记为 $[\boldsymbol{abc}]$. 设 $\boldsymbol{a}=a_x\boldsymbol{i}+a_y\boldsymbol{j}+a_z\boldsymbol{k}$, $\boldsymbol{b}=b_x\boldsymbol{i}+b_y\boldsymbol{j}+b_z\boldsymbol{k}$, $\boldsymbol{c}=c_x\boldsymbol{i}+c_y\boldsymbol{j}+c_z\boldsymbol{k}$, 则

$$[\boldsymbol{abc}]=(\boldsymbol{a}\times\boldsymbol{b})\cdot\boldsymbol{c}=\begin{vmatrix}a_x & a_y & a_z\\ b_x & b_y & b_z\\ c_x & c_y & c_z\end{vmatrix}$$

几何意义：它的绝对值表示以向量 $\boldsymbol{a},\boldsymbol{b},\boldsymbol{c}$ 为棱的平行六面体的体积（见图 6.1.22）.

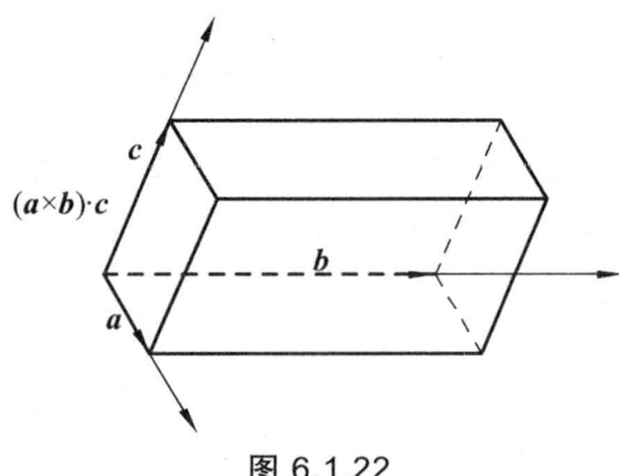

图 6.1.22

现有三角锥以 $O(0,0,0)$, $A(5,2,0)$, $B(2,5,0)$ 和 $C(1,2,4)$ 为顶点，试求它的体积，并计算 $\triangle ABC$ 的面积和由点 O 引向该面的高.

12. 试用向量方法证明三角形的余弦定理.

13. 在空间有四点：$A(1,1,3)$, $B(0,1,1)$, $C(1,0,2)$, $D(4,3,11)$，试证明这四点共面.

6.2 平面及其方程

在平面解析几何中，我们可以把平面曲线看作动点的运动轨迹，可以得到曲线的方程. 类似地，在空间解析几何中，任何曲面也可以看作满足一定几何条件的动点的轨迹，动点的轨迹也能用方程来表示，从而得到曲面的概念.平面是空间中最简单而且最重要的一类曲面. 本节我们将以向量为工具，在空间直角坐标系中建立其方程，并研讨其基本性质.

6.2.1 平面的点法式方程

通过中学立体几何的学习，我们知道，过空间一点，与已知直线垂直的平面是唯一的.因此，如果已知平面上一点及垂直于该平面的一个非零向量，那么这个平面的位置也完全确定了. 现在，我们就根据这个几何条件来建立平面的方程.

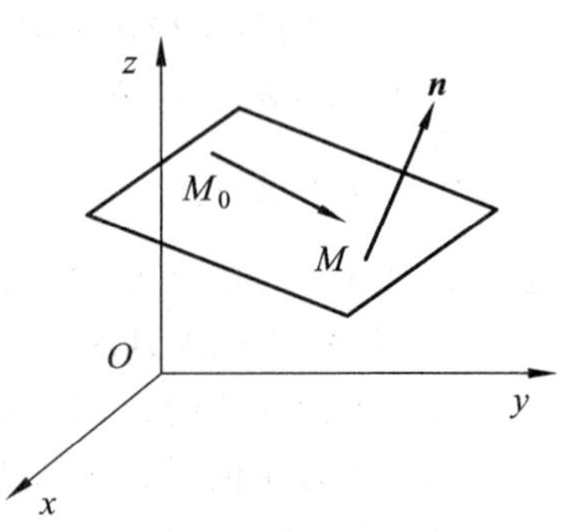

图 6.2.1

垂直于平面的非零向量叫作该平面的**法向量**. 显然，一个平面的法向量有无穷多个，而平面上的任一向量均与该平面的法向量垂直.

因为过空间一个已知点，可以作且只能作一个平面 Π 垂直于已知直线，所以当平面 Π 上的一点 $M_0(x_0,y_0,z_0)$ 和它的一个法向量 $\boldsymbol{n}=(A,B,C)$ 为已知时，平面 Π 的位置就完全确定了.

设 $M(x,y,z)$ 是平面 Π 上的任一点（见图 6.2.1），则 $\boldsymbol{n}\perp\overrightarrow{M_0M}$，即 $\boldsymbol{n}\cdot\overrightarrow{M_0M}=0$，由于 $\boldsymbol{n}=(A,B,C)$，$\overrightarrow{M_0M}=(x-x_0,y-y_0,z-z_0)$，故有

$$A(x-x_0)+B(y-y_0)+C(z-z_0)=0 \tag{6.2.1}$$

这就是平面 Π 上任一点 $M(x,y,z)$ 的坐标所满足的方程.

如果点 $M(x,y,z)$ 不在平面 Π 上，向量 $\overrightarrow{M_0M}$ 不垂直于法向量 $\boldsymbol{n}$，从而 $\boldsymbol{n}\cdot\overrightarrow{M_0M}\neq 0$，即不在平面 Π 上的点 $M(x,y,z)$ 的坐标不满足方程.

由此可知，平面 Π 上任一点的坐标 x,y,z 都满足方程（6.2.1）；不在平面 Π 上的点的坐标都不满足方程（6.2.1）. 这样，方程（6.2.1）就是平面 Π 的方程，而平面 Π 就是方程（6.2.1）的图形. 由于方程（6.2.1）是由平面 Π 上的一点 $M_0(x_0,y_0,z_0)$ 和平面的一个法向量 $\boldsymbol{n}=(A,B,C)$ 来确定的，所以方程（6.2.1）称为平面的**点法式方程**.

例 6.2.1　求过点 $(3,2,-1)$ 且以 $\boldsymbol{n}=(1,4,7)$ 为法向量的平面方程.

解： 由平面的点法式方程，可得到该平面的方程

$$(x-3)+4(y-2)+7(z+1)=0$$

化简得

$$x+4y+7z-4=0$$

例 6.2.2　求过点 $M_1(1,1,1)$ 和 $M_2(0,2,1)$ 且平行于向量 $\vec{a}=(2,0,1)$ 的平面方程.

解： 由题意，所求平面的法向量同时垂直于向量 $\overrightarrow{M_1M_2}$ 和向量 $\vec{a}$，故可取

$$\vec{n}=\overrightarrow{M_1M_2}\times\vec{a}=\begin{vmatrix}\boldsymbol{i} & \boldsymbol{j} & \boldsymbol{k}\\ 1 & 1 & 1\\ 2 & 0 & 1\end{vmatrix}=(1,1,-2).$$

由点法式平面方程可知，所求平面方程为

$$(x-1)+(y-1)-2(z-1)=0,$$

即

$$x+y-2z=0.$$

注意：由点法式平面方程可知，求过已知点 M_0 的平面 π 的方程，关键是找平面 π 的法向量 $\vec{n}$.

6.2.2　平面的一般方程

在点法式方程（6.2.1）中若记 $D=-(Ax_0+By_0+Cz_0)$，则方程（6.2.1）可化为如下三元一次方程：

$$Ax+By+Cz+D=0 \tag{6.2.2}$$

任一平面都可用它上面的一点和它的法向量来确定，所以任一平面都可以用一个三元一次方程来表达.

反之，对给定的三元一次方程（6.2.2），我们任取一组满足方程的 x_0,y_0,z_0，即

$$Ax_0+By_0+Cz_0+D=0 \tag{6.2.3}$$

将（6.2.2）式和（6.2.3）式相减，就得到

$$A(x-x_0)+B(y-y_0)+C(z-z_0)=0 \tag{6.2.4}$$

把方程（6.2.4）与平面的点法式方程（6.2.1）比较，可见方程（6.2.4）是通过点 $M_0(x_0, y_0, z_0)$，且以 $\boldsymbol{n}=(A,B,C)$ 为法向量的平面方程. 注意到方程（6.2.2）与方程（6.2.4）同解，故方程（6.2.2）可以表示一个以 $\boldsymbol{n}=(A,B,C)$ 为法向量的平面. 我们把方程（6.2.2）称为平面的一般式方程，其中 x,y,z 的系数是该平面的法向量坐标，即 $\boldsymbol{n}=(A,B,C)$ 是平面的一个法向量.

对于一些特殊的三元一次方程，应该熟悉它们所表示平面图形的特点：

（1）当 $D=0$ 时，$Ax+By+Cz=0$ 表示一个通过原点的平面.

（2）当 $A=0$ 时，方程（6.2.2）成为 $By+Cz+D=0$，法向量 $\boldsymbol{n}=(0,B,C)$ 垂直于 x 轴，方程表示一个平行于 x 轴的平面.

同样，方程 $Ax+Cz+D=0$ 和 $Ax+By+D=0$ 分别表示一个平行于 y 轴和 z 轴的平面.

（3）当 $A=B=0$ 时，方程（6.2.2）成为 $Cz+D=0$ 或 $z=-\dfrac{D}{C}$，法向量 $\boldsymbol{n}=(0,0,C)$ 同时垂直于 x 轴和 y 轴. 因此方程表示一个平行于 xOy 面的平面.

同样，方程 $Ax+D=0$ 和 $By+D=0$ 分别表示一个平行于 yOz 面和 xOz 面的平面.

（4）特别地，方程 $z=0, x=0, y=0$ 分别表示了三个坐标面：xOy 面、yOz 面和 zOx 面.

例 6.2.3 求通过 x 轴和点 $(2,4,1)$ 的平面方程.

解：法一 设所求平面的一般方程为 $Ax+By+Cz+D=0$，因为所求平面通过 x 轴，且法向量垂直于 x 轴，于是法向量在 x 轴上的投影为零，即 $A=0$.由于平面通过原点，所以 $D=0$，从而方程成为

$$By+Cz=0 \tag{6.2.5}$$

又因平面过点(2,4,1)，4B+C=0，即 $C=-4B$. 以此代入式（6.2.4），再除以 $B(B\neq 0)$，便得到所求方程为

$$y-4z=0.$$

法二 因为所求平面通过 x 轴，故原点 $O(0,0,0)$ 在平面上，向量

$$\overrightarrow{OM}=(2-0,4-0,1-0)=(2,4,1)$$

在平面上，又 x 轴的单位向量 $\boldsymbol{i}=(1,0,0)$ 与平面平行，于是向量积 $\overrightarrow{OM}\times i$ 与平面垂直，即它是平面的一个法向量.而

$$\overrightarrow{OM}\times\boldsymbol{i}=\begin{vmatrix}\boldsymbol{i} & \boldsymbol{j} & \boldsymbol{k}\\ 2 & 4 & 1\\ 1 & 0 & 0\end{vmatrix}=\begin{vmatrix}4 & 1\\ 0 & 0\end{vmatrix}\boldsymbol{i}-\begin{vmatrix}2 & 1\\ 1 & 0\end{vmatrix}\boldsymbol{j}+\begin{vmatrix}2 & 4\\ 1 & 0\end{vmatrix}\boldsymbol{k}=\boldsymbol{j}-4\boldsymbol{k},$$

根据平面的点法式方程，得到所求方程为

$$y-4z=0.$$

6.2.3 平面的截距式方程

例 6.2.4 设平面与 x,y,z 三轴分别交于 $P(a,0,0)$，$Q(0,b,0)$，$R(0,0,c)$ 三点（其中 $a\neq 0$，$b\neq 0$，$c\neq 0$），如图 6.2.2 所示，求此平面方程.

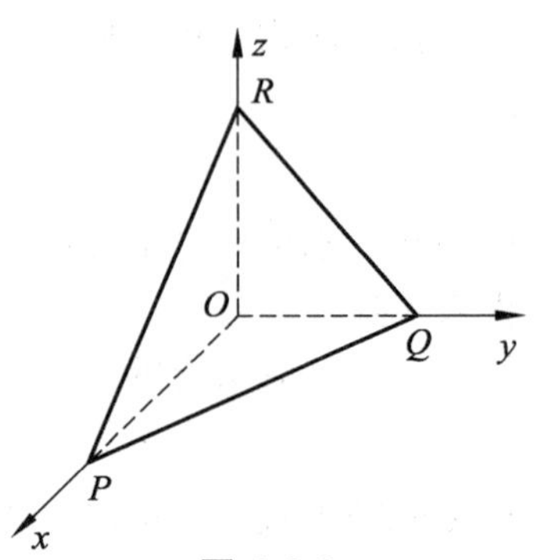

图 6.2.2

解：设平面方程为 $Ax+By+Cz+D=0$，将三点坐标代入得

$$\begin{cases} aA+D=0 \\ bB+D=0 \\ cC+D=0 \end{cases}$$

即 $A=-\dfrac{D}{a}$, $B=-\dfrac{D}{b}$, $C=-\dfrac{D}{c}$. 将 $A=-\dfrac{D}{a}$, $B=-\dfrac{D}{b}$, $C=-\dfrac{D}{c}$ 代入所设方程得

$$\frac{x}{a}+\frac{y}{b}+\frac{z}{c}=1 \tag{6.2.6}$$

方程（6.2.5）叫作平面的**截距式方程**. a、b 和 c 叫作该平面的截距.

6.2.4　两平面的夹角

两平面法线向量间的夹角（通常指锐角）称为两平面的夹角.

设平面 Π_1,Π_2 的方程分别为

$$A_1x+B_1y+C_1z+D_1=0,$$
$$A_2x+B_2y+C_2z+D_2=0$$

它们的法向量依次为 $\boldsymbol{n}_1=(A_1,B_1,C_1)$， $\boldsymbol{n}_2=(A_2,B_2,C_2)$，那么两个平面的夹角 θ 为 $\widehat{(\boldsymbol{n}_1,\boldsymbol{n}_2)}$ 或 $\pi-\widehat{(\boldsymbol{n}_1,\boldsymbol{n}_2)}$ 两者中的锐角（见图 6.2.3），

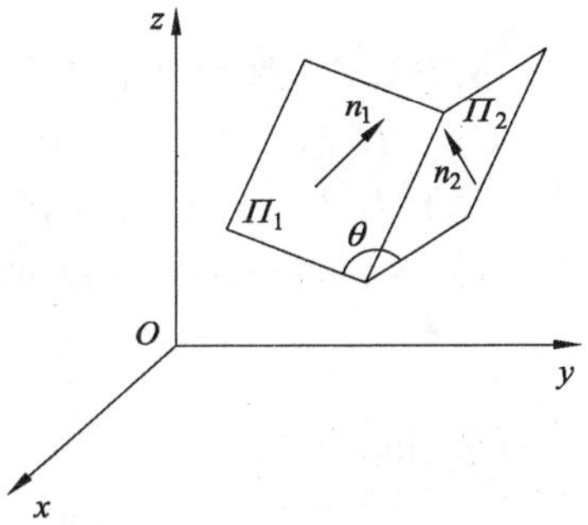

图 6.2.3

因此

$$\cos\theta=\left|\cos\widehat{(\boldsymbol{n}_1,\boldsymbol{n}_2)}\right|$$

由两个向量夹角余弦的坐标表达式可知，平面 Π_1,Π_2 的夹角满足

$$\cos\theta=\frac{|A_1A_2+B_1B_2+C_1C_2|}{\sqrt{A_1^2+B_1^2+C_1^2}\cdot\sqrt{A_2^2+B_2^2+C_2^2}} \tag{6.2.7}$$

从两个向量垂直、平行的充分必要条件可得结论：

（1）$\Pi_1\perp\Pi_2 \Leftrightarrow A_1A_2+B_1B_2+C_1C_2=0$；

（2）$\Pi_1 /\!/ \Pi_2 \Leftrightarrow \dfrac{A_1}{A_2}=\dfrac{B_1}{B_2}=\dfrac{C_1}{C_2}$.

例 6.2.5　求通过点 $P(2,-1,-1), Q(1,2,3)$ 且垂直于平面 $2x+3y-5z+6=0$ 的平面方程.

解： 设所求平面方程为

$$Ax+By+Cz+D=0$$

则其法向量 $\vec{n}\perp(2,3,-5)$, $\vec{n}\perp\overrightarrow{PQ}=(-1,3,4)$，

$$\begin{cases} 2A+3B-5C=0 \\ -A+3B+4C=0 \end{cases} \Rightarrow A=-9B, C=-3B,$$

取 $B=-1 \Rightarrow \vec{n}=(A,B,C)=(9,-1,3)$，以点 $P(2,-1,-1)$ 代入方程得

$$2A-B-C+D=0 \Rightarrow D=-16,$$

故所求平面方程为 $9x-y+3z-16=0$.

例 6.2.6　求平面方程 Π ，使其满足：

（1）Π 过 z 轴；　（2）π 与平面 $2x+y-\sqrt{5}z=0$ 的夹角为 $\dfrac{\pi}{3}$.

解：由所求平面 Π 过 z 轴，故设平面的一般方程为 $Ax+By=0$.
又因为 Π 与平面 $2x+y-\sqrt{5}z=0$ 的夹角为 $\dfrac{\pi}{3}$ ，故

$$\cos\frac{\pi}{3}=\frac{|2A+B+(-\sqrt{5})\times 0|}{\sqrt{A^2+B^2+0^2}\sqrt{2^2+1^2+(-\sqrt{5})^2}}=\frac{1}{2},$$

得 $B=3A$ 或 $B=-\dfrac{1}{3}A$.代入方程 $Ax+By=0$ 并消去 A ，得所求平面方程为

$$x+3y=0\ ,\ 3x-y=0.$$

例 6.2.7　判断以下两平面的位置关系.

（1）$\Pi_1: x-y+z-6=0,\ \Pi_2: x+2y+z+5=0$ ；

（2）$\Pi_1: -3x+y+5z+10=0,\ \Pi_2: -6x+2y+10z-7=0$.

解：（1）因为 Π_1 与 Π_2 的法向量分别为 $\boldsymbol{n}_1=(1,-1,1), \boldsymbol{n}_2=(1,2,1)$ ，且

$$\boldsymbol{n}_1\cdot\boldsymbol{n}_2=1\times 1+(-1\times 2)+1\times 1=0$$

故两平面垂直 $\Pi_1\perp\Pi_2$.

（2）因为 Π_1 与 Π_2 的法向量分别为 $\boldsymbol{n}_1=(-3,1,5), \boldsymbol{n}_2=(-6,2,10)$ ，且 $\dfrac{-3}{-6}=\dfrac{1}{2}=\dfrac{5}{10}\neq\dfrac{10}{7}$ ，即两平面平行但不重合.

6.2.6　点到平面的距离

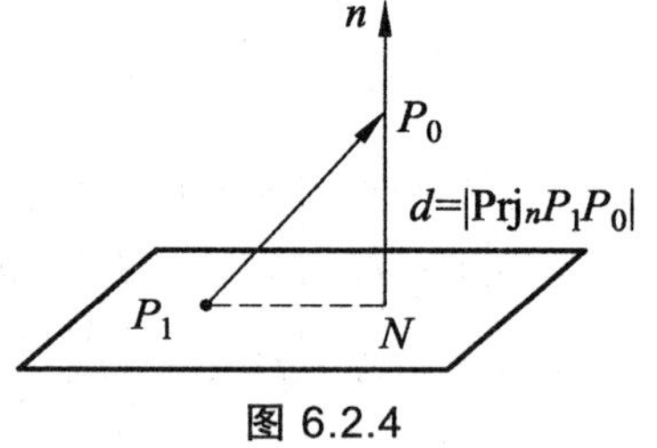

图 6.2.4

设 $P_0(x_0,y_0,z_0)$ 为平面 $Ax+By+Cz+D=0$ 外的一点，在平面上任取一 $P_1(x_1,y_1,z_1)$（见图 6.2.4），则点 P_0 到平面的距离 d 就是 $\overrightarrow{P_1P_0}$ 在 $\boldsymbol{n}(\boldsymbol{n}=(A,B,C))$ 上的投影的绝对值，即 $d=\left|\text{Prj}_{\boldsymbol{n}}\overrightarrow{P_1P_0}\right|$.

由 $Ax_1+By_1+Cz_1+D=0$ ，可得

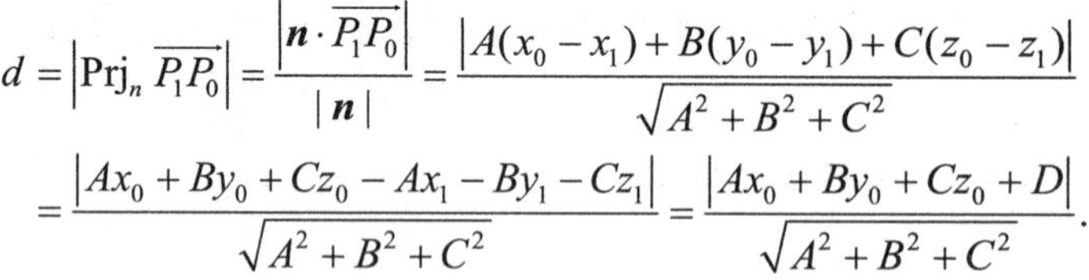

$$d=\left|\text{Prj}_{\boldsymbol{n}}\overrightarrow{P_1P_0}\right|=\frac{\left|\boldsymbol{n}\cdot\overrightarrow{P_1P_0}\right|}{|\boldsymbol{n}|}=\frac{|A(x_0-x_1)+B(y_0-y_1)+C(z_0-z_1)|}{\sqrt{A^2+B^2+C^2}}$$
$$=\frac{|Ax_0+By_0+Cz_0-Ax_1-By_1-Cz_1|}{\sqrt{A^2+B^2+C^2}}=\frac{|Ax_0+By_0+Cz_0+D|}{\sqrt{A^2+B^2+C^2}}.$$

这就是**点到平面的距离公式**.

例 6.2.8　求到两平面 $\alpha: 2x-y+3z-4=0$ 和 $\beta: x-2y+3z+5=0$ 距离相等的点的轨迹方程.

解：设动点为 $M(x,y,z)$ ，由点到平面的距离公式得

$$\frac{|2x-y+3z-4|}{\sqrt{2^2+(-1)^2+3^2}}=\frac{|x-2y+3z+5|}{\sqrt{1^2+(-2)^2+3^2}},$$

所以　$2x-y+3z-6=\pm(x-2y+3z+10)$，即所求轨迹方程为

$$x+y-16=0, 3x-3y+6z+4=0 .$$

习题 6.2

基础练习

1. 指出下列平面位置的特点，并画出各平面：

（1）$z+1=0$；　（2）$x-y=0$；　（3）$3x-y+z-3=0$；　（4）$3y-z=0$.

2. 填空题：

（1）已知平面方程 $2x+z+1=0$，则其法向量为________.

（2）点 $M(1,2,1)$ 到平面 $x+2y+2z-10=0$ 的距离为________.

（3）过原点且与向量 $\boldsymbol{a}=(1,2,7)$ 垂直的平面方程为________.

（4）平面 $y-z-5=0$ 与平面 $y-2=0$ 的夹角是________.

（5）平面 $x+2y-z=2$ 的截距式方程为________.

3. 判断下列平面的位置关系：

（1）$y=2$ 与 $x=3$；　（2）$-x+2y+z+5=0$ 与 $2x-4y-2z-10=0$；

（3）$3x-y+z-5=0$ 与 $2x+4y-2z+11=0$；　（4）$x-2y+3z+1=0$ 与 $\frac{x}{4}-\frac{y}{2}+\frac{3}{4}z+3=0$.

4. 求满足下列条件的平面方程.

（1）过点 $(1,-1,2)$ 且平行平面 $x-y+3z-4=0$ 的平面方程.

（2）过点 $A(2,1,-1), B(3,2,1), C(1,-2,3)$ 的平面方程.

（3）过 $(3,0,0),(0,2,0)$ 和 $(0,0,-5)$ 的平面方程.

（4）垂直于两平面 $x-y+z-1=0, 2x+y+z+1=0$，且通过点 $(1,-1,1)$.

（5）平行于 z 轴且经过两点 $(2,1,2)$ 和 $(-1,2,5)$.

（6）在 z 轴、y 轴上的截距依次为 1 和 -1，且平行于向量 $\boldsymbol{a}=(3,1,1)$.

提高练习

5. 已知平面 $\alpha: mx+7y-6z-24=0$ 与平面 $\beta: 2x-3my+11z-19=0$ 垂直，求 m 的值.

6. 在 z 轴上且到点 $M(1,-2,0)$ 与到平面 $3x-2y+6z-9=0$ 距离相等的点.

7. 求过两点 $M_1(2,2,3)$ 和 $M_2(1,0,-1)$ 且与平面 $x+4y+3z+2=0$ 垂直的平面的方程.

8. 求平面 $2x+y-z+5=0$ 和 zOy 面的夹角的正弦.

9. 求平行于平面 $3x+y+3z-6=0$ 且与三个坐标面所围成的四面体体积为 1 的平面方程.

拓展练习

10. 求过平面 $\pi_1: 2x-3y-z+1=0$ 与平面 $\pi_2: x+y+z=0$ 的交线且与 π_2 垂直的平面方程.

11. 求将两平行平面 $x-2y+z-2=0$ 与 $x-2y+z-6=0$ 之间距离分成 1∶3 的平面方程.

12. 一平面平行于平面 $6x+3y+2z+21=0$，且与半径为 1，中心在坐标原点的球面相切，求这个平面.

13. 求点 $(3,-1,-1)$ 在平面 $x+2y+3z-30=0$ 上的投影.

6.3 空间直线及其方程

6.3.1 空间直线的一般方程

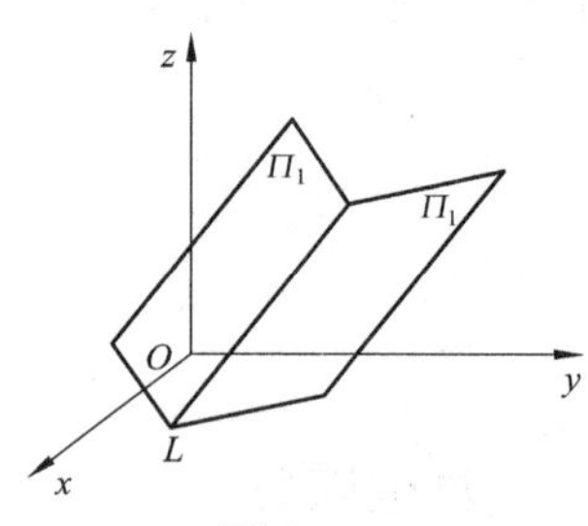

图 6.3.1

在空间中，两平面如果不平行，则必然交于一条直线.因此，空间任意一直线 L 都可以看成两个平面的交线（见图 6.3.1）.

设平面 Π_1,Π_2 的方程分别为 $A_1x+B_1y+C_1z+D_1=0$，$A_2x+B_2y+C_2z+D_2=0$，则空间直线 L 的**一般式方程**：

$$\begin{cases}A_1x+B_1y+C_1z+D_1=0\\A_2x+B_2y+C_2z+D_2=0\end{cases}\tag{6.3.1}$$

如果点 M 在空间直线 L 上，则它的坐标就满足方程组（6.3.1）；反之，如果点 M 不在空间直线 L 上，那么它就不可能同时在平面 Π_1 和 Π_2 上，进而它的坐标就不满足方程组（6.3.1）. 因此直线 L 可由方程组（6.3.1）表示.

通过空间一直线 L 的平面有无限多个，只要在这无限多个平面中任意选取两个，把它们的方程联立起来，所得的方程组就可以表示空间直线 L.

例 6.3.1 求过点 $(2,1,3)$，且分别垂直于向量 $\vec{a}=(2,0,1)$ 和 $\vec{b}=(1,-1,0)$ 的平面方程 Π_1、Π_2，并求它们的交线方程.

解： 由已知，所求平面过点 $(2,1,3)$ 且与向量 $\vec{a}=(2,0,1)$ 和 $\vec{b}=(1,-1,0)$ 垂直，则平面 Π_1、Π_2 的法向量可取为 $\boldsymbol{n}_1=(2,0,1)$，$\boldsymbol{n}_2=(1,-1,0)$. 故所求平面方程为

$$\Pi_1:2(x-2)+(z-3)=0\ ,\quad \Pi_2:(x-2)-(y-1)=0$$

即

$$\Pi_1:2x+z-7=0,\Pi_2:x-y-1=0\ .$$

故所求直线的一般方程为

$$\begin{cases}2x+z-7=0\\x-y-1=0\end{cases}$$

6.3.2 对称式方程与参数方程

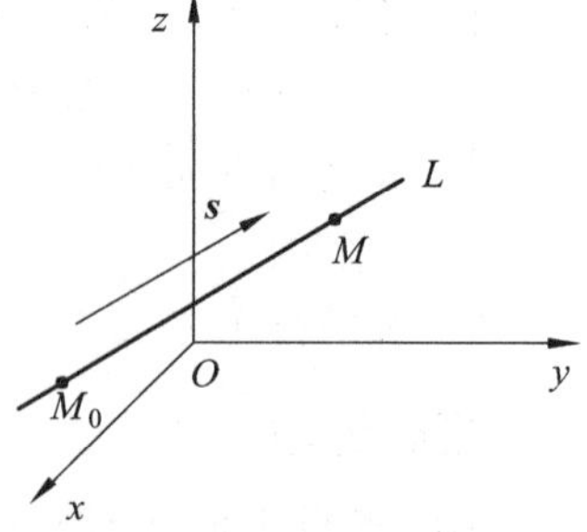

图 6.3.2

在空间中，若一非零向量平行于一条已知直线，那么，称此向量为这条直线的**方向向量**.

由立体几何知道，过空间一点，作平行于已知直线的直线是唯一的.若 $M_0(x_0,y_0,z_0)$ 为直线 L 上的一已知点，$\boldsymbol{s}=(m,n,p)$ 为直线的一个方向向量，则直线 L 的位置就完全确定.

设点 $M(x,y,z)$ 是直线上 L 的任一点，则向量 $\overrightarrow{M_0M}=(x-x_0,\ y-y_0,z-z_0)$ 与直线 L 的方向向量 $\boldsymbol{s}=(m,n,p)$ 平行（见图 6.3.2），

于是有

$$\frac{x-x_0}{m}=\frac{y-y_0}{n}=\frac{z-z_0}{p} \qquad (6.3.2)$$

反过来，若点 $M(x,y,z)$ 不在直线 L 上，则向量 $\overrightarrow{M_0M}$ 与方向向量 $\boldsymbol{s}$ 不平行，因此点 $M(x,y,z)$ 的坐标不满足方程（6.3.2），所以方程（6.3.2）就是直线的方程. 我们把方程（6.3.2）称为空间直线的**对称式或点向式方程**.

直线的任一方向向量 $\boldsymbol{s}$ 的坐标 m,n,p 叫作这条直线的一组方向数，而向量 $\boldsymbol{s}$ 的方向余弦叫作该曲线的方向余弦.

在直线的对称式方程（6.3.2）中，令 $\frac{x-x_0}{m}=\frac{y-y_0}{n}=\frac{z-z_0}{p}=t$，则有

$$\begin{cases} x=x_0+mt \\ y=y_0+nt \\ z=z_0+pt \end{cases} \qquad (6.3.3)$$

方程组（6.3.3）叫作直线的**参数式方程**.

例 6.3.2 求经过点 $P_1(1,3,-1)$ 与 $P_2(2,0,1)$ 的直线方程.

解： 向量 $\overrightarrow{P_1P_2}$ 与直线平行，因此可以将它视为直线的方向向量，即

$$\overrightarrow{P_1P_2}=(1,-3,2)$$

又因为点 $P_1(1,3,-1)$ 在直线上，故所求直线的对称式方程为

$$\frac{x-1}{1}=\frac{y-3}{-3}=\frac{z+1}{2}$$

即

$$x-1=\frac{y-3}{-3}=\frac{z+1}{2}$$

例 6.3.3 将直线 $\begin{cases} x+y+z-2=0 \\ 2x-y+3z-4=0 \end{cases}$ 用点向式方程与参数方程表示.

解： 令 $z_0=0$，代入方程得

$$\begin{cases} x+y-2=0 \\ 2x-y-4=0 \end{cases}$$

解得 $x=2,y=0$，即得到该直线上的一点 $M_0(2,0,0)$，由于直线的方向向量 $\boldsymbol{s}$ 与相交平面的法向量 $\boldsymbol{n}_1=(1,1,1),\boldsymbol{n}_2=(2,-1,3)$ 都垂直，故可取

$$\boldsymbol{s}=\boldsymbol{n}_1\times\boldsymbol{n}_2=\begin{vmatrix} \boldsymbol{i} & \boldsymbol{j} & \boldsymbol{k} \\ 1 & 1 & 1 \\ 2 & -1 & 3 \end{vmatrix}=(4,-1,-3)$$

因此直线的点向式方程为

$$\frac{x-2}{4}=\frac{y}{-1}=\frac{z}{-3}$$

直线的参数方程为

$$\begin{cases} x=2+4t \\ y=-t \\ z=-3t \end{cases}$$

例 6.3.4 求过点 $A(-1,0,4)$ 且平行于平面 $3x-4y+z-10=0$，又与直线 $\dfrac{x+1}{3}=\dfrac{y-3}{1}=\dfrac{z}{2}$ 相交的直线方程.

解：由题设知，平面的法向量为 $\vec{n}=(3,-4,1)$，则过点 $A(-1,0,4)$ 且平行于平面 $3x-4y+z-10=0$ 的平面方程为 $3(x+1)-4(y-0)+(z-4)=0$，即

$$3x-4y+z-1=0 \tag{6.3.4}$$

题设直线的参数方程为 $x=-1+3t, y=3+t, z=2t$，代入（6.3.4），解得 $t=\dfrac{16}{7}$.

故直线与平面（6.3.4）的交点为 $B\left(\dfrac{41}{7},\dfrac{37}{7},\dfrac{32}{7}\right)$，则过点 A、点 B 的直线方程即为所求的直线方程 $\dfrac{x+1}{48}=\dfrac{y}{37}=\dfrac{z-4}{4}$.

6.3.3 两直线的夹角

我们把两直线方向向量的夹角称为**两直线的夹角** $\left(\theta\in\left[0,\dfrac{\pi}{2}\right]\right)$.

如果直线 L_1 与 L_2 的方向向量分别为 $\boldsymbol{s}_1=(m_1,n_1,p_1)$ 与 $\boldsymbol{s}_2=(m_2,n_2,p_2)$，由于 L_1 与 L_2 的夹角 φ 是 $\boldsymbol{s}_1$ 与 $\boldsymbol{s}_2$ 的夹角，并且不取钝角，故有

$$\cos\varphi=\frac{|\boldsymbol{s}_1\cdot\boldsymbol{s}_2|}{|\boldsymbol{s}_1||\boldsymbol{s}_2|}$$

因此

$$\cos\varphi=\frac{|m_1m_2+n_1n_2+p_1p_2|}{\sqrt{m_1^2+n_1^2+p_1^2}\sqrt{m_2^2+n_2^2+p_2^2}} \tag{6.3.5}$$

这就是直线 L_1 与 L_2 的夹角公式.

由公式（6.3.5）可推出：

$$\text{直线互相垂直}\Leftrightarrow m_1m_2+n_1n_2+p_1p_2=0$$

$$\text{直线互相平行}\Leftrightarrow \frac{m_1}{m_2}=\frac{n_1}{n_2}=\frac{p_1}{p_2}$$

例 6.3.5 求直线 L_1 与 L_2 的夹角，$L_1:\begin{cases}x+2y+z-1=0\\x-2y+z+7=0\end{cases}$，$L_2:\begin{cases}x-y-z-1=0\\x-y+2z+1=0\end{cases}$.

解：由于 L_1 的方向向量为 $\overrightarrow{s_1}=\overrightarrow{n_1}\times\overrightarrow{n_2}=\begin{vmatrix}\boldsymbol{i}&\boldsymbol{j}&\boldsymbol{k}\\1&2&1\\1&-2&1\end{vmatrix}=(4,0,-4)$，$L_2$ 的方向向量为 $\overrightarrow{s_2}=\overrightarrow{n_3}\times\overrightarrow{n_4}=\begin{vmatrix}i&j&k\\1&-1&-1\\1&-1&2\end{vmatrix}=(-3,-3,0)$. 于是，直线 L_1 与 L_2 的夹角余弦为

$$\cos\varphi=\frac{\left|\overrightarrow{s_1}\cdot\overrightarrow{s_2}\right|}{\left|\overrightarrow{s_1}\right|\left|\overrightarrow{s_2}\right|}=\frac{|4\times(-3)+0\times(-3)+(-4)\times 0|}{\sqrt{4^2+0^2+(-4)^2}\sqrt{(-3)^2+(-3)^2+0^2}}=\frac{1}{2}$$

故 $\varphi=\frac{\pi}{3}$.

例 6.3.6 求过点 $M_0(-1,2,1)$ 且与两平面 π_1： $x+y-2z=1$ 和 π_2： $x+2y-z=1$ 平行的直线方程.

解： 设所求直线的方向向量为 $\boldsymbol{s}=\{m,n,p\}$， $\boldsymbol{n}_1=\{1,1,-2\}$， $\boldsymbol{n}_2=\{1,2,-1\}$，因为所求直线 l 与 π_1，π_2 平行，所以 $\boldsymbol{s}\perp\boldsymbol{n}_1$，$\boldsymbol{s}\perp\boldsymbol{n}_2$，取 $\boldsymbol{s}=\boldsymbol{n}_1\times\boldsymbol{n}_2=\{1,1,-2\}\times\{1,2,-1\}=\begin{vmatrix}\boldsymbol{i}&\boldsymbol{j}&\boldsymbol{k}\\1&1&-2\\1&2&-1\end{vmatrix}=$ $3\boldsymbol{i}-\boldsymbol{j}+\boldsymbol{k}=\{3,-1,1\}$，故所求直线的方程为 $\frac{x+1}{3}=\frac{y-2}{-1}=z-1$.

例 6.3.7 求过点 $M_0(-2,0,3)$ 与 $L_1:\frac{x-1}{-2}=\frac{y+2}{1}=\frac{z-2}{1}$ 相交，且与 $L_2:\frac{x}{2}=\frac{y-5}{4}=\frac{z+3}{-1}$ 垂直的直线 L 的方程.

解： 设 L 与 L_1 的交点为 M,M 可用参数式表示为 $(-2t+1,t-2,t+2)$， $\overrightarrow{M_0M}=(-2t+3,t-2,t-1)$， $\overrightarrow{s_2}=(2,4,-1)$ 且 $\overrightarrow{M_0}M\perp\overrightarrow{s_2}$，从而 $(-2t+3,t-2,t-1)\cdot(2,4,-1)=0$，解得 $t=-1$.

所以 M 的坐标为 $(3,-3,1)$，方向向量 $\vec{s}=\overrightarrow{M_0M}=(5,-3,-2)$.

L 为过 M_0 与 M 的直线，由对称式可得 L 的方程为： $\frac{x+2}{5}=\frac{y}{-3}=\frac{z-3}{-2}$.

6.3.4 直线与平面的夹角

直线与它在平面上的投影直线的夹角 $\varphi\left(0\leqslant\varphi\leqslant\frac{\pi}{2}\right)$ 称为**直线与平面的夹角**.

设直线 l 的方向向量为 $\boldsymbol{s}=(m,n,p)$，平面 Π 的法向量为 $\boldsymbol{n}=(A,B,C)$，直线与平面的法向量的夹角为 $\theta\left(0\leqslant\theta\leqslant\frac{\pi}{2}\right)$（见图 6.3.3），那么 $\varphi=\frac{\pi}{2}-\theta$，由于 $\cos\theta=\frac{|Am+Bn+Cp|}{\sqrt{m^2+n^2+p^2}\sqrt{A^2+B^2+C^2}}$，所以

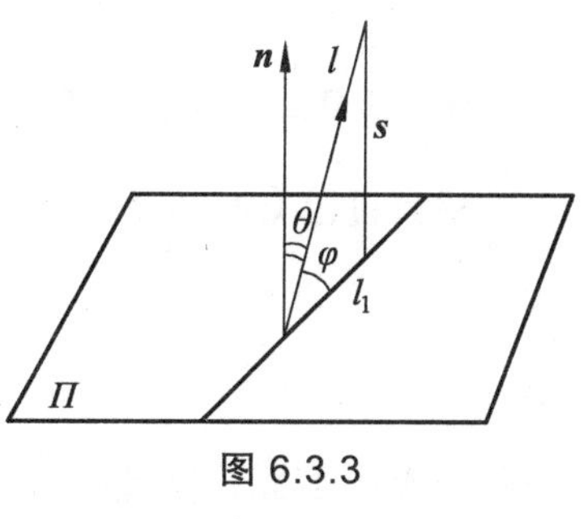

图 6.3.3

$$\sin\varphi=\sin\left(\frac{\pi}{2}-\theta\right)=\cos\theta=\frac{|Am+Bn+Cp|}{\sqrt{m^2+n^2+p^2}\sqrt{A^2+B^2+C^2}} \tag{6.3.6}$$

这就是直线与平面的夹角公式.

由公式（6.3.5）可以推出：

$$\text{直线与平面垂直}\Leftrightarrow\frac{A}{m}=\frac{B}{n}=\frac{C}{p}$$

$$\text{直线与平面平行}\Leftrightarrow Am+Bn+Cp=0$$

例 6.3.8　求直线 $\frac{x-1}{2}=\frac{y-1}{3}=\frac{z}{2}$ 与平面 $x-y+z=0$ 的夹角.

解： 直线的方向向量 $\boldsymbol{s}=\{2,3,2\}$，平面的法向量 $\boldsymbol{n}=\{1,-1,1\}$. 设直线与平面的夹角为 φ，则

$$\sin\varphi=\frac{|s\cdot n|}{|s|\cdot|n|}=\frac{2\times1+3\times(-1)+2\times1}{\sqrt{2^2+3^2+2^2}\cdot\sqrt{1^2+(-1)^2+1^2}}=\frac{1}{\sqrt{51}},$$

故

$$\varphi=\arcsin\frac{1}{\sqrt{51}}.$$

6.3.4　平面束

通过定直线的平面的全体称为过该直线的**平面束**，有时候用平面束解题非常方便，现在我们来介绍它的方程.

设直线 $l:\begin{cases}A_1x+B_1y+C_1z+D_1=0,\\A_2x+B_2y+C_2z+D_2=0,\end{cases}$ 其中系数 A_1、B_1、C_1 与 A_2、B_2、C_2 不成比例，λ_1,λ,μ 为任意常数，则过该直线的平面束方程为

$$\lambda_1\left(A_1x+B_1y+C_1z+D_1\right)+\mu\left(A_2x+B_2y+C_2z+D_2\right)=0,\tag{6.3.7}$$

或

$$A_1x+B_1y+C_1z+D_1+\lambda\left(A_2x+B_2y+C_2z+D_2\right)=0.\tag{6.3.8}$$

注意： 若式（6.3.7）中 $\lambda_1\neq0$，则可将式（6.3.7）写成式（6.3.8），但式（6.3.8）中并不包括平面

$$A_2x+B_2y+C_2z+D_2=0.$$

例 6.3.9　已知直线 $L:\begin{cases}x-2y+z-1=0,\\x+2y-z+3=0,\end{cases}$ 求直线 L 在平面 $2x+z+4=0$ 上的投影线方程.

解： 过已知直线 L 的平面束方程为

$$x-2y+z-1+\lambda(x+2y-z+3)=0,$$

即

$$(1+\lambda)x+(-2+2\lambda)y+(1-\lambda)z+(-1+3\lambda)=0.(*)$$

若此为投影平面，则此平面与已知平面垂直. 有

$$2(1+\lambda)+(1-\lambda)=0,$$

得 $\lambda=-3$. 代入(*)得

$$x+4y-2z+5=0$$

投影直线方程为

$$\begin{cases}x+4y-2z+5=0\\2x+z+4=0\end{cases}.$$

习题 6.3

基础练习

1. 填空题：

（1）若直线 L 为两个平面 Π_1 及 Π_2 的交线，而 Π_1 和 Π_2 的方程分别是 $A_1x+B_1y+C_1z+d_1=0$ 及 $A_2x+B_2y+C_2z+d_2=0$，则直线 L 的方程是________，它们夹角的余弦 $\cos\theta=$______.

（2）若空间直线 L 的方程为 $\begin{cases}x=x_0+lt\\y=y_0+ml(\ l,m,n\text{不全为}0)\\z=z_0+nt\end{cases}$，则 $M_0(x_0,y_0,z_0)$________ L；且 $\boldsymbol{V}=\{l,m,n\}$________ L.

（3）过点 $A(-3,2,0),B(1,0,-5)$ 的直线方程为__________.

（4）直线 $\begin{cases}3x+y+z-3=0\\-x-y-2z+7=0\end{cases}$ 的方向向量 $\boldsymbol{s}=$__________.

（5）过点 $M(1,-1,-2)$ 且平行直线 $\dfrac{x-3}{5}=y=\dfrac{z-1}{2}$ 的直线方程为_________.

（6）直线 $\dfrac{x-2}{1}=\dfrac{y-3}{2}=\dfrac{z-4}{-2}$ 与平面 $x-z-8=0$ 的夹角为__________.

2. 有求点 $P(1,-1,0)$ 到直线 $\dfrac{x-2}{1}=\dfrac{y}{-1}=\dfrac{z+1}{0}$ 的距离.

3. 一直线过点 $M(-1,1,2)$ 且方向向量 $\boldsymbol{s}$ 垂直向量 $\boldsymbol{a}=\{2,1,3\},\boldsymbol{b}=\{1,-2,1\}$，求其方程.

4. 用点向式方程及参数方程表示直线 $\begin{cases}3x-2y-z+9=0,\\x+y+z-2=0.\end{cases}$

5. 求过点 $M(1,-2,0)$ 且垂直于平面 $4x-2y-2z=3$ 的直线方程.

提高练习

6. 求过点 $M(3,1,-2)$ 及直线 $\dfrac{x-4}{5}=\dfrac{y+3}{2}=\dfrac{z}{1}$ 的平面方程.

7. 求与二直线 $L_1:\begin{cases}x=3z-1\\y=2z-3\end{cases}$ 和 $L_2:\begin{cases}y=2x-5\\z=7x+2\end{cases}$ 都垂直且相交的直线方程.

8. 求直线 $\begin{cases}x+y-z-1=0\\x-y+z+1=0\end{cases}$ 在平面 $x+y+z=0$ 上的投影直线方程.

9. 求点 $(3,-1,-1)$ 在平面 $x+2y+3z-30=0$ 上的投影.

10. 判断直线与平面的位置关系：

（1）$L:\begin{cases}x+y-3z=0\\x-y-z=0\end{cases},\pi:-2x-y-z+1=0;$

（2）$L:\dfrac{x-2}{3}=\dfrac{y+2}{1}=\dfrac{z-3}{-4},\pi:x+y+z-3=0.$

（3）$L:\begin{cases}x+4y+z=0,\\2x-2y-3z-5=0\end{cases}\ \pi:x-y+2z=3.$

拓展练习

11. 设直线 $l:\dfrac{x-x_0}{m}=\dfrac{y-y_0}{n}=\dfrac{z-z_0}{p}$，其中 $\boldsymbol{s}=(m,n,p)$, $M_0\left(x_0,y_0,z_0\right)$，直线 l 外一点为 $M_1\left(x_1,y_1,z_1\right)$，证明：点 M_1 到直线 l 的距离为 $d=\dfrac{\left|\overrightarrow{M_1M_0}\times\boldsymbol{s}\right|}{|\boldsymbol{s}|}$.

12. 设直线 $l_1:\dfrac{x-x_1}{m_1}=\dfrac{y-y_1}{n_1}=\dfrac{z-z_1}{p_1}$，其中 $s_1=(m_1,n_1,p_1)$, $M_1(x_1,y_1,z_1)$，直线 $l_2:\dfrac{x-x_2}{m_2}=\dfrac{y-y_2}{n_2}=\dfrac{z-z_2}{p_2}$，其中 $\boldsymbol{s}_2=(m_2,n_2,p_2)$, $M_2(x_2,y_2,z_2)$，证明：异面直线 l_1 与 l_2 之间的距离为 $d=\dfrac{\left|\overrightarrow{M_1M_2}\cdot\left(\boldsymbol{s}_1\times\boldsymbol{s}_2\right)\right|}{\left|\boldsymbol{s}_1\times\boldsymbol{s}_2\right|}$.

13. 求两直线 $\dfrac{x}{1}=\dfrac{y-11}{2}=\dfrac{z-4}{1}$ 和 $\dfrac{x-6}{1}=\dfrac{y+7}{-6}=\dfrac{z}{1}$ 间的最短距离.

本章小结

一、知识框图

请读者自己画出本章知识结构图，从整体结构上去理解本章内容.

二、复习要点

1. 空间直角坐标系：________________

2. 向量的定义：______

3. 向量的线性运算：______

______

4. 向量的夹角：______

5. 投影：______

6. 向量的坐标：______

7. 向量模：______

8. 方向余弦：______

9. 数量积及其运算规律：______

______

______

______

______

10. 向量积及其运算规律：______

______

______

______

11. 平面的法向量：______

12. 平面的三种方程：______

______

13. 几种特殊平面：______

14. 平面的夹角及平面间的位置关系：______

15. 点到平面的距离：______

16. 平行平面的距离：______

17. 直线的方向向量：______

18. 直线的三种方程：______

19. 直线的夹角及直线间的位置关系：______

20. 点到直线的距离：______

21. 平面束：______

三、思维运用

通过本章向量的学习，了解到向量是由大小、方向两个维度来刻画的。生活当中，我们所面对的问题就要复杂得多，往往是由多个维度来决定。在做决策时，抓住主要矛盾，直达问题本质，就是解决问题的关键。你对这一思维方式有什么体会？请举例说明你在生活、工作、学习中是怎么运用这一方法的。

______

______

______

______

______

本章复习题

一、判断题

1. 若 $\boldsymbol{a}=\{1,1,1\}$，则 $\boldsymbol{a}$ 为单位向量.　（　　）
2. 在空间直角坐标系中，$A(1,-1,-2)$ 是在第Ⅴ卦限.　（　　）
3. 若 $\boldsymbol{a}\cdot\boldsymbol{b}=\boldsymbol{b}\cdot\boldsymbol{c}$ 且 $\boldsymbol{b}\neq\boldsymbol{0}$，则 $\boldsymbol{a}=\boldsymbol{c}$.　（　　）
4. 以 $M_1(4,3,1)$、$M_2(7,1,2)$、$M_3(5,2,3)$ 三点为顶点的三角形是一个等腰三角形.　（　　）
5. 若 $\boldsymbol{a}\cdot\boldsymbol{c}=0$，则 $\boldsymbol{a}=\boldsymbol{0}$ 或 $\boldsymbol{c}=\boldsymbol{0}$.　（　　）
6. $\boldsymbol{a}\times\boldsymbol{b}=-\boldsymbol{b}\times\boldsymbol{a}$.　（　　）
7. 若 α,β,γ 为向量 $\vec{a}$ 的方向角，则 $\cos^2\alpha+\cos^2\beta+\cos^2\gamma=1$.　（　　）
8. 平面 $2x+3y=0$ 过 z 轴.　（　　）
9. 平面 $x-2y=0$ 与直线 $\dfrac{x+1}{1}=\dfrac{y+3}{7}=\dfrac{z-1}{3}$ 垂直.　（　　）
10. 直线 $\dfrac{x+2}{-1}=\dfrac{y-3}{-7}=\dfrac{z-2}{-3}$ 与直线 $\dfrac{x+1}{1}=\dfrac{y+3}{7}=\dfrac{z-1}{3}$ 所成角为 $\dfrac{\pi}{3}$.　（　　）

二、选择题

1. 点 $M(x,y,z)$ 与 xOy 平面的对称点坐标为（　　）.

A. $(x,-y,-z)$　　B. (x,y,z)　　C. $(x,y,-z)$　　D. $(-x,-y,-z)$.

2. 已知 $\vec{a}=\{k,2,1\}$ $\vec{b}=\{-1,1,3\}$ 且 $|\vec{a}+\vec{b}|=|\vec{a}-\vec{b}|$，则 $k=$（　　）.

A. 5　　B. -1　　C. 2　　D. -2

3. 设 $|\vec{a}|=1$，$|\vec{b}|=2$，且 $\vec{a}+x\vec{b}$ 与 $\vec{a}-x\vec{b}$ 互相垂直，则 $x=$（　　）.

A. $-\dfrac{1}{2}$　　B. $\dfrac{1}{2}$　　C. $\pm\dfrac{1}{2}$　　D. $\dfrac{9}{25}$

4. $(\boldsymbol{\alpha}\pm\boldsymbol{\beta})^2=$（　　）.

A. $\boldsymbol{\alpha}^2\pm\boldsymbol{\beta}^2$　　B. $\boldsymbol{\alpha}^2\pm2\boldsymbol{\alpha\beta}+\boldsymbol{\beta}^2$

C. $\boldsymbol{\alpha}^2\pm\boldsymbol{\alpha\beta}+\boldsymbol{\beta}^2$　　D. $\boldsymbol{\alpha}^2\pm\boldsymbol{\alpha\beta}+2\boldsymbol{\beta}^2$

5. 若向量 $\boldsymbol{a}=\{\lambda,1,5\}$ 与向量 $\boldsymbol{b}=\{2,10,50\}$ 平行则 $\lambda=$（　　）.

A. $\dfrac{-1}{5}$　　B. $\dfrac{3}{5}$　　C. $\dfrac{1}{5}$　　D. $\dfrac{9}{25}$

6. 垂直 $\vec{a}=\{1,1,1\}$ 且同时垂直于 y 轴的单位向量 $\vec{e}=$（　　）.

A. $\pm\dfrac{\sqrt{3}}{3}\left(\vec{i}+\vec{j}+\vec{k}\right)$　　B. $\pm\dfrac{\sqrt{3}}{3}\left(\vec{i}-\vec{j}-\vec{k}\right)$

C. $\pm\dfrac{\sqrt{2}}{2}\left(\vec{i}-\vec{j}\right)$　　D. $\pm\dfrac{\sqrt{2}}{2}\left(-\vec{i}+\vec{k}\right)$

7. 设平面方程为 $Bx+Cz=0$，且 $B,C,D\neq0$，则平面（　　）.

A. 平行于 x 轴　　B. 平行于 y 轴

C. 经过 y 轴　　D. 垂直于 y 轴

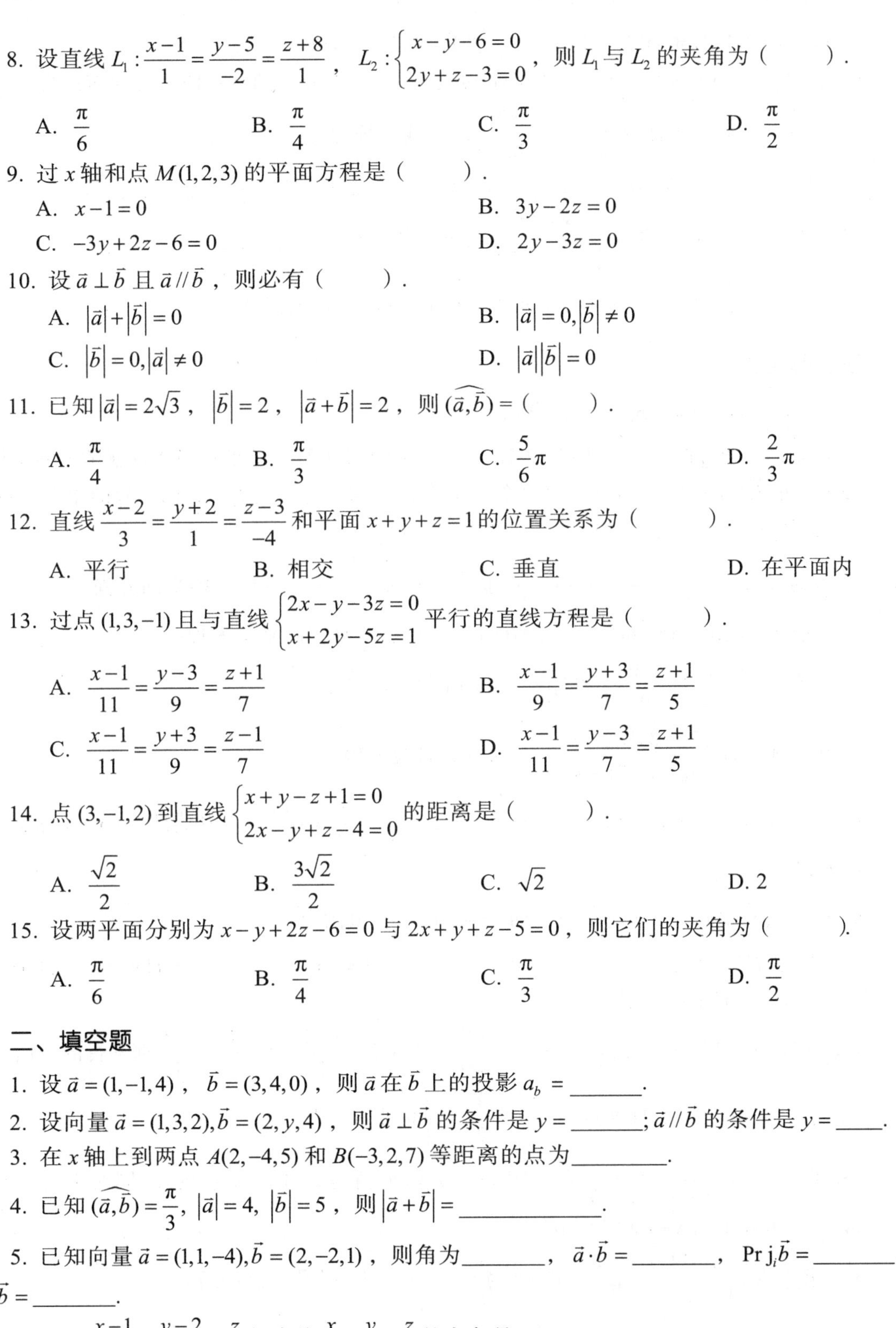

8. 设直线 $L_1:\dfrac{x-1}{1}=\dfrac{y-5}{-2}=\dfrac{z+8}{1}$， $L_2:\begin{cases}x-y-6=0\\2y+z-3=0\end{cases}$，则 L_1 与 L_2 的夹角为（　　）.

A. $\dfrac{\pi}{6}$　　B. $\dfrac{\pi}{4}$　　C. $\dfrac{\pi}{3}$　　D. $\dfrac{\pi}{2}$

9. 过 x 轴和点 $M(1,2,3)$ 的平面方程是（　　）.

A. $x-1=0$　　B. $3y-2z=0$

C. $-3y+2z-6=0$　　D. $2y-3z=0$

10. 设 $\vec{a}\perp\vec{b}$ 且 $\vec{a}/\!/\vec{b}$，则必有（　　）.

A. $|\vec{a}|+|\vec{b}|=0$　　B. $|\vec{a}|=0,|\vec{b}|\neq 0$

C. $|\vec{b}|=0,|\vec{a}|\neq 0$　　D. $|\vec{a}||\vec{b}|=0$

11. 已知 $|\vec{a}|=2\sqrt{3}$， $|\vec{b}|=2$， $|\vec{a}+\vec{b}|=2$，则 $(\widehat{\vec{a},\vec{b}})=$（　　）.

A. $\dfrac{\pi}{4}$　　B. $\dfrac{\pi}{3}$　　C. $\dfrac{5}{6}\pi$　　D. $\dfrac{2}{3}\pi$

12. 直线 $\dfrac{x-2}{3}=\dfrac{y+2}{1}=\dfrac{z-3}{-4}$ 和平面 $x+y+z=1$ 的位置关系为（　　）.

A. 平行　　B. 相交　　C. 垂直　　D. 在平面内

13. 过点 $(1,3,-1)$ 且与直线 $\begin{cases}2x-y-3z=0\\x+2y-5z=1\end{cases}$ 平行的直线方程是（　　）.

A. $\dfrac{x-1}{11}=\dfrac{y-3}{9}=\dfrac{z+1}{7}$　　B. $\dfrac{x-1}{9}=\dfrac{y+3}{7}=\dfrac{z+1}{5}$

C. $\dfrac{x-1}{11}=\dfrac{y+3}{9}=\dfrac{z-1}{7}$　　D. $\dfrac{x-1}{11}=\dfrac{y-3}{7}=\dfrac{z+1}{5}$

14. 点 $(3,-1,2)$ 到直线 $\begin{cases}x+y-z+1=0\\2x-y+z-4=0\end{cases}$ 的距离是（　　）.

A. $\dfrac{\sqrt{2}}{2}$　　B. $\dfrac{3\sqrt{2}}{2}$　　C. $\sqrt{2}$　　D. 2

15. 设两平面分别为 $x-y+2z-6=0$ 与 $2x+y+z-5=0$，则它们的夹角为（　　）.

A. $\dfrac{\pi}{6}$　　B. $\dfrac{\pi}{4}$　　C. $\dfrac{\pi}{3}$　　D. $\dfrac{\pi}{2}$

二、填空题

1. 设 $\vec{a}=(1,-1,4)$， $\vec{b}=(3,4,0)$，则 $\vec{a}$ 在 $\vec{b}$ 上的投影 $a_b=$______.

2. 设向量 $\vec{a}=(1,3,2),\vec{b}=(2,y,4)$，则 $\vec{a}\perp\vec{b}$ 的条件是 $y=$______; $\vec{a}/\!/\vec{b}$ 的条件是 $y=$____.

3. 在 x 轴上到两点 $A(2,-4,5)$ 和 $B(-3,2,7)$ 等距离的点为________.

4. 已知 $(\widehat{\vec{a},\vec{b}})=\dfrac{\pi}{3}$, $|\vec{a}|=4$, $|\vec{b}|=5$，则 $|\vec{a}+\vec{b}|=$____________.

5. 已知向量 $\vec{a}=(1,1,-4),\vec{b}=(2,-2,1)$，则角为_______， $\vec{a}\cdot\vec{b}=$_______， $\mathrm{Pr\,j}_{i}\vec{b}=$_______，$\vec{a}\times\vec{b}=$_______.

6. 直线 $\dfrac{x-1}{1}=\dfrac{y-2}{1}=\dfrac{z}{0}$ 与直线 $\dfrac{x}{1}=\dfrac{y}{0}=\dfrac{z}{1}$ 的夹角是____________.

7. 过点$(2,3,4)$且垂直于平面$3x+y-z+1=0$的直线方程为______.

8. 设$|\vec{a}|=|\vec{b}|=1,(\vec{a},\vec{b})=30°$，则以向量$\vec{a}+2\vec{b}$和$3\vec{a}+\vec{b}$为边的平行四边形的面积为______.

9. 过原点且平行于直线$\begin{cases}x-4z=3\\2x-y-5z=1\end{cases}$的直线方程为________.

10. 平面$x-y+z+3=0$与平面$2x-2y+2z+3=0$之间的距离$d=$__________.

11. 过原点且平行于直线$\begin{cases}x-4z=3\\2x-y-5z=1\end{cases}$的直线方程为________.

12. 直线$\dfrac{x+2}{3}=\dfrac{y-2}{1}=\dfrac{z+1}{2}$与平面$2x+3y+3z-8=0$的交点为_______.

三、解答题

1. 设$|\vec{a}|=2,|\vec{b}|=3,|\vec{a}-\vec{b}|=\sqrt{7}$，求$(\widehat{\vec{a},\vec{b}})$.

2. 已知向量$\overrightarrow{P_1P_2}$的始点为$P_1(2,-2,5)$，终点为$P_2(-1,4,7)$，试求：（1）向量$\overrightarrow{P_1P_2}$的坐标表示；（2）向量$\overrightarrow{P_1P_2}$的模；（3）向量$\overrightarrow{P_1P_2}$的方向余弦；（4）与向量$\overrightarrow{P_1P_2}$方向一致的单位向量.

3.已知$|\vec{a}|=2,|\vec{b}|=2\sqrt{3},|\vec{a}-\vec{b}|=2$，求$\vec{a}\cdot\vec{b}$及$|\vec{a}\times\vec{b}|$.

4. 求通过直线$\dfrac{x-1}{2}=\dfrac{y+2}{-3}=\dfrac{z-2}{2}$且垂直于平面$3x+2y-z-5=0$的平面方程.

5. 求过点$A(1,0,-2)$和$B(1,2,2)$且与向量$\vec{a}=(2,2,2)$平行的平面方程.

6. 求直线$\begin{cases}x+y+3z=0\\x-y-z=0\end{cases}$与平面$x-y-z+1=0$的夹角.

7. 化直线方程$\begin{cases}2x-3y+z-5=0\\3x+y-2z-4=0\end{cases}$为对称式直线方程.

8. 一直线通过点$A(1,2,1)$，且垂直于直线$L:\dfrac{x-1}{3}=\dfrac{y}{2}=\dfrac{z+1}{1}$，又和直线$x=y=z$相交，求该直线方程.

9. 求直线$x-2=y-3=\dfrac{z-4}{2}$与平面$2x+y+z-6=0$的交点.

10. 求通过三平面：$2x+y-z-2=0$，$x-3y+z+1=0$和$x+y+z-3=0$的交点，且平行于平面$x+y+2z=0$的平面方程.

11. 求过$P(-1,1,2)$且与直线$L_1:\begin{cases}x+z=0\\x-z=0\end{cases}$及直线$L_2:\dfrac{x-2}{3}=\dfrac{y-4}{-2}=\dfrac{z+5}{5}$都平行的平面.

12. 求过点$M(3,1,-2)$且通过$\dfrac{x-4}{5}=\dfrac{y+3}{2}=\dfrac{z}{1}$的平面方程.

13. 设直线$L:\dfrac{x-4}{2-A}=\dfrac{y}{2}=\dfrac{z-5}{B+6}$. 问$A$，$B$取何值时，才能使直线$L$同时平行于平面$3x-2y+2z=0$和平面$x+2y-3z=0$.

14. 求直线$\begin{cases}2x-4y+z=0\\3x-y-2z-9=0\end{cases}$在平面$4x-y+z=1$上的投影直线方程.

15. 确定参数λ，使直线$L_1:\dfrac{x-1}{1}=\dfrac{y+1}{2}=\dfrac{z-1}{\lambda}$和直线. $L_2:\dfrac{x+1}{1}=\dfrac{y-1}{1}=\dfrac{z}{1}$相交.

*四、阅读理解

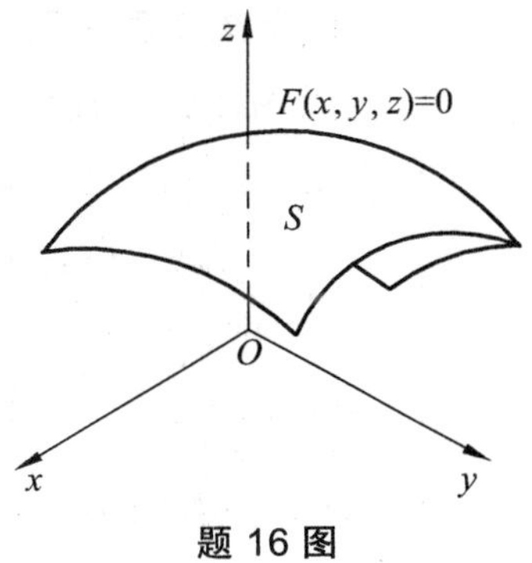

题 16 图

16. 在空间解析几何中任何曲面均可看作点的几何轨迹. 在这样的意义下，如果曲面 S 与三元方程 $F(x,y,z)=0$ 有下述关系：

（1）曲面 S 上任一点的坐标都满足方程 $F(x,y,z)=0$；

（2）不在曲面 S 上的点的坐标都不满足方程 $F(x,y,z)=0$，

则方程 $F(x,y,z)=0$ 称为曲面 S 的方程，而曲面 S 就叫作方程 $F(x,y,z)=0$ 的图形（见题 16 图）.

例如，空间一动点到定点的距离为定值，该动点的轨迹称为球面，定点叫作球心，定值叫作半径.例如，球心在点 $M_0(x_0,y_0,z_0)$，半径为 R 的球面的方程为

$$\sqrt{(x-x_0)^2+(y-y_0)^2+(z-z_0)^2}=R \text{ 或 } (x-x_0)^2+(y-y_0)^2+(z-z_0)^2=R^2.$$

求与原点 O 及 $M_0(1,1,1)$ 的距离之比为 1 : 2 的点的全体所组成的曲面方程.

本章学习自测题

一、选择题（每小题 3 分，共 24 分）

1. 点 $(1,-2,3)$ 关于 xOz 面的对称点坐标为（　　）.

A. $(1,-3,-2)$　　B. $(1,2,3)$　　C. $(1,2,-3)$　　D. $(-1,2,3)$

2. $\boldsymbol{a}$ 与 u 轴的夹角为 α，则 $Prj_u\boldsymbol{a}=$（　　）.

A. $\boldsymbol{a}\cos\alpha$　　B. $\boldsymbol{a}\sin\alpha$　　C. $|\boldsymbol{a}|\cos\alpha$　　D. $|\boldsymbol{a}|\sin\alpha$

3. 当（　　）时，有 $\boldsymbol{A}=\boldsymbol{B}$.

A. $\boldsymbol{A}\cdot\boldsymbol{C}=\boldsymbol{B}\cdot\boldsymbol{C}$　　B. $\boldsymbol{A}\times\boldsymbol{C}=\boldsymbol{B}\times\boldsymbol{C}$

C. $\boldsymbol{A}+\boldsymbol{C}=\boldsymbol{B}+\boldsymbol{C}$　　D. $\boldsymbol{A}$ 与 $\boldsymbol{B}$ 同时成立

4. 下列可以作为某个空间向量的方向角的是（　　）.

A. $30°, 45°, 60°$　　B. $45°, 60°, 90°$

C. $60°, 90°, 120°$　　D. $45°, 90°, 135°$

5. 已知 $\boldsymbol{a}=\{1,2,-1\},\boldsymbol{b}=\{k,-3,2\}$，且 $\boldsymbol{a}\perp\boldsymbol{b}$，则 $\boldsymbol{a}\times\boldsymbol{b}=$（　　）.

A. $(1,-10,-19)$　　B. $(10,19,1)$　　C. $(1,19,-10)$　　D. $(-1,19,10)$

6. 平面 $x+\sqrt{26}y+3z-3=0$ 与 xOy 面夹角为（　　）.

A. $\dfrac{\pi}{6}$　　B. $\dfrac{\pi}{4}$　　C. $\dfrac{\pi}{3}$　　D. $\dfrac{\pi}{2}$

7. 当平面 $x+my-z-9=0$ 与平面 $2x+4y-2z-3=0$ 平行时，$m=$（　　）.

A. 0　　B. 1　　C. 2　　D. 3

8. 直线 $L:\dfrac{x+2}{2}=\dfrac{y-1}{1}=\dfrac{z-5}{-3}$ 与平面 $\Pi:x+y+3z-2=$ 的位置关系为（　　）.

A. 平行　　B. 垂直　　C. 斜交　　D. L 在平面 Π 上

二、填空题（每小题 2 分，共 10 分）

1. 过点 $M(1,2,2)$ 且与 xOy 坐标面平行的平面方程为__________.

2. 若 $|\vec{a}|=1$，$|\vec{b}|=2$，$\vec{a}\cdot\vec{b}=\sqrt{2}$，则 $|\vec{a}\times\vec{b}|=$__________.

3. 直线 $\begin{cases} x+y-z+1=0, \\ 2x-y+z+4=0. \end{cases}$ 的点向式方程为__________，参数式方程为__________.

4. 直线 $\dfrac{x+2}{3}=\dfrac{y-2}{-1}=\dfrac{z+1}{2}$ 与平面 $2x+3y+z-6=0$ 的交点是________，交角为________.

5. 点 $(1,2,3)$ 到平面 $x+2y+z+4=0$ 的距离为__________.

三、解答题（每小题 6 分，共 66 分）

1. 设 $\vec{a}=\{1,2,1\},\vec{b}=\{1,0,3\},\vec{c}=\{-1,-2,0\}$，求 $(\vec{a}\times\vec{b})\cdot\vec{c}$.

2. 已知三角形的三个顶点为 $A(-1,2,3)$，$B(1,1,1)$，$C(0,0,5)$，试证 $\triangle ABC$ 为直角三角形，并求角 B.

3. 试求通过点 $(-1,3,2)$，且与 z 轴垂直相交的直线方程.

4. 求点 $(1,2,0)$ 在平面 $x+y-z+1=0$ 上的投影及关于此平面的对称点。

5. 求平面 $\dfrac{x}{a}+\dfrac{y}{b}+\dfrac{z}{c}=1$ 被三个坐标平面所截得的三角形面积（$abc\neq 0$），并求该平面与三个坐标平面所围的立体体积。

6. 求过点 $(0,2,4)$ 且与两平面 $x+2z=1$ 和 $y-3z=2$ 平行的直线方程.

7. 已知直线 $L:\begin{cases} x+5y+z=0 \\ x-z+4=0 \end{cases}$ 与平面 $\pi: x-4y-8z-9=0$，求直线 L 与平面 π 的夹角.

8. 求通过两条平行直线 $\dfrac{x-3}{2}=\dfrac{y}{1}=\dfrac{z-1}{-2}$，$\begin{cases} x-2y+3=0 \\ x+z+1=0 \end{cases}$ 的平面方程.

9. 求点 $M(2,0,4)$ 到直线 $\dfrac{x-3}{2}=\dfrac{y}{1}=\dfrac{z-1}{-2}$ 的距离.

10. 求过点 $(2,0,1)$ 与直线 $\begin{cases} 2x-3y+z-6=0 \\ 4x-2y+3z+9=0 \end{cases}$ 的平面方程.

11. 求证：直线 $\begin{cases} 5x-3y+2z-5=0 \\ 2x-y-z-1=0 \end{cases}$ 包含在平面 $4x-3y+7z-7=0$ 之内.

7　多元函数微分学

在基础模块函数微分的学习中，大家可以发现，研究的函数都是只有一个自变量的这种函数，这种函数称为一元函数. 但在现实生活以及自然科学、工程应用研究中，有很多涉及实际问题时，会遇到的相关因素是多方面的，反映到数学上，就是一个变量依赖于多个变量的情形. 这就提出了多元函数以及多元函数的微分与积分的问题.

本章中，我们将在类比一元函数微分学的基础上，讨论多元函数的微分法及其应用. 它们既有很多类似，又有不同. 后面的研讨将以二元函数为主，二元以上的多元函数，有关定义、理论和方法大多可以类推.

【学习能力目标】

（1）理解二元函数的概念，会求一些简单二元函数的定义域.

（2）了解二元函数的极限、连续的定义及其基本性质.

（3）熟练掌握显函数的一阶、高阶偏导数的求法.

（4）会求二元函数的极值，会用拉格朗日乘数法求条件极值.

（5）熟练掌握二元函数全微分的求法.

7.1　多元函数的基本概念

7.1.1　平面点集 n 维空间

1. 平面点集

坐标平面上具有某种性质 P 的点的集合称为**平面点集**，记作 $E=\{(x,y)|(x,y)\text{具有性质}P\}$. 比如，平面上到原点的距离小于等于 4 的点的集合是 $E_1=\{(x,y)|x^2+y^2\leqslant 4\}$，即表示以原点为圆心半径为 2 的圆面. 坐标平面上所有点的集合，即

$$R\times R=\{(x,y)|-\infty<x<+\infty,-\infty<y<+\infty\}.$$

下面讨论邻域.

设 $P_0(x_0,y_0)$ 是 xOy 平面上的一个点，δ 是某一正数，与点 $P_0(x_0,y_0)$ 的距离小于 δ 的点 $P(x,y)$ 的全体，称为点 P_0 的 δ 邻域，记为 $U(P_0,\delta)$，即

$$U(P_0,\delta)=\{P||PP_0|<\delta\}=\{(x,y)|\sqrt{(x-x_0)^2+(y-y_0)^2}<\delta\}$$

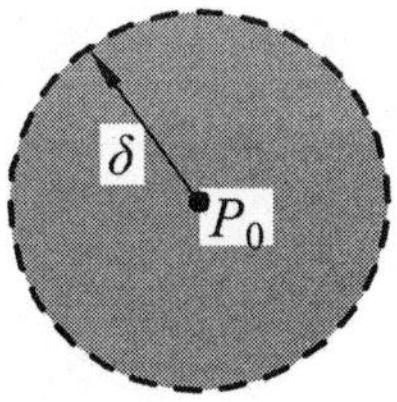

在几何上，点 P_0 的 δ **邻域**就是以点 P_0 为圆心、δ 为半径的圆的内部（见图 7.1.1）.

图 7.1.1

点 P_0 的**去心邻域**记作 $\mathring{U}(P_0,\delta)$，即

$$\mathring{U}(P_0,\delta)=\{P\big|0<\big|PP_0\big|<\delta\}$$

如果不需要强调邻域的半径，可用 $U(P_0)$ 表示点 P_0 的某个邻域，点 P_0 的去心 δ 邻域记作 $\mathring{U}(P_0)$.

设 E 为平面点集，P 为平面上的点，下面利用邻域来描述点和点集的关系.

（1）内点：如果存在点 P 的某个邻域 $U(P)$，使得 $U(P)\subset E$ 则称 P 为 E 的内点（如图 7.1.2 中，P_1 为 E 的内点）;

（2）外点：如果存在点 P 的某个邻域 $U(P)$，使得 $U(P)\cap E=\varnothing$ 则称 P 为 E 的外点（如图 7.1.2 中，P_2 为 E 的外点）;

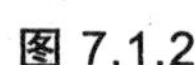

图 7.1.2

（3）边界点：如果点 P 的任一邻域内既含有属于 E 的点，又含有不属于 E 的点，则称 P 为 E 的边界点（如图 7.1.2 中，P_3 为 E 的边界点）.

E 的边界点的全体，称为 E 的边界，记作 ∂E.

（4）聚点：设 E 是平面上的一个点集，P 是平面上的一个点，如果点 P 的任何一个邻域内总有无限多个点属于点集 E，则称 P 为 E 的聚点.

由聚点的定义可知：内点一定是聚点；边界点可能是聚点；点集 E 的聚点可以属于 E，也可以不属于 E.

例如：集合 $\{(x,y)\,|\,0<x^2+y^2\leqslant 9\}$ 中，$(0,0)$ 既是边界点，也是聚点，但不属于集合；

集合 $\{(x,y)\,|\,y\leqslant x^2\}$ 中，边界上的点都是聚点，也都属于集合.

根据点集所属点的特征，下面来定义一些重要的平面点集.

开集：如果点集 E 的点都是 E 的内点，则称 E 为开集.

闭集：如果点集 E 的边界 $\partial E\subset E$，则称 E 为闭集.

连通集：如果点集 E 内任何两点，都可用折线联结起来，且该折线上的点都属于 E，则称 E 为连通集（见图 7.1.3）.

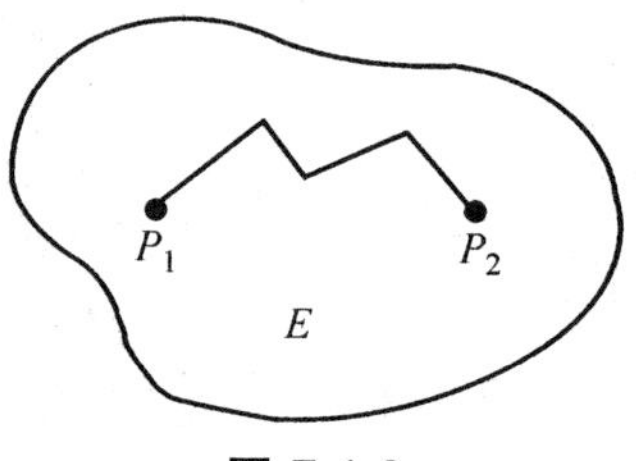

图 7.1.3

区域（或开区域）：连通的开集称为区域或开区域.

闭区域：开区域连同它的边界一起所构成的点集称为闭区域.

有界区域：对于区域 D，如果存在正数 R_0，使得 D 内任何点到原点的距离都小于 R_0，则称此区域为有界区域，否则称为无界区域.

例如，$\{(x,y)\,|\,-x<y\}$ 就是无界开区域（见图 7.1.4），而 $\{(x,y)\,|\,4\leqslant x^2+y^2\leqslant 9\}$ 是有界闭区域（见图 7.1.5）.

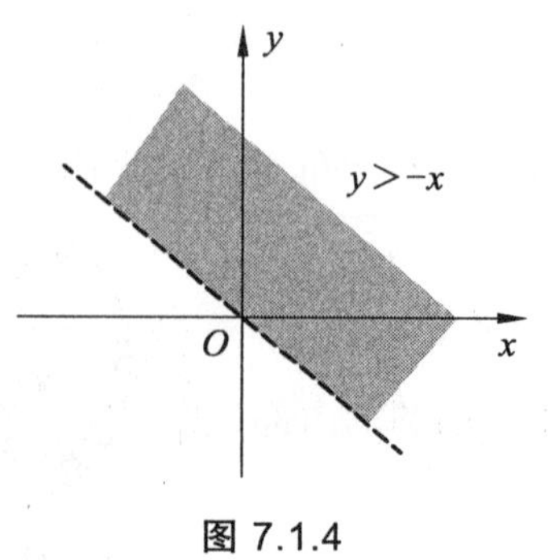

图 7.1.4

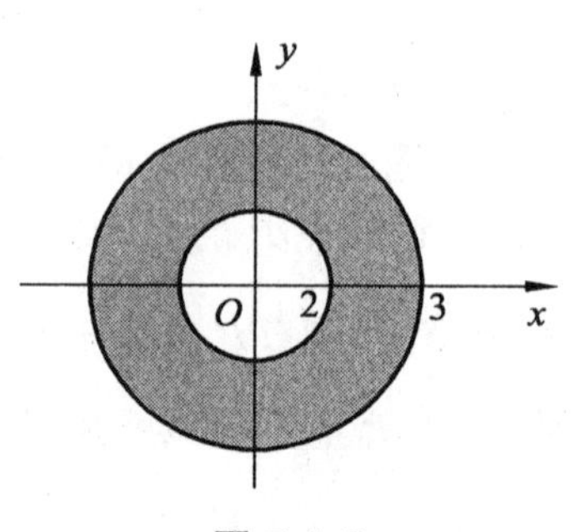

图 7.1.5

2. *n* 维空间

设 n 为取定的一个自然数，称 n 元数组 $(x_1,x_2,\cdots,x_n)$ 的全体为 n 维空间. 而每个 n 元数组 $(x_1,x_2,\cdots,x_n)$ 称为 n 维空间中的一个点，数 x_i 称为该点的第 i 个坐标.

说明：

（1）n 维空间的记号为 $\mathbf{R}^n$.

例如，二维空间 $\mathbf{R}^2=\mathbf{R}\times\mathbf{R}=\left\{(x,y)\middle|\forall x\in\mathbf{R},\forall y\in\mathbf{R}\right\}$，

三维空间 $\mathbf{R}^3=\mathbf{R}\times\mathbf{R}\times\mathbf{R}=\left\{(x,y,z)\middle|\forall x\in\mathbf{R},\forall y\in\mathbf{R},\forall z\in\mathbf{R}\right\}$.

（2）n 维空间中两点间的距离公式.

设有两点 $P(x_1,x_2,\cdots,x_n)$，$Q(y_1,y_2,\cdots,y_n)$，则两点间的距离公式为

$$|PQ|=\sqrt{(y_1-x_1)^2+(y_2-x_2)^2+\cdots+(y_n-x_n)^2}$$

特殊地，当 $n=1,2,3$ 时，便为数轴、平面、空间两点间的距离公式.

（3）n 维空间中邻域、区域等的概念.

邻域：$U(P_0,\delta)=\{P\,\big|\,|PP_0|<\delta,P\in\mathbf{R}^n\}$.

内点、边界点、区域、聚点等概念也可定义.

7.1.2 多元函数概念

实践中，我们发现有非常多的问题，不是由一个因素能决定的，而常常受到多个因素的影响. 反映到函数上，就是一个因变量经常由多个自变量来决定.

例 7.1.1 长方形的面积 S 和它的长 a、宽 b 之间具有关系：

$$S=ab$$

当 a、b 在集合 $\{(a,b)\,|\,a>0,b>0\}$ 内取值时，则有唯一的 S 与之对应.

此实际问题说明，在一定的条件下，当两个变量在允许的范围内取值时，另一个变量通过对应的法则有唯一的值与之对应. 仅从数量对应关系来考虑，可从中抽象出二元函数的定义.

定义 7.1.1 设 D 为平面上的一个非空点集，若对 D 中的任一点 (x,y)，变量 z 按照某种法则 f 总有唯一确定的值与之对应，则称 z 是变量 x,y 的二元函数，记为

$$z=f(x,y),\quad (x,y)\in D$$

其中 x,y 称为自变量，z 称为因变量，D 称为该函数的定义域.

设 $(x_0,y_0)\in D$，与 (x_0,y_0) 对应的因变量的值 z_0 称为函数 $z=f(x,y)$ 在点 (x_0,y_0) 处的函数值，记作

$$z\Big|_{\substack{x=x_0\\y=y_0}} \text{ 或 } f(x_0,y_0)\text{，即}\quad z\Big|_{\substack{x=x_0\\y=y_0}}=f(x_0,y_0)=z_0$$

函数值的集合 $\{z\,|\,z=f(x,y),(x,y)\in D\}$ 称为函数 $z=f(x,y)$ 的值域.

关于多元函数的定义域，与一元函数类似，我们做如下约定：在一般地为讨论用算式表达的二元函数时，就以使这个算式有意义的实数对 (x,y) 所构成的集合其自然定义域.

例如，函数 $z=\ln(x+y)$ 的定义域为 $\{(x,y)\,|\,x+y>0\}$（见图 7.1.4）.

类似地，可定义三元及三元以上的函数．$n\geqslant 2$时的n元函数统称为多元函数．

例 7.1.2 求函数$z=\arccos(x^2+y^2-3)+\sqrt{y-x^2}$的定义域．

解：要使解析式有意义，则

$$\begin{cases}|x^2+y^2-3|\leqslant 1\\ y-x^2\geqslant 0\end{cases}$$

故所求函数的定义域为$D=\{(x,y)\,|\,2\leqslant x^2+y^2\leqslant 4,\ y\geqslant x^2\}$，如图7.1.6所示．

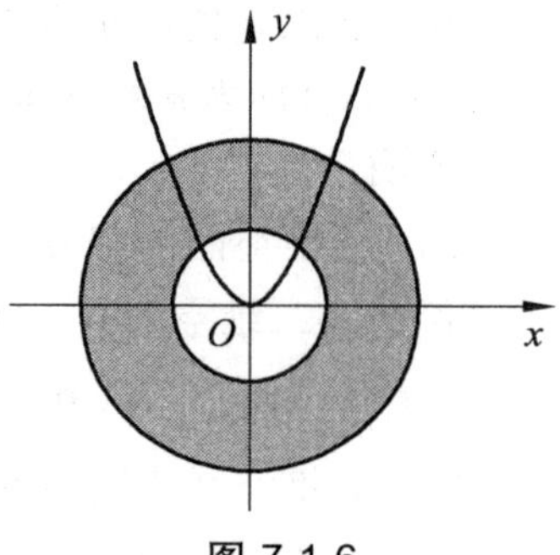

图 7.1.6

例 7.1.3 已知函数$f(x+y,xy)=x^2+y^2$，求$f(x,y)$的表达式，并求$f(1,0)$的值．

解：设$u=x+y,v=xy$，由已知可得$f(u,v)=(x+y)^2-2xy=u^2-2v$，故可得$f(x,y)=x^2-2y$，即有$f(1,0)=1$．

二元函数的几何意义：设函数$z=f(x,y)$的定义域为D，对于任意取定的$P(x,y)\in D$，对应的函数值为$z=f(x,y)$，这样，以x为横坐标、y为纵坐标、z为竖坐标就能在空间确定一点$M(x,y,z)$．当x取遍D上一切点时，得到一个空间点集$\{(x,y,z)\,|\,z=f(x,y),(x,y)\in D\}$，这个点集称为二元函数的图形．它通常是一张曲面（见图 7.1.7），该曲面在xOy面上的投影即为函数$z=f(x,y)$的定义域D．

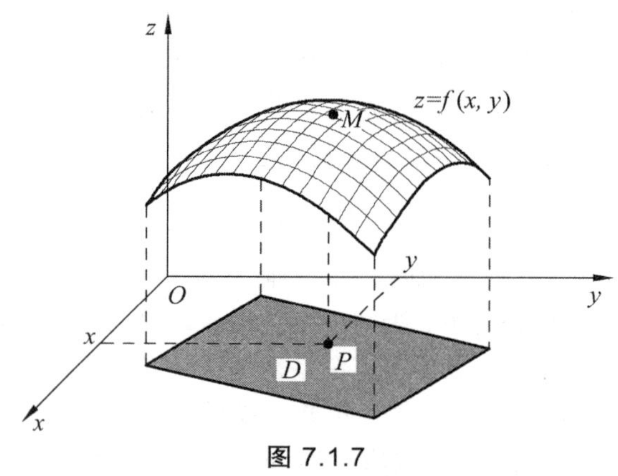

图 7.1.7

例如，二元函数$z=x+y$的图形是一张平面；二元函数$z=\sqrt{9-x^2-y^2}$的图形是上半球面．

7.1.3 多元函数的极限

与一元函数的极限概念类似，对于二元函数$z=f(x,y)$，如果当点$P(x,y)$无限趋近于点$P_0(x_0,y_0)$（记作$x\to x_0$，$y\to y_0$或$P(x,y)\to P_0(x_0,y_0)$）时，对应的函数值$f(x,y)$无限趋近于常数A（用$f(x,y)\to A$表示），那么A就叫作$f(x,y)$当$x\to x_0,y\to y_0$时的极限．

定义 7.1.2 设函数$z=f(x,y)$的定义域为D，$P_0(x_0,y_0)$是其聚点，如果存在常数A，对于$P(x,y)\to P_0(x_0,y_0)$，函数值$f(x,y)$无限趋近于常数A，即$f(x,y)\to A$，则称A为函数$z=f(x,y)$当$x\to x_0,y\to y_0$时的极限，记为

$$\lim_{\substack{x\to x_0\\ y\to y_0}} f(x,y)=A \quad \text{或} \quad \lim_{(x,y)\to(x_0,y_0)} f(x,y)=A$$

注意：

（1）定义中 $P \to P_0$ 的方式是任意的，任何方式趋于 $P_0(x_0, y_0)$ 时，二元函数 $f(x,y)$ 都无限趋于同一个常数 A. 相反，如果 $P(x,y)$ 以不同方式趋于 $P_0(x_0, y_0)$ 时，对应的函数值 $f(x,y)$ 趋于不同的常数，或者 $P(x,y)$ 以某一种特殊方式趋于 $P_0(x_0, y_0)$ 时，对应的函数值 $f(x,y)$ 不趋于确定的常数，那么就可以断定该函数 $f(x,y)$ 当 $(x,y) \to (x_0, y_0)$ 时的极限不存在.

（2）二元函数的极限也叫二重极限 $\lim\limits_{\substack{x \to x_0 \\ y \to y_0}} f(x,y)$.

（3）二元函数的极限运算法则与一元函数类似，一元函数的极限性质及极限运算法则，都可以"平行"地推广到多元函数上来.

例 7.1.4 求 $\lim\limits_{\substack{x \to 0 \\ y \to 0}}(x^2+y^2)\sin\dfrac{1}{x^2+y^2}$.

解： 由已知，定义域为 $\{(x,y) | (x,y) \neq (0,0)\}$，令 $u = x^2+y^2$，$f(x,y) = (x^2+y^2)\sin\dfrac{1}{x^2+y^2} = u\sin\dfrac{1}{u}$，当 $x \to 0, y \to 0$ 时, $u \to 0$，$\sin\dfrac{1}{u}$ 为有界函数，所以原式可化为

$$\lim_{u \to 0} u\sin\frac{1}{u} = 0.$$

例 7.1.5 讨论函数 $f(x,y) = \dfrac{xy}{x^2+y^2}$ 在点 $(0,0)$ 的极限.

解： 因为当点 $P(x,y)$ 沿直线 $y = kx$ 趋于点 $(0,0)$ 时，

$$\lim_{\substack{x \to 0 \\ y \to 0}} \frac{xy}{x^2+y^2} = \lim_{\substack{x \to 0 \\ y = kx}} \frac{kx^2}{x^2+k^2x^2} = \frac{k}{1+k^2}$$

其值随 k 的变化而变化，故此函数在点 $(0,0)$ 处极限不存在.

例 7.1.6 求 $\lim\limits_{(x,y) \to (0,3)} \dfrac{\sin(2x^2y)}{x^2}$.

解： 令 $u = 2x^2y$，当 $x \to 0, y \to 3$，$u \to 0$，则有

$$\lim_{(x,y) \to (0,3)} \frac{\sin(2x^2y)}{x^2} = \lim_{(x,y) \to (0,3)} \left[\frac{\sin(2x^2y)}{2x^2y} \cdot 2y\right] = \lim_{u \to 0} \frac{\sin u}{u} \cdot \lim_{y \to 3} 2y = 1 \cdot 6 = 6.$$

例 7.1.7 求极限 $\lim\limits_{(x,y) \to (0,0)} \dfrac{\ln(1+3x^2+3y^2)}{(x^2+y^2)}$.

解： 令 $u = x^2+y^2$，当 $x \to 0, y \to 0$ 时, $u \to 0$，

$$\lim_{(x,y) \to (0,0)} \frac{\ln(1+3x^2+3y^2)}{(x^2+y^2)} = \lim_{u \to 0} \frac{\ln(1+3u)}{u} = \lim_{u \to 0} \frac{3u}{u} = 3.$$

7.1.4 多元函数的连续性

定义 7.1.3 设二元函数 $f(P) = f(x,y)$ 的定义域为点集 D，$P_0(x_0, y_0)$ 是其聚点且 $P_0 \in D$，如果 $\lim\limits_{P \to P_0} f(P) = f(P_0)$，则称二元函数 $f(x,y)$ 在点 P_0 处连续.否则，就称函数 $z = f(x,y)$ 在点

$P_0(x_0,y_0)$处不连续，此时$P_0(x_0,y_0)$称为函数$z=f(x,y)$的间断点.

例如，前面所讨论过的函数

$$f(x,y)=\begin{cases}\dfrac{xy}{x^2+y^2}, & x^2+y^2\neq 0\\ 0, & x^2+y^2=0\end{cases}$$

当$(x,y)\to(0,0)$时的极限不存在，所以点$(0,0)$是该函数的一个间断点.

若$f(x,y)$在D内的每一点都连续，则称函数$z=f(x,y)$在D上连续. 此时，我们说$z=f(x,y)$是D上的**连续函数**.

注意：

（1）多元连续函数的和、差、积仍为连续函数.

（2）多元连续函数的商在分母不为零时仍为连续函数.

（3）多元连续函数的复合函数仍为连续函数.

由常数及具有不同自变量的一元基本初等函数经过有限次的四则运算和复合步骤而得到的可用一个式子表示的函数，称为**多元初等函数**.

一切多元初等函数在其定义区域内是连续的. 所谓定义区域是指包含在定义域内的区域或闭区域.

一般地，求$\lim\limits_{P\to P_0}f(P)$时，如果$f(P)$是初等函数，且$P_0$是$f(P)$的定义域的内点，则$f(P)$在$P_0$处连续，于是

$$\lim_{P\to P_0}f(P)=f(P_0)$$

例 7.1.8 求$\lim\limits_{(x,y)\to\left(\frac{1}{2},0\right)}f(x,y)=\arccos(\mathrm{e}^y-x)$.

解：因为$f(x,y)=\arccos(\mathrm{e}^y-x)$在$\left(\dfrac{1}{2},0\right)$处连续，所以有

$$\lim_{(x,y)\to\left(\frac{1}{2},0\right)}\arccos(\mathrm{e}^y-x)=\arccos\left(\mathrm{e}^0-\frac{1}{2}\right)=\frac{\pi}{3}.$$

例 7.1.9 求$\lim\limits_{\substack{x\to 0\\ y\to 0}}\dfrac{\sqrt{xy+1}-1}{xy}$.

解：原式$=\lim\limits_{\substack{x\to 0\\ y\to 0}}\dfrac{xy+1-1}{xy(\sqrt{xy+1}+1)}=\lim\limits_{\substack{x\to 0\\ y\to 0}}\dfrac{1}{\sqrt{xy+1}+1}=\dfrac{1}{2}$.

闭区间上的一元连续函数有许多很好的性质，这些性质可推广到多元函数，并且证明方法也与一元函数类似.

性质 1 （有界性与最大值和最小值定理）在有界闭区域D上的多元连续函数，必定在D上有界，且能取得它的最大值和最小值.

性质 2 （介值定理）在有界闭区域D上的多元连续函数必取得介于最大值和最小值之间的任何值.

习题 7.1

基础练习

1. 填空题.

（1）设 $z=\cos(xy^2)$，则 $z(0,1)=$______.

（2）函数 $u=\dfrac{x-y}{\ln(xy)}$ 的定义域为______.

（3）极限 $\lim\limits_{\substack{x\to1\\y\to0}}\dfrac{\ln(x+\mathrm{e}^y)}{\sqrt{x^2+y^2}}=$______.

（4）设 $f(x+y,x-y)=x^2-y^2$，则 $f(x,y)=$______.

（5）已知 $f(x,y)=3x+2y$，则 $f[xy,f(x,y)]=$______.

2. 求下列函数的定义域，并作出定义域所表示的图形.

（1）$z=\lg(y-2x)$；　（2）$z=\sqrt{4-x^2-y^2}$；

（3）$z=\ln(3xy)$；　（4）$z=\arccos(x+y)$；

（5）$z=\ln(x+y)+\arcsin(2-x^2-y^2)$；　（6）$z=\sqrt{y^2-x}+\ln(y-x+4)$.

3. 求下列极限：

（1）$\lim\limits_{(x,y)\to(0,0)}\dfrac{x^2+y^2}{\sqrt{1+x^2+y^2}-1}$；　（2）$\lim\limits_{\substack{x\to1\\y\to0}}\dfrac{\sin(xy^2)}{y^2}$；

（3）$\lim\limits_{(x,y)\to(0,0)}\dfrac{1-\cos(x^2+y^2)}{(x^2+y^2)^2}$；　（4）$\lim\limits_{\substack{x\to0\\y\to0}}(1-2xy)^{\frac{1}{xy}}$.

提升练习

4. 求下列函数的定义域并画出定义域的图形.

（1）$z=\sqrt{x}\ln(x+y)$；　（2）$z=\dfrac{\sqrt{4x-y^2}}{\sqrt{x-\sqrt{y}}}$；

（3）$z=\dfrac{\arcsin(1-x^2-y^2)}{\sqrt{x-y^2}}$；　（4）$z=\ln(y-x^2)+\sqrt{1-y-x^2}$.

5. 求下列各式的极限：

（1）$\lim\limits_{\substack{x\to\infty\\y\to\infty}}\dfrac{x+y}{x^2-xy+y^2}$；　（2）$\lim\limits_{\substack{x\to\infty\\y\to\infty}}\dfrac{x^2+y^2}{x^4+y^4}$；

（3）$\lim\limits_{\substack{x\to\infty\\y\to\infty}}(x^2+y^2)\mathrm{e}^{-(x+y)}$；　（4）$\lim\limits_{\substack{x\to\infty\\y\to0}}\left(1+\dfrac{2}{x}\right)^{\frac{x^2}{x+y}}$.

6. 证明下列极限不存在.

（1）$\lim\limits_{\substack{x\to0\\y\to0}}\dfrac{x^2y^2}{x^2y^2+(x-y)^2}$；　（2）$\lim\limits_{(x,y)\to(0,0)}\dfrac{\sin(x-y)}{x+y}$；

（3）$\lim\limits_{(x,y)\to(0,0)}\dfrac{x+y}{x-y}$；　　（4）$\lim\limits_{\substack{x\to0\\y\to0}}\dfrac{x^2y}{x^4+y^3}$.

7. 指出下列函数在何处间断：

（1）$z=\dfrac{1}{x^2-y}$；　　（2）$z=\cos\dfrac{1}{x+y}$.

拓展练习

8.函数 $f(x,y)=\begin{cases}\dfrac{x^2y}{x^2+y^2}, & x^2+y^2\neq0\\ 0, & x^2+y^2=0\end{cases}$ 在 $(0,0)$ 是否连续？

9.研究下列函数的连续性：

（1）$f(x,y)=\dfrac{1}{\sqrt{x^2+y^2}}$；　　（2）$f(x,y)=\dfrac{3xy}{x^2+y^2}$.

10. 求 $\lim\limits_{(x,y)\to(0,0)}\dfrac{x^2y^2}{x^2+y^2}$.

7.2　偏导数与全微分

7.2.1　偏导数的定义及其计算方法

在研究一元函数时，一元函数的导数定义为函数增量与自变量增量的比值的极限，即

$$f'(x_0)=\lim_{\Delta x\to0}\frac{\Delta y}{\Delta x}=\lim_{\Delta x\to0}\frac{f(x_0+\Delta x)-f(x_0)}{\Delta x}$$

它刻画了函数对于自变量的变化率. 对于多元函数，现实研究中，也可以讨论其变化率. 可以在其他变量固定保持不变的情形下，讨论函数对某个自变量的变化率，这种变化率就是多元函数的偏导数.

以二元函数 $z=f(x,y)$ 为例，如果只有自变量 x 变化，而自变量 y 固定（$y=y_0$ 看作常数），则函数 $z=f(x,y_0)$ 就是 x 的一元函数，该函数 $z=f(x,y)$ 对 x 的变化率（即导数）就称为函数 $z=f(x,y)$ 对 x 的偏导数. 即有如下的定义：

定义 7.2.1　设函数 $z=f(x,y)$ 在点 (x_0,y_0) 的某一邻域内有定义，当 y 固定在 y_0 而 x 在 x_0 处有增量 Δx 时，相应地函数有增量 $f(x_0+\Delta x,y_0)-f(x_0,y_0)$，如果

$$\lim_{\Delta x\to0}\frac{f(x_0+\Delta x,y_0)-f(x_0,y_0)}{\Delta x}$$

存在，则称此极限为函数 $z=f(x,y)$ 在点 (x_0,y_0) 处对 x 的偏导数，记为

$$\left.\frac{\partial z}{\partial x}\right|_{\substack{x=x_0\\y=y_0}},\quad \left.\frac{\partial f}{\partial x}\right|_{\substack{x=x_0\\y=y_0}},\quad z_x\Big|_{\substack{x=x_0\\y=y_0}}\quad 或\quad f_x(x_0,y_0)$$

同理，函数 $z=f(x,y)$ 在点 (x_0,y_0) 处对 y 的偏导数，即

$$\lim_{\Delta y \to 0} \frac{f(x_0, y_0 + \Delta y) - f(x_0, y_0)}{\Delta y}$$

记为

$$\left.\frac{\partial z}{\partial y}\right|_{\substack{x=x_0 \\ y=y_0}}, \quad \left.\frac{\partial f}{\partial y}\right|_{\substack{x=x_0 \\ y=y_0}}, \quad z_y\Big|_{\substack{x=x_0 \\ y=y_0}} \quad 或 \quad f_y(x_0, y_0)$$

如果函数 $z = f(x, y)$ 在区域 D 内任一点 (x, y) 处对 x 的偏导数都存在，那么这个偏导数就是 x, y 的函数，它就称为函数 $z = f(x, y)$ 对自变量 x 的偏导数，记作

$$\frac{\partial z}{\partial x}, \quad \frac{\partial f}{\partial x}, \quad z_x \quad 或 \quad f_x(x, y)$$

同理，函数 $z = f(x, y)$ 对自变量 y 的偏导数，记作

$$\frac{\partial z}{\partial y}, \quad \frac{\partial f}{\partial y}, \quad z_y \quad 或 \quad f_y(x, y)$$

偏导数的概念可以推广到二元以上的函数. 例如，三元函数 $u = f(x, y, z)$ 在点 (x, y, z) 处的偏导数定义为

$$f_x(x, y, z) = \lim_{\Delta x \to 0} \frac{f(x + \Delta x, y, z) - f(x, y, z)}{\Delta x}$$

$$f_y(x, y, z) = \lim_{\Delta y \to 0} \frac{f(x, y + \Delta y, z) - f(x, y, z)}{\Delta y}$$

$$f_z(x, y, z) = \lim_{\Delta z \to 0} \frac{f(x, y, z + \Delta z) - f(x, y, z)}{\Delta z}$$

由偏导数的定义可知，求多元函数对某一自变量的偏导数，只需把其他的自变量看作常数，而把函数当成该自变量的一元函数求导便可. 所以，一元函数的导数公式和运算法则对多元函数的偏导数仍然适用.

例 7.2.1 求 $z = 5x^4 - 2x^2 y + \ln xy$ 在点 $(1, 2)$ 处的偏导数.

解： 把 y 看作常量，得

$$\frac{\partial z}{\partial x} = 20x^3 - 4xy + \frac{1}{x}$$

把 x 看作常量，得

$$\frac{\partial z}{\partial y} = -2x^2 + \frac{1}{y}$$

将点 $(1, 2)$ 代入得

$$\left.\frac{\partial z}{\partial x}\right|_{\substack{x=1 \\ y=2}} = 20 \times 1 - 4 \times 1 \times 2 + 1 = 13, \qquad \left.\frac{\partial z}{\partial y}\right|_{\substack{x=1 \\ y=2}} = -2 \times 1 + \frac{1}{2} = -\frac{3}{2}$$

例 7.2.2 设 $z=\sin(xy)+\cos^2(xy)$，求 $\frac{\partial z}{\partial x},\frac{\partial z}{\partial y}$.

解： $\frac{\partial z}{\partial x}=y\cos(xy)+2\cos(xy)\cdot[-\sin(xy)]\cdot y=y[\cos(xy)-\sin(2xy)]$

$$\frac{\partial z}{\partial y}=x[\cos(xy)-\sin(2xy)]$$

例 7.2.3 设 $z=x^y\ (x>0,x\neq 1)$，求证：$\frac{x}{y}\cdot\frac{\partial z}{\partial x}+\frac{1}{\ln x}\cdot\frac{\partial z}{\partial y}=2z$.

证： 因为

$$\frac{\partial z}{\partial x}=yx^{y-1},\qquad \frac{\partial z}{\partial y}=x^y\ln x$$

所以

$$\frac{x}{y}\cdot\frac{\partial z}{\partial x}+\frac{1}{\ln x}\cdot\frac{\partial z}{\partial y}=\frac{x}{y}yx^{y-1}+\frac{1}{\ln x}x^y\ln x=x^y+x^y=2z$$

原结论成立.

例 7.2.4 已知理想气体的状态方程为 $pV=RT$（R 为常数)，求证：$\frac{\partial p}{\partial V}\cdot\frac{\partial V}{\partial T}\cdot\frac{\partial T}{\partial p}=-1$.

证： 因为 $pV=RT$，则

$$p=\frac{RT}{V}\Rightarrow\frac{\partial p}{\partial V}=-\frac{RT}{V^2},\qquad V=\frac{RT}{p}\Rightarrow\frac{\partial V}{\partial T}=\frac{R}{p},\qquad T=\frac{pV}{R}\Rightarrow\frac{\partial T}{\partial p}=\frac{V}{R}$$

所以

$$\frac{\partial p}{\partial V}\cdot\frac{\partial V}{\partial T}\cdot\frac{\partial T}{\partial p}=-\frac{RT}{V^2}\cdot\frac{R}{p}\cdot\frac{V}{R}=-\frac{RT}{pV}=-1$$

例 7.2.5 设 $u=\left(x^2+y^2\right)z^2+\sin x^2$.求 $\frac{\partial u}{\partial x},\frac{\partial u}{\partial y}$ 及 $\frac{\partial u}{\partial \dot{z}}$.

解： 先求 $\frac{\partial u}{\partial x}$，这时应将表达式中 y 与 z 均视作常数.于是

$$\frac{\partial u}{\partial x}=2xz^2+2x\cos x^2$$

类似地，我们得到

$$\frac{\partial u}{\partial y}=2yz^2,\frac{\partial u}{\partial z}=2z\left(x^2+y^2\right)$$

注意：

（1）在一元函数中，导数 $\frac{\mathrm{d}y}{\mathrm{d}x}$ 是函数 $y=f(x)$ 的微分 $\mathrm{d}y$ 与自变量的微分 $\mathrm{d}x$ 之商. 但对于

多元函数，偏导数记号 $\frac{\partial z}{\partial x},\frac{\partial z}{\partial y}$ 是一个整体记号，不能看作是分子与分母之商，单独的记号 $\partial z,\partial x,\partial y$ 没有任何意义.

（2）与一元函数类似，对于分段函数在分段点的偏导数要利用偏导数的定义来求.

（3）在一元函数微分学中，如果函数在某点存在导数，则它在该点必定连续.但对多元函数而言，即使函数在某点的各个偏导数都存在，也不能保证函数在该点连续.

例如，函数

$$f(x,y)=\begin{cases}\dfrac{xy}{x^2+y^2}, & x^2+y^2\neq 0\\ 0, & x^2+y^2=0\end{cases}$$

$$f_x(0,0)=\lim_{\Delta x\to 0}\frac{f(0+\Delta x,0)-f(0,0)}{\Delta x}=\lim_{\Delta x\to 0}\frac{0}{\Delta x}=0,$$

$$f_y(0,0)=\lim_{\Delta y\to 0}\frac{f(0,0+\Delta y)-f(0,0)}{\Delta y}=\lim_{\Delta y\to 0}\frac{0}{\Delta y}=0.$$

在点 $(0,0)$ 处 $f_x(0,0)=f_y(0,0)=0$，即 $f(x,y)$ 在点 $(0,0)$ 处的偏导数存在，但由上节的例7.1.5及函数连续定义知，$f(x,y)$ 在点 $(0,0)$ 处不连续.

二元函数 $z=f(x,y)$ 在点 (x_0,y_0) 处的偏导数有如下的几何意义：

设 $M_0(x_0,y_0,f(x_0,y_0))$ 为曲面 $z=f(x,y)$ 上一点，如图7.2.1所示，过 M_0 作平面 $y=y_0$，截此平面得一曲线. 此曲线在平面 $y=y_0$ 上的方程为 $z=f(x,y_0)$，则导数 $f_x(x_0,y_0)$ 就是该曲线在点 M_0 处的切线 M_0T_x 对 x 轴的斜率. 同样偏导数 $f_y(x_0,y_0)$ 的几何意义是曲面被平面 $x=x_0$ 所截得的曲线在点 M_0 处的切线 M_0T_y 对 y 轴的斜率.

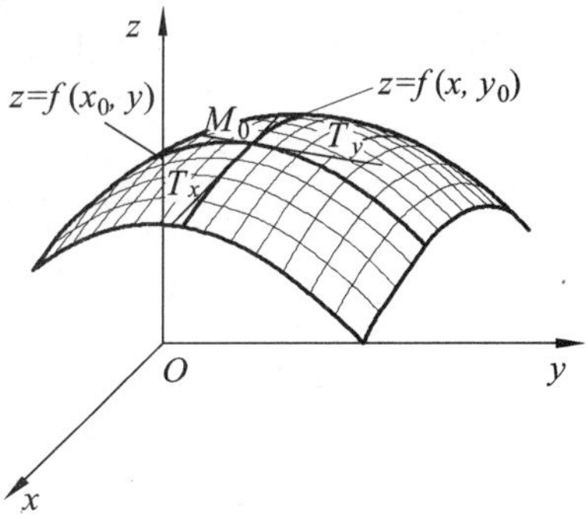

图 7.2.1

7.2.2　高阶偏导数

设函数 $z=f(x,y)$ 在区域 D 内具有偏导数

$$\frac{\partial z}{\partial x}=f_x(x,y),\quad \frac{\partial z}{\partial y}=f_y(x,y)$$

那么在 D 内 $f_x(x,y)$，$f_y(x,y)$ 都是 x,y 的函数. 如果这两个函数的偏导数也存在，则称它们是函数 $z=f(x,y)$ 的二阶偏导数. 按照对变量求导次序的不同有下列四个二阶偏导数：

$$\frac{\partial}{\partial x}\left(\frac{\partial z}{\partial x}\right)=\frac{\partial^2 z}{\partial x^2}=f_{xx}(x,y),\quad \frac{\partial}{\partial y}\left(\frac{\partial z}{\partial y}\right)=\frac{\partial^2 z}{\partial y^2}=f_{yy}(x,y)$$

$$\frac{\partial}{\partial y}\left(\frac{\partial z}{\partial x}\right)=\frac{\partial^2 z}{\partial x\partial y}=f_{xy}(x,y),\quad \frac{\partial}{\partial x}\left(\frac{\partial z}{\partial y}\right)=\frac{\partial^2 z}{\partial y\partial x}=f_{yx}(x,y)$$

其中第三、第四个偏导数称为混合偏导数.

同理可得三阶、四阶以及 n 阶偏导数. 二阶及二阶以上的偏导数统称为**高阶偏导数**.

例 7.2.6　求下列函数的 $\dfrac{\partial^2 z}{\partial x^2},\dfrac{\partial^2 z}{\partial y^2}$ 和 $\dfrac{\partial^2 z}{\partial x\partial y}$：

（1）$z=x^4+y^4-4x^2y^2$；　　（2）$z=\arctan\dfrac{y}{x}$.

解：（1）$\dfrac{\partial z}{\partial x}=4x^3-8xy^2,\dfrac{\partial z}{\partial y}=4y^3-8x^2y$；

$$\frac{\partial^2 z}{\partial x^2}=12x^2-8y^2,\frac{\partial^2 z}{\partial y^2}=12y^2-8x^2;$$

$$\frac{\partial^2 z}{\partial x\partial y}=\frac{\partial}{\partial y}\left(4x^3-8xy^2\right)=-16xy.$$

（2）
$$\frac{\partial z}{\partial x}=\frac{1}{1+\left(\frac{y}{x}\right)^2}\cdot\left(-\frac{y}{x^2}\right)=-\frac{y}{x^2+y^2},\qquad \frac{\partial z}{\partial y}=\frac{1}{1+\left(\frac{y}{x}\right)^2}\cdot\frac{1}{x}=\frac{x}{x^2+y^2},$$

$$\frac{\partial^2 z}{\partial x^2}=\frac{2xy}{(x^2+y^2)^2},\qquad \frac{\partial^2 z}{\partial y^2}=-\frac{2xy}{(x^2+y^2)^2},\qquad \frac{\partial^2 z}{\partial x\partial y}=\frac{y^2-x^2}{(x^2+y^2)^2}.$$

例 7.2.7　求函数 $z=x^y$ 的四个二阶偏导数.

解：$\dfrac{\partial z}{\partial x}=yx^{y-1},\dfrac{\partial z}{\partial y}=x^y\ln x$；

$$\frac{\partial^2 z}{\partial x^2}=\frac{\partial}{\partial x}\left(\frac{\partial z}{\partial x}\right)=y(y-1)x^{y-2},\frac{\partial^2 z}{\partial y^2}=\frac{\partial}{\partial y}\left(\frac{\partial z}{\partial y}\right)=x^y\ln^2 x,$$

$$\frac{\partial^2 z}{\partial x\partial y}=\frac{\partial}{\partial y}\left(\frac{\partial z}{\partial x}\right)=x^{y-1}+yx^{y-1}\ln x=x^{y-1}(1+y\ln x)$$

$$\frac{\partial^2 z}{\partial y\partial x}=\frac{\partial}{\partial x}\left(\frac{\partial z}{\partial y}\right)=yx^{y-1}\ln x+x^y\cdot\frac{1}{x}=x^{y-1}(1+y\ln x)$$

通过上面的例题，我们很自然地想到一个问题：混合偏导数都相等吗？

例 7.2.8　设

$$f(x,y)=\begin{cases}\dfrac{x^3y}{x^2+y^2}, & x^2+y^2\neq 0\\ 0, & x^2+y^2=0\end{cases}$$

求 $f(x,y)$ 的二阶混合偏导数.

解：当 $(x,y)\neq(0,0)$ 时，

$$f_x(x,y)=\frac{3x^2y(x^2+y^2)-2x\cdot x^3y}{(x^2+y^2)^2}=\frac{3x^2y}{x^2+y^2}-\frac{2x^4y}{(x^2+y^2)^2}$$

$$f_y(x,y)=\frac{x^3}{x^2+y^2}-\frac{2x^3y^2}{(x^2+y^2)^2}$$

当 $(x,y)=(0,0)$ 时，由定义可知：

$$f_x(0,0)=\lim_{\Delta x\to 0}\frac{f(\Delta x,0)-f(0,0)}{\Delta x}=\lim_{\Delta x\to 0}\frac{0}{\Delta x}=0$$

$$f_y(0,0)=\lim_{\Delta y\to 0}\frac{f(0,\Delta y)-f(0,0)}{\Delta y}=\lim_{\Delta y\to 0}\frac{0}{\Delta y}=0$$

$$f_{xy}(0,0)=\lim_{\Delta y\to 0}\frac{f_x(0,\Delta y)-f_x(0,0)}{\Delta y}=0$$

$$f_{yx}(0,0)=\lim_{\Delta x\to 0}\frac{f_y(\Delta x,0)-f_y(0,0)}{\Delta x}=1$$

显然 $f_{xy}(0,0)\neq f_{yx}(0,0)$.

由此例可知，不是所有的二元函数的混合偏导数都相等. 如果函数对应的混合偏导数相等，那么这些函数应具备怎样的条件?

定理 7.2.1 如果函数 $z=f(x,y)$ 的两个二阶混合偏导数 $\frac{\partial^2 z}{\partial y\partial x}$ 及 $\frac{\partial^2 z}{\partial x\partial y}$ 在区域 D 内连续，那么在该区域内这两个二阶混合偏导数必相等.

这个定理说明，二阶混合偏导数在连续条件下与求偏导数的次序无关. 另外，高阶混合偏导数也有相应的结论.

例 7.2.9 验证函数 $u(x,y)=\ln\sqrt{x^2+y^2}$ 满足拉普拉斯方程 $\frac{\partial^2 u}{\partial x^2}+\frac{\partial^2 u}{\partial y^2}=0$.

解：因为 $\ln\sqrt{x^2+y^2}=\frac{1}{2}\ln(x^2+y^2)$ ，所以

$$\frac{\partial u}{\partial x}=\frac{x}{x^2+y^2},\qquad \frac{\partial u}{\partial y}=\frac{y}{x^2+y^2}$$

$$\frac{\partial^2 u}{\partial x^2}=\frac{(x^2+y^2)-x\cdot 2x}{(x^2+y^2)^2}=\frac{y^2-x^2}{(x^2+y^2)^2}$$

$$\frac{\partial^2 u}{\partial y^2}=\frac{(x^2+y^2)-y\cdot 2y}{(x^2+y^2)^2}=\frac{x^2-y^2}{(x^2+y^2)^2}$$

因此

$$\frac{\partial^2 u}{\partial x^2}+\frac{\partial^2 u}{\partial y^2}=0$$

说明：方程 $\frac{\partial^2 u}{\partial x^2}+\frac{\partial^2 u}{\partial y^2}=0$ 称为拉普拉斯方程，它代表数学物理方程中的一类很重要的方程，若引入记号（算子）$\Delta=\frac{\partial^2}{\partial x^2}+\frac{\partial^2}{\partial y^2}$ ，则拉普拉斯方程可写成 $\Delta u=0$.上述算子也称为拉普拉斯算子.

7.2.3 全微分

在现实问题中，我们会经常遇到需考虑用 Δx、Δy 的线性函数来代替全增量 Δz 的问题，即多元函数的线性逼近.

在多元函数上讨论偏导数，是针对一个自变量的变化率，在这个过程中只有一个自变量在变化，而其他自变量固定. 然而在实际问题中，往往需要研究多元函数中所有自变量都变化时，函数值的变化情况. 为此引入多元函数的全微分概念.

1. 全微分的定义

在定义二元函数 $z=f(x,y)$ 的偏导数时，对其中某个自变量的偏导数，表示为当另一个自变量固定时，函数相对于该自变量的变化率. 由一元函数微分学中增量与微分的关系可知

$$f(x+\Delta x,y)-f(x,y)\approx f_x(x,y)\Delta x$$

$$f(x,y+\Delta y)-f(x,y)\approx f_y(x,y)\Delta y$$

上面两式的左端分别称为二元函数对 x 和对 y 的偏增量，而右端分别称为二元函数对 x 和对 y 的偏微分.

对于二元函数 $z=f(x,y)$，设 f 在点 $P(x,y)$ 的某邻域内有定义，并设 $P'(x+\Delta x,y+\Delta y)$ 为该邻域内的任意一点，我们称

$$f(x+\Delta x,y+\Delta y)-f(x,y)$$

为函数 f 在点 P 对应于自变量增量 $\Delta x,\Delta y$ 的**全增量**，记为 Δz，即

$$\Delta z=f(x+\Delta x,y+\Delta y)-f(x,y) \tag{7.2.1}$$

一般来说，计算全增量比较复杂.与一元函数的情形类似，我们也希望利用关于自变量增量 Δx、Δy 的线性函数来近似地代替函数的全增量 Δz，由此引入关于二元函数全微分的定义.

定义 7.2.2 设函数 $z=f(x,y)$ 在点 (x,y) 的某邻域内有定义，如果函数在点 (x,y) 的全增量

$$\Delta z=f(x+\Delta x,y+\Delta y)-f(x,y)$$

可以表示为

$$\Delta z=A\Delta x+B\Delta y+o(\rho) \tag{7.2.2}$$

其中 A,B 不依赖于 $\Delta x,\Delta y$ 而仅与 x,y 有关，$\rho=\sqrt{(\Delta x)^2+(\Delta y)^2}$，则称函数 $z=f(x,y)$ 在点 (x,y) 可微分，$A\Delta x+B\Delta y$ 称为函数 $z=f(x,y)$ 在点 (x,y) 的全微分，记为 $\mathrm{d}z$，即

$$\mathrm{d}z=A\Delta x+B\Delta y$$

函数若在某区域 D 内各点处处可微分，则称该函数在 D 内可微分.

2. 函数可微的条件

在研讨一元函数的微分时，微分、导数、连续的关系是：如果函数在某一点可微，则在该点处必连续，且在该点处可导，对二元函数也有类似的性质.

定理 7.2.2（必要条件） 如果函数 $z=f(x,y)$ 在点 (x,y) 处可微分，则

（1）函数 $z=f(x,y)$ 在点 (x,y) 连续；

（2）函数 $z=f(x,y)$ 的两个偏导数 $\dfrac{\partial z}{\partial x}$、$\dfrac{\partial z}{\partial y}$ 都存在，且 $z=f(x,y)$ 在点 (x,y) 处的全微分为

$$\mathrm{d}z=\frac{\partial z}{\partial x}\Delta x+\frac{\partial z}{\partial y}\Delta y \tag{7.2.3}$$

证：（1）设函数 $z=f(x,y)$ 在点 (x,y) 处可微分，则有

$$\Delta z=A\Delta x+B\Delta y+o(\rho)$$

即

$$\lim_{(\Delta x,\Delta y)\to(0,0)} f(x+\Delta x,y+\Delta y)=\lim_{(\Delta x,\Delta y)\to(0,0)}(f(x,y)+\Delta z)=f(x,y)$$

因此函数 $z=f(x,y)$ 在点 (x,y) 处连续.

（2）设函数 $z=f(x,y)$ 在点 (x,y) 处可微分，则有

$$f(x+\Delta x,y+\Delta y)-f(x,y)=A\Delta x+B\Delta y+o(\rho)$$

在上式中令 $\Delta y=0$，即

$$f(x+\Delta x,y)-f(x,y)=A\Delta x+o(|\Delta x|)$$

两边同除以 Δx，再令 $\Delta x\to 0$，于是有

$$\lim_{\Delta x\to 0}\frac{f(x+\Delta x,y)-f(x,y)}{\Delta x}=A+\lim_{\Delta x\to 0}\frac{o(|\Delta x|)}{\Delta x}=A$$

所以 $\dfrac{\partial z}{\partial x}$ 存在，且 $\dfrac{\partial z}{\partial x}=A$.

同理可证 $\dfrac{\partial z}{\partial y}$ 存在，且 $\dfrac{\partial z}{\partial y}=B$.

因此
$$\mathrm{d}z=\frac{\partial z}{\partial x}\Delta x+\frac{\partial z}{\partial y}\Delta y.$$

但是，两个偏导数 $\dfrac{\partial z}{\partial x}$ 和 $\dfrac{\partial z}{\partial y}$ 存在，并不能保证函数 $z=f(x,y)$ 在 (x,y) 处可微. 例如，在前面我们已经求得，函数

$$f(x,y)=\begin{cases}\dfrac{xy}{x^2+y^2}, & (x,y)\neq(0,0)\\ 0, & (x,y)=(0,0)\end{cases}$$

在 $(0,0)$ 处的两个偏导数 $f_x(0,0)$ 和 $f_y(0,0)$ 存在，而它在点 $(0,0)$ 处不连续，所以在点 $(0,0)$ 处不可微.

我们知道，一元函数在某点可导是在该点可微的充分必要条件. 但对于多元函数则不然. 二元函数的各偏导数存在只是全微分存在的必要条件而不是充分条件.

由此可见，对于多元函数而言，偏导数存在并不一定可微．因为函数的偏导数仅描述了函数在一点处沿坐标轴的变化率，而全微分描述了函数沿各个方向的变化情况．但如果对偏导数再加些条件，就可以保证函数的可微性．

定理 7.2.3（充分条件） 如果函数 $z=f(x,y)$ 的偏导数 $\dfrac{\partial z}{\partial x}$、$\dfrac{\partial z}{\partial y}$ 在点 (x,y) 存在且连续，则函数在该点处可微分．

证：由已知函数的偏导数在点 (x,y) 连续，有

$$\begin{aligned}\Delta z&=f(x+\Delta x,y+\Delta y)-f(x,y)\\&=[f(x+\Delta x,y+\Delta y)-f(x,y+\Delta y)]+[f(x,y+\Delta y)-f(x,y)]\end{aligned}$$

在第一个方括号内，应用拉格朗日中值定理得

$$\begin{aligned}f(x+\Delta x,y+\Delta y)-f(x,y+\Delta y)&=f_x(x+\theta_1\Delta x,y+\Delta y)\Delta x\quad(0<\theta_1<1)\\&=f_x(x,y)\Delta x+\varepsilon_1\Delta x\text{（依偏导数的连续性）}\end{aligned}\tag{7.2.4}$$

其中 ε_1 为 $\Delta x,\Delta y$ 的函数，且当 $\Delta x\to 0,\Delta y\to 0$ 时，$\varepsilon_1\to 0$．

同理在第二个方括号内，应用拉格朗日中值定理

$$f(x,y+\Delta y)-f(x,y)=f_y(x,y)\Delta y+\varepsilon_2\Delta y\tag{7.2.5}$$

其中 ε_2 为 Δy 的函数，当 $\Delta y\to 0$ 时，$\varepsilon_2\to 0$．

由（7.2.4）、（7.2.5）两式，可得

$$\Delta z=f_x(x,y)\Delta x+f_y(x,y)\Delta y+\varepsilon_1\Delta x+\varepsilon_2\Delta y\tag{7.2.6}$$

其中

$$\left|\frac{\varepsilon_1\Delta x+\varepsilon_2\Delta y}{\rho}\right|\leqslant|\varepsilon_1|+|\varepsilon_2|\xrightarrow{\rho\to 0}0$$

故函数 $z=f(x,y)$ 在点 (x,y) 处可微．

习惯上，记全微分为

$$\mathrm{d}z=\frac{\partial z}{\partial x}\mathrm{d}x+\frac{\partial z}{\partial y}\mathrm{d}y$$

通常我们把二元函数的全微分等于它的两个偏微分之和这件事称为二元函数的微分符合叠加原理．叠加原理也适用于二元以上函数的情况．全微分的定义可推广到三元及三元以上函数，如三元函数 $u=f(x,y,z)$ 可微分，则它的全微分为

$$\mathrm{d}u=\frac{\partial u}{\partial x}\mathrm{d}x+\frac{\partial u}{\partial y}\mathrm{d}y+\frac{\partial u}{\partial z}\mathrm{d}z$$

3. 全微分的计算

例 7.2.10 计算下列函数的全微分．

（1）$z=x^y$ 在点 $(2,1)$ 处；（2）$z=\sin(x^2y)$ 在点 $\left(1,\dfrac{\pi}{4}\right)$ 处．

解：（1）因为 $f_x(x,y)=yx^{y-1}, f_y(x,y)=x^y\ln x$，所以

$$f_x(2,1)=1, f_y(2,1)=2\ln 2$$

从而所求全微分为

$$\mathrm{d}z=\mathrm{d}x+2\ln 2\mathrm{d}y$$

（2）因为 $f_x(x,y)=2xy\cos(x^2y),\ f_y(x,y)=x^2\cos(x^2y)$，所以

$$f_x\left(1,\frac{\pi}{4}\right)=\frac{\sqrt{2}}{4}\pi, f_y\left(1,\frac{\pi}{4}\right)=\frac{\sqrt{2}}{2}$$

则全微分为

$$\mathrm{d}z=\frac{\sqrt{2}}{4}\pi\mathrm{d}x+\frac{\sqrt{2}}{2}\mathrm{d}y$$

例 7.2.11　求 $u=\left(\dfrac{y}{x}\right)^z$ 在点 $(1,2,-1)$ 处的全微分.

解： $\dfrac{\partial u}{\partial x}=z\left(\dfrac{y}{x}\right)^{z-1}\cdot\left(-\dfrac{y}{x^2}\right),\ \dfrac{\partial u}{\partial y}=z\left(\dfrac{y}{x}\right)^{z-1}\cdot\dfrac{1}{x},\ \dfrac{\partial u}{\partial z}=\left(\dfrac{y}{x}\right)^z\cdot\ln\left(\dfrac{y}{x}\right).$

它们在 $(1,2,-1)$ 的邻域内都连续，故函数在 $(1,2,-1)$ 处可微. 另外一方面，

$$\left.\frac{\partial u}{\partial x}\right|_{(1,2,-1)}=\frac{1}{2},\ \left.\frac{\partial u}{\partial y}\right|_{(1,2,-1)}=-\frac{1}{4},\ \left.\frac{\partial u}{\partial z}\right|_{(1,2,-1)}=\frac{1}{2}\ln 2$$

所以，我们得到

$$\left.\mathrm{d}u\right|_{(1,2,-1)}=\frac{1}{2}\mathrm{d}x-\frac{1}{4}\mathrm{d}y+\frac{1}{2}\ln 2\mathrm{d}z$$

习题 7.2

基础练习

1. 填空题.

（1）设 $z=3xy^3-2x^2+4y$，则 $\dfrac{\partial z}{\partial x}=$______，$\dfrac{\partial z}{\partial y}=$______，$\dfrac{\partial z}{\partial x\partial y}=$______，$\dfrac{\partial^2 z}{\partial y^2}=$______.

（2）二元函数可微是偏导数存在__________条件，两个偏导数存在且连续是二元函数可微的______条件.

（3）设 $u=\mathrm{e}^{2x+xy^2}$，则全微分 $\mathrm{d}u=$____________________.

（4）设 $f(x,y)=\ln\left(x+\dfrac{y}{2x}\right)$，则 $f_y(1,0)=$____________________.

（5）设 $f(x,y,z)=x+y+z-\sqrt{x^2+y^2+z^2}$，则 $f_y(1,1,1)=$____________________.

2. 求下列函数的偏导数及全微分：

（1）$z = x\cos 2y^2$；　（2）$z = \ln(x^2 + y^2)$；　（3）$z = \dfrac{y}{x^2 + y^2}$；

（4）$z = \arcsin(x^3 y)$；　（5）$u = y^{\frac{x}{z}}$；　（6）$z = \dfrac{e^{xy}}{e^{2x} + e^y}$.

3. 计算下列函数的偏导数及全微分：

（1）设 $f(x,y) = \ln\left(2 + \dfrac{y^2}{x}\right)$，在点 $(1,2)$ 处；　（2）$z = \dfrac{2y}{y + \cos x}$，在点 $\left(\dfrac{\pi}{2},1\right)$ 处;

（3）$f(x,y,z) = \ln(xy + z)$，在点 $(2,1,0)$ 处.

4. 求下列函数的二阶偏导数：

（1）$f(x,y) = \ln(5x^3 + 3y)$；　（2）$f(x,y) = x\cos y + e^{xy}$；

（3）$f(x,y) = xy^2 - x^3 + \ln\left(x^2 + 1\right)$；　（4）$f(x,y) = x\ln(xy)$.

提升练习

5. 设 $z = xy\sin\dfrac{y^2}{x^2}$，求 $x\dfrac{\partial z}{\partial x} + y\dfrac{\partial z}{\partial y}$.

6. 求 $z = e^{ax}\cos by$ 的二阶偏导.

7. 求下列函数的全微分:

（1）$z = \tan xy + \dfrac{x}{y}$；　（2）$z = 2^{\frac{y}{x}}$；　（3）$z = \dfrac{x}{\sqrt{x^2 + y^2}}$；　（4）$u = x^{y^z}$.

8. 设 $z = xy^3 + e^{xy}$，求 $\dfrac{\partial^2 z}{\partial x^2}$，$\dfrac{\partial^2 z}{\partial x \partial y}$，$\dfrac{\partial^2 z}{\partial y \partial x}$，$\dfrac{\partial^2 z}{\partial y^2}$ 及 $\dfrac{\partial^3 z}{\partial x^3}$.

9. 求函数 $z = \ln\sqrt{x^2 + y^2 + z^2}$ 的全微分.

10. 验证 $u = z\arctan\dfrac{x}{y}$ 满足 $\dfrac{\partial^2 u}{\partial x^2} + \dfrac{\partial^2 u}{\partial y^2} + \dfrac{\partial^2 u}{\partial z^2} = 0$.

拓展练习

11. 设函数 $f(x,y) = \sqrt{x^2 + y^2}$，证明 $f(x,y)$ 在点 $(0,0)$ 处连续，但 $f_x'(0,0)$ 与 $f_y'(0,0)$ 都不存在.

12. 设函数

$$f(x,y) = \begin{cases} \dfrac{xy^2}{x^2 + y^4}, (x,y) \neq (0,0) \\ 0, \qquad (x,y) = (0,0) \end{cases}$$

证明：（1）$f_x'(0,0)$ 与 $f_y'(0,0)$ 都存在；（2）$f(x,y)$ 在点 $(0,0)$ 处不连续.

13. 阅读理解：由全微分定义可知，当 $z = f(x,y)$ 可微分且 $|\Delta x|$ 及 $|\Delta y|$ 很小时，有二元函数的函数值增量的近似计算公式

$$\Delta z \approx dz = f_x(x,y)\Delta x + f_y(x,y)\Delta y$$

又因为 $\Delta z = f(x+\Delta x, y+\Delta y) - f(x,y)$，则有二元函数的函数值近似计算公式

$$f(x+\Delta x, y+\Delta y) \approx f(x,y) + f_x(x,y)\Delta x + f_y(x,y)\Delta y$$

根据上式，计算 $(1.03)^{2.022}$ 的近似值.

7.3 多元复合函数的求导法则

在一元复合函数的求导，我们采用的是链式法则. 现在将一元复合函数的链式求导法则推广到多元函数中，它在多元复合函数的求导中同样起着重要作用.

7.3.1 复合函数中间变量为一元函数复合的情形

定理 7.3.1 如果函数 $u=\phi(t)$ 及 $v=\varphi(t)$ 都在点 t 可导，函数 $z=f(u,v)$ 在对应点 (u,v) 具有连续偏导数，则复合函数 $z=f[\phi(t),\varphi(t)]$ 在对应点 t 可导，且其导数可用下列公式计算：

$$\frac{\mathrm{d}z}{\mathrm{d}t} = \frac{\partial z}{\partial u}\cdot\frac{\mathrm{d}u}{\mathrm{d}t} + \frac{\partial z}{\partial v}\cdot\frac{\mathrm{d}v}{\mathrm{d}t} \tag{7.3.1}$$

对于此定理我们不做证明，只用结构图来做一下说明.

公式(7.3.1)的右边是偏导数与导数乘积的和式，它与函数自身的结构有密切的关系 z 是 u、v 的二元函数，而 u 和 v 都是 t 的一元函数，我们用函数的结构图来表示，就是

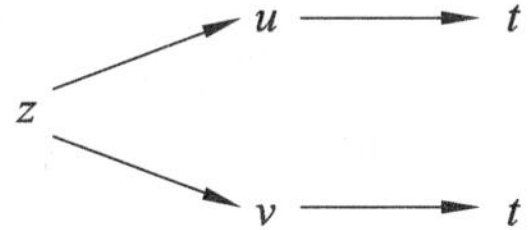

从结构图中可以看出，z 通过中间变量 u 和 v 到达 t 有两条“路径”，而公式（7.3.1）右侧恰好有两式相加，而每条“路径”上都是两项的乘积，是对应的函数的偏导数和导数的乘积.

上面定理的结论可推广到中间变量多于两个的情况.例如，设由 $z=f(u,v,w)$，$u=\phi(t)$，$v=\varphi(t)$，$w=\omega(t)$ 复合而得复合函数 $z=f[\phi(t),\varphi(t),\omega(t)]$，则在与定理相类似的条件下，求复合函数在点 t 的全导数，函数的结构图是

u ⟶ t
z ⟶ v ⟶ t
w ⟶ t

从函数的结构图中可以看出，由 z 经中间变量 u、v、w 到达 t 有三条“路径”，因此公式中应该是三项之和，则全导数公式为

$$\frac{\mathrm{d}z}{\mathrm{d}t} = \frac{\partial z}{\partial u}\cdot\frac{\mathrm{d}u}{\mathrm{d}t} + \frac{\partial z}{\partial v}\cdot\frac{\mathrm{d}v}{\mathrm{d}t} + \frac{\partial z}{\partial \omega}\cdot\frac{\mathrm{d}\omega}{\mathrm{d}t} \tag{7.3.2}$$

以上公式中的导数 $\frac{\mathrm{d}z}{\mathrm{d}t}$ 称为全导数.

上述定理还可推广到中间变量不是一元函数而是多元函数的情况.

例 7.3.1 设 $z=\sin uv$，而 $u=\mathrm{e}^t, v=\sqrt{t}$，求 $\dfrac{\mathrm{d}z}{\mathrm{d}t}$.

解： $\dfrac{\mathrm{d}z}{\mathrm{d}x}=\dfrac{\partial z}{\partial u}\cdot\dfrac{\mathrm{d}u}{\mathrm{d}t}+\dfrac{\partial z}{\partial v}\cdot\dfrac{\mathrm{d}v}{\mathrm{d}t}$.

$\dfrac{\partial z}{\partial u}=v\cos uv, \dfrac{\mathrm{d}u}{\mathrm{d}t}=\mathrm{e}^t, \dfrac{\partial z}{\partial v}=u\cos uv, \dfrac{\mathrm{d}u}{\mathrm{d}t}=\dfrac{1}{2\sqrt{t}}$.

$\dfrac{\mathrm{d}z}{\mathrm{d}t}=v\mathrm{e}^t\cos uv+u\cos uv\cdot\dfrac{1}{2\sqrt{t}}=\sqrt{t}\mathrm{e}^t\cos\sqrt{t}\mathrm{e}^t+\dfrac{\mathrm{e}^t}{2\sqrt{t}}\cos\sqrt{t}\mathrm{e}^t$.

例 7.3.2 设 $z=\arcsin(x-y)$，而 $x=3t, y=4t^3$，求 $\dfrac{\mathrm{d}z}{\mathrm{d}t}$.

解： $\dfrac{\mathrm{d}z}{\mathrm{d}t}=\dfrac{\partial z}{\partial x}\cdot\dfrac{\mathrm{d}x}{\mathrm{d}t}+\dfrac{\partial z}{\partial y}\cdot\dfrac{\mathrm{d}y}{\mathrm{d}t}=\dfrac{3}{\sqrt{1-(x-y)^2}}-\dfrac{12t^2}{\sqrt{1-(x-y)^2}}=\dfrac{3\left(1-4t^2\right)}{\sqrt{1-\left(3t-4t^3\right)^2}}$.

7.3.2 复合函数的中间变量为多元函数的情形

定理 7.3.2 如果 $u=\phi(x,y)$ 及 $v=\varphi(x,y)$ 都在点 (x,y) 具有对 x 和 y 的偏导数，且函数 $z=f(u,v)$ 在对应点 (u,v) 具有连续偏导数，则复合函数 $z=f[\phi(x,y),\varphi(x,y)]$ 在对应点 (x,y) 的两个偏导数存在，且可用下列公式计算

$$\frac{\partial z}{\partial x}=\frac{\partial z}{\partial u}\cdot\frac{\partial u}{\partial x}+\frac{\partial z}{\partial v}\cdot\frac{\partial v}{\partial x} \tag{7.3.3}$$

$$\frac{\partial z}{\partial y}=\frac{\partial z}{\partial u}\cdot\frac{\partial u}{\partial y}+\frac{\partial z}{\partial v}\cdot\frac{\partial v}{\partial y} \tag{7.3.4}$$

此定理中的复合函数的结构图是

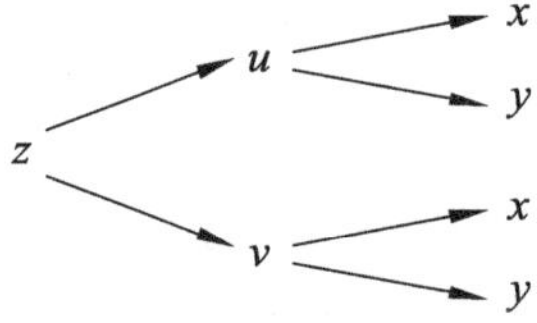

我们可以借助函数结构图，利用前面分析的方法与结论，直接写出式（7.3.3）和式（7.3.4）的求导公式.

类似地可以再推广，设 $u=\phi(x,y), v=\varphi(x,y), w=\omega(x,y)$ 都在点 (x,y) 具有对 x 和 y 的偏导数，复合函数 $z=f[\phi(x,y),\varphi(x,y),\omega(x,y)]$ 在对应点 (x,y) 的两个偏导数存在，且可用下列公式计算

$$\frac{\partial z}{\partial x}=\frac{\partial z}{\partial u}.\frac{\partial u}{\partial x}+\frac{\partial z}{\partial v}\cdot\frac{\partial v}{\partial x}+\frac{\partial z}{\partial \omega}\cdot\frac{\partial \omega}{\partial x} \tag{7.3.5}$$

$$\frac{\partial z}{\partial y}=\frac{\partial z}{\partial u}\cdot\frac{\partial u}{\partial y}+\frac{\partial z}{\partial v}\cdot\frac{\partial v}{\partial y}+\frac{\partial z}{\partial \omega}\cdot\frac{\partial \omega}{\partial y} \tag{7.3.6}$$

例 7.3.3 设 $z=u^2\ln v$，其中 $u=xy^2,v=\dfrac{y}{x}$. 求 $\dfrac{\partial z}{\partial x}$ 及 $\dfrac{\partial z}{\partial y}$.

解：根据复合函数求导规则，有

$$\frac{\partial z}{\partial x}=2u\cdot y^2\ln v+u^2\frac{1}{v}\left(-\frac{y}{x^2}\right)=2xy^4\ln\frac{y}{x}+x^2y^4\frac{x}{y}\left(-\frac{y}{x^2}\right)=2xy^4\ln\frac{y}{x}-xy^4$$

$$\frac{\partial z}{\partial y}=4u\cdot xy\ln v+u^2\frac{1}{v}\left(\frac{1}{x}\right)=4x^2y^2\ln\frac{y}{x}+x^2y^4\frac{x}{y}\left(\frac{1}{x}\right)=4x^2y^2\ln\frac{y}{x}+x^2y^3$$

7.3.3 复合函数的中间变量既有一元函数也有多元函数的情形

定理 7.3.3 如果 $u=\phi(x,y)$ 在点 (x,y) 具有对 x 和 y 的偏导数，函数 $v=\varphi(y)$ 在点 y 可导，函数 $z=f(u,v)$ 在对应点 (u,v) 具有连续偏导数，则复合函数 $z=f[\phi(x,y),\varphi(y)]$ 在对应点 (x,y) 的两个偏导数都存在，且有

$$\frac{\partial z}{\partial x}=\frac{\partial z}{\partial u}\cdot\frac{\partial u}{\partial x} \tag{7.3.7}$$

$$\frac{\partial z}{\partial y}=\frac{\partial z}{\partial u}\cdot\frac{\partial u}{\partial y}+\frac{\partial z}{\partial v}\cdot\frac{\mathrm{d}v}{\mathrm{d}y} \tag{7.3.8}$$

上述情形是情形 2 的特例，其中因为 $v=\varphi(y)$ 只是关于 y 的一元函数而与自变量 x 无关，所以 $\dfrac{\partial v}{\partial x}=0$；而在 $v=\varphi(y)$ 对 y 求导时，由于是一元函数，故导数形式写成 $\dfrac{\mathrm{d}v}{\mathrm{d}y}$ 而不是 $\dfrac{\partial v}{\partial y}$.

该复合函数的结构图为

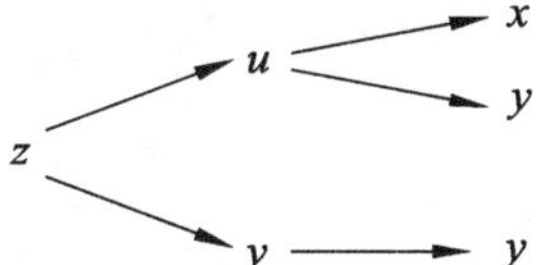

在情形 3 中还会遇到这样的情形：复合函数的某些中间变量本身又是复合函数的自变量. 例如

$$z=f(u,x,y)$$

这时可看作情形 2 的特殊情形：$z=f(u,v,w)$，这里 $u=\phi(x,y)$, $v=x$, $w=y$，因此由式（7.3.5）、（7.3.6）得

$$\frac{\partial z}{\partial x}=\frac{\partial f}{\partial u}\cdot\frac{\partial u}{\partial x}+\frac{\partial f}{\partial x},$$

$$\frac{\partial z}{\partial y}=\frac{\partial f}{\partial u}\cdot\frac{\partial u}{\partial y}+\frac{\partial f}{\partial y}$$

注意：这里 $\dfrac{\partial z}{\partial x}$ 与 $\dfrac{\partial f}{\partial x}$ 是不同的，$\dfrac{\partial z}{\partial x}$ 是把复合函数 $z=f[\phi(x,y),x,y]$ 中的 y 看作常量而对 x 的偏导数，$\dfrac{\partial f}{\partial x}$ 是把 $f(u,x,y)$ 中的 u 及 y 看作常量而对 x 的偏导数. $\dfrac{\partial z}{\partial y}$ 与 $\dfrac{\partial f}{\partial y}$ 也有类似的区别.

例 7.3.4　设 $z=\mathrm{e}^u\cos v$，而 $u=x^3y,\ v=y^3$，求 $\dfrac{\partial z}{\partial x}$ 和 $\dfrac{\partial z}{\partial y}$.

解： $\dfrac{\partial z}{\partial x}=\dfrac{\partial z}{\partial u}\cdot\dfrac{\partial u}{\partial x}=\mathrm{e}^u\cos v\cdot 3x^2y=\mathrm{e}^{x^3y}\cos y^3$.

$\dfrac{\partial z}{\partial y}=\dfrac{\partial z}{\partial u}\cdot\dfrac{\partial u}{\partial y}+\dfrac{\partial z}{\partial v}\cdot\dfrac{\partial v}{\partial y}=\mathrm{e}^u\cos v\cdot x^3-\mathrm{e}^u\sin v\cdot 3y^2=x^3\mathrm{e}^{x^3y}\cos y^3-3y^2\mathrm{e}^{x^3y}\sin y^3$.

例 7.3.5　设 $z=f(x,y,u)=\sin x+\tan y-u^5$，而 $u=2x-3y$，求 $\dfrac{\partial z}{\partial x}$ 和 $\dfrac{\partial z}{\partial y}$.

解： $\dfrac{\partial z}{\partial x}=\dfrac{\partial f}{\partial u}\cdot\dfrac{\partial u}{\partial x}+\dfrac{\partial f}{\partial x}=-5u^4\cdot 2+\cos x=\cos x-10(2x-3y)^4$.

$\dfrac{\partial z}{\partial y}=\dfrac{\partial f}{\partial u}\cdot\dfrac{\partial u}{\partial y}+\dfrac{\partial f}{\partial y}=-5u^4\cdot(-3)+\sec^2 y=\sec^2 y+15(2x-3y)^4$.

例 7.3.6　设 $w=f(x+y+z,xyz)$，f 具有二阶连续偏导数，求 $\dfrac{\partial w}{\partial x}$ 和 $\dfrac{\partial^2 w}{\partial x\partial z}$.

解： 令 $u=x+y+z,v=xyz$，记 $f_1'=\dfrac{\partial f(u,v)}{\partial u}$，$f_{12}''=\dfrac{\partial^2 f(u,v)}{\partial u\partial v}$，其中下标 1 表示对第一个变量 u 求偏导数，下标 2 表示对第二个变量 v 求偏导数.

同理有 $f_2',\ f_{11}',\ f_{22}''$，因此

$$\frac{\partial w}{\partial x}=\frac{\partial f}{\partial u}\cdot\frac{\partial u}{\partial x}+\frac{\partial f}{\partial v}\cdot\frac{\partial v}{\partial x}=f_1'+yzf_2'\qquad \frac{\partial^2 w}{\partial x\partial z}=\frac{\partial}{\partial z}(f_1'+yzf_2')=\frac{\partial f_1'}{\partial z}+yf_2'+yz\frac{\partial f_2'}{\partial z}$$

又

$$\frac{\partial f_1'}{\partial z}=\frac{\partial f_1'}{\partial u}\cdot\frac{\partial u}{\partial z}+\frac{\partial f_1'}{\partial v}\cdot\frac{\partial v}{\partial z}=f_{11}''+xyf_{12}''\qquad \frac{\partial f_2'}{\partial z}=\frac{\partial f_2'}{\partial u}\cdot\frac{\partial u}{\partial z}+\frac{\partial f_2'}{\partial v}\cdot\frac{\partial v}{\partial z}=f_{21}''+xyf_{22}''$$

则

$$\frac{\partial^2 w}{\partial x\partial z}=f_{11}''+xyf_{12}''+yf_2'+yz(f_{21}''+xyf_{22}'')=f_{11}''+y(x+z)f_{12}''+xy^2zf_{22}''+yf_2'$$

7.3.4　全微分形式的不变性

设函数 $z=f(u,v)$ 具有连续偏导数，则有全微分

$$\mathrm{d}z=\frac{\partial z}{\partial u}\mathrm{d}u+\frac{\partial z}{\partial v}\mathrm{d}v$$

若当 $u=\phi(x,y),v=\varphi(x,y)$ 时，有

$$\begin{aligned}\mathrm{d}z&=\frac{\partial z}{\partial x}\mathrm{d}x+\frac{\partial z}{\partial y}\mathrm{d}y=\left(\frac{\partial z}{\partial u}\cdot\frac{\partial u}{\partial x}+\frac{\partial z}{\partial v}\cdot\frac{\partial v}{\partial x}\right)\mathrm{d}x+\left(\frac{\partial z}{\partial u}\cdot\frac{\partial u}{\partial y}+\frac{\partial z}{\partial v}\cdot\frac{\partial v}{\partial y}\right)\mathrm{d}y\\&=\frac{\partial z}{\partial u}\left(\frac{\partial u}{\partial x}\mathrm{d}x+\frac{\partial u}{\partial y}\mathrm{d}y\right)+\frac{\partial z}{\partial v}\left(\frac{\partial v}{\partial x}\mathrm{d}x+\frac{\partial v}{\partial y}\mathrm{d}y\right)=\frac{\partial z}{\partial u}\mathrm{d}u+\frac{\partial z}{\partial v}\mathrm{d}v\end{aligned}$$

由此可见，无论 z 是自变量 u,v 的函数还是中间变量 u,v 的函数，它的全微分形式是一样的.

这个性质称为全微分形式不变性.

例 7.3.7　设 $u=\sin\left(x^2+y^2\right)+\mathrm{e}^{xz}$，求在 $(1,0,1)$ 处的全微分 $\mathrm{d}u$.

解： 由一阶微分形式的不变性，我们有

$$\mathrm{d}u=\cos(x^2+y^2)\mathrm{d}(x^2+y^2)+\mathrm{e}^{xz}\mathrm{d}(xz)=\cos(x^2+y^2)(2x\mathrm{d}x+2y\mathrm{d}y)+\mathrm{e}^{xz}(z\mathrm{d}x+x\mathrm{d}z).$$

将 $x=1,y=0,z=1$ 代入上式，我们得到：

$$\mathrm{d}u=\cos1\cdot2\mathrm{d}x+\mathrm{e}(\mathrm{d}x+\mathrm{d}z)=(2\cos1+\mathrm{e})\mathrm{d}x+\mathrm{e}\mathrm{d}z.$$

习题 7.3

基础练习

1. 填空题：

（1）若函数 $z=f(x,y)$ 可微，则所谓一阶全微分形式不变性就是指无论 x 和 y 是_____变量，还是________变量，恒有__________.

（2）设 $z=uv$，而 $u=xy,v=x-y$，那么 $\dfrac{\partial z}{\partial x}=$_________，$\dfrac{\partial z}{\partial y}=$_________.

（3）设 $z=\dfrac{y}{x}$，而 $x=\mathrm{e}^t,y=1-\cos t$，则 $\dfrac{\mathrm{d}z}{\mathrm{d}t}=$_________.

（4）设 $z=(x^2+y^2)^{x+2y}$，则 $\mathrm{d}z=$_________.

（5）设 $u=\mathrm{e}^{x^2+y^2+z^2}$，而 $z=x^2\sin y$，则 $\dfrac{\partial u}{\partial x}=$_________.

2. 下列 z 是 t 的函数，求 $\dfrac{\mathrm{d}z}{\mathrm{d}t}$.

（1）$z=uv^2,u=\sin t,v=\cos t$；　（2）$z=\arccos\left(x-y^2\right),x=2t^3,y=t$；

（3）$z=x^2-\sqrt{xy}-3y$，$x=t^2$，$y=\dfrac{1}{t}$；　（4）$z=\mathrm{e}^{u-2v}$，$v=t^2,u=\tan t$.

3.求下列函数的偏导数 $\dfrac{\partial z}{\partial x}$ 和 $\dfrac{\partial z}{\partial y}$.

（1）$z=u\mathrm{e}^v+v\mathrm{e}^u$，$u=xy$，$v=x-y$；　（2）$z=\mathrm{e}^u\sin v,u=xy^3,v=x^3+y$；

（3）$z=v\ln u,u=\dfrac{y}{x},v=xy^2$；　（4）$z=\dfrac{u^2}{v}$，$u=y\mathrm{e}^x$，$v=x\ln y$；

（5）$z=u^2\ln v,u=\dfrac{y}{x},v=3x+y$；　（6）$z=x^2y-xy^2,x=r\cos\theta,y=r\sin\theta$.

4. 设 $z=f(3x+y^2,\mathrm{e}^{x^3y})$，且 f 具有一阶连续偏导数，求 z 的一阶偏导数.

提高练习

5. 设函数 $z=f(u,v,w)=u^2+vw$，而 $u=x+y,v=x^2,w=xy$，求 $\mathrm{d}z$.

6. 设 $z=f(y\ln x,2x+3y)$，且 f 具有一阶连续偏导数，求 $\dfrac{\partial^2 z}{\partial x\partial y}$.

7. 设函数 $z=\mathrm{e}^{-x}\sin\dfrac{x}{y}$，求 $\left.\dfrac{\partial^2 z}{\partial x\partial y}\right|_{\left(2,\frac{1}{\pi}\right)}$.

8. 设 $z=f\left(3x^2-y^3\right)$，其中函数 f 有二阶连续偏导数，求 $\dfrac{\partial^2 z}{\partial x^2}$、$\dfrac{\partial^2 z}{\partial y^2}$、$\dfrac{\partial^2 z}{\partial x\partial y}$.

9. 设 $w=f(t)$ 连续，$t=\varphi\left(xy,x^2+y^2\right)$，$\varphi$ 有一阶连续偏导数，求 w 对 x,y 的全微分 $\mathrm{d}w$.

拓展练习

10. 设 $z=xy+yf\left(\dfrac{x}{y}\right)$，其中 $f(t)$ 为可导函数，证明：$x\dfrac{\partial z}{\partial x}+y\dfrac{\partial z}{\partial y}=xy+z$.

11. 设函数 $f(x),g(x)$ 具有连续的二阶导数，证明:函数 $u=f(s+at)+g(s-at)$ 满足波动方程 $\dfrac{\partial^2 u}{\partial t^2}=a^2\dfrac{\partial^2 u}{\partial s^2}$，其中 a 是常数.

12. 设 $u=yf\left(\dfrac{x}{y}\right)+xg\left(\dfrac{y}{x}\right)$，$f$ 与 g 都具有连续二阶偏导数，求 $x\dfrac{\partial^2 u}{\partial x^2}+y\dfrac{\partial^2 u}{\partial x\partial y}$.

7.4 隐函数的求导公式

在一元微分学中，我们引入了隐函数的概念，从具体方程 $F(x,y)=0$ 出发，应用复合函数求导法求出隐函数导数的方法. 但是，并不是任何一个方程 $F(x,y)=0$ 都能确定 y 是 x 的函数，且使 $y=f(x)$ 可导. 那么，在什么条件下，从方程 $F(x,y)=0$ 中可以确定 y 是 x 的函数？这个函数是否可导？如何来求该导数？这就是我们接下要讨论的问题.

7.4.1 $F(x,y)=0$

定理 7.4.1 （隐函数存在定理） 设函数 $F(x,y)$ 在点 $P(x_0,y_0)$ 的某一邻域内具有连续的偏导数，且 $F(x_0,y_0)=0, F_y(x_0,y_0)\neq 0$，则方程 $F(x,y)=0$ 在点 $P(x_0,y_0)$ 的某一邻域内恒能唯一确定一个连续且具有连续导数的函数 $y=f(x)$，它满足条件 $y_0=f(x_0)$，并有

$$\frac{\mathrm{d}y}{\mathrm{d}x}=-\frac{F_x}{F_y} \tag{7.4.1}$$

这个定理的证明从略. 下面仅从方程 $F(x,y)=0$ 已经确定了具有连续导数的函数 $y=f(x)$ 的假定下，来推导公式（7.4.1）.

将 $y=f(x)$ 代入方程 $F(x,y)=0$ 得恒等式

$$F(x,f(x))=0$$

上式两端看成是 x 的一个复合函数，它的函数结构图为

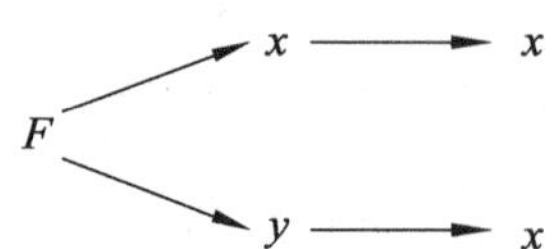

两边取全微分得　$F_x \mathrm{d}x + F_y \mathrm{d}y = 0$

由于 F_y 连续以及 $F_y(x_0, y_0) \neq 0$，所以存在点 (x_0, y_0) 的一个邻域，在这个邻域内 $F_y \neq 0$，于是得

$$\frac{\mathrm{d}y}{\mathrm{d}x} = -\frac{F_x}{F_y}$$

如果 $F(x,y)$ 的二阶偏导数也都连续，我们可以把公式（7.4.1）的右端看作 x 的复合函数，再一次求导，就可得二阶导数.

例 7.4.1　验证方程 $x^2 + y^2 - 1 = 0$ 在点 $(0,1)$ 的某邻域内能唯一确定一个可导且 $x = 0$ 时 $y = 1$ 的隐函数 $y = f(x)$，并求该函数的一阶和二阶导数在 $x = 0$ 的值.

解： 令 $F(x,y) = x^2 + y^2 - 1$，则 $F_x = 2x, \quad F_y = 2y; \quad F(0,1) = 0, \quad F_y(0,1) = 2 \neq 0$.

依定理知方程 $x^2 + y^2 - 1 = 0$ 在点 $(0,1)$ 的某邻域内能唯一确定一个可导且 $x = 0$ 时 $y = 1$ 的函数 $y = f(x)$.

函数的一阶和二阶导数为

$$\frac{\mathrm{d}y}{\mathrm{d}x} = -\frac{F_x}{F_y} = -\frac{x}{y}, \qquad \frac{\mathrm{d}^2 y}{\mathrm{d}x^2} = -\frac{y - xy'}{y^2} = -\frac{y - x\left(-\dfrac{x}{y}\right)}{y^2} = -\frac{1}{y^3}$$

因此 $\left.\dfrac{\mathrm{d}y}{\mathrm{d}x}\right|_{x=0} = 0, \left.\dfrac{\mathrm{d}^2 y}{\mathrm{d}x^2}\right|_{x=0} = -1$.

例 7.4.2　已知 $xy + x + y = 1$，求 $\dfrac{\mathrm{d}y}{\mathrm{d}x}, \dfrac{\mathrm{d}^2 y}{\mathrm{d}x^2}$.

解： 令 $F(x,y) = xy + x + y - 1, F_x(x,y) = y + 1, F_y(x,y) = x + 1$，

所以
$$\frac{\mathrm{d}y}{\mathrm{d}x} = -\frac{F_x(x,y)}{F_y(x,y)} = -\frac{y+1}{x+1}$$

$$\frac{\mathrm{d}^2 y}{\mathrm{d}x^2} = \frac{d}{\mathrm{d}x}\left(-\frac{y+1}{x+1}\right) = -\frac{y'(x+1) - y}{(x+1)^2} = -\frac{-\dfrac{y+1}{x+1}(x+1) - y}{(x+1)^2} = \frac{2y+1}{(x+1)^2}$$

7.4.2　$F(x,y,z)=0$

定理 7.4.2　（隐函数存在定理）　设函数 $F(x,y,z)$ 在点 $P(x_0, y_0, z_0)$ 的某一邻域内有连续的偏导数，且 $F(x_0, y_0, z_0) = 0$，$F_z(x_0, y_0, z_0) \neq 0$，则方程 $F(x,y,z) = 0$ 在点 $P(x_0, y_0, z_0)$ 的某一邻域内恒能唯一确定一个连续且具有连续偏导数的函数 $z = f(x,y)$，它满足条件 $z_0 = f(x_0, y_0)$，并有

$$\frac{\partial z}{\partial x} = -\frac{F_x}{F_z}, \frac{\partial z}{\partial y} = -\frac{F_y}{F_z} \qquad (7.4.2)$$

这个定理我们不证，与定理 7.4.1 类似，仅就公式（7.4.2）做如下推导.

由于

$$F(x,y,f(x,y))=0$$

上式两端分别对 x , y 求导，应用复合函数求导法则得

$$F_x+F_z\frac{\partial z}{\partial x}=0,\quad F_y+F_z\frac{\partial z}{\partial y}=0$$

由于 F_z 连续，且 $F_z(x_0,y_0,z_0)\neq 0$ ，所以存在点 (x_0,y_0,z_0) 的一个邻域，在这个邻域内 $F_z\neq 0$ ，于是得

$$\frac{\partial z}{\partial x}=-\frac{F_x}{F_z},\quad \frac{\partial z}{\partial y}=-\frac{F_y}{F_z}$$

例 7.4.3 设 $2\sin(x+2y-3z)=x+2y-3z$ ，证明 $\frac{\partial z}{\partial x}+\frac{\partial z}{\partial y}=1$.

解： 设 $F(x,y,z)=2\sin(x+2y-3z)-x-2y+3z$,

则有 $F_x=2\cos(x+2y-3z)-1,\quad F_y=2\cos(x+2y-3z)\cdot 2-2=2F_x$,

$F_z=2\cos(x+2y-3z)\cdot(-3)+3=-3F_x$

所以 $$\frac{\partial z}{\partial x}+\frac{\partial z}{\partial y}=-\frac{F_x}{F_z}-\frac{F_y}{F_z}=\frac{1}{3}+\frac{2}{3}=1$$

例 7.4.4 求由方程 $\frac{x}{z}=\ln\frac{z}{y}$ 所确定的隐函数 $z=f(x,y)$ 的偏导数 $\frac{\partial z}{\partial x},\frac{\partial z}{\partial y}$ 及 $\frac{\partial^2 z}{\partial x\partial y}$.

解： 设 $F(x,y,z)=\frac{x}{z}-\ln\frac{z}{y}$ ，则 $F(x,y,z)=0$ ，则

$$F_x=\frac{1}{z},F_y=-\frac{y}{z}\left(-\frac{z}{y^2}\right)=\frac{1}{y},F_z=-\frac{x}{z^2}-\frac{y}{z}\cdot\frac{1}{y}=-\frac{x+z}{z^2}.$$

利用隐函数求导公式，当 $F_z\neq 0$ 时得

$$\frac{\partial z}{\partial x}=-\frac{F_x}{F_z}=\frac{z}{x+z},\frac{\partial z}{\partial y}=-\frac{F_y}{F_z}=\frac{z^2}{y(x+z)}.$$

$$\frac{\partial^2 z}{\partial x\partial y}=\frac{\partial}{\partial y}\left(\frac{\partial z}{\partial x}\right)=\frac{\partial}{\partial y}\left(\frac{z}{x+z}\right)=\frac{z_y(x+z)-z\cdot z_y}{(x+z)^2}=\frac{x\cdot z_y}{(x+z)^2}=\frac{xz^2}{y(x+z)^3},$$

例 7.4.5 设 $z=f(x+y+z,\ xyz)$ ，求 $\frac{\partial z}{\partial x}\cdot\frac{\partial x}{\partial y}\cdot\frac{\partial y}{\partial z}=-1$.

解： 令 $u=x+y+z,\ v=xyz$ ， $F(x,y,z)=z-f(u,v)$

$$F_x=-(f_u+yzf_v),\ F_y=-(f_u+xzf_v),\ F_z=1-f_u-xyf_v),$$

故有 $$\frac{\partial z}{\partial x}=-\frac{F_x}{F_z}=\frac{f_u+yzf_v}{1-f_u-xyf_v},\quad \frac{\partial x}{\partial y}=-\frac{F_y}{F_x}=-\frac{f_u+xzf_v}{f_u+yzf_v},\quad \frac{\partial y}{\partial z}=-\frac{F_z}{F_y}=\frac{1-f_u-xyf_v}{f_u+xzf_v}$$

所以 $$\frac{\partial z}{\partial x}\cdot\frac{\partial x}{\partial y}\cdot\frac{\partial y}{\partial z}=\frac{f_u+yzf_v}{1-f_u-xyf_v}\cdot\left(-\frac{f_u+xzf_v}{f_u+yzf_v}\right)\cdot\frac{1-f_u-xyf_v}{f_u+xzf_v}=-1$$

习题 7.4

基础练习

1. 设 $y = y(x)$ 由下列方程确定，求 $\dfrac{\mathrm{d}y}{\mathrm{d}x}$.

（1）$y^2 = xe^y - x^3$；　（2）$\cos y + e^x = xy^2$；

（3）$\ln xy = \sin x^3 y - 2022$；　（4）$\arcsin\dfrac{x}{y} = 2^{xy}$.

2. 设 $z = z(x,y)$ 由下列方程确定，求 $\dfrac{\partial z}{\partial x},\dfrac{\partial z}{\partial y}$.

（1）$x^2 - 2y^3 + z^2 = 2xyz - 22$　（2）$e^z + 4x^2 yz = 20$；

（3）$5yz^2 - \ln(xyz) = 0$；　（4）$\sec(xy + 3z) = x - 2z + y$；

（5）$x^2 + zy^2 = \ln\dfrac{z}{y}$；　（6）$ze^x + y^z + xe^y = 0$.

3. 设 $y = y(x,z)$ 是由方程 $x^2 + y^2 + z^2 = 3xyz$ 所确定的隐函数，求 $f_x(1,1)$.

4. 设 $y = y(x)$ 由方程 $\arctan\dfrac{x+y}{a} - \dfrac{y}{a} = 0$ 确定，求 $\dfrac{\mathrm{d}y}{\mathrm{d}x}\cdot\dfrac{\mathrm{d}y}{\mathrm{d}x} = \dfrac{a^2}{(x+y)^2}$.

提升练习

5. 设 $x = x(y,z),\ y = y(x,z),\ z = z(x,y)$ 都是由方程 $F(x,y,z) = 0$ 所确定的具有连续偏导数的函数，证明：$\dfrac{\partial x}{\partial y}\cdot\dfrac{\partial y}{\partial z}\cdot\dfrac{\partial z}{\partial x} = -1$.

6. 已知 $z = f(x,y)$ 是由方程 $x^2 + y^2 + z^2 - 2x + 2y - 4z - 5 = 0$ 所确定的隐函数，求 $\dfrac{\partial^2 z}{\partial x^2},\dfrac{\partial^2 z}{\partial y^2}$.

7. 设 $x^2 + 2y^2 + 3z^2 + xy - z = 0$，当 $x = 1,\ y = -2,\ z = 1$ 时，求 $\dfrac{\partial^2 z}{\partial x^2}$，$\dfrac{\partial^2 z}{\partial x\partial y}$，$\dfrac{\partial^2 z}{\partial y^2}$ 的值.

8. 求由方程 $z^4 = 2x^2 yz + 16$ 确定的函数 $z = z(x,y)$ 在 $(0,0)$ 处的二阶偏导 $\dfrac{\partial^2 z}{\partial x\partial y}$.

9. 设 $F(u,v)$ 有连续偏导数，方程 $F(2x + 3y - 4z, x^2 + y^2 + z^2) = 0$ 确定函数 $z = f(x,y)$，求 $\dfrac{\partial z}{\partial x},\dfrac{\partial z}{\partial y}$.

拓展练习

10. 设 $u = f(x,y,z)$ 有连续偏导数，方程 $y = y(x)$ 和 $z = z(x)$ 分别由方程 $e^{xy} - y = 0$ 和 $e^z - xz = 0$ 所确定，求 $\dfrac{\mathrm{d}u}{\mathrm{d}x}$.

11. 设 $u = x\varphi(x+y) + y\psi(x+y)$，其中函数 φ,ψ 具有二阶连续导数，求证：

$$\frac{\partial^2 u}{\partial x^2} - 2\frac{\partial^2 u}{\partial x\partial y} + \frac{\partial^2 u}{\partial y^2} = 0.$$

12. 设 $z=z(x,y)$ 由 $\sin z=x^3f\left(xy,\dfrac{y}{x}\right)$ 确定的函数，而 $f(u,v)$ 具有二阶连续偏导，求 $\dfrac{\partial^2 z}{\partial y^2},\dfrac{\partial^2 z}{\partial x\partial y}$.

13. 阅读理解：在一定条件下，由方程组

$$\begin{cases}F(x,y,u,v)=0\\G(x,y,u,v)=0\end{cases}$$

可以确定两个二元函数 $u=u(x,y)$，$v=v(x,y)$，并可由 F,G 求出这两个函数的偏导数.

由于

$$\begin{cases}F(x,y,u(x,y),v(x,y))=0\\G(x,y,u(x,y),v(x,y))=0\end{cases}$$

将每个等式两边分别对 x 求导，应用复合函数求导法则得

$$\begin{cases}F_x+F_u\dfrac{\partial u}{\partial x}+F_v\dfrac{\partial v}{\partial x}=0\\G_x+G_u\dfrac{\partial u}{\partial x}+G_v\dfrac{\partial v}{\partial x}=0\end{cases}$$

这是关于 $\dfrac{\partial u}{\partial x},\dfrac{\partial v}{\partial x}$ 的线性方程组，解出即可得两个函数的偏导数.

设 $u=u(x,y),v=v(x,y)$ 由方程组 $\begin{cases}x=u+v\\y=u^2+v^2\end{cases}$ 确定，求 $\dfrac{\partial u}{\partial x},\dfrac{\partial v}{\partial x}$.

7.5 多元函数的极值及其求法

与一元函数类似，在研究现实问题时，常常遇到求多元函数的最大值、最小值问题. 多元函数的最大值、最小值也与极值有着密切的联系. 下面以二元函数为例， 我们来研讨多元函数的极值、最值的相关问题.

7.5.1 多元函数的极值

定义 7.5.1 设函数 $z=f(x,y)$ 在点 (x_0,y_0) 的某邻域内有定义，对于该邻域内异于 (x_0,y_0) 的点 (x,y)，若满足不等式 $f(x,y)<f(x_0,y_0)$，则称函数在点 (x_0,y_0) 处有极大值 $f(x_0,y_0)$；若满足不等式 $f(x,y)>f(x_0,y_0)$，则称函数在点 (x_0,y_0) 处有极小值 $f(x_0,y_0)$. 极大值、极小值统称为极值，使函数取得极值的点称为极值点.

例 7.5.1 函数 $z=2x^2+3y^2$ 在点 $(0,0)$ 处的函数值等于 0，而在点 $(0,0)$ 的任一去心邻域内的函数值都大于 0，因此，函数 $z=2x^2+3y^2$ 在点 $(0,0)$ 处取得极小值 0. 从几何图形（见图 7.5.1）上看，点 $(0,0,0)$ 正是椭圆抛物面的最低点.

例 7.5.2 函数 $z=-\sqrt{x^2+y^2}$ 在点 $(0,0)$ 处的函数值为 0，而在点 $(0,0)$ 的任一去心邻域内

的函数值都小于 0，因此函数 $z=-\sqrt{x^2+y^2}$ 在点 (0,0) 处取得极大值 0. 事实上，点 (0,0,0) 就是位于 xOy 面下方的圆锥面的顶点，如图 7.5.2 所示.

例 7.5.3 函数 $z=xy$ 在点 (0,0) 处既不取得极大值也不取得极小值，如图 7.5.3 所示. 因为在点 (0,0) 处的函数值为 0，而在点 (0,0) 的任一去心邻域内总有使函数值为正的点，也总有使函数值为负的点. 从几何上看（见图 7.5.3），函数 $z=xy$ 的图形是双曲抛物面，在原点的任一邻域内，曲面既有部分在 xOy 坐标面的上方，也有部分在 xOy 坐标面的下方.

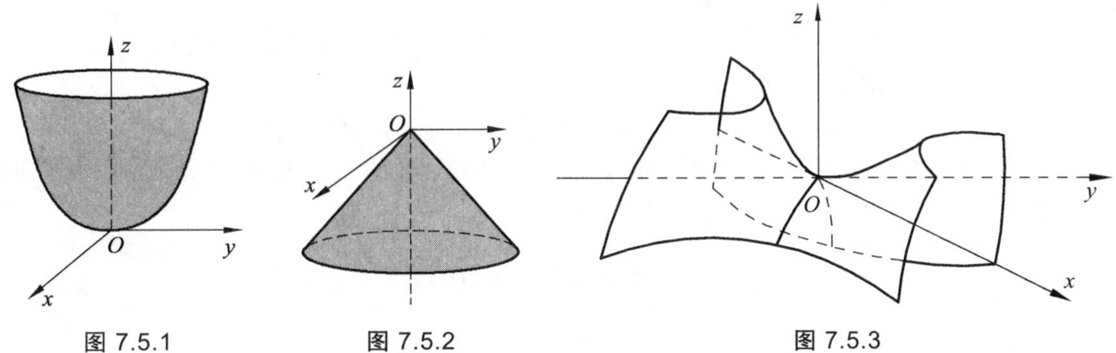

图 7.5.1 图 7.5.2 图 7.5.3

需要注意，像一元函数的情况一样，极值的概念是局部性的，它指的是在一点附近的最大值或最小值，而不是在函数的定义域上或某个区间上的最大值或最小值.

一元函数可以利用导数来处理极值问题，类似地，二元函数的极值问题，一般可以用偏导数来解决.

定理 7.5.1 （极值的必要条件） 设函数 $z=f(x,y)$ 在点 (x_0,y_0) 具有偏导数，且在点 (x_0,y_0) 处有极值，则它在该点的偏导数必然为零，即

$$f_x(x_0,y_0)=0,\quad f_y(x_0,y_0)=0 \tag{7.5.1}$$

证： 不妨设 $z=f(x,y)$ 在点 (x_0,y_0) 处有极大值，则对于 (x_0,y_0) 的某邻域内任意 $(x,y)\neq(x_0,y_0)$ 都有 $f(x,y)<f(x_0,y_0)$，故当 $y=y_0$，$x\neq x_0$ 时，也有 $f(x,y_0)<f(x_0,y_0)$.

这说明一元函数 $f(x,y_0)$ 在点 $x=x_0$ 处有极大值，因而必有 $f_x(x_0,y_0)=0$. 类似地可证 $f_y(x_0,y_0)=0$.

我们还可以推广到三元函数的情况，如果三元函数 $u=f(x,y,z)$ 在点 $P(x_0,y_0,z_0)$ 具有偏导数，则它在点 $P(x_0,y_0,z_0)$ 有极值的必要条件是 $f_x(x_0,y_0,z_0)=0$，$f_y(x_0,y_0,z_0)=0$，$f_z(x_0,y_0,z_0)=0$.

类似一元函数，称使两个一阶偏导数同时为零的点为函数的**驻点**. 例如，函数 $z=2x^2+3y^2$ 的驻点为 (0,0).

定理 7.5.1 表明，在偏导数存在的条件下，函数的极值点一定是函数的驻点. 但是，函数的驻点不一定是函数的极值点. 例如，函数 $z=xy$，在点 (0,0) 处的两个偏导数为

$$f_x(0,0)=y\big|_{\substack{x=0\\y=0}}=0,\ f_y(0,0)=x\big|_{\substack{x=0\\y=0}}=0,$$

所以点 (0,0) 是函数 $z=xy$ 的驻点，但不是极值点. 因此，条件（1）只是函数在点 (x_0,y_0) 取得极值的必要条件，而不是充分条件.

应该指出偏导数不存在的点也可能成为极值点. 例如，点 (0,0) 是函数 $z=-\sqrt{x^2+y^2}$ 的极

值点，但该点不是函数的驻点.

由此可见，函数的可能极值点应是驻点或是偏导数不存在的点.

如果偏导数存在，那么如何判定一个驻点是否为极值点呢？来看下面这个定理.

定理 7.5.2　（充分条件）　设函数 $z=f(x,y)$ 在点 (x_0,y_0) 的某邻域内连续，且有一阶及二阶连续偏导数，又 $\begin{cases} f_x(x_0,y_0)=0 \\ f_y(x_0,y_0)=0 \end{cases}$，令 $f_{xx}(x_0,y_0)=A$，　$f_{xy}(x_0,y_0)=B$，　$f_{yy}(x_0,y_0)=C$，则 $f(x,y)$ 在点 (x_0,y_0) 处是否取得极值的条件如下：

（1）$B^2-AC<0$ 时具有极值：当 $A<0$ 时有极大值，　当 $A>0$ 时有极小值；

（2）$B^2-AC>0$ 时没有极值；

（3）$B^2-AC=0$ 时可能有极值，也可能没有极值，还需另作讨论.

根据定理 7.5.1 与定理 7.5.2，对于具有二阶连续偏导数的二元函数 $z=f(x,y)$，求其极值的步骤叙述如下：

第一步，解方程组 $\begin{cases} f_x(x,y)=0 \\ f_y(x,y)=0 \end{cases}$，求出函数 $f(x,y)$ 的全部驻点；

第二步，对于每一个驻点 (x_0,y_0)，求出二阶偏导数的值 A,B,C；

第三步，定出 B^2-AC 的符号，再根据定理 7.5.2 判定是否是极值.

例 7.5.4　求 $f(x,y)=\frac{1}{3}\left(x^3+y^3\right)+xy$ 的驻点，并判别它们是否是极值点.

解： 先解方程

$$\begin{cases} f_x(x,y)=x^2+y=0, \\ f_y(x,y)=y^2+x=0. \end{cases}$$

得驻点为 $(0,0)$ 及 $(-1,-1)$，由定理可得：

在 $(0,0)$ 点，$A=C=0,B=1,B^2-AC>0$. 可见 $(0,0)$ 不是极值点.

在 $(-1,-1)$ 点，$A=C=-2,B=1,B^2-AC<0,A<0$. 可见 $(-1,-1)$ 为极大值点.

例 7.5.5　求由方程 $x^2+y^2+z^2-2x+2y-4z-10=0$ 确定的函数 $z=f(x,y)$ 的极值.

解： 先求出偏导数得：$f_x(x,y)=-\frac{x-1}{z-2}$，$f_y(x,y)=-\frac{y+1}{z-2}$，

$$f''_{xx}(x,y)=-\frac{(z-2)^2+(x-1)^2}{(z-2)^3}，\quad f''_{xy}(x,y)=\frac{(x-1)(y+1)}{(z-2)^3}，\quad f''_{yy}(x,y)=-\frac{(z-2)^2+(y+1)^2}{(z-2)^3}$$

再解方程组

$$\begin{cases} f_x=-\dfrac{x-1}{z-2}=0 \\ f_y=-\dfrac{y+1}{z-2}=0 \end{cases}$$

得驻点为 $M(1,-1)$. 代入二阶偏导数可得

$$A=f''_{xx}|_M=\frac{1}{2-z},\quad B=f''_{xy}|_M=0,\quad C=f''_{yy}|_M=\frac{1}{2-z}$$

故 $B^2-AC=-\dfrac{1}{(2-z)^2}<0\ (z\neq 2)$，所以函数在点 M 有极值.

将 $P(1,-1)$ 代入原方程，有 $z_1=-2,\quad z_2=6$. 当 $z_1=-2$ 时，$A=\dfrac{1}{4}>0$，所以 $z=f(1,-1)=-2$ 为极小值；当 $z_2=6$ 时，$A=-\dfrac{1}{4}<0$，所以 $z=f(1,-1)=6$ 为极大值.

该曲面方程是一个以 $(1,-1,2)$ 为球心、4 为半径的球面.

例 7.5.6　求 $z=xy(a-x-y)(a\neq 0)$ 的极值.

解：令 $\begin{cases}\dfrac{\partial z}{\partial x}=y(a-x-y)+xy\cdot(-1)=y(a-2x-y)=0,\\ \dfrac{\partial z}{\partial y}=x(a-x-y)+xy\cdot(-1)=x(a-x-2y)=0,\end{cases}$ 得驻点 $(0,0),(a,0),(0,a),\left(\dfrac{a}{3},\dfrac{a}{3}\right)$.

又 $\dfrac{\partial^2 z}{\partial x^2}=-2y,\ \dfrac{\partial^2 z}{\partial y^2}=-2x,\ \dfrac{\partial^2 z}{\partial x\partial y}=a-2x-2y$

对于点 $(0,0),(a,0),(0,a),P(0,0)=P(a,0)=P(0,a)=a^2>0$，故都不是极值点.

对于点 $\left(\dfrac{a}{3},\dfrac{a}{3}\right),P\left(\dfrac{a}{3},\dfrac{a}{3}\right)=\left(-\dfrac{a}{3}\right)^2-\left(-\dfrac{2a}{3}\right)\left(-\dfrac{2a}{3}\right)=-\dfrac{a^2}{3}<0$，

当 $a>0$ 时，$\left.\dfrac{\partial^2 z}{\partial x^2}\right|_{x=\frac{a}{3}}=-\dfrac{2a}{3}<0$，故此时函数有极大值 $z\Big|_{\substack{x=\frac{a}{3}\\ y=\frac{a}{3}}}=\dfrac{a^3}{27}$；

当 $a<0$ 时，$\left.\dfrac{\partial^2 z}{\partial x^2}\right|_{x=\frac{a}{3}}=-\dfrac{2a}{3}>0$，故此时函数有极小值 $z\Big|_{\substack{x=\frac{a}{3}\\ y=\frac{a}{3}}}=\dfrac{a^3}{27}$.

7.5.2　二元函数的最值

与一元函数类似，如果函数 $z=f(x,y)$ 在闭区域上连续，那么它在闭区域上一定有最大值和最小值. 函数最大值和最小值的求法，也可以利用函数的极值来求. 求函数 $f(x,y)$ 的最大值和最小值的一般步骤如下：

（1）求函数 $f(x,y)$ 在 D 内所有驻点处的函数值.

（2）求 $f(x,y)$ 在 D 的边界上的最大值和最小值.

（3）将前两步得到的所有函数值进行比较，其中最大者即为最大值，最小者即为最小值.

例 7.5.7　求函数 $z=2x^2+3y^2+4x-8$ 在闭域 $D:x^2+y^2\leqslant 4$ 上的最大值和最小值.

解：由 $\begin{cases}z_x=4x+4=0\\ z_y=6y=0\end{cases}$ 得 D 内驻点 $(-1,0)$ 且 $z(-1,0)=-10$.

在边界 $x^2+y^2=4$ 上，$z_1=-x^2+4x+4(-2\leqslant x\leqslant 2)$，$z_1'=-2x+4\geqslant 0,z_1(-2)=-8,z_1(2)=8$.

比较后可知，函数 z 在点 $(-1,0)$ 处取最小值 $z(-1,0)=-10$，在点 $(2,0)$ 处取最大值 $z(2,0)=8$.

例 7.5.8　求 $z=\dfrac{x+y}{x^2+y^2+1}$ 的最大值和最小值.

解：由　$z_x=\dfrac{(x^2+y^2+1)-2x(x+y)}{(x^2+y^2+1)^2}=0,\quad z_y=\dfrac{(x^2+y^2+1)-2y(x+y)}{(x^2+y^2+1)^2}=0$

得驻点 $\left(\frac{1}{\sqrt{2}},\frac{1}{\sqrt{2}}\right)$ 和 $\left(-\frac{1}{\sqrt{2}},-\frac{1}{\sqrt{2}}\right)$.

因为 $\lim\limits_{\substack{x\to\infty\\y\to\infty}}\frac{x+y}{x^2+y^2+1}=0$，即边界上的值为零，所以

$$z\left(\frac{1}{\sqrt{2}},\frac{1}{\sqrt{2}}\right)=\frac{1}{\sqrt{2}},\quad z\left(-\frac{1}{\sqrt{2}},-\frac{1}{\sqrt{2}}\right)=-\frac{1}{\sqrt{2}}$$

因此最大值为 $\frac{1}{\sqrt{2}}$，最小值为 $-\frac{1}{\sqrt{2}}$.

例 7.5.9 某厂要用铁板做成一个体积为 2 m^3 的有盖长方体水箱. 问当长、宽、高各取怎样的尺寸时，才能使用料最省.

解：设水箱的长为 x m，宽为 y m，则其高应为 $\frac{2}{xy}$ m. 此水箱所用材料的面积为

$$A=2\left(xy+y\cdot\frac{2}{xy}+x\cdot\frac{2}{xy}\right)=2\left(xy+\frac{2}{x}+\frac{2}{y}\right)(x>0,y>0).$$

此为目标函数. 下面求使这函数取得最小值的点 (x,y).

令 $A_x=2\left(y-\frac{2}{x^2}\right)=0, A_y=2\left(x-\frac{2}{y^2}\right)=0$，解这方程组，得唯一的驻点 $x=\sqrt[3]{2}, y=\sqrt[3]{2}$. 根据题意可断定，该驻点即为所求最小值点.

因此，当水箱的长为 $\sqrt[3]{2}$ m、宽为 $\sqrt[3]{2}$ m、高为 $\sqrt[3]{2}$ m时，水箱所用的材料最省.

7.5.3 条件极值——拉格朗日乘数法

前面在讨论函数极值问题时，函数的自变量只要求在定义域内取值，此外再无其他限制，这种极值称为**无条件极值**. 但在很多实际问题中，求函数的极值会遇到对函数的自变量还需要附加约束条件. 对自变量附加有约束条件的极值称为**条件极值**.

下面讨论目标函数 $z=f(x,y)$ 在约束条件 $\varphi(x,y)=0$ 下求极值的方法.

在某些时候，条件极值可化为无条件极值来求解. 即只要从约束条件 $\varphi(x,y)=0$ 中解出 $x=x(y)$ 或 $y=y(x)$，并将它代入目标函数 $z=f(x,y)$ 即可变为一元函数 $z=f(x,y(x))$ 或 $z=f(x(y),y)$，此时问题就转化为求相应一元函数的极值问题，亦即无条件极值问题.

但在很多情况下，将条件极值转化为无条件极值很复杂. 下面我们介绍一种直接求条件极值的方法，这种方法称为拉格朗日乘数法.

拉格朗日乘数法：要找目标函数 $z=f(x,y)$ 在约束条件 $\varphi(x,y)=0$ 下的可能极值点：

（1）先构造函数 $L(x,y,\lambda)=f(x,y)+\lambda\varphi(x,y)$，其中 λ 为某一常数，

（2）再由

$$\begin{cases}L_x=f_x(x,y)+\lambda\varphi_x(x,y)=0\\L_y=f_y(x,y)+\lambda\varphi_y(x,y)=0\\L_\lambda=\varphi(x,y)=0\end{cases}$$

解出 x,y,λ，其中 x,y 就是可能的极值点的坐标.

拉格朗日乘数法可推广到自变量多于两个的情况：要找函数 $u=f(x,y,z)$ 在条件

$\varphi(x,y,z)=0,\ \phi(x,y,z)=0$下的极值，先构造函数

$$L(x,y,z)=f(x,y,z)+\lambda_1\varphi(x,y,z)+\lambda_2\phi(x,y,z)$$

其中λ_1,λ_2均为常数，可由偏导数为零及条件解出x,y,z，即得极值点的坐标.

例 7.5.10 利用拉格朗日乘数法，求函数$u=x^2+y^2+z^2$在条件$x+2y+2z=18,x>0$，$y>0,z>0$下的极大值或极小值.

解：令$F=x^2+y^2+z^2+\lambda(x+2y+2z-18)$，

由方程组$\begin{cases}F_x{}'=2x+\lambda=0\\F_y{}'=2y+2\lambda=0\\F_z{}'=2z+2\lambda=0\\F_\lambda{}'=x+2y+2z-18=0\end{cases}$ 解得驻点$M(2,4,4)$, 且$u(M)=36$.

本问题实际上是考虑平面$x+2y+2z=18$在第一卦限内的点到原点距离的平方，故有最小值，从而有极小值，因此，函数u在点M取极小值$u(2,4,4)=36$.

例 7.5.11 从斜边之长为l的一切直角三角形中，求有最大周长的直角三角形.

解：设直角三角形两直角边的长分别为x和y，则其周长$s=x+y+l(0<x<l,0<y<l)$,限制条件是$x^2+y^2=l^2$. 令$F(x,y)=x+y+l+\lambda()x^2+y^2-l^2$，求其对$x,y$的偏导数，并使之为零，再结合限制条件，得

$$\begin{cases}1+2\lambda x=0\\1+2\lambda y=0\\x^2+y^2-l^2=0\end{cases}$$

解得

$$x=\frac{l}{\sqrt{2}},y=\frac{l}{\sqrt{2}}$$

$\left(\dfrac{l}{\sqrt{2}},\dfrac{l}{\sqrt{2}}\right)$是唯一驻点. 由实际问题可知，它就是最大值点，也就是说，周长最大者为等腰直角三角形.

习题 7.5

基础练习

1. 填空题：

（1）函数$z=f(x,y)$在点(x_0,y_0)可微，且在点(x_0,y_0)处有极值的必要条件是__________.

（2）函数$z=f(x,y)$在点(x_0,y_0)的某邻域内连续，且有一阶及二阶连续偏导数，又$\begin{cases}f_x(x_0,y_0)=0,\\f_y(x_0,y_0)=0,\end{cases}$令$f_{xx}(x_0,y_0)=A,\ f_{xy}(x_0,y_0)=B,\ f_{yy}(x_0,y_0)=C$，则_____时具有极值：当_____时有极大值，当_________时有极小值.

（3）函数$z=x^2+y^2-\frac{2}{3}x^3y$的驻点为__________.

（4）若函数 $f(x,y)=x^2+2xy+2y^2+4x+2y-5$ 有驻点 $M_0(-3,1)$ 且 $A=f''_{xx}\big|_{M_0}=$_________，$B=f''_{xy}\big|_{M_0}=$________，$C=f''_{yy}\big|_{M_0}=$________ $B^2-AC=$_____，则函数 $f(x,y)$ 在 M_0 有________值.

（5）原点 $(0,0)$ 是函数 $f(x,y)=\sqrt{x^2+y^2}$ 的_________（驻点/极值点）点.

（6）函数 $z=x^2+y^2$ 在条件: $x+y=1$ 下的极值为_______.

（7）函数 $z=x^2+y^2-xy$ 在区域 $D=\{(x,y)|0\leqslant x\leqslant 1,0\leqslant y\leqslant 1\}$ 上的最大值为______；最小值为______.

2. 求下列函数的极值和极值点：

（1）$z=3x^2y+y^3-3x^2-3y^2+2$；（2）$z=x^3+3xy^2-15x-12y$；

（3）$z=x^3-4x^2+2xy-y^2+3$；（4）$z=y^3-x^2+6x+3-12y$.

3. 求二元函数 $f(x,y)=x^2y(4-x-y)$ 在直线 $x+y=6$，x 轴和 y 轴所围成的区域 D 上的最大值和最小值.

4. 确定函数 $z=3x+4y$ 在 $x^2+y^2=1$ 时最大值及最小值.

提高练习

5. 求下列函数的极值和极值点：

（1）$z=\mathrm{e}^{2x}(x+y^2+2y)$；（2）$z=x^3y^2(6-x-y)(x>0,y>0)$；

（3）$z=\mathrm{e}^{x-y}(x^2-2y^2)$；（4）$z=x^2(2+y^2)+y\ln y$；

（5）$z=x^3+y^3-3x^2-3y^2$；（6）$z=xy+\dfrac{8}{x}+\dfrac{27}{y}$.

6. 设函数 $z=z(x,y)$ 由方程 $x^2-6xy+10y^2-2yz-z^2+18=0$ 确定，求函数 $z=z(x,y)$ 的极值.

7. 求函数 $z=\sqrt{x}+\sqrt{y}$ 在约束条件 $x+y=1$ 下的极大值.

8. 求函数 $z=2x^2+3y^2+4x-8$ 在闭域 $D:x^2+y^2\leqslant 4$ 上的最大值和最小值.

9. 要造一容积等于 24 m^3 的长方体无盖水池，应如何选择水池的尺寸，方可使它的表面积最小.

10. 某厂家生产的一种产品同时在两个市场销售，售价分别为 p_1 和 p_2，销售量分别为 q_1 和 q_2，需求函数分别为 $q_1=24-0.2p_1,q_2=10-0.05p_2$，总成本函数为 $C=35+40(q_1+q_2)$. 试问：厂家如何确定两个市场的售价，才能使获得的总利润最大？最大总利润为多少？

拓展练习

11. 证明 $\mathrm{e}^y+x\ln x-x-xy\geqslant 0(x\geqslant 1,y\geqslant 0)$.

12. 求原点到抛物面 $z=x^2+y^2$ 与 $x+y+z=4$ 的交线上点的距离的最大值和最小值.

本章小结

一、知识框图

请读者自己画出本章知识结构图，从整体结构上去理解本章内容.

二、复习要点

1. 多元函数的定义：________________

2. 多元函数的极限：________________

3. 多元函数的连续性：________________

4. 偏导数的定义：________________

5. 求偏导数的基本方法：________________

6. 偏导数与连续的关系：________________

7. 高阶偏导数的定义：________________

8. 全微分的定义：________________

9. 可微与连续的关系：________________

10. 可微的必要条件：________________

11. 可微的充分条件：________________

12. 可微、可偏导、连续、有极限之间的关系：________________

13. 全微分计算公式：________________

14. 多元复合函数求导法则：________________

15. 多元复合函数二阶偏导：________________

16. 全微分形式不变性：________________

17. 隐函数求偏导的方法：________________

18. 多元函数极值、最值的定义：________________

19. 二元函数极值的必要条件：________________

20. 二元函数极值的充分条件：________________

21. 求二元函数极值的步骤：________________

22. 条件极值的求法、拉格朗日乘数法：________________________________

____

三、思维运用

通过本章多元函数的学习，了解到函数概念可以拓展到 n 个维度，打开了我们认识函数的思想之窗.其实，不管函数形式怎么变化，都是讲的因变量与自变量之间的一种特殊对应，即**某种关系**. 人类处于宇宙空间内，就是在不断探索人与这个宇宙万事万物之间的关系. 你对这一思维方式有什么体会？请举例说明你在生活、工作、学习中是怎么运用这一方法的.

____

____

____

____

____

本章复习题

一、选择题

1. 函数 $z=\sqrt{5-x^2-y^2}\ln(x^2+y^2-3)$ 的定义域为（　　）.

   A. $D=\left\{(x,y)\,|\,1<x^2+y^2<4\right\}$　　B. $D=\left\{(x,y)\,|\,0<x^2+y^2\le 4\right\}$

   C. $D=\left\{(x,y)\,|\,3<x^2+y^2\leqslant 5\right\}$　　D. $D=\left\{(x,y)\,|\,2<x^2+y^2\leqslant 5\right\}$

2. 已知 $z=5x+3y^2$，则 $z(1,2)=$（　　）.

   A. 10　　B. 14　　C. 15　　D. 17

3. $\lim\limits_{\substack{x\to 0\\ y\to 0}}\dfrac{2xy}{\sqrt{xy+4}-2}=$（　　）.

   A. 8　　B. 7　　C. 6　　D. 5

4. 设 $f(xy,x-y)=(x+y)^2$，则 $f(x,y)=$（　　）.

   A. 0　　B. y^2+4x　　C. xy^2+2x　　D. $xy+x-y$

5. 设 $f(x,y)$ 在点 (x_0,y_0) 处有偏导数存在，则 $\lim\limits_{h\to o}\dfrac{f(x_0+2h,y_0)-f(x_0-h,y_0)}{h}=$（　　）.

   A. 0　　B. $f'_x(x_0,y_0)$　　C. $2f'_x(x_0,y_0)$　　D. $3f'_x(x_0,y_0)$

6. 设 $u=\mathrm{e}^x\sin xy$，则 $\left.\dfrac{\partial u}{\partial x}\right|_{(0,1)}=$（　　），$\left.\dfrac{\partial u}{\partial y}\right|_{(1,0)}=$（　　）.

   A. 1　　B. e　　C. 2　　D. e^2

7. 设 $u=\sqrt{xy}$，则 $\left.\dfrac{\partial u}{\partial x}\right|_{(0,0)}=$（　　）.

   A. 2　　B. 不存在　　C. 3　　D. 0

8. $\lim\limits_{(x,y)\to(0,0)}\dfrac{1-\cos(x^2+y^2)}{(x^2+y^2)\mathrm{e}^{xy}}=$（　　）.

A. 1　　B. 2　　C. 0　　D. 4

9. 已知 $z=\ln u, u=\sqrt{x}+\sqrt{y}$，则 $x\frac{\partial z}{\partial x}+y\frac{\partial z}{\partial y}=$（　　）.

A. 1　　B. $\sqrt{x}+\sqrt{y}$　　C. $\frac{1}{2}$　　D. 以上结论都不对

10. 设 $z=x^8\mathrm{e}^y$，则 $\frac{\partial^2 z}{\partial x^2}=$（　　）.

A. $5x^2\mathrm{e}^y$　　B. $56x^8\mathrm{e}^y$　　C. $x^6\mathrm{e}^y$　　D. $56x^6\mathrm{e}^y$

11. 设 $f(x,y)=\begin{cases}\frac{x^2-y^2}{x^2+y^2}, & x^2+y^2\neq 0,\\ 0, & x^2+y^2=0,\end{cases}$ 则函数 $f(x,y)$ 在 $(0,0)$ 处（　　）.

A. 可微　　B. 偏导数不存在　　C. 连续　　D. 无极限

12. $z=f(x,y)$ 偏导数存在是 $z=f(x,y)$ 可微的（　　）.

A. 充分条件　　B. 必要条件　　C. 充分必要条件　　D. 无关条件

13. 设函数 $f(x,y)=\begin{cases}xy\sin\frac{1}{\sqrt{x^2+y^2}}, & (x,y)\neq(0,0),\\ 0, & (x,y)=(0,0),\end{cases}$ 则 $f(x,y)$ 在 $(0,0)$ 点处（　　）.

A. 不可微　　B. 偏导数存在且连续

C. 偏导数不存在　　D. 可微

14. 函数 $z=\mathrm{e}^{x^2y}$ 在点（1，1）的全微 dz=（　　）.

A. $\mathrm{e}^2(\mathrm{d}x+\mathrm{d}y)$　　B. $\mathrm{e}^{xy}(\mathrm{d}x+\mathrm{d}y)$　　C. $\mathrm{e}(2\mathrm{d}x+\mathrm{d}y)$　　D. $\mathrm{d}x+\mathrm{d}y$

15. 若函数 $F(x,y,z)=0$ 可分解出 $x=f(y,z), y=g(z,x), z=h(x,y)$，则下列各式错误的是（　　）.

A. $F'_x\mathrm{d}x+F'_y\mathrm{d}y+F'_z\mathrm{d}z=0$　　B. $\frac{\partial F}{\partial x}=\frac{\partial F}{\partial y}=\frac{\partial F}{\partial z}$

C. $\frac{\partial z}{\partial x}\times\frac{\partial x}{\partial y}\times\frac{\partial y}{\partial z}=-1$　　D. $\left(\frac{\partial z}{\partial x}\times\frac{\partial x}{\partial y}\times\frac{\partial y}{\partial z}\right)^2=1$

16. 已知 $f(x+y,x-y)=x^2+y^2$，则 $\frac{\partial f(x,y)}{\partial x}+\frac{\partial f(x,y)}{\partial y}=$（　　）.

A. $2x-2y$　　B. $2x+2y$　　C. $x+y$　　D. $x-y$

17. 设函数 $z=2x^2-3y^2$，则（　　）.

A. 函数 z 在点 $(0,0)$ 处取得极大值

B. 函数 z 在点 $(0,0)$ 处取得极小值

C. 点 $(0,0)$ 非函数 z 的极值点

D. 点 $(0,0)$ 是函数 z 的最大值点或最小值点，但不是极值点

18. 设 $z=f(x,v), v=v(x,y)$，其中 f,v 具有二阶连续偏导数，则 $\frac{\partial^2 z}{\partial y^2}=$（　　）.

A. $\frac{\partial^2 f}{\partial v\partial y}\cdot\frac{\partial v}{\partial y}+\frac{\partial f}{\partial v}\cdot\frac{\partial^2 v}{\partial y^2}$　　B. $\frac{\partial f}{\partial v}\cdot\frac{\partial^2 v}{\partial y^2}$

C. $\dfrac{\partial^2 f}{\partial v^2}\left(\dfrac{\partial v}{\partial y}\right)^2+\dfrac{\partial f}{\partial v}\cdot\dfrac{\partial^2 v}{\partial y^2}$　　D. $\dfrac{\partial^2 f}{\partial v^2}\cdot\dfrac{\partial v}{\partial y}+\dfrac{\partial f}{\partial v}\cdot\dfrac{\partial^2 v}{\partial y^2}$

19. 对于函数 $z=5\sqrt{x^2+y^2}$ ，原点 $(0,0)$ 是（　　）.

A. 驻点且为极值点　　B. 驻点但非极值点

C. 非驻点但为极大值点　　D. 非驻点但为极小值点

20. 函数 $u=xyz$ 满足 $x+y+z=12$ 且 x,y,z 均为正整数的最大值是（　　）.

A. 64　　B. 65　　C. 66　　D. 63

二、填空题

1. 函数 $u=\dfrac{x-y}{\sqrt{xy-1}}$ 的定义域为__________.

2. 若函数 $z=2x^2+2y^2+3xy+ax+by+c$ 在点 $(-2,3)$ 处取得极小值 -3，则常数 a,b,c 之积 $abc=$__________.

3. 极限 $\lim\limits_{\substack{x\to1\\y\to0}}\dfrac{\ln(x+\mathrm{e}^y)}{\arctan\sqrt{x^2+y^2}}=$__________.

4. 设 $z(x,y)=\operatorname{arccot}\dfrac{x^3-y^3}{x+y}$，则 $\left.\dfrac{\partial z}{\partial y}\right|_{\substack{x=1\\y=0}}=$__________.

6. 设 $z=\ln\left(1+\dfrac{x}{y}\right)$ 则 $\mathrm{d}z\big|_{(1,2)}=$__________.

7. 设函数 $u=(xyz)^2+f(\mathrm{e}^{xyz})$，其中 f 可微，则 $\mathrm{d}u=$__________.

8. 设 $u=f(x,xy,xyz)$， f 可微，则 $\dfrac{\partial u}{\partial x}=$__________.

9. 设 $x^2+y^2+z^2=xf\left(\dfrac{z}{y}\right)$, f 连续可导，则 $\mathrm{d}z=$__________.

10. 设 $f(x,y)=xy(a-x-y)(a>0)$，则 $f(x,y)$ 的驻点为__________，极大值点为________极小值点为________.

三、解答题

1. 求二元函数 $z=\sqrt{\ln\dfrac{4}{x^2+y^2}}+\arcsin\dfrac{1}{x^2+y^2}$ 的定义域.

2. 求下列函数的一阶偏导数及全微分.

（1） $z=\arccos\dfrac{x}{\sqrt{x^2+y^2}}$；　　（2） $z=(1+xy)^x$；　　（3） $u=\mathrm{e}^x\sin xy$；

（4） $z=x^y$；　　（5） $u=(x+2y+3z)^2$；　　（6） $z=(1+x)^{xy}$；

（7） $u=f(x,xy,xyz),z=\phi(x,y)$；　　（8） $f(u,v)$ 可微， $z=f\left(\dfrac{x}{y},xy\right)$；

（9） $f(x,y)=\begin{cases}\dfrac{x^2y}{x^2+y^2}, & x^2+y^2\neq0,\\ 0, & x^2+y^2=0;\end{cases}$　　（10） $z=\arctan(xy)+2x^2+y$.

3. 讨论函数 $z=\dfrac{x+y}{x^3+y^3}$ 的连续性，并指出其间断点的类型.

4. 设 $z=\dfrac{x^2}{y^2}\ln(2x-y)$，求 $\dfrac{\partial z}{\partial x}$，$\dfrac{\partial z}{\partial y}$.

5. 求由方程 $x\cos y+y\cos z+z\cos x=a$ 所确定的函数 $z=f(x,y)$ 的全微分.

6. 设函数 $f(u,v)$ 可微，$z=f(xy,x-y)$，$x=\sin t$，$y=t^2$，求 $\dfrac{\mathrm{d}z}{\mathrm{d}t}$.

7. 设 $x^2+y^2+z^2-4z=0$，求 $\dfrac{\partial^2 z}{\partial x^2}$.

8. 设 $z^3-3xyz=a^3$，求 $\dfrac{\partial^2 z}{\partial x\partial y}$.

9. 设 $z=(u,x,y)$，$u=x\mathrm{e}^y$，其中 f 具有连续的二阶偏导数，求 $\dfrac{\partial^2 z}{\partial x\partial y}$.

10. 设 $z=f\left(2x+3y,\dfrac{x}{y}\right)$，其中 f 二阶可微，求 $\dfrac{\partial^2 z}{\partial x\partial y}$.

11. 设 $u=f(xyz)$，其中 f 二阶可微，求 $\dfrac{\partial^2 u}{\partial x\partial y}$.

12. 设 $z=\dfrac{1}{x}f(xy)+y\varphi(x+y)$，其中 f、φ 二阶可微，求 $\dfrac{\partial^2 z}{\partial x\partial y}$.

13. 设 $z=f[\ln(x^2+y^2)]$，其中 f 二阶可微，求 $\dfrac{\partial^2 z}{\partial x\partial y}$.

14. 设 $u=f\left(\dfrac{x}{y},\dfrac{y}{z}\right)$，其中 f 二阶可微，求 $\dfrac{\partial^2 u}{\partial x^2},\dfrac{\partial^2 u}{\partial x^2},\dfrac{\partial^2 u}{\partial y^2}$.

15. 已知 $f(x+mz,y+nz)=0$，其中 f 可微，证明：$mz_x+nz_y=-1$.

16. 证明极限 $\lim\limits_{(x,y)\to(0,0)}\dfrac{x-y}{x+y}$ 不存在.

17. 设 $u=f(x,z)$，而 $z(x,y)$ 是由方程 $z=x+y\phi(z)$ 所确定的函数，求 $\mathrm{d}u$.

18. 设函数 $u=f(x,y,z)=xy^2z^3$，又有方程 $x^2+y^2+z^2-3xyz=0$. 当 $z=z(x,y)$ 是由上述方程所确定的隐函数时，求 $\left.\dfrac{\partial u}{\partial x}\right|_{(1,1,1)}$.

19. 求 $f(x,y)=-x^2+y^3+6x-12y+5$ 的极值.

20. 求函数 $z=x^2+(y-1)^2$ 的极值.

21. 求函数 $u=xy^2z^3$ 在条件 $x+y+z=a\ (x,y,z,a>0)$ 下的极值.

22. 经过点 $(1,1,1)$ 的所有平面中，哪一个与坐标面在第一卦限内所围的立体体积最小？并求最小体积.

23. 求函数 $f(x,y)=x^2+y^2$ 在由两坐标轴 $x=0,y=0$ 及直线 $2x+y=2$ 所围成的三角形区域上的最大值与最小值.

24. 求 $f(x,y)=x^2+xy+y^2-6x+2$ 在矩形域: $0\leqslant x\leqslant 5,-3\leqslant y\leqslant 0$ 上的最大值与最小值.

25. 某公司通过电台及报纸做某商品的销售广告，据统计销售收入 R（万元）与电台广

告费 x_1（万元）及报纸广告费 x_2（万元）的函数关系为

$$R(x_1,x_2)=15+14x_1+32x_2-8x_1x_2-2x_1^2-10x_2^2$$

试求：（1）在不限广告费时的最优广告策略；

（2）在仅用 1.5 万元做广告费用时的最优广告策略.

26. 设函数 $z=z(x,y)$ 由方程 $ax+by+cz=F(x^2+y^2+z^2)$ 所确定，其中 $F(u)$ 为可微函数,a,b,c 为常数.证明:

$$(cy-bz)\frac{\partial z}{\partial x}+(az-cx)\frac{\partial z}{\partial y}=bx-ay.$$

本章学习自测题

一、选择题（每小题 3 分，共 30 分）

1. 已知 $f(x,y)=x^3y-x^2$，则 $f(1,t)=$（　　）.

A. $1-t^2$　　B. t^3-1　　C. $t-3$　　D. $t-1$

2. $f(x,y)=\dfrac{\ln(x-y^2)}{\sqrt{1-x^2-y^2}}$ 的定义域为（　　）.

A. $D=\left\{(x,y)\middle|y^2<x\right\}$　　B. $D=\left\{(x,y)\middle|y^2<x,x^2+y^2<1\right\}$

C. $D=\left\{(x,y)\middle|x^2+y^2<1\right\}$　　D. $D=\left\{(x,y)\middle|y^2<x<1\right\}$

3. 极限 $\lim\limits_{\substack{x\to0\\y\to1}}\dfrac{\sin(xy)}{x}=$（　　）.

A. 1　　B. 2　　C. 3　　D.0

4. 设 X={偏导数存在的函数类}, Y={偏导数存在且连续的函数类},Z={可微函数类}，则（　　）.

A. $X\supset Y\supset Z$　　B. $Y\supset X\supset Z$　　C. $X\supset Z\supset Y$　　D. $Z\supset Y\supset X$

5. 极限 $\lim\limits_{\substack{x\to0\\y\to0}}\dfrac{x^2y}{x^4+y^2}=$（　　）.

A. 等于 0　　B. 不存在

C. 等于　　D. 存在且不等于 0 或 $\dfrac{1}{2}$

6. 设 $u=\arctan\dfrac{y}{x}$，则 $\dfrac{\partial u}{\partial x}=$（　　）.

A. $\dfrac{x}{x^2+y^2}$　　B. $-\dfrac{y}{x^2+y^2}$　　C. $\dfrac{y}{x^2+y^2}$　　D. $\dfrac{-x}{x^2+y^2}$

7. 二元函数的二阶混合偏导数相等的充分条件是（　　）.

A. $f_x=0$ 且 $f_y=0$　　B. f_{xy} 连续

C. f_{yx} 连续　　D. f_{xy} 与 f_{yx} 都连续

8. $z=f(x,y)$在 (x_0,y_0)的某邻域内连续且有一阶及二阶连续偏导数，又(x_0,y_0)是驻点，令$f_{xx}(x_0,y_0)=A,\ f_{xy}(x_0,y_0)=B,\ f_{yy}(x_0,y_0)=C$，则$f(x,y)$在$(x_0,y_0)$处取得极值的条件为（　　）.

A. $B^2-AC>0$　　B. $B^2-AC=0$

C. $B^2-AC<0$　　D. A、B、C任何关系

9. $u=f(xyz)$，则$\dfrac{\partial^2 u}{\partial x^2}=$（　　）.

A. $\dfrac{\mathrm{d}^2 f}{\mathrm{d}x^2}$　　B. $f''(xyz)$　　C. $y^2z^2f''(xyz)$　　D. $yz\dfrac{\mathrm{d}^2 f}{\mathrm{d}x^2}$.

10. 设函数$z=1-\sqrt{x^2+y^2}$，则点$(0,0)$是函数z的（　　）.

A. 极大值点但非最大值点　　B. 极大值点且是最大值点

C. 极小值点但非最小值点　　D. 极小值点且是最小值点

二、填空题（每题 3 分，共 15 分）

11. 极限$\lim\limits_{\substack{x\to 0\\ y\to 1}}\dfrac{\ln(y+\mathrm{e}^{x^2})}{\sqrt{x^2+y^2}}=$________.

12. 已知$f(x+y,x-y)=x^2-xy$，则$f(x,y)=$________.

13. 函数$z=f(x,y)$在点$(1,1)$处可微，则极限$\lim\limits_{h\to 0}\dfrac{f(1-h,1)-f(1,1)}{h}=$_____.

14. 设函数$z=z(x,y)$由方程$xz-y+\arctan y=0$所确定，则$\dfrac{\partial^2 z}{\partial x\partial y}=$____.

15. 函数$u=\sin x\sin y\sin z$满足$x+y+z=\dfrac{\pi}{2}(x>0,y>0,z>0)$的条件极值为______.

三、解答题（每小题 5 分，共 55 分）

16. 求二元函数$z=\dfrac{\arcsin(3-x^2-y^2)}{\ln(y-x^2)}$的定义域，并绘出定义域的图形.

17. 求极限$\lim\limits_{\substack{x\to 0\\ y\to 0}}\dfrac{4-\sqrt{16+xy}}{\mathrm{e}^{2xy}-1}$.

18. 设$z=\sin(x^2+y\mathrm{e}^u),u=xy$，求$\dfrac{\partial z}{\partial x},\dfrac{\partial z}{\partial y}$.

19. 设$2\sin(x+2y-3z)=x+2y-3z$，证明$\dfrac{\partial z}{\partial x}+\dfrac{\partial z}{\partial y}=1$.

20. $f(x,y)$具有二阶连续偏导数，$z=f(3x+2y,4x-3y)$，求偏导数$\dfrac{\partial^2 z}{\partial x\partial y}$.

21. 由方程$xyz+\sqrt{x^2+y^2+z^2}=0$确定的隐函数$z=z(x,y)$在点$M(1,0,-1)$处的全微分.

22. 讨论函数$f(x,y)=\begin{cases}\sqrt{x^2+y^2}\sin\dfrac{1}{x^2+y^2},x^2+y^2\neq 0\\ 0,x^2+y^2=0\end{cases}$在点$(0,0)$处的连续性、可微性及偏导数存在性.

23. 设 $z = f(x^2 y, \frac{y}{x}) + xg(xy)$，$f$ 具有二阶连续偏导数，g 二阶可导，求 $\frac{\partial^2 z}{\partial x \partial y}$.

24. 求 $f(x, y) = (1 + e^y)\cos x - ye^y, x \in [0, \pi]$ 的极值.

25. 建造一个表面积为 108 m^2 的长方体形敞口水池，问水池尺寸如何，才能使容积最大？

26. 设有一圆板占有平面闭区域 $\left\{(x, y) \mid x^2 + y^2 \leqslant 1\right\}$.该圆板被加热，以致在点 (x, y) 的温度是 $T = x^2 + 2y^2 - x$，求该圆板的最热点和最冷点.

拓展模块

8　离散数学初步

离散数学是“研究离散结构的数学分科”，又称计算机数学，是现代数学的重要分支，是计算机专业课程中的核心基础课程之一. 离散数学是以研究离散量的结构和相互之间的关系为主要目标，其研究对象一般为：有限或可数个元素（例如：自然数、整数、真假值、有限个结点等），而离散性也是计算机科学的显著特点. 离散数学与数据结构、操作系统、编译原理、算法分析、逻辑设计、系统结构、容错技术、人工智能等有密切的联系. 它是这些课程的先导和基础课程.

本章主要介绍命题逻辑、代数结构、图论的基础知识.

【学习能力目标】

（1）理解命题逻辑的基本概念.

（2）熟练运用联结词对命题符号化.

（3）掌握命题公式的化简的方法.

（4）掌握求主范式及其互化的方法.

（5）理解代数系统的基本概念.

（6）掌握运算的基本性质.

（7）熟练应用半群、含幺半群、群的判定.

（8）理解图的基本概念.

（9）掌握图的表示方法.

（10）掌握欧拉图、哈密尔顿图、最小生成树的判定.

8.1　命题与联结词

8.1.1　命题的概念

数理逻辑研究的中心问题是推理（Inference)，而推理就必然包含前提和结论，前提和结论都是表达判断的陈述句，因而表达判断的陈述句就成为推理的基本要素. 在数理逻辑中，将能够判断真假的陈述句称为**命题**，而这个“真或假”的性质就可以称为命题的真值. 真值为真的命题称为**真命题**，真值为假的命题称为**假命题**. 真命题表达的判断正确，假命题表达的判断错误. 任何命题的真值都是唯一的.

判断句子是否为命题，有两个条件：一是否为陈述句，二是否真值唯一.

例 8.1.1　判断下列句子是否为命题.

（1）计算机专业的学生要学习课程“离散数学”.

（2）请保持安静！

（3）我正在说假话.

（4）你吃了饭吗？

（5）3000 年地球将毁灭.

（6）这难道不是张三同学吗？

（7）$1+1=10$.

（8）太阳上有人.

（9）$x+y>5$.

（10）大海真美啊！

解： 10 个句子中，（2）（3）（4）（7）（9）（10）都不是命题，因为：（2）是祈使句，（4）是疑问句，（10）是感叹句，都不是命题. 若（3）的真值为真，即"我正在说假话"为真，也就是"我正在说真话"，则又推出（3）的真值应为假；反之，若（3）的真值为假，即"我正在说假话"为假，也就是"我正在说假话"，则又推出（3）的真值应为真. 于是（3）既不为真又不为假，因此它不是命题. 像（3）这样由真推出假，又由假推出真的陈述句称为悖论. 凡是悖论都不是命题. （7）中在二进制中为真，在十进制中为假，只有根据上下文才能确定真值. （9）根据 x, y 的取值不同，它可真可假，真值不唯一，因而不是命题. 余下的（1），（5），（6），（8）是命题：（1）为真命题；（5）和（8）虽然现在我们不知道真值，但它们的真值客观存在，而且是唯一的；（6）是反问句，但表示肯定语义.

8.1.2 复合命题与联结词

下面我们讨论由一些联结词组成的命题.

例 8.1.2

（1）如果今天下雨，那么我就不去上课了.

（2）燕子飞回来了，春天到了.

（3）2 不是偶数，或者 3 也不是奇数.

（4）电脑不但可以玩游戏，而且还可以看电影.

以上全是由多个句子构成的命题.

上述命题都是通过诸如"或"，"如果……，那么……"，"不但……，而且……"等连词联结而成，我们把这类命题称为**复合命题**，构成复合命题的不能再分的命题称为**原子命题**或**简单命题**. 例 8.1.2 中（4）就是由"电脑可以玩游戏"和"电脑可以看电影"两个原子命题构成.

通常用字母 A，B，C,⋯，或 p，q，r，⋯等表示命题，如 p：燕子飞回来了. 一个表示确定命题的标识符称为**命题常元**（或命题常项）；没有指定具体内容的命题标识符称为**命题变元**（或命题变项）. 命题变元的真值情况不确定，因而命题变元不是命题. 只有给命题变元 p 具体的命题取代时，p 有了确定的真值，才成为命题.

定义 8.1.1 设 p 为命题，复合命题"非 p"（或"p 的否定"）称为 p 的否定，记作 $\neg p$，符号 $\neg$ 称作否定联结词. 并规定 $\neg p$ 为真当且仅当 p 为假. 我们用 T 或 1 表示真值为真，用 F 或 0 表示真值为假，构造其真值表如表 8.1.1 所示.

表 8.1.1　$\neg p$ 真值表

p	$\neg p$
0	1
1	0

定义 8.1.2 设 p,q 为二命题，复合命题“p 并且 q”（或“p 与 q”）称为 p 与 q 的合取式，记作 $p \wedge q$，$\wedge$ 称作合取联结词. 并规定 $p \wedge q$ 为真当且仅当 p 与 q 同时为真. 真值表如表 8.1.2 所示.

表 8.1.2　$p \wedge q$ 真值表

p	q	$p \wedge q$
0	0	0
0	1	0
1	0	0
1	1	1

常用的自然语言中“既……又……”“不但……而且……”“虽然……但是……”“一面……一面……”等联结而成的复合命题可为合取式.

定义 8.1.3 设 p，q 为二命题，复合命题“p 或 q”称作 p 与 q 的析取式，记作 $p \vee q$，$\vee$ 称作析取联结词. 并规定 $p \vee q$ 为假当且仅当 p 与 q 同时为假. 真值表如表 8.1.3 所示.

表 8.1.3　$p \vee q$ 真值表

p	q	$p \vee q$
0	0	0
0	1	1
1	0	1
1	1	1

按定义 8.1.3 在析取式 $p \vee q$ 中，还可分为相容或与排斥或（排异或）.

例 8.1.3 将下列命题符号化.

（1）李四爱打篮球或爱看书.

（2）王五是男生或女生.

（3）天不下雨.

（4）阿凡达身体好且学习好.

解： 在命题符号化时，先将原子命题符号化.

（1）设 p：李四爱打篮球.

q：李四爱爱看书.

（1）中“或”为相容或，即 p 与 q 可以同时为真，符号化为 $p \vee q$.

（2）设 r：王五是男生.

s：王五是女生.

显然（2）中“或”应为排斥或，但 r 与 s 不能同时为真，因而也可以符号化为 $r \vee s$.

（3）设 t：天下雨. 由题意这是一个否定命题，所以可以符号化为 $\neg t$.

（4）设 p：阿凡达身体好.

q：阿凡达学习好.

所以可以符号化为 $p \wedge q$.

定义 8.1.4　设 p，q 为二命题，复合命题“如果 p，则 q”称作 p 与 q 的蕴涵式，记作 $p \to q$，→称作蕴涵联结词. 并规定 $p \to q$ 为假当且仅当 p 为真 q 为假. 真值表如表 8.1.4 所示.

表 8.1.4　$p \to q$ 真值表

p	q	$p \to q$
0	0	1
0	1	1
1	0	0
1	1	1

$p \to q$ 的逻辑关系表示，p 是 q 的充分条件或 q 是 p 的必要条件.

在运用→联结词时，要注意以下几点：

（1）在自然语言里，特别是在数学中，q 是 p 的必要条件有许多不同的叙述方式. 例如，“只要 p，就 q”“因为 p，所以 q”“p 仅当 q”“只有 q 才 p”“除非 q 才 p”“除非 q，否则非 p”等等. 以上各种叙述方式表面看来有所不同，但都表达的是 q 是 p 的必要条件，因而所用联结词均应符号化为→，上述各种叙述方式都应符号化为 $p \to q$.

（2）在自然语言中，“如果 p，则 q”中的前件 p 与后件 q 往往具有某种内在联系. 而在数理逻辑中，p 与 q 可以无任何内在联系.

（3）在数学或其他自然科学中，“如果 p，则 q”往往表达的是前件 p 为真，后件 q 也为真的推理关系. 但在数理逻辑中，作为一种规定，当 p 为假时，无论 q 是真是假，$p \to q$ 均为真. 也就是说，只有 p 为真 q 为假这一种情况使得复合命题 $p \to q$ 为假.

定义 8.1.5　设 p，q 为二命题，复合命题“p 当且仅当 q”称作 p 与 q 的等价式，记作 $p \leftrightarrow q$，↔称作等价联结词. 并规定 $p \leftrightarrow q$ 为真当且仅当 p 与 q 同时为真或同时为假. 真值表如表 8.1.5 所示.

表 8.1.5　$p \leftrightarrow q$ 填值表

p	q	$p \leftrightarrow q$
0	0	1
0	1	0
1	0	0
1	1	1

$p \leftrightarrow q$ 的逻辑关系为 p 与 q 互为充要条件.

以上定义了五种最基本、最常用、也是最重要的联结词 $\neg$，$\wedge$，$\vee$，$\rightarrow$，$\leftrightarrow$，将它们组成一个集合 $\{\neg, \wedge, \vee, \rightarrow, \leftrightarrow\}$，称为一个联结词集. 其中 $\neg$ 为一元联结词，其余的都是二元联结词. 联结词可以嵌套使用，在嵌套使用时，规定如下优先顺序：( )，$\neg$，$\wedge$，$\vee$，$\rightarrow$，$\leftrightarrow$，对于同一优先级的联结词，先出现者先运算.

我们可以使用这些联结词将复杂命题表示成简单的符号公式.

例 8.1.4　将下列命题符号化.

（1）如果天晴，那么我就不去图书馆.

（2）天下雨当且仅当我去上学.

解： 首先将原子命题符号化：

p：天晴.

q：我去图书馆.

r：天下雨.

s：我去上学.

分别符号化为 $p \rightarrow \neg q$，$p \leftrightarrow q$.

例 8.1.5　令 p：3 是奇数.

q：人总是要死的.

r：雪是黑色的.

求下列复合命题的真值：

（1）$((\neg p \wedge q) \vee (p \wedge \neg q)) \rightarrow r$

（2）$\neg ((q \vee r) \rightarrow (p \rightarrow \neg r))$

解： p，q，r 的真值分别为 1，1，0，运算可得（1），（2）的真值分别为 1，0.

习题 8.1

基础练习

1. 判断下列语句中哪些是命题. 若是复合命题的，指出其由哪些原子命题构成.

（1）计算机有空吗？

（2）中国的人口最多的省份是四川.

（3）我正在撒谎.

（4）123 是素数.

（5）123 是素数当且仅当天狗吃月亮.

（6）请勿吸烟！

（7）你难道不是王五吗？

（8）除非天下刀，否则我不去上学.

（9）1+1 = 2.

（10）今天天气好并且这张桌子是坏的.

（11）2 是质数或合数.

（12）豆沙包很好吃啊！

（13）吃一堑，长一智.

2. 试写出符合否定、合取式、析取式、蕴涵式、等价式的五个语句.

提高练习

3. 将下列命题符号化.

（1）小东跑得快，还聪明.

（2）王非要么在唱歌，要么在看电视.

（3）因为天气冷，所以我穿衬衣.

（4）张三同李四是同学.

（5）小强与秋香都学过英语.

拓展练习

4. 将下列命题符号化.

（1）他一边看书，一边听音乐，一边吃瓜子.

（2）只有天下大雨，他才乘班车上班.

（3）除非天晴，否则他乘班车上班.

（4）下雪路滑当且仅当 2+2 = 5.

8.2 命题公式与赋值

8.2.1 合式公式的定义

上节说明了命题可以表示为符号串，哪些符号串可以代表命题，下面我们给出合式公式的定义.

定义 8.2.1

（1）单个命题变项是合式公式，并称为原子命题公式.

（2）若 A 是合式公式，则$(\neg A)$也是合式公式.

（3）若 A，B 是合式公式，则$(A\wedge B)$，$(A\vee B)$，$(A\rightarrow B)$，$(A\leftrightarrow B)$也是合式公式.

（4）只有有限次地应用（1）~（3）形式的符号串才是合式公式.

合式公式也称为命题公式或命题形式，并简称为公式.

如：$(p\rightarrow q)\wedge(q\leftrightarrow r)$，$(p\wedge q)\wedge\neg r$，$p\wedge(q\wedge\neg r)$等都是合式公式，而 $pq\rightarrow r$，$(p\rightarrow(r\rightarrow q)$ 等不是合式公式.

定义 8.2.1 给出的合式公式的定义方式称为归纳定义方式.

8.2.2 公式的赋值

合式公式就代表命题，但真值是不确定的. 当将公式中出现的全部命题符号都解释成具体的命题之后，公式就成了真值确定的命题了.

比如，在公式$(p \wedge q)$中，若将p解释为：雪是黑的，q解释成：$2m$是偶数，则p为假命题，q是真命题，公式$(p \wedge q)$被解释成：雪是黑的且$2m$是偶数. 这是一个假命题. 其实，我们也可直接将命题符号p真值指定为1，q指定为1，公式$(p \wedge q)$真值就为1；反过来，若已知一个公式的真值为0，则如何才能知道p，q的真值，这就是我们下面要讨论的问题.

定义 8.2.2　设$p_1, p_2, \cdots, p_n$是出现在公式A中的全部命题符号，给$p_1, p_2, \cdots, p_n$各指定一个真值，称为对A的一个赋值或解释. 若指定的一组值使A的真值为1，则称这组值为A的成真赋值；若使A的真值为0，则称这组值为A的成假赋值.

对含n个命题变项的公式A的赋值情况做如下规定：

若A中出现的命题符号为$p,q,r,\cdots$，给定A的赋值$\alpha_1,\alpha_2,\alpha_3,\cdots$，是指$p=\alpha_1, q=\alpha_2, r=\alpha_3,\cdots$. α_k取值为0或1，$k=1,2,\cdots,n$.

含$n(n \geqslant 1)$个命题变元的公式共有2^n个不同的赋值.

例如，在公式$(\neg p_1 \wedge \neg p_2 \wedge \neg p_3) \vee (p_1 \wedge p_2)$中，000($p_1=0$，$p_2=0$，$p_3=0$)，110($p_1=1$，$p_2=1$，$p_3=0$)都是成真赋值，而 001($p_1=0$，$p_2=0$，$p_3=1$)，011($p_1=0$，$p_2=1$，$p_3=1$)都是成假赋值. 在$(p \wedge \neg q) \to r$中，011($p_1=0$，$p_2=1$，$p_3=1$)为成真赋值，100($p_1=1$，$p_2=0$，$p_3=0$)为成假赋值.

8.2.2　真值表

为认清公式在赋值下的取值，通常构造“真值表”来讨论.

定义 8.2.3　将命题公式A在所有赋值下取值情况列成表，称作A的真值表.

构造真值表的具体步骤如下：

（1）找出公式中所含的全体命题变项$p_1,p_2,\cdots,p_n$（若无下角标就按字典顺序排列），列出2^n个赋值. 赋值从00…0开始，然后按二进制加法依次写出各赋值，直到11…1为止.

（2）按从低到高的顺序写出公式的各个层次.

（3）对应各个赋值计算出各层次的真值，直到最后计算出公式的真值.

例 8.2.1　求$P \vee (P \wedge Q)$，$P \wedge \neg P$，$P \vee \neg P$的真值表.

解：构造三个公式的真值表如表 8.2.1 ~ 表 8.2.3 所示.

表 8.2.1　$P \vee (P \wedge Q)$真值表

P	Q	$P \wedge Q$	$P \vee (P \wedge Q)$
0	0	0	0
0	1	0	0
1	0	0	1
1	1	1	1

表 8.2.2　$P \wedge \neg P$ 真值表

P	$\neg P$	$P \wedge \neg P$
0	1	0
1	0	0

表 8.2.3

P	$\neg P$	$P\vee\neg P$
0	1	1
1	0	1

例 8.2.2 求$\neg(P\vee Q)\leftrightarrow\neg P\wedge\neg Q$的真值表.

解： 真值表如表 8.2.4 所示.

表 8.2.4 $\neg(P\vee Q)\leftrightarrow\neg P\wedge\neg Q$ 真值表

P	Q	$P\vee Q$	$\neg(P\vee Q)$	$\neg P\wedge\neg Q$	$\neg(P\vee Q)\leftrightarrow\neg P\wedge\neg Q$
0	0	0	1	1	1
0	1	1	0	0	1
1	0	1	0	0	1
1	1	1	0	0	1

例 8.2.3 构造公式$(\neg p\wedge q)\rightarrow\neg r$的真值表，并判断指出成真赋值和成假赋值.

解： 它的真值表如表 8.2.5 所示.

表 8.2.5 $(\neg p\wedge q)\rightarrow\neg r$ 真值表

p	q	r	$\neg p\wedge q$	$(\neg p\wedge q)\rightarrow\neg r$
0	0	0	0	1
0	0	1	0	1
0	1	0	1	1
0	1	1	1	0
1	0	0	0	1
1	0	1	0	1
1	1	0	0	1
1	1	1	0	1

从表 8.2.5 可知，公式的成假赋值为 011，其余 7 个赋值都是成真赋值.

定义 8.2.4 设 A 为任一命题公式.

（1）若 A 在它的各种赋值下取值均为真，则称 A 是**重言式**或**永真式**.

（2）若 A 在它的各种赋值下取值均为假，则称 A 是**矛盾式**或**永假式**.

（3）若 A 在它的各种赋值下至少有一个赋值为真，则称 A 是**可满足式**.

从定义不难看出以下几点：

（1）永真式一定是可满足式，但反之不一定成立.

（2）真值表的作用：可用来判断公式的类型：

① 若真值表得出公式的真值全为 1，则公式为重言式.

② 若真值表得出公式的真值全为 0，则公式为矛盾式.

③ 若真值表得出公式的真值中至少有一个 1，则公式为可满足式.

从表 8.2.1 ~ 8.2.5 可知，公式$(\neg p\wedge q)\to\neg r$为可满足式，公式$\neg(P\vee Q)\leftrightarrow\neg P\wedge\neg Q$为重言式，而公式$p\wedge\neg p$为矛盾式.

关于 n 个命题变元 $P_1,P_2,\cdots,P_n$，由于 n 个命 2^{2^n} 题变元共产生 2^n 个不同赋值，在每个赋值下，公式的值只有 0 和 1 两个值. 于是 n 个命题变元的真值表共有种不同情况.

例 8.2.4 判断下列各公式的类型：

（1）$p\to q$；（2）$p\leftrightarrow p\wedge(p\vee q)$；（3）$\neg(p\wedge\neg q)$；（4）$(p\to q)\wedge(q\to p)$.

解：构造真值表请读者自己给出，其中（2）$p\leftrightarrow p\wedge(p\vee q)$为永真式，其余的公式全为可满足式.

习题 8.2

基础练习

1. 指出下列哪些是合式公式：

（1）$(P(Q\vee R))\leftrightarrow(P\to Q)(P\to R)$；

（2）$(P\to Q\to P))\leftrightarrow(P\to Q)$；

（3）$(P\to Q)\wedge(R\to Q)\leftrightarrow(P\vee R)$；

（4）$P\to Q\vee\neg P)$；

（5）$(P\vee(Q\to R))\leftrightarrow(P\vee\neg R)$.

提高练习

2. 用真值表判断下列公式的类型：

（1）$(p\to q)\leftrightarrow(r\leftrightarrow s)$；

（2）$(p\to\neg q)\to\neg q$；

（3）$\neg(q\to r)\wedge r$；

（4）$(p\to q)\to(\neg q\to\neg p)$；

（5）$(p\wedge r)\leftrightarrow(\neg p\wedge\neg q)$；

（6）$((p\to q)\wedge(q\to r))\to(p\to r)$.

8.3 等值式与等值演算

8.3.1 等值式的概念

从前面合式公式的讨论来看，现在我们已把公式抽象出来，不再关心它的具体意义，而只是研究其真值情况即可. 若两个公式它们的真假取值完全相同时，我们就认为它们即是相同的命题，从真值上讲，它们是相同的.

设公式 A, B 共同含有 n 个命题变项，若 A 与 B 有相同的真值表，则说明在 $2n$ 个赋值的每个赋值下，A 与 B 的真值都相同. 于是等价式 $A\leftrightarrow B$ 应为重言式.

定义 8.3.1　设 A,B 式两个命题公式，若 A, B 构成的等价式 $A\leftrightarrow B$ 为重言式，则称 A 与 B 是等值的，记作 $A\Leftrightarrow B$.

定义中给出的符号⇔不是联结词，它是一种关系符，用来说明 A 与 B 等值的，要将它与↔区别开来，同时也要注意它与一般数学等号 = 的区别.

判断等值式有真值表、等值演算、范式. 范式将在下节介绍.

8.3.2　用真值表判断公式的等值

例 8.3.1　判断下面两个公式是否等值：

（1）$\neg(\neg p\vee\neg q)\to r$ 与 $(p\to q)\to r$;

（2）$(p\wedge q)\to r$ 与 $p\to(q\to r)$.

解： 列出真值表表 8.3.1，不难看出 $\neg(\neg p\vee\neg q)\to r$ 与 $p\to(q\to r)$ 等值，即 $\neg(\neg p\vee\neg q)\to r\Leftrightarrow p\to(q\to r)$；而 $(p\to q)\to r$ 与 $(p\wedge q)\to r$ 的真值表不同，因而它们不等值，即 $(p\to q)\to r\not\Leftrightarrow(p\wedge q)\to r$.

表 8.3.1　真值表

p	q	r	$\neg(\neg p\vee\neg q)\to r$	$p\to(q\to r)$	$(p\to q)\to r$
0	0	0	1	1	0
0	0	1	1	1	1
0	1	0	1	1	0
0	1	1	1	1	1
1	0	0	1	1	1
1	0	1	1	1	1
1	1	0	0	0	0
1	1	1	1	1	1

8.3.3　等值演算

虽然用真值法可以判断任何两个命题公式是否等值，但当命题变项较多时，工作量是很大的. 我们下面给出一组用真值表验证的又是重要的重言式，以它们为基础进行公式之间的演算，来判断公式之间的是否等值.

（1）双重否定律　$P\Leftrightarrow\neg\neg P$

（2）幂等律　$P\Leftrightarrow P\vee P,\ P\Leftrightarrow P\wedge P$

（3）交换律　$P\vee Q\Leftrightarrow Q\vee P$，$P\wedge Q\Leftrightarrow Q\wedge P$

（4）结合律　$(P\vee Q)\vee R\Leftrightarrow P\vee(Q\vee R)$

$(P\wedge Q)\wedge R\Leftrightarrow P\wedge(Q\wedge R)$

（5）分配律　$P\vee(Q\wedge R)\Leftrightarrow(P\vee Q)\wedge(P\vee R)$（$\vee$ 对 $\wedge$ 的分配律）

$P\wedge(Q\vee R)\Leftrightarrow(P\wedge Q)\vee(P\wedge R)$（$\wedge$ 对 $\vee$ 的分配律）

（6）德摩根律 $\neg(P \vee Q) \Leftrightarrow \neg P \wedge \neg Q$,
$\neg(P \wedge Q) \Leftrightarrow \neg P \vee \neg Q$

（7）吸收律 $P \vee (P \wedge Q) \Leftrightarrow P$,
$P \wedge (P \vee Q) \Leftrightarrow P$

（8）零律 $P \vee 1 \Leftrightarrow 1$,
$P \wedge 0 \Leftrightarrow 0$

（9）同一律 $P \vee 0 \Leftrightarrow P$,
$P \wedge 1 \Leftrightarrow P$

（10）排中律 $P \vee \neg P \Leftrightarrow 1$

（11）矛盾律 $P \wedge \neg P \Leftrightarrow 0$

（12）蕴涵等值式 $P \to Q \Leftrightarrow \neg P \vee Q$

（13）等价等值式 $(P \leftrightarrow Q) \Leftrightarrow (P \to Q) \wedge (Q \to P)$

（14）假言易位 $P \to Q \Leftrightarrow \neg Q \to \neg P$

（15）等价否定等值式 $P \leftrightarrow Q \Leftrightarrow \neg P \leftrightarrow \neg Q$

（16）归谬论 $(P \to Q) \wedge (P \to \neg Q) \Leftrightarrow \neg P$

以上 16 组等值式包含了 24 个重要等值式. 由于 P,Q,R 可以代表任意的公式，这样的等值式模式都可能给出无穷多个同类型的具体的等值式. 例如，当取 $P = p \vee q$，$Q = p \wedge q$ 时，得等值式

$$(p \vee q) \to (p \wedge q) \Leftrightarrow \neg (p \vee q) \vee (p \wedge q)$$

这些具体的等值式都被称为原来的等值式模式的代入实例.

由已知的等值式可以推演出更多的等值式，简单快速推理，还需要一些保持等值性的规则.

置换规则 设 $\Phi(A)$ 是含公式 A 的命题公式，$\Phi(B)$ 是用公式 B 置换了 $\Phi(A)$ 中所有的 A 后得到的命题公式，若 $B \Leftrightarrow A$，则 $\Phi(B) \Leftrightarrow \Phi(A)$.

此置换规则的正确性，可用归纳法证明之.

例如，在公式 $(p \to q) \to r$ 中，可用 $\neg p \vee q$ 置换其中的 $p \to q$，由蕴涵等值式可知，$p \to q \Leftrightarrow \neg p \vee q$，所以，$(p \to q) \to r \Leftrightarrow (\neg p \vee q) \to r$.

在这里，使用了置换规则. 如果再一次地用蕴涵等值式及置换规则，又会得到

$$(\neg p \vee q) \to r \Leftrightarrow \neg(\neg p \vee q) \vee r$$

如果再用德摩根律及置换规则，又会得到 $\neg(\neg p \vee q) \vee r \Leftrightarrow (p \wedge \neg q) \vee r$.
再用分配律及置换规则，又会得到 $(p \wedge \neg q) \vee r \Leftrightarrow (p \vee r) \wedge (\neg q \vee r)$.

公式之间的等值关系具有自反性、对称性和传递性，所以上述演算中得到的 5 个公式彼此之间都是等值的. 在演算的每一步都可用置换规则.

例 8.3.2 证明 $p \to (q \to r) \Leftrightarrow (p \wedge q) \to r$

证明：

$$
\begin{aligned}
& p \to (q \to r) \\
& \Leftrightarrow \neg p \vee (\neg q \vee r) \\
& \Leftrightarrow (\neg p \vee \neg q) r \\
& \Leftrightarrow (p \wedge q) r \\
& \Leftrightarrow (\mathrm{p} \wedge \mathrm{q}) \to r.
\end{aligned}
$$

例 8.3.3 用等值演算判断下列公式的类型：

（1）$((p\to q)\wedge p\to q)\vee p$；（2）$(p\to(p\vee q))\wedge s$.

解：（1）$((p\to q)\wedge p\to q)\vee p$

$\Leftrightarrow((\neg p\vee q)\wedge p\to q)\vee p$

$\Leftrightarrow(\neg((\neg p\vee q)\wedge p)\vee q)\vee p$

$\Leftrightarrow((\neg(\neg p\vee q)\vee\neg p)\vee q)\vee p$

$\Leftrightarrow(((p\wedge\neg q)\vee\neg p)\vee q)\vee p$

$\Leftrightarrow(((p\vee\neg p)\wedge(\neg q\vee\neg p))\vee q)\vee p$

$\Leftrightarrow((1\wedge(\neg q\vee\neg p))\vee q)\vee p$

$\Leftrightarrow(\neg q\vee q)\vee\neg p\vee p$

$\Leftrightarrow 1\vee 1$

$\Leftrightarrow 1$

所以公式（1）是重言式.

（2）$(p\to(p\vee q))\wedge s$

$\Leftrightarrow(\neg p\vee p\vee q)\wedge s$

$\Leftrightarrow 1\wedge s$

$\Leftrightarrow s$

所以公式（2）是可满足式.

例 8.3.4 化简$\neg(p\to q)\wedge r\wedge q$

解：$\neg(p\to q)\wedge r\wedge q$

$\Leftrightarrow\neg(\neg p\vee q)\wedge q\wedge r$

$\Leftrightarrow p\wedge(\neg q\wedge q)\wedge r$

$\Leftrightarrow p\wedge 0\wedge r$

$\Leftrightarrow 0$

习题 8.3

基础练习

1. 设 A、B、C 为任意的命题公式.

（1）已知 $A\vee C\Leftrightarrow B\vee C$，问：$A\Leftrightarrow B$ 一定成立吗？

（2）已知 $A\wedge C\Leftrightarrow B\wedge C$，问：$A\Leftrightarrow B$ 一定成立吗？

（3）已知$\neg A\Leftrightarrow\neg B$，问：$A\Leftrightarrow B$ 一定成立吗？

提高练习

2. 分别用等值演算法和真值表法判断下列公式的类型，求出成假赋值.

（1）$(p\vee q)\to(p\wedge r)$；

（2）$(p\to(p\vee q))\vee(p\to r)$；

（3）$\neg(p\wedge q\rightarrow q)$.

3. 用等演算法证明下面等值式.

（1）$(\neg p\vee q)\wedge(p\rightarrow r)\Leftrightarrow(p\rightarrow(q\wedge r))$;

（2）$(p\wedge q)\vee\neg(\neg p\vee q)\Leftrightarrow p$.

拓展练习

4. 判断下列公式的类型.

（1）$(p\rightarrow q)\rightarrow(\neg q\rightarrow\neg p)$;

（2）$(p\rightarrow q)\wedge\neg p$.

8.4 范　式

从前面可以看出，逻辑公式在等值演算下有各种相互等价的表达形式，为了把它规范化、标准化，我们引入一种标准形式，即范式.

8.4.1 简单合取式和简单析取式

定义 8.4.1 仅有有限个命题变项及其否构成的析取式称作**简单析取式**. 仅有有限个命题变项及其否构成的合取式称作**简单合取式**.

例如，$p\vee\neg p$，$\neg p\vee q$ 等为 2 个变元的简单析取式，$\neg p\vee\neg q\vee r,p\vee\neg q\vee r$ 等为 3 个变元构成的简单析取式；$\neg p\wedge p$，$p\wedge\neg q$ 等为 2 个变元的简单合取式，$p\wedge q\wedge\neg r$，$\neg p\wedge p\wedge r$ 等为 3 个变元的简单合取式.

定理 8.4.1 （1）一个简单析取式是重言式当且仅当它同时含某个命题变项及它的否定式.

（2）一个简单合取式是矛盾式当且仅当它同时含有某个命题变项及它的否定式.

证明： 设 A_i 是含 n 个变元的简单析取式，若 A_i 中既含有某个命题变项 p_j，又含有它的否定式 $\neg p_j$，由交换律、排中律和零律可知，A_i 为重言式. 反之，若 A_i 为重言式，则它必同时含某个命题变项及它的否定式，否则，若将 A_i 中的不带否定号的命题变项都取 0，带否定号的命题变项都取 1，此赋值为 A_i 的成假赋值，这与 A_i 是重言式相矛盾. 类似的讨论可知，若 A_i 是含 n 个命题变项的简单合取式，且 A_i 为矛盾式，则 A_i 中必同时含有某个命题变项及它的否定式，反之亦然.

如：$p\vee\neg p$，$p\vee\neg p\vee r$ 都是重言式. $\neg p\vee q$，$\neg p\vee\neg q\vee r$ 都不是重言式.

8.4.2 析取范式

定义 8.4.2 由有限个简单合取式构成的析取式称为析取范式.

设 $A_i(i=1,2,\cdots,s)$ 为简单合取式，则 $A=A_1\vee A_2\vee\cdots\vee A_s$ 为析取范式. 例如，$A_1=p\wedge q$，$A_2=\neg p\wedge\neg r$，$A_3=s$，则由 A_1, A_2, A_3 构造的析取范式为

$$A=A_1\vee A_2\vee A_3=(p\wedge q)\vee(\neg q\wedge\neg r)\vee s$$

形如 $p\wedge q\wedge r$ 的公式可以看成一个简单合取式构成的析取范式.

定理 8.4.2 一个析取范式是矛盾式当且仅当它的每个简单合取式都是矛盾式.

定理 8.4.3 （范式存在定理）任一非永假式的命题公式都存在着与之等值的析取范式.

据此定理，求范式可使用如下步骤：

（1）用{¬ ∨ ∧}来表示命题公式.

（2）利用德摩根律把¬ 内移到命题变元上.

（3）利用∧对∨的分配律求析取范式.

例 8.4.1 求$\neg P\to(P\to Q)$的析取范式.

解： $\neg P\to(P\to Q)\Leftrightarrow\neg\neg P\vee(\neg P\vee Q)$

$\Leftrightarrow P\vee(\neg P\vee Q)$

$\Leftrightarrow(P\vee\neg P)\vee Q$

$\Leftrightarrow T\vee Q$

$\Leftrightarrow T$

$\Leftrightarrow P\vee\neg P$.

例 8.4.2 求下列公式的析取范式：

$$(p\to q)\leftrightarrow r$$

解： 为了清晰和无误，演算中利用交换律，使得每个简单析取式或合取式中命题变项的出现都是按字典顺序，这对求主范式更为重要.

$(p\to q)\leftrightarrow r$

$\Leftrightarrow(\neg p\vee q)\leftrightarrow r$

$\Leftrightarrow((\neg p\vee q)\to r)\wedge(r\to(\neg p\vee q))$

$\Leftrightarrow((p\wedge\neg q)\vee r)\wedge(\neg p\vee q\vee\neg r)$

$\Leftrightarrow(p\wedge\neg q\wedge\neg p)\vee(p\wedge\neg q\wedge q)\vee(p\wedge\neg q\wedge\neg r)\vee(r\wedge\neg p)\vee(r\wedge q)\vee(r\wedge\neg r)$

$\Leftrightarrow(p\wedge\neg q\wedge\neg r)\vee(\neg p\wedge r)\vee(q\wedge r)$

在以上演算中，第四步和第五步结果都是析取范式，这说明命题公式的析取范式是不唯一的.

8.4.3 主范式

上述范式不唯一，下面讨论主范式，它是唯一存在的.

定义 8.4.3 在含有 n 个命题变项的简单合取式中，若每个命题变项和它的否定式不同时出现，而二者之一必出现且仅出现一次，且第 i 个命题变项或它的否定式出现在从左算起的第 i 位上（若命题变项无角标，就按字典顺序排列），称这样的简单合取式为**极小项**.

由于每个命题变项在极小项中以原形或否定式形式出现且仅出现一次，因而 n 个命题变项共可产生 2^n 个不同的极小项. 其中每个极小项都有且仅有一个成真赋值. 若成真赋值所对应的二进制数转换为十进制数 i，就将所对应极小项记作 m_i.

为了便于记忆，将 p, q 与 p, q, r 形成的极小项分别列在表 8.4.1 和 8.4.2 上.

表 8.4.1　2 个变元的极小项

成真赋值		公式	标识
0	0	$\neg p \wedge \neg q$	m_0
0	1	$\neg p \wedge q$	m_1
1	0	$p \wedge \neg q$	m_2
1	1	$p \wedge q$	m_3

表 8.4.2　3 个变元的极小项

成真赋值			公式	标识
0	0	0	$\neg p \wedge \neg q \wedge \neg r$	m_0
0	0	1	$\neg p \wedge \neg q \wedge r$	m_1
0	1	0	$\neg p \wedge q \wedge \neg r$	m_2
0	1	1	$\neg p \wedge q \wedge r$	m_3
1	0	0	$p \wedge \neg q \wedge \neg r$	m_4
1	0	1	$p \wedge \neg q \wedge r$	m_5
1	1	0	$p \wedge q \wedge \neg r$	m_6
1	1	1	$p \wedge q \wedge r$	m_7

定义 8.4.4　设由 n 个命题变项的公式等值式中，若仅由极小项的析取构成，则称该式为原公式的主析取范式.

定理 8.4.4　任何命题公式都存在着与之等值的主析取范式，并且是唯一的.

证明：

首先证明存在性. 设 A 是任一含 n 个命题变项的公式. 存在与 A 等值的析取范式 A'，即 $A \Leftrightarrow A'$，若 A'的某个简单合取式 A_i 中既不含命题变项 p_j，也不含它的否定式$\neg p_j$，则将 A_i 展成如下形式：

$$A_i \Leftrightarrow A_i \wedge 1 \Leftrightarrow A_i \wedge (p_j \vee \neg p_j) \Leftrightarrow (A_i \wedge p_j) \vee (A_j \wedge \neg p_j)$$

继续这一过程，直到所有的简单合取式都含任意命题变项或它的否定式.

若在演算过程中重复出现的命题变项以及极小项和矛盾式时，都应“消去”：如用 p 代替 $p \wedge p$，m_i 代替 $m_i \vee m_i$，0 代替矛盾式等. 最后就将 A 化成与之等值的主析取范式 A''.

下面再证明唯一性. 假设某一命题公式 A 存在两个与之等值的主析取范式 B 和 C，即 $A \Leftrightarrow B$ 且 $A \Leftrightarrow C$，则 $B \Leftrightarrow C$. 由于 B 和 C 是不同的主析取范式，不妨设极小项 m_i 只出现在 B 中而不出现在 C 中. 于是，角标 i 的二进制表示为 B 的成真赋值，而为 C 的成假赋值. 这与 $B \Leftrightarrow C$ 矛盾，因而 B 与 C 必相同.

求主析取范式的步骤：

（1）将公式 A 变换为等价的析取范式 A'；

（2）除去 A'中所有永假析取项；

（3）合并相同的合取项和相同的变元；

（4）对公式 A_i' 补入没有出现的变元 X，即 $A_i' \wedge (X \vee \neg X)$然后用分配律展开公式的项，如果需要的话再用交换律、结合律、幂等律等合并相同的极小项.

为了醒目和便于记忆，求出某公式的主析取范式，将极小项都用标识写出，并且按极小项的角标由小到大顺序排列，用$\sum$表示出来.

例 8.4.3 求$(\neg P \wedge Q) \vee (p \wedge \neg Q)$主析取范式.

解：$(\neg P \wedge Q) \vee (p \wedge \neg Q)$已是主范式的形式，所以只需找出其标识即可

$$
\begin{aligned}
&(\neg P \wedge Q) \vee (p \wedge \neg Q) \\
&\Leftrightarrow m_1 \vee m_2 \\
&\Leftrightarrow \sum(1,2)
\end{aligned}
$$

例 8.4.4 求（$p \to q$）$\leftrightarrow r$ 主析取范式.

解：由前例 8.4.2 中求得的析取范式，即

$$(p \to q) \leftrightarrow r \Leftrightarrow (p \wedge \neg q \wedge \neg r) \vee (\neg p \wedge r) \vee (q \wedge r)$$

在此析取范式中，简单合取式$\neg p \wedge r$，$q \wedge r$ 都不是极小项. 下面分别求出它们派生的极小项. 注意，因为公式含三个命题变项，所以极小项均由三个变元组成.

$$
\begin{aligned}
&\neg p \wedge r \\
&\Leftrightarrow \neg p \wedge (\neg q \vee q) \wedge r \\
&\Leftrightarrow (\neg p \wedge \neg q \wedge r) \vee (\neg p \wedge q \wedge r) \\
&\Leftrightarrow m_1 \vee m_3 \\
&q \wedge r \\
&\Leftrightarrow (\neg p \vee p) \wedge q \wedge r \\
&\Leftrightarrow (\neg p \wedge q \wedge r) \vee (p \wedge q \wedge r) \\
&\Leftrightarrow m_3 \vee m_7
\end{aligned}
$$

而简单合取式 $p \wedge \neg q \wedge \neg r$ 已是极小项 m_4. 于是

$$
\begin{aligned}
&(p \to q) \leftrightarrow r \\
&\Leftrightarrow m1 \vee m3 \vee m4 \vee m7 \\
&\Leftrightarrow \sum(1,3,4,7)
\end{aligned}
$$

总结主析取范式的作用：

（1）求公式的成真赋值与成假赋值.

若公式 A 中含 n 个命题变项，A 的主析取范式含 $s(0 \leqslant s \leqslant 2n)$个极小项，则 A 有 s 个成真赋值，它们是所含极小项角标的二进制表示，其余 $2n - s$ 个赋值都是成假赋值.

（2）判断公式的类型.

设公式 A 中含 n 个命题变项，容易看出：

① A 为重言式当且仅当 A 的主析取范式含全部 $2n$ 个极小项.

② A 为矛盾式当且仅当 A 的主析取范式不含任何极小项. 此时，记 A 的主析取范式为 0.

③ A 为可满足式当且仅当 A 的主析取范式至少含一个极小项.

（3）判断两个命题公式是否等值.

设公式 A,B 共含有 n 个命题变项，按 n 个命题变项求出 A 与 B 的主析取范式 A' 与 B'. 若 $A'=B'$，则 $A\Leftrightarrow B$；否则，$A \not\Leftrightarrow B$.

习题 8.4

基础练习

1. 设 A 与 B 均为含 n 个命题变项的公式，判断下列命题是否为真.

（1）$A\Leftrightarrow B$ 当且仅当 $A\leftrightarrow B$ 是可满足式.

（2）$A\Leftrightarrow B$ 当且仅当 A 与 B 有相同的主析取范式.

（3）若 A 为重言式，则 A 的主析取范式中含有 2^n 个极小项.

（4）若 A 为矛盾式，则 A 的主析取范式为 1.

提高练习

2. 求下列公式的析取范式.

（1）$(\neg P\wedge Q)\to R$

（2）$P\wedge(P\to Q)$

（3）$\neg(P\wedge Q)\wedge(P\vee Q)$

（4）$(P\to Q)\to R$

3. 求下列公式的主析取范式.

（1）$Q\wedge(P\vee\neg Q)$

（2）$P\vee(\neg P\to(Q\vee(\neg Q\to R))$

（3）$(\neg P\vee\neg Q)\to(P\leftrightarrow\neg Q)$

拓展练习

4. 用主析取范式法判断公式的类型，并求公式的成真赋值.

（1）$(p\to q)\wedge\neg p$

（2）$\neg(p\to q)\wedge r\wedge q$

（3）$(p\to q)\to(\neg q\to\neg p)$

8.5 代数结构初步

8.5.1 代数系统的概念

在我们生活的这个世界中，各种事物的联系，我们都可以用运算来表示，比如，我们上班，工作取得绩效，得到应得的工资，就可以表示为上班 * 绩效 = 工资. 这里的运算是一个普遍概念，由此我们得到下面的定义.

定义 8.5.1 设 A 和 B 都是非空集合，n 是一个正整数，若 Φ 是 A^n 到 B 的一个映射，则称 Φ 是 A 到 B 的一个 n 元运算. 当 $B = A$ 时，称 Φ 是 A 上的 n 元运算（n-ary operation），简称 **A 上的运算**. 并称该 n 元运算在 A 上是**封闭的**.

例如 $f: \mathbf{N}\times\mathbf{N}\to\mathbf{N}, f(<x, y>) = x+y$ 就是自然数集合 **N** 上的二元运算，即普通的加法运算. 普通的减法不是自然数集合 **N** 上的二元运算，因为两个自然数相减可能得到负数，而负数不是自然数. 这时也称 **N** 对减法运算不封闭. 验证一个运算是否为集合 S 上的二元运算主要考虑两点：

（1）S 中任何两个元素都可以进行这种运算，且运算的结果是唯一的.

（2）S 中任何两个元素的运算结果都属于 S，即 S 对该运算是封闭的.

例 8.5.1

（1）整数集合 **Z** 上的加法、减法和乘法都是 **Z** 上的二元运算，而除法不是.

（2）求一个数的倒数是非零实数集 $\mathbf{R}^*$ 上的一元运算.

（3）非零实数集 $\mathbf{R}^*$ 上的乘法和除法都是 $\mathbf{R}^*$ 上的二元运算，而加法和减法不是，因为两个非零实数相加或相减可能得 0.

（4）空间直角坐标系中求点（x，y，z）的坐标在 x 轴上的投影可以看作实数集 **R** 上的三元运算 $f(x, y, z) = x$，因为参加运算的是有序的 3 个实数，而结果也是实数.

通常用等∘，•，*，…等表示二元运算，称为算符. 若 $f: s\times s\to s$ 是集合 S 上的二元运算，对任意 $x,y\in S$，如果 x 与 y 运算的结果是 z，即 $f(x, y) = z$，可利用运算∘简记为 $x\circ y = z$.

类似于二元运算，也可以使用算符来表示 n 元运算. 如 n 元运算 $f(a_1,a_2,\cdots,a_n) = b$ 可简记为 $\circ(a_1,a_2,\cdots,a_n) = b$.

$n = 1$ 时 $\circ(a_1) = b$ 是一元运算；

$n = 2$ 时 $\circ(a_1,a_2) = b$ 是二元运算；

$n = 3$ 时 $\circ(a_1,a_2,a_3) = b$ 是三元运算.

这些相当于前缀表示法，但对于二元运算用得较多的还是 $a_1\circ a_2 = b$，以下所涉及的 n 元运算主要是一元运算和二元运算.

若集合 $X = \{x_1, x_2,\cdots\cdots, x_n\}$ 是有限集，X 上的一元运算和二元运算也可用运算表给出. 表 8.5.1 和 8.5.2 分别是一元运算和二元运算的一般形式.

表 8.5.1 一元运算

S_i	$*(S_i)$
S_1	$*(S_1)$
S_2	$*(S_2)$
…	…
S_n	$*(S_n)$

表 8.5.2 二元运算

*	S_1	S_2	…	S_n
S_1	$S_1 * S_1$	$S_1 * S_2$	…	$S_1 * S_n$
S_2	$S_2 * S_1$	$S_2 * S_2$	…	$S_2 * S_n$
…	…	…	…	
S_n	$S_n * S_1$	$S_n * S_2$	…	$S_n * S_n$

定义 8.5.2 一个非空集合 A 连同若干个定义在该集合上的运算 $f_1, f_2,\cdots, f_k$ 所组成的系统称为一个代数系统. 记作 $<A, f_1, f_2,\cdots, f_k>$.

如果对集合 S，由 S 的幂集 $P(S)$ 以及该幂集上的运算"∪""∩""～"组成一个代数系统 $<P(S), \cup, \cap, \sim>$，$S_1\in P(S)$，S_1 的补集 $\sim S_1 = S - S_1$ 也常记为 $\overline{S_1}$. 又如整数集 **Z** 以及 **Z**

上的普通加法“+”组成一个系统 $<\mathbf{Z}, +>$. 值得注意的是，虽然代数系统有许多不同的形式，但它们可能有一些共同的运算.

8.5.2 代数系统的运算及其性质

对一个非空集合，我们可以任意地在这个集合上规定运算，使它成为代数系统. 但我们所关注的是其运算有某些性质的代数系统. 下面主要讨论二元运算的一些性质.

定义 8.5.3 设$*$是定义在集合S上的二元运算，如果对于任意的$x,y\in S$，都有$x*y = y*x$，则称二元运算$*$是可交换的或称运算$*$满足交换律.

例 8.5.2 设 $\mathbf{Z}$ 是整数集，$\triangle$，$*$分别是 $\mathbf{Z}$ 上的二元运算，其定义为，对任意的 $a,b\in\mathbf{Z}$，$a\triangle b = ab-a-b$，$a*b = ab-a+b$，问 $\mathbf{Z}$ 上的运算$\triangle$，$*$分别是否可交换？

解： 因为 $a\triangle b = ab-a-b = ba-b-a = b\triangle a$ 对 $\mathbf{Z}$ 中任意元素 a，b 成立，所以运算$\triangle$是可以交换的. 又因为对 $\mathbf{Z}$ 中的数 0，1，$0*1 = 0\times1-0+1 = 1$，$1*0 = 1\times0-1+0 = -1$，所以，$0*1\neq1*0$，从而运算☆是不可交换的.

定义 8.5.4 设$*$是定义在集合 S 上的二元运算，如果对于 S 上中的任意元素 x，y，z 都有，$(x*y)*z = x*(y*z)$，则称二元运算$*$是可以结合的或称运算$*$满足结合律.

例 8.5.3 设 $\mathbf{Q}$ 是有理数集合，$\circ$，$*$分别是 $\mathbf{Q}$ 上的二元运算，其定义为，对于任意的 a，$b\in\mathbf{Q}$，$a\circ b = a$，$a\circ b = a-2b$，证明运算$\circ$是可结合的并说明运算$*$不满足结合律.

证明： 因为对任意的 $a,b,c\in\mathbf{Q}$，

$$(a\circ b)\circ c = a\circ c = a$$
$$a\circ(b\circ c) = a\circ b = a$$

所以$(a\circ b)\circ c = a\circ(b\circ c)$，即得运算$\circ$是可以结合的.

又因为对 $\mathbf{Q}$ 中的元 0，1

$$(0*0)*1 = 0*1 = 0-2 = 2$$
$$0*(0*1) = 0*(-2) = 0-2\times(-2) = 4$$

所以，$(0*0)*1\neq0*(0*1)$，从而运算$*$不满足结合律.

对于满足结合律的二元运算，在一个只有该种运算的表达式中，可以去掉标记运算顺序的括号. 例如，实数集上的加法运算是可结合的，所以表达式$(x+y)+(u+v)$可简写为$x+y+u+v$.

若$<S, *>$是代数系统，其中$*$是 S 上的二元运算且满足结合律，n 是正整数，$a\in S$，那么，$a*a*a*\cdots*a$ 是 S 中的一个元素，称其为 a 的 n 次幂，记为 a^n.

关于 a 的幂，用数学归纳法不难证明以下公式：

$$a^m*a^n = a^{m+n}，(a^m)^n = a^{mn}，其中\ m，n\ 为正整数.$$

定义 8.5.5 设$\circ$，$*$是定义在集合 S 上的两个二元运算，如果对于任意的 x，y，$z\in S$，都有

$$x\circ(y*z) = (x\circ y)*(x\circ z)$$
$$(y*z)\circ x = (y\circ x)*(z\circ x)$$

则称运算$\circ$对运算$*$是可分配的，也称$\circ$对运算$*$满足分配律.

例 8.5.4 设集合 $A = \{0,1\}$，在 A 上定义两个二元运算$\circ$和$*$如表 8.5.3 和表 8.5.4 所示. 试

问运算$*$对运算$\circ$和运算$\circ$对运算$*$分别是否是可分配的？

表 8.5.3 二元运算$\circ$

$\circ$	0	1
0	0	1
1	1	0

表 8.5.4 二元运算$*$

$*$	0	1
0	0	0
1	0	1

解： 容易验证运算$*$对运算$\circ$是可分配的，但运算$\circ$对运算$*$是不满足分配律的. 因

$$1\circ(0*1)=1\circ 1=1 \quad 而 \quad (1\circ 0)*(1\circ 1)=1*0=0$$

所以，$\circ$对$*$不满足分配律.

定义 8.5.6 设$\circ$和$*$是集合 S 上的两个可交换的二元运算，如果对任意 $x,y\in S$ 的都有

$$x*(x\circ y)=x，\ x\circ(x*y)=x$$

则称运算$\circ$和$*$满足吸收律.

例 8.5.5 设 $P(S)$是集合 S 上的幂集，集合的并"$\cup$"和交"$\cap$"是 $P(S)$上的两个二元运算，验证运算$\cap$和运算$\cup$满足吸收律.

解： 对任意 A，$B\in P(S)$，由集合相等及$\cap$和$\cup$的定义可得

$$A\cup(A\cap B)=A，\ A\cap(A\cup B)=A$$

因此，$\cup$和$\cap$满足吸收律.

定义 8.5.7 设$*$是集合 S 上的二元运算，如果对于任意的 $x\in S$，都有 $x*x=x$，则称运算$*$是等幂的，或称运算$*$满足幂等律.

例 8.5.6 设 $\mathbf{Z}$ 是整数集，在 $\mathbf{Z}$ 上定义两个二元运算$\circ$和$*$，对于任意 $x, y\in\mathbf{Z}$，

$$x\circ y=\max(x,y); \qquad x*y=\min(x,y)$$

验证运算$*$和$\circ$都是幂等的.

解： 对于任意的 $x\in\mathbf{Z}$，有

$$x\circ x=\max(x,x)=x; \qquad x*x=\min(x,x)=x$$

因此运算$*$和运算$\circ$都是等幂的.

定义 8.5.8 设$\circ$是定义在集合 S 上的一个二元运算，如果有一个元素 $e_l\in S$，使得对于任意元素 $x\in S$ 都有 $e_l\circ x=x$ 则称 e_l 为 S 中关于运算$\circ$的左幺元；如果有一个元素 $e_r\in S$，使对于任意的元 $x\in S$ 都有 $x\circ e_r=x$，则称 e_r 为 S 中关于运算$\circ$的右幺元；如果 S 中有一个元素 e，它既是左幺元又是右幺元，则称 e 是 S 中关于运算$\circ$的幺元.

在实数集 $\mathbf{R}$ 中加法的幺元是 0，乘法的幺元是 1；设 S 是集合，在 S 的幂集 $P(S)$中，运算$\cup$的幺元是Φ，运算$\cap$的幺元是 S.

对给定的集合和运算，有些存在幺元，有些不存在幺元.

例如，$\mathbf{R}^*$是非零的实数的集合，$\circ$是 $\mathbf{R}^*$上如下定义的二元运算，对任意的元素 $a,b\in\mathbf{R}^*$，$a\circ b=b$ 则 $\mathbf{R}^*$中不存右幺元；但对任意的 $a\in\mathbf{R}^*$对所有的 $b\in\mathbf{R}^*$都有 $a\circ b=b$，所以，$\mathbf{R}^*$的任一元素 a 都是运算$\circ$的左幺元，R^*中的运算$\circ$有无穷多左幺元，没有右幺元和幺元.

又如，在偶数集合中，普通乘法运算没有左幺元，右幺元和幺元.

定理 8.5.1　设*是定义在集合 S 上的二元运算，e_l 和 e_r 分别是 S 中关于运算*的左幺元和右幺元，则有 $e_l = e_r = e$，且 e 为 S 上关于运算*的唯一的幺元.

证明：因为 e_l 和 e_r 分别是 S 中关于运算*的左幺元和右幺元，所以 $e_l = e_l * e_r = e_r$. 把 $e_l = e_r$ 记为 e，假设 S 中存在 e_1，则有 $e_l = e * e_l = e$，所以，e 是 S 中关于运算*的唯一幺元.

定义 8.5.9　设*是定义在集合 S 上的一个二元运算，如果有一个元 $\theta_l \in S$，使得对于任意的元素 $x \in A$ 都有 $\theta_l * x = \theta_l$，则称 θ_l 为 S 中关于运算*的左零元；如果有一元素 $\theta_r \in S$，对于任意的元素 $x \in S$ 都有 $x * \theta_r = \theta_r$，则称 θ_r 为 S 中关于运算*的右零元；如果 S 中有一元素 θ，它既是左零元又是右零元，则称 θ 为 S 中关于运算*的零元.

例如，整数集 **Z** 上普通乘法的零元是 0，加法没有零元；S 是集合，在 S 的幂集 $P(S)$ 中，运算 $\cup$ 的零元是 S，运算 $\cap$ 的零元是 Φ，在非零的实数集 $\mathbf{R}^*$ 上定义运算*，使对于任意的元素 $a, b \in \mathbf{R}^*$，有 $a * b = a$，那么，$\mathbf{R}^*$ 的任何元素都是运算*的左零元，而 $\mathbf{R}^*$ 中运算*没有右零元，也没有零元.

定理 8.5.2　设 $\circ$ 是集合 S 上的二元运算，θ_l 和 θ_r 分别是 S 中运算 $\circ$ 左零元和右零元，则有 $\theta_l = \theta_r = \theta$ 且 θ 是 S 上关于运算 $\circ$ 的唯一的零元.

这个定理的证明与定理 8.5.1 类似.

定理 8.5.3　设 $<S, *>$ 是一个代数系统，其中*是 S 上的一个二元运算，且集合 S 中的元素个数大于 1，若这个代数系统中存在幺元 e 和零元 θ，则 $e \neq \theta$.

证明：（用反证法）若 $e = \theta$，那么对于任意的 $x \in S$，必有 $x = e * x = \theta * x = \theta = e$，于是 S 中所有元素都是相同的，即 S 中只有一个元素，这与 S 中元素大于 1 矛盾. 所以，$e \neq \theta$.

定义 8.5.10　设 $<S, *>$ 是代数系统，其中*是 S 上的二元运算，$e \in S$ 是 S 中运算*的幺元. 对于 S 中任一元素 x，如果有 S 中元素 y_l 使 $y_l * x = e$，则称 y_l 为 x 的左逆元；若有 S 中元素 y_r 使 $x * y_r = e$，则称 y_r 为 x 的右逆元；如果有 S 中的元素 y，它既是 x 的左逆元，又是 x 右逆元，则称 y 是 x 的逆元 .

例如，自然数集关于加法运算有幺元 0 且只有 0 有逆元，0 的逆元是 0，其他的自然数都没有加法逆元. 设 **Z** 是整数集合，则 **Z** 中乘法幺元为 1，且只有 -1 和 1 有逆元，分别是 -1 和 1；**Z** 中加法的幺元是 0，关于加法，对任何整数 x，x 的逆元是它的相反数 $-x$，因为 $(-x) + x = 0 = x + (-x)$.

例 8.5.7　设集合 $A = \{a_1, a_2, a_3, a_4, a_5, a_6\}$，定义在 A 上的一个二元运算*如表 8.5.5 所示，试指出代数系统 $<A, *>$ 中各元素的左、右逆元的情况.

表 8.5.5　定义在 A 上的一个二元运算*

*	a_1	a_2	a_3	a_4	a_5
a_1	a_1	a_2	a_3	a_4	a_5
a_2	a_2	a_4	a_1	a_1	a_4
a_3	a_3	a_1	a_2	a_3	a_1
a_4	a_4	a_3	a_1	a_4	a_3
a_5	a_5	a_4	a_2	a_3	a_5

解：由表可知，a_1 是幺元，a_1 的逆元是 a_1，a_2 的左逆元和右逆元都是 a_3，即 a_2 和 a_3 互为逆元；a_4 的左逆元是 a_2，而右逆元是 a_3，a_2 有两个右逆元 a_3 和 a_4，a_5 有左逆元 a_3，但 a_5 没有右逆元.

一般地，对给定的集合和其上的一个二元运算来说，左逆元、右逆元、逆元和幺元、零元不同，如果幺元和零元存在，一定是唯一的，而左逆元、右逆元、逆元是与集合中某个元素相关的，一个元素的左逆元不一定是右逆元，一个元素的左（右）逆元可以不止一个，但一个元素若有逆元则是唯一的.

定理 8.5.4 设〈S，$*$〉是一个代数系统，其中$*$是定义在 S 上的一个可结合的二元运算，e 是该运算的幺元，对于 $x\in S$，如果存在左逆元 y_l 和右元素 y_r，则有 $y_l = y_r = y$ 且 y 是 x 的唯一的逆元.

证明： $y_l = y_l*e = y_l*(x*y_r) = (y_l*x)*y_r = e*y_r = y_r$ 令 $y_l = y_r = y$，则 y 是 x 的逆元，假设 $y_1\in S$ 也是 x 的逆元，则有

$$y_1 = y_1*e = y_1*(x*y) = (y_1*x)*y = e*y = y$$

所以，y 是 x 的唯一的逆元.

由这个定理可知，对于可结合的二元运算来说，元素 x 的逆元如果存在则是唯一的，通常把 x 的唯一的逆元记为 x^{-1}.

例如，若 **N** 和 **Z** 分别表示自然数集和整数集，$\times$ 为普通乘法，则代数系统 $<\mathbf{N}, \times>$ 中只有幺元 1 有逆元，$<\mathbf{Z}, \times>$ 中只有 -1 和 1 有逆元，若 $+$ 为普通的加法，则代数系统 $<\mathbf{Z}, +>$ 中所有元素都有逆元.

例 8.5.8 设 **Q** 为有理数集合，$*$运算定义如下：$\forall xy\in\mathbf{Q}, x*y = x+y-xy$. 求其单位元、零元和所有可逆元素的逆元.

解： 设$*$运算的单位元为 e，零元为 θ，$\forall x\in\mathbf{Q}$，x 的逆元为 y. 根据交换性，e 只需对一切有理数 x 满足 $x*e = x$，即 $x+e-xe = x\Rightarrow e(1-x) = 0$，由 x 的任意性得 $e = 0$.

类似地有 $x+\theta-x\theta = \theta\Rightarrow x(1-\theta) = 0$. 由 x 的任意性得 $\theta = 1$.

$$x+y-xy = 0 \qquad y = x/(x-1)\ (x\neq 1)$$

从而得单位元 $e = 0$，零元 $\theta = 1$，当 $x\neq 1$ 时，$x^{-1} = x/(x-1)$.

若 $<S, \circ>$ 是代数系统，其中$\circ$是有限非空集合 S 上的二元运算，那么该运算的部分性质可以从运算表直接看出，例如：

（1）运算表中每个元素都属于 S 中，运算$\circ$具有封闭性.

（2）运算表关于主对角线对称时，运算$\circ$具有可交换性.

（3）运算表的主对角线上的元素与它所在行（列）的表头相同时，运算$\circ$具有幂等性.

（4）S 关于运算$\circ$有幺元 e，当且仅当表头 e 所在的列与左边一列相同且表中左边一列 e 所在的行与表头一行相同.

（5）S 关于运算$\circ$有零元 θ，当且仅当表头 θ 所在的列和表中左边一列 θ 所在的行都是 θ.

（6）设 S 关于运算$\circ$有幺元，当且仅当位于 a 所在的行与 b 所在的列交叉点上的元素以及 b 所在的行与 a 所在的列交叉点上的元素都是幺元时，a 与 b 互逆元.

代数系统 $<S, \circ>$ 中一个元素是否有左逆元或右逆元也可从运算表中观察出来，但运算是否满足结合律在运算表上一般不易直接观察出来.

8.5.3 半群、含幺半群与群

半群、含幺元群及群是特殊的代数系统，在计算机科学领域中，如形式语言、自动机理

论等方面，它们已得到了非常广泛的应用.

定义 8.5.11　设 $< S, * >$ 是一个代数系统，$*$是 S 上的一个二元运算，如果运算$*$是封闭的、可结合的，则称代数系统 $< S, * >$ 为半群.

由定义易得，$<\mathbf{N}, +>$，$<\mathbf{N}, \times>$ 是半群，其中 $\mathbf{N}$ 是自然数集，“+”，“×”分别是普通的加法和乘法. A 是任一集合，P（a）是 A 的幂集，则 $<P(\mathrm{a}), \cup>$，$<P(\mathrm{a}), \cap>$ 都是半群.

例 8.5.9　设 $S=\{a,b,c\}$, S 上的一个二元运算$\circ$的定义如表 8.5.6 所示，验证 $<S,\circ>$ 是半群.

表 8.5.6　S 上的一个二元运算$\circ$的定义

$\circ$	a	b	c
a	a	b	c
b	a	b	c
c	a	b	c

解：由表 8.5.6 知运算$\circ$在 S 上是封闭的而且对任意 $x_1, x_2 \in S$ 有 $x_1 \circ x_2 = x_2$，所以 $<S, \circ>$ 是代数系统，且 a,b,c 都是左幺元，

从而对任意的 $x,y,z \in S$ 都有 $x\circ(y\circ z) = x\circ z = z = y\circ z = (x\circ y)\circ z$. 因此，运算$\circ$是可结合的，所以 $<S, \circ>$ 是半群.

例 8.5.10　设 k 是一个非负整数，集合定义为 $S_k = \{x \mid x$ 是整数且 $x \geqslant k\}$，那么，$<S_k, +>$ 是半群，其中 + 是普通的加法运算.

解：　因为 k 是非负整数，易知运算 + 在 S_k 上是封闭的，而且普通加法运算是可结合的，所以 $<S_k, +>$ 是半群.

易知，代数系统 $<\mathbf{Z}, ->$，$<\mathbf{R}-\{0\}, />$ 都不是半群，这里“−”和“/”分别是普通的减法和除法.

定义 8.5.12　若半群 $<S,\circ>$ 的运算$\circ$满足交换律，则称 $<S,\circ>$ 是一个可交换半群. 若含有幺元，则称为含幺半群或独异点.

例如，若 $\mathbf{R}$ 是实数集，•是普通乘法，代数系统 $<\mathbf{R}, \bullet>$ 是含幺半群，因为 $<\mathbf{R}, \bullet>$ 是半群，且 1 是 $\mathbf{R}$ 关于运算•的幺元. 设集合 $A=\{1,2,3,\cdots\}$ 则 $<A, +>$ 是半群但不含幺元. 所以它不是含幺半群.

定理 8.5.5　设 $<S,\circ>$ 是含幺半群，对于任意的 $x,y\in S$，当 x,y 均有逆元时，有

（1）$(x^{-1})^{-1}=x$；

（2）$x\circ y$ 有逆元，且 $(x\circ y)^{-1}=y^{-1}\circ x^{-1}$.

证明：（1）因 x^{-1} 是 x 的逆元，所以 $x^{-1}\circ x = x\circ x^{-1}=e$，从而由逆元的定义及唯一性得 $(x^{-1})^{-1}=x$.

（2）因为 $(y^{-1}\circ x^{-1})\circ(x\circ y)=e$，同理可证

$$\begin{aligned}(x\circ y)\circ(y^{-1}\circ x^{-1}) &= x\circ(y\circ y^{-1})\circ x^{-1}\\ &= x\circ e\circ x^{-1} = x\circ x^{-1} = e\end{aligned}$$

所以，由逆元的定义及唯一性得 $(x\circ y)^{-1}=y^{-1}\circ x^{-1}$.

例 8.5.11　设 $\mathbf{Z}$ 是整数集合，m 是任意正整数，$\mathbf{Z}_m$ 是由模 m 的同余类组成的集合，在

$\mathbf{Z}_m$ 上分别定义两个二元运算$+_m$和$\times_m$如下：

对任意的$[i],[j]\in\mathbf{Z}_m$　　$[i]+_m[j]=[(i+j)(\bmod m)]$

$[i]\times_m[j]=[(i\times j)(\bmod m)]$

试证明$m>1$时，$<\mathbf{Z}_m,+_m>$、$<\mathbf{Z}_m,\times_m>$含幺半群.

证明：考察非空集合$\mathbf{Z}_m$上二元运算$+_m$和$\times_m$，

（1）由运算$+_m$和$\times_m$的定义易得，运算$+_m$和$\times_m$在$\mathbf{Z}_m$上都是封闭的且都是可结合的，所以，$<\mathbf{Z}_m,+_m>$，$<\mathbf{Z}_m,\times_m>$都是半群.

（2）因$[0]+_m[i]=[i]=[i]+_m[0]$，所以$[0]$是$<\mathbf{Z}_m,+_m>$中的幺元；因为$[1]\times_m[i]=[i]=[i]\times_m[1]$，所以$[1]$是$<\mathbf{Z}_m,\times_m>$中的幺元.

由上知，代数系统$<\mathbf{Z}_m,+_m>$，$<\mathbf{Z}_m,\times_m>$都是含幺半群.

表 8.5.7 和表 8.5.8 分别给出$m=3$时，“+”和“×”的运算表，在这两个运算表中没有两行或两列时相同的.

表 8.5.7　$m=3$ 时“+”的运算

$+_3$	[0]	[1]	[2]
[0]	[0]	[1]	[2]
[1]	[1]	[2]	[0]
[2]	[2]	[0]	[1]

表 8.5.8　$m=3$ 时“×”的运算

$\times_3$	[0]	[1]	[2]
[0]	[0]	[0]	[0]
[1]	[0]	[1]	[2]
[2]	[0]	[2]	[1]

定义 8.5.13　设$<G,\circ>$是一个代数系统，其中G是非空集合，$\circ$是G上的一个二元运算，如果：

（1）运算$\circ$是封闭的；

（2）运算$\circ$是可结合的；

（3）有幺元e；

（4）对每个元素$a\in G$，G中存在a的逆元a^{-1}.

则称$<G,\circ>$是一个群，简称G是群.

由定义可得群一定是含幺半群，反之不一定成立.

例 8.5.12　实数集$\mathbf{R}$关于普通加法构成群$<\mathbf{R},+>$，幺元是 0，若a是任意实数，逆元是$-a$；类似地若$\mathbf{Z}$是整数集，则$<\mathbf{Z},+>$是群；但自然数集$\mathbf{N}$，$<\mathbf{N}.+>$是半群而不是群，因为除 0 以外每一个自然数都没有逆元.

例 8.5.13　设$\mathbf{Z}$为整数集，任意$x,y\in\mathbf{Z}$，$x\cdot y=x+y-2$，证明$\mathbf{Z}$关于·运算是否构成群.

证明：显然封闭性成立. 下面验证结合律. 任取$x,y,z\in\mathbf{Z}$，有

$$(x \cdot y) \cdot z = (x+y-2) \cdot z = x+y-2+z-2 = x+y+z-4$$
$$x \cdot (y \cdot z) = x \cdot (y+z-2) = x+(y+z-2)-2 = x+y+z-4$$

单位元是 2, x 的逆元是 $4-x$，因为有

$$x \cdot 2 = x+2-2 = x$$

同理有

$$2 \cdot x = 2+x-2 = x$$
$$x \cdot (4-x) = x+(4-x)-2 = 2$$
$$(4-x) \cdot x = (4-x)+x-2 = 2$$

所以,$<\mathbf{Z}, \cdot>$能够构成群.

习题 8.5

基础练习

1. 设 **N** 是自然数集，下面定义的二元运算∗在集合上封闭有（　　）.

A. $x*y = |x-y|$　　B. $x*y = x-y$　　C. $x*y = max(x,y)$

D. $x*y = min(x,y)$　　E. $x*y = z$，其中 z 为 xy 的倒数

2. 在自然数集 **N** 上，下列运算是可结合的是（　　）

A. $a*b = a-2b$　　B. $a*b = \min\{a, b\}$

C. $a*b = -a-b$　　D. $a*b = |a-b|$

3. 判断下述二元运算是否满足交换律

（1）有理数集合 **Q** 上的除法.

（2）n 阶实矩阵集合 $M_n(\mathbf{R})$上的矩阵加法.

（3）设集合 S 至少有两个元素，任给 $a,b \in S, a \circ b = b$.

4. 判断下述二元运算是否满足结合律.

（1）整数集合 **Z** 上的减法.

（2）n 阶实矩阵集合 $M_n(\mathbf{R})$上的矩阵加法.

（3）任给 $a,b \in \mathbf{Z}, a \circ b = ab$.

（4）设集合 S 至少有两个元素，任给 $a,b \in S, a \circ b = a$.

提高练习

5. 设 **Q** 为有理数集合，$\forall xy \in \mathbf{Q}, x*y = x+y-xy$，说明其不满足幂等律.

6. 对于由以下几个表所确定的运算，试分别讨论它们的交换性、幂等性以及是否有幺元. 如果有幺元，那么每个元素是否有逆元.

（1）

*	a	b	c
a	a	b	c
b	b	c	a
c	c	a	b

（2）

∘	a	b	c
a	a	b	c
b	a	b	c
c	a	b	c

（3）

·	a	b	c
a	a	b	c
b	b	b	b
c	c	b	c

拓展练习

7. 下列集合 S 和运算是否构成代数系统？构成哪一类代数系统？

（1）$S=\{1,1/2,2,1/3,3,1/4,4\}$；$*$是普通乘法.

（2）$S=\{a_1,a_2,a_3,\cdots,a_n\}$；$a_i*a_j=a_i$；$1\leqslant i,j\leqslant n$，其中 $n\geqslant 2$.

（3）$S=\{0,1\}$；$*$是普通乘法.

8. 设 $\mathbf{R}$ 是实数集，$G=\mathbf{R}\times\mathbf{R}$，$G$ 上的二元运算“+”定义为：

$$(x_1,y_1)+(x_2,y_2)=(x_1+x_2,y_1+y_2)$$

证明 $<G,+>$ 是一个群.

8.6　图论初步

8.6.1　图的基本概念

1. 图的定义

定义 8.6.1　一个**无向图**是一个有序的二元组 $<V,\ E>$，记作 G，其中

（1）$V\neq\varnothing$ 称为顶点集，其元素称为顶点或结点.

（2）E 称为边集，其元素称为无向边，简称边.

定义 8.6.2　一个**有向图**是一个有序的二元组 $<V,\ E>$，记作 D，其中

（1）V 同无向图.

（2）E 为边集，其元素称为有向边，简称边.

上面给出了无向图和有向图的集合定义，但人们总是用图形来表示它们，即用小圆圈（或实心点）表示顶点，用顶点之间的连线表示无向边，用有方向的连线表示有向边.

例 8.6.1　一个无向图 $G_1=<V,\ E>$，点集 $V=\{v_1,\ v_2,\ v_3,\ v_4,\ v_5,\ v_6\}$，边集

$$E=\{(v_1,\ v_2),(v_1,\ v_2),(v_2,\ v_3),(v_4,\ v_5),(v_5,\ v_5),(v_1,\ v_6)\},$$

有向图 G_2，其中

$$V=\{v_1,v_2,v_3,v_4,v_5\},E=\{<v_1,v_1>,<v_1,v_2>,<v_2,v_3>,<v_3,v_2>,<v_2,v_4>,<v_3,v_4>\},$$

画出图形.

解：图 8.6.1 中给出了图.

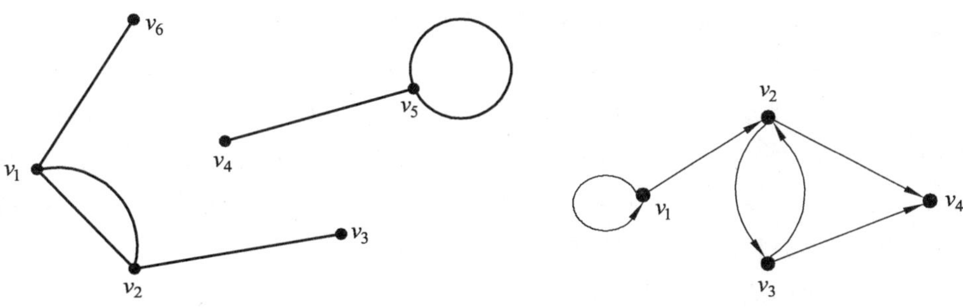

图 8.6.1

2. 图的相关概念和规定

（1）n 阶图.

在图的定义中，用 G 表示无向图，D 表示有向图，但有时用 G 泛指图（无向的或有向的），可是 D 只能表示有向图. 另外，为方便起见，有时用 $V(G)$，$E(G)$分别表示 G 的顶点集和边集，若$|V(G)| = n$，则称 G 为 n **阶图**，对有向图可做类似规定.

（2）有限图.

若$|V(G)|$与$|E(G)|$均为有限数，则称 G 为**有限图**.

（3）n 阶零图与平凡图.

在图 G 中，若边集 $E(G) = \varnothing$，则称 G 为零图，此时，又若 G 为 n 阶图，则称 G 为 n **阶零图**，记作 N_n，特别地，称 N_1 为**平凡图**.

（4）空图.

在图的定义中规定顶点集 V 为非空集，但在图的运算中可能产生顶点集为空集的运算结果，为此规定定点集为空集的图为**空图**，并将空图记为$\varnothing$.

（5）标定图与非标定图、基图.

将图的集合定义转化成图形表示之后，常用 e_k 表示无向边（v_i，v_j）（或有向边$<v_i, v_j>$），并称顶点或边用字母标定的图为**标定图**，否则称为**非标定图**. 另外将有向图各有向边均改成无向边后的无向图称为原来图的**基图**. 易知标定图与非标定图是可以相互转化的，任何无向图 G 的各边均加上箭头就可以得到以 G 为基图的有向图.

（6）关联与关联次数、环、孤立点.

设 $G = <V, E>$为无向图，$e_k = (v_i, v_j) \in E$，则称 v_i，v_j 为 e_k 的端点，e_k 与 v_i 或 e_k 与 v_j 是彼此相**关联**的. 若 $v_i \neq v_j$，则称 e_k 与 v_i 或 e_k 与 v_j 的**关联次数**为 1，若 $v_i = v_j$，则称 e_k 与 v_i 的关联次数为 2，并称 e_k 为**环**. 任意的 $v_l \in V$，若 $v_l \neq v_i$ 且 $v_l \neq v_j$，则称 e_k 与 v_l 的关联次数为 0.

设 $D = <V, E>$为有向图，$e_k = <v_i, v_j> \in E$，称 v_i，v_j 为 e_k 的端点，若 $v_i = v_j$，则称 e_k 为 D 中的环. 无论在无向图中还是在有向图中，无边关联的顶点均称**孤立点**.

（7）相邻与邻接.

设无向图 $G = <V, E>$，v_i，$v_j \in V$，e_k，$e_l \in E$.若$\exists e_t \in E$，使得 $e_t =$（v_i，v_j），则称 v_i 与 v_j 是**相邻**的. 若 e_k 与 e_l 至少有一个公共端点，则称 e_k 与 e_l 是相邻的.

设有向图 $D = <V, E>$，v_i，$v_j \in V$，e_k，$e_l \in E$.若$\exists e_t \in E$，使得 $e_t = <v_i, v_j>$，则称 v_i 为 e_t 的始点，v_j 为 e_t 的终点，并称 v_i **邻接到** v_j，v_j **邻接于** v_i. 若 e_k 的终点为 e_l 的始点，则称 e_k 与 e_l 相邻.

（8）邻域与闭邻域、先驱元集与后继元集、关联集.

设无向图 $G = <V, E>$，$\forall v \in V$，称$\{u | u \in V \wedge (u,v) \in E \wedge u \neq v\}$为 v 的**邻域**，记作 $N_G(v)$. 并称 $N_G(v) \cup \{v\}$为 v 的**闭邻域**，记做 $\bar{N}_G(v)$. 称$\{e | e \in E \wedge e$ 与 v 相关联$\}$ 为 v 的**关联集**，记作 $I_G(v)$.

设有向图 $D = <V,E>$，$\forall v \in V$，称$\{u | u \in V \wedge <v,u> \in E \wedge u \neq v\}$ 为 v 的**后继元集**，记作 $\Gamma_D^+(v)$. 称$\{u | u \in V \wedge <u,v> \in E \wedge u \neq v\}$为 v 的**先驱元集**，记作 $\Gamma_D^-(v)$（v）. 称 $\Gamma_D^+(v) \cup \Gamma_D^-(v)$ 为 v 的邻域，记作 $N_D(v)$. 称 $N_D(v) \cup \{v\}$ 为 v 的闭邻域，记作 $\bar{N}_D(v)$.

定义 8.6.3　在无向图中，关联一对顶点的无向边如果多于 1 条，则称这些边为**平行边**，平行边的条数称为**重数**. 在有向图中，关联一对顶点的有向边如果多于 1 条，并且这些边的始点和终点相同（也就是它们的方向相同），则称这些边为**平行边**．含平行边的图称为**多重图**，既不含平行边也不含环的图称为**简单图**．

在图 8.6.1 中，两条$<v_1, v_2>$的边就是平行边，$<v_5, v_5>$就是环，此图不是简单图．

8.6.2 顶点的度数与握手定理

1. 顶点的度数

定义 8.6.4 设 $G = <V, E>$为一无向图，$\forall v \in V$，称 v 作为边的端点次数之和为 v 的**度数**，简称为度，记作 $d(v)$．设 $D = <V, E>$为有向图，$\forall v \in V$，称 v 作为边的始点次数之和为 v 的**出度**，记作 $d^+(v)$．称 v 作为边的终点次数之和为 v 的**入度**，记作 $d^-(v)$，称 $d^+(v)+d^-(v)$ 为 v 的度数，记作 $d(v)$．

在图 8.6.1 中，$d(v_5) = 3$，$d(v_6) = 1$．

2. 握手定理

定理 8.6.1（握手定理） 设 $G = <V, E>$为任意无向图，$V = \{v_1,v_2,\cdots,v_n\}$，$|E| = e$，则

$$\sum_{i=1}^{n} d(v_i) = 2e$$

证： G 中每条边（包括环）均有两个端点，所以在计算 G 中各顶点度数之和时，每条边均计算了 2 度，有 e 条边，所以共有 $2e$ 度．

定理 8.6.2（握手定理） 设 $D = <V, E>$为任意有向图，$V = \{v_1,v_2,\cdots,v_n\}$，$|E| = e$，则

$$\sum_{i=1}^{n} d(v_i) = 2e, \ \sum_{i=1}^{n} d^+(v_i) = e = \sum_{i=1}^{n} d^-(v_i)$$

证： G 中每条有向边（包括环）均有两个端点，起点和终点，所以在计算 G 中各顶点度数之和时，每条边均计算 1 次出度和 1 次入度，所以出度和及度的总和是相等的．

推论： 任何图（无向的或有向的）中，奇度顶点的个数是偶数．

证： 设 $G = <V, E>$任意一图，令 $V_1 = \{v|v \in V \wedge d(v)$为奇数$\}$，$V_2 = \{v|v \in V \wedge d(v)$为偶数$\}$，则 $V_1 \cup V_2 = V$，$V_1 \cap V_2 = \varnothing$，由握手定理可知

$$\sum_{v_1} d(v_i) + \sum_{v_2} d(v_i) = \sum_{i=1}^{n} d(v_i) = 2e$$

由于 $2e$、$\sum_{v_2} d(v_i)$ 均为偶数，所以 $\sum_{v_1} d(v_i)$ 为偶数，但 V_1 中顶点度数都为奇数，所以 V_1 中的顶点个数必为偶数．

下面给出与顶点度数有关的概念．

（1）无向图 G 中的最大度和最小度．

在无向图 G 中，令

$$\Delta(G) = \max\{d(v)|v \in V(G)\}$$
$$\delta(G) = \min\{d(v)|v \in V(G)\}$$

称$\Delta(G)$，$\delta(G)$分别为 G 的**最大度**和**最小度**．在不引起混淆的情况下，将$\Delta(G)$，$\delta(G)$分别简记

为Δ和 δ.

（2）有向图 D 中的最大度、最大出度、最大入度与最小度、最小出度、最小入度.

在有向图 D 中，类似无向图，可以定义最大度 $\Delta(D)$，最小度 $\delta(D)$，另外，令

$$\Delta^+(D) = \max\{D^+(v) | v \in V(D)\}$$

$$\delta^+(D) = \min\{D^+(v) | v \in V(D)\}$$

$$\Delta^-(D) = \max\{D^-(v) | v \in V(D)\}$$

$$\delta^-(D) = \min\{D^-(v) | v \in V(D)\}$$

分别称为 D 的**最大出度**、**最小出度**、**最大入度**、**最小入度**. 以上记号可分别简记为 Δ，δ，Δ^+，δ^+，Δ^-，δ^-.

（3）悬挂顶点与悬挂边；奇度顶点与偶度顶点.

称度数为 1 的顶点为**悬挂顶点**，与它关联的边称为**悬挂边**. 度为偶数（奇数）的顶点称为**偶度（奇度）顶点**.

在图 8.6.1 无向图中，$d(v_1) = 3$，$\Delta = 3$，$\delta = 1$，v_3、v_6 是悬挂顶点. 有向图中，$\Delta^+ = 2$，$\delta^- = 2$.

8.6.3　图的同构、完全图与补图

1. 图的同构

定义 8.6.5　设 $G_1 = <V_1, E_1>$，$G_2 = <V_2, E_2>$ 为两个无向图（两个有向图），若存在双射函数 f: $V_1 \to V_2$，对于 $\forall v_i, v_j \in V_1$，$(v_i, v_j) \in E_1 (<v_i, v_j> \in E_1)$ 当且仅当 $(f(v_i), f(v_j)) \in E_2 (<f(v_i), f(v_j)> \in E_2)$，并且 $(v_i, v_j)(<v_i, v_j>)$ 与 $(f(v_i), f(v_j))(<f(v_i), f(v_j)>)$ 的重数相同，则称 G_1 与 G_2 是**同构**的，记作 $G_1 \cong G_2$.

在图 8.6.2 中，（a）为**彼得松（Peterson）图**，（b）与（a）同构，（c）（d）图不同构.

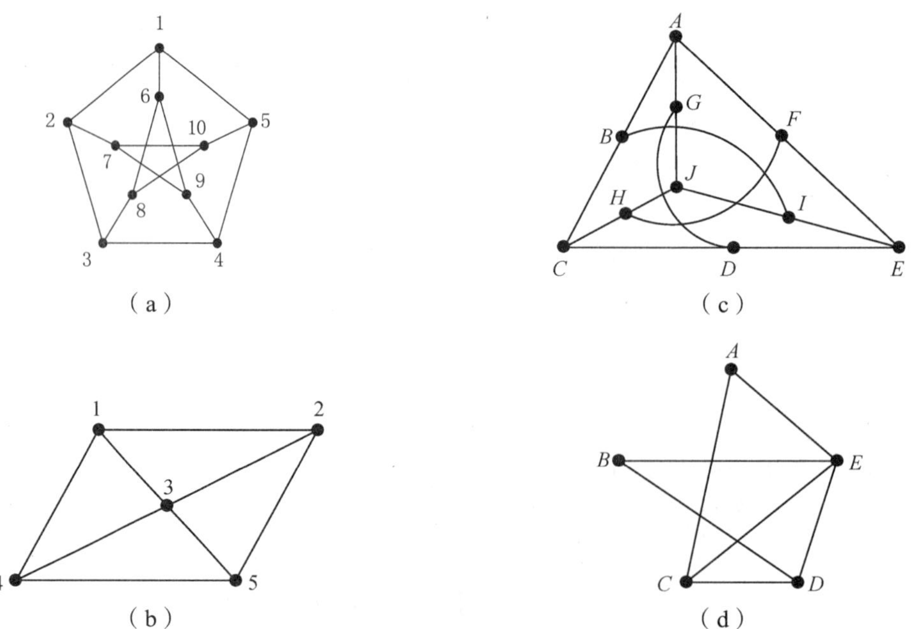

（a）　（c）　（b）　（d）

图 8.6.2

关于图之间的同构问题还应该指出以下两点：

（1）到目前为止，人们还没有找到判断两个图是否同构的好的算法，还只能根据定义看是否能找到满足条件的双射函数，显然这是困难的.

（2）需要注意的是，不要将两个图同构的必要条件当成充分条件. 若 $G_1 \cong G_2$，则它们的阶数相同，边数相同，度数列相同，等等. 破坏这些必要条件的任何一个，两个图就不会同构，但以上列出的条件都满足，两个图也不一定同构.

例 8.6.2 判断图 8.6.3 所示的两个图之间的同构关系.

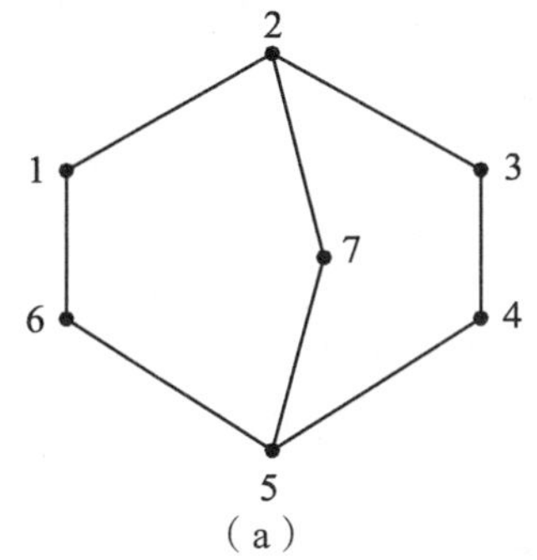

（a）

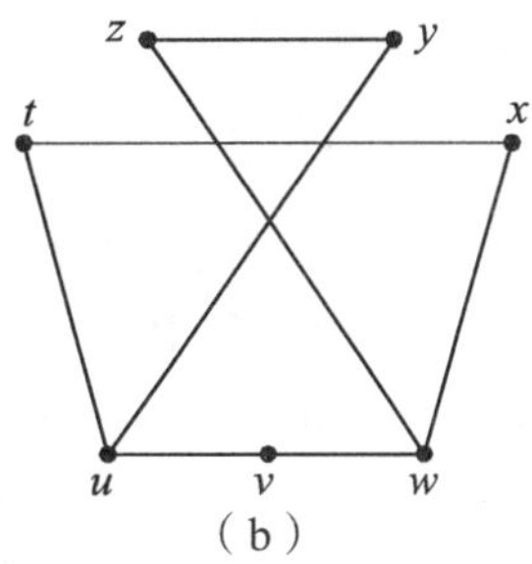

（b）

图 8.6.3

解： 图（a）与（b）的顶点数相等，边数相等，都具有 5 个 2 度顶点和 3 个 3 度顶点，所以有一定的理由猜测它们是同构的，于是我们来试着找出一个同构映射.

建立两个图之间的映射 ϕ，顶点之间的一一对应为：

$\phi(1)=z$，$\phi(2)=w$，$\phi(3)=x$，$\phi(4)=t$，$\phi(5)=u$，$\phi(6)=y$，$\phi(7)=v$，容易验证两个图的边也一一对应，并且 $\phi(i,\ j)=(\phi(i),\ \phi(j))$，因此两个图是同构的.

2. 完全图

定义 8.6.6 设 G 为 n 阶无向简单图，若 G 中每个顶点均与其余的 $n-1$ 个顶点相邻，则称 G 为 **n 阶无向完全图**，简称 n 阶完全图，记作 $K_n(n \geqslant 1)$.

设 D 为 n 阶有向简单图，若 D 中每对结点间均有一对方向相反的边相连，则称 D 是 **n 阶有向完全图**.

给出几个完全图的例子（见图 8.6.4）. 由完全图的定义可知，无向完全图 K_n 的边数为 $|E(K_n)|=\frac{1}{2}n(n-1)$，而有向完全图的边数为 $|E(D_n)|=n(n-1)$.

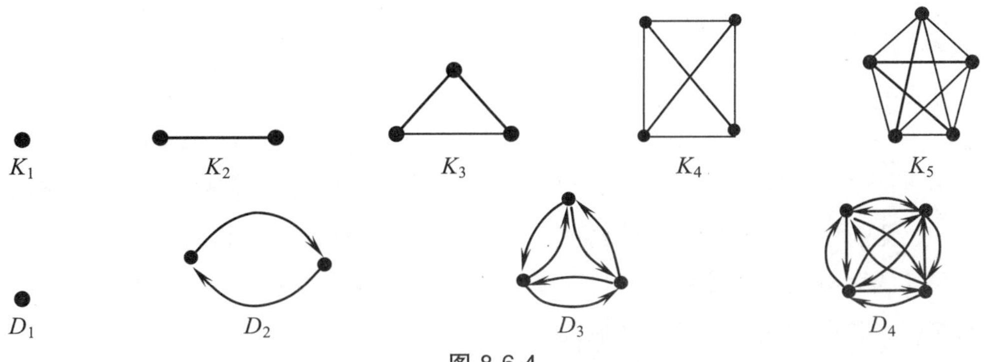

图 8.6.4

3. 正则图

定义 8.6.7　设 G 为 n 阶无向简单图，若 $\forall v\in V(G)$，均有 $d(v)=k$，则称 G 为 **k-正则图**.

由定义可知，n 阶零图是 0-正则图，n 阶无向完全图是$(n-1)$-正则图，彼得森图是 3-正则图. 由握手定理可知，n 阶 k-正则图中，边数 $e=kn/2$，因而当 k 为奇数时，n 必为偶数.

4. 子　图

定义 8.6.8　设 $G=<V, E>$，$G'=<V', E'>$为两个图（同为无向图或同为有向图），若 $V'\subseteq V$ 且 $E'\subseteq E$，则称 G'是 G 的**子图**，G 为 G'的**母图**，记作 $G'\subseteq G$. 又若 $V'\subset V$ 或 $E'\subset E$，则称 G'为 G 的真子图. 若 $V'=V$，则称 G'为 G 的**生成子图**.

设 $G=<V, E>$为一图，$V_1\subset V$ 且 $V_1\neq\varnothing$，称以 V_1 为顶点集，以 G 中两个端点都在 V_1 中的边组成边集 E_1 的图为 G 的 V_1 **导出的子图**，记作 $G[V_1]$. 又设 $E_1\subset E$ 且 $E_1\neq\varnothing$，称以 E_1 为边集，以 E_1 中边关联的顶点为顶点集 V_1 的图为 G 的 E_1 导出的子图，记作 $G[E_1]$.

例 8.6.3　在图 8.6.5 中，G_1, G_2, G_3 均是 G 的真子图，其中 G_1 是 G 的生成子图，G_2 是由 $V_2=\{a,b,c,f\}$ 导出的导出子图 $G[V_2]$，G_3 是由 $E_3=\{e_2,e_3,e_4\}$ 导出的边导出子图 $G[E_3]$.

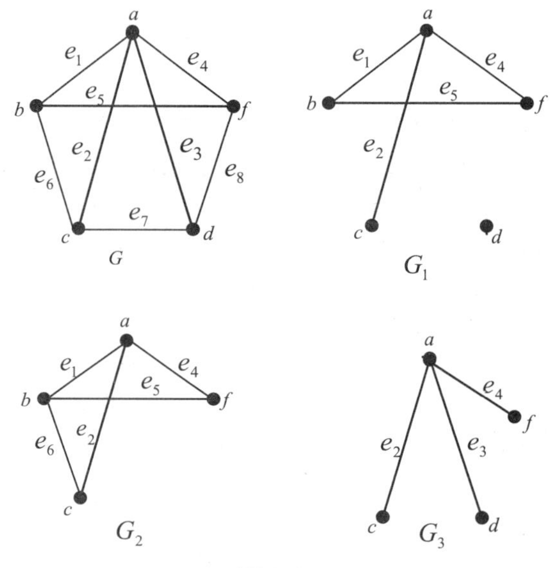

图 8.6.5

8.6.4　通路与回路

1. 通路与回路

定义 8.6.9　设 G 为无向标定图，G 中顶点与边的交替序列 $\Gamma=v_{i0}e_{j1}v_{i1}e_{j2}\cdots e_{jl}v_{il}$ 称为 v_{i_0} 到 v_{i_l} 的**通路**，其中 $v_{i_{r-1}}$，v_{i_r} 为 e_{j_r} 的端点，$r=1, 2, \cdots, v_{i_0}, v_{i_l}$ 分别称为 Γ 的始点与终点，Γ 中边的条数称为它的长度. 若 $v_{i_0}=v_{i_l}$，则称通路为**回路**. 若 Γ 的所有边各异，则称 Γ 为**简单通路**，又若 $v_{i_0}=v_{i_l}$，则称 Γ 为**简单回路**. 若 Γ 的所有顶点（除 v_{i_0} 与 v_{i_l} 可能相同外）各异，所有边也各异，则称 Γ 为**初级通路**或**路径**，此时又若 $v_{i_0}=v_{i_l}$，则称 Γ 为**初级回路**或**圈**. 将长度为奇数的圈称为**奇圈**，长度为偶数的圈称为**偶圈**.

注意，在初级通路与初级回路的定义中，仍将初级回路看成初级通路（路径）的特殊情况，只是在应用中初级通路（路径）都是始点与终点不相同的，长为 1 的圈只能由环生成，长为 2 的圈只能由平行边生成，因而在简单无向图中，圈的长度至少为 3.

另外，若 Γ 中有边重复出现，则称 Γ 为**复杂通路**，又若 $v_{i_0}=v_{i_l}$，则称 Γ 为**复杂回路**.

在有向图中，通路、回路及分类的定义与无向图中非常相似，只是要注意有向边方向的一致性.

在以上的定义中，将回路定义成通路的特殊情况，即回路也是通路，又初级通路（回路）是简单通路（回路），但反之不真.

用顶点与边的交替序列定义了通路与回路，但还可以用更简单的表示法表示通路与回路.

（1）只用边的序列表示通路（回路）. 定义 8.6.9 中的 Γ 可以表示成 $e_{j_1}e_{j_2}\cdots e_{j_l}$.

（2）在简单图中也可以只用顶点序列表示通路（回路）. 定义中的 Γ 也可以表示成 $v_{i_0}v_{i_1}\cdots v_{i_l}$.

（3）为了写出非标定图中的通路（回路），可以先将非标定图标成标定图，再写出通路与回路.

（4）在非简单标定图中，当只用顶点序列表示不出某些通路（回路）时，可在顶点序列中加入一些边（这些边是平行边或环），可称这种表示法为**混合表示法**.

例 8.6.4 设有向图 $D=<V,E>$如图 8.6.6 所示.

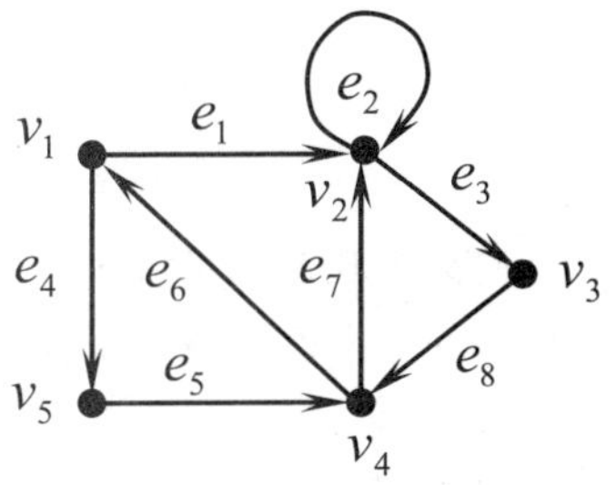

在图 8.6.6 中，

（1）$p_1=v_1e_4v_5e_5v_4e_6v_1e_1v_2$ 是一条通路；

（2）$p_2=v_4e_7v_2e_2v_2e_3v_3e_8v_4$ 是一回路；

（3）$p_3=v_4e_6v_1e_1v_2e_3v_3$ 是一条简单通路；

（4）$p_4=v_4e_6v_1e_1v_2e_3v_3e_8v_4$ 是一圈.

图 8.6.6

2. 通路与回路的性质

定理 8.6.3 在 n 阶图 G 中，若从顶点 v_i 到 v_j（$v_i\neq v_j$）存在通路，则从 v_i 到 v_j 存在长度小于或等于（$n-1$）的通路.

证：设 $\Gamma=v_0e_1v_1e_2\cdots e_lv_l$（$v_0=v_i, v_l=v_j$）为 G 中一条长度为 L 的通路，若 $L\leqslant n-1$，则 Γ 满足要求，否则必有 $L+1>n$，即 Γ 上的顶点数大于 G 中的顶点数，于是必存在 $k,s,0\leqslant k<s\leqslant l$，使得 $v_s=v_k$，即在 Γ 上存在 v_s 到自身的回路 C_{sk}. 在 Γ 上删除 C_{sk} 上的一切边及除 v_s 外的一切顶点，得 $\Gamma'=v_0e_1v_1e_2\cdots v_ke_{s+1}\cdots e_lv_l$，$\Gamma'$ 仍为 v_i 到 v_j 的通路，且长度至少比 Γ 减少 1. 若 Γ' 还不满足要求，则重复上述过程，由于 G 是有限图，经过有限步后，必得到 v_i 到 v_j 长度小于或等于 $n-1$ 的通路.

推论 在 n 阶图 G 中，若从顶点 v_i 到 v_j（$v_i\neq v_j$）存在通路，则 v_i 到 v_j 一定存在长度小于或等于 $n-1$ 的初级通路（路径）.

类似可证明下面的定理和推论.

定理 8.6.4 在一个 n 阶图 G 中，若存在 v_i 到自身的回路，则一定存在 v_i 到自身长度小于或等于 n 的回路.

推论 在一个 n 阶图 G 中，若存在 v_i 到自身的简单回路，则一定存在 v_i 到自身长度小于或等于 n 的初级回路.

3. 图的连通性

定义 8.6.10 设无向图 $G=<V, E>, \forall u, v \in V$，若 u,v 之间存在通路，则称 u,v **是连通的**，记作 $u \sim v$. $\forall v \in V$，规定 $v \sim v$.

由定义不难看出，无向图中顶点之间的连通关系

$$\sim = \{(u,v) | u,v \in V \text{且} u \text{与} v \text{之间有通路}\}$$

是自反的，对称的，传递的，因而 ~ 是 V 上的等价关系.

定义 8.6.11 设无向图 $G = <V, E>$，V 关于顶点之间的连通关系 ~ 的商集 $V/\sim = \{V_1,V_2,\cdots,V_k\}$，$V_i$ 为等价类，称导出子图 $G[V_i](i = 1,2,\cdots,k)$为 G 的**连通分支**，连通分支数 k 常记为 $p(G)$.

由定义可知，若 G 为连通图，则 $p(G) = 1$，若 G 为非连通图，则 $p(G) \geqslant 2$，在所有的 n 阶无向图中，n 阶零图是连通分支最多的，$p(N_n) = n$.

又如，在图 8.6.7 中，$p(G_1) = 1$，$p(G_2) = 3$.

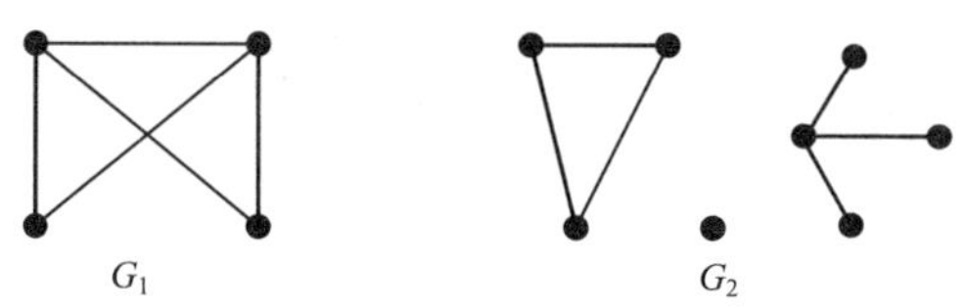

图 8.6.7

定义 8.6.12 设 u,v 为无向图 G 中任意两个顶点，若 $u \sim v$，称 u,v 之间长度最短的通路为 u,v 之间的**短程线**，短程线的长度称为 u,v 之间的**距离**，记作 $d(u,v)$. 当 u,v 不连通时，规定 $d(u,v)=\infty$.

距离有以下性质：

（1）$d(u,v)\geqslant 0$，$u=v$ 时，等号成立.

（2）具有对称性，$d(u,v) = d(v,u)$.

（3）满足三角不等式：$\forall u,v,w \in V(G)$，则 $d(u,v)+d(v,w) \geqslant d(u,w)$

在完全图 $K_n(n \geqslant 2)$中，任何两个顶点之间的距离都是 1，而在 n 阶零图 $N_n(n \geqslant 2)$中，任何两个顶点之间的距离都为 ∞.

定义 8.6.13 设 $D = <V,E>$为一个有向图. $\forall v_i,v_j \in V$，若从 v_i 到 v_j 存在通路，则称 v_i **可达** v_j，记作 $v_i \to v_j$，规定 v_i 总是可达自身的，即 $v_i \to v_i$. 若 $v_i \to v_j$ 且 $v_j \to v_i$，则称 v_i 与 v_j 是**相互可达**的，记作 $v_i \leftrightarrow v_j$. 规定 $v_i \leftrightarrow v_i$.

$\to$与$\leftrightarrow$都是 V 上的二元关系，并且不难看出$\leftrightarrow$是 V 上的等价关系.

定义 8.6.14 设 $D = <V,E>$为有向图，$\forall v_i,v_j \in V$，若 $v_i \to v_j$，称 v_i 到 v_j 长度最短的通路为 v_i 到 v_j 的**短程线**，短程线的长度为 v_i 到 v_j 的距离，记作 $d<v_i,v_j>$.

与无向图中顶点 v_i 与 v_j 之间的距离 $d(v_i,v_j)$相比，$d<v_i,v_j>$除无对称性外，具有 $d(v_i,v_j)$所具有的一切性质.

定义 8.6.15 设 $D = <V,E>$为一个有向图. 若 D 的基图是连通图，则称 D 是**弱连通图**，简称为**连通图**. 若 $\forall v_i,v_j \in V$，$v_i \to v_j$ 与 $v_j \to v_i$ 至少成立其一，则称 D 是**单向连通图**. 若均有 $v_i \leftrightarrow v_j$，则称 D 是**强连通图**.

例如在图 8.6.8 中，G_1 是弱连通的，G_2 是单向连通的，G_3 是强连通的.

注意，强连通一定是单向连通图，单向连通一定是弱连通图. 但反之不真.

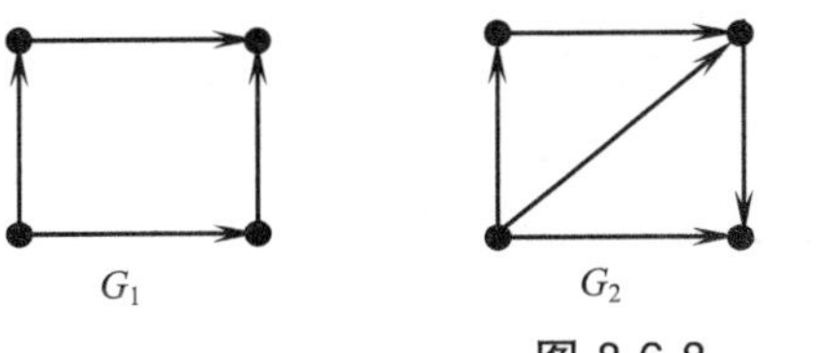

图 8.6.8

定理 8.6.5　设有向图 $D=<V,E>$, $D=\{v_1,v_2,\cdots,v_n\}$.D 是强连通图当且仅当 D 中存在经过每个顶点至少一次的回路.

证： 充分性显然. 下面证明必要性. 由 D 的强连通性可知，$v_i \to v_{i+1}$，$i=1,2,\cdots,n-1$，设 Γ_i 为 v_i 到 v_{i+1} 的通路. 又因为 $v_n \to v_1$，设 Γ_n 为 v_n 到 v_1 的通路，则 Γ_1，Γ_2，…，Γ_{n-1}，Γ_n 所围成的回路经过 D 中每个顶点至少一次.

8.6.5　图的矩阵表示

图可以用集合来定义，但多半用图形来表示，此外，还可以用矩阵来表示图. 用矩阵表示图，便于用代数方法研究图的性质，也便于计算机处理图. 用矩阵表示图之前，必须将图的顶点或边标定顺序，使其成为标定图. 本节中主要讨论无向图及有向图的关联矩阵及有向图的邻接矩阵和可达矩阵.

定义 8.6.16　设无向图 $G=<V,E>$，$V=\{v_1,v_2,\cdots,v_n\}$，$E=\{e_1,e_2,\cdots,e_m\}$，

令

$$m_{ij}=\begin{cases}0, & \text{若}v_i\text{与}e_j\text{不关联}\\ 1, & \text{若}v_i\text{是}e_j\text{的端点}\\ 2, & \text{若}e_j\text{是关联}v_i\text{的一个环}\end{cases}$$

则称 $(m_{ij})_{n\times m}$ 为 G 的**关联矩阵**，记作 $\boldsymbol{M}(G)$.

例 8.6.5　图 8.6.9 中的图 G 的关联矩阵是

$$\boldsymbol{M}(G)=\begin{bmatrix}1&1&1&1&0&0\\1&1&0&0&0&0\\0&0&1&0&2&1\\0&0&0&1&0&1\\0&0&0&0&0&0\end{bmatrix}$$

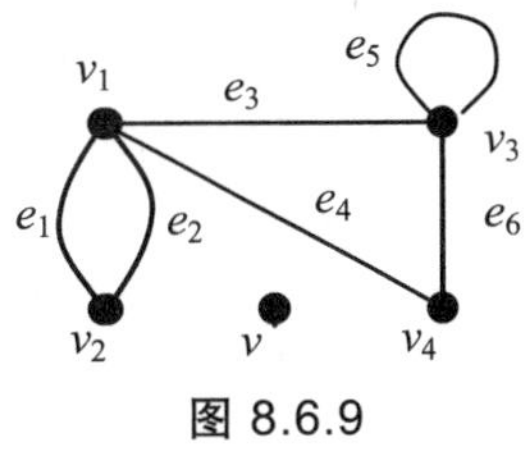

图 8.6.9

不难看出，关联矩阵 $\boldsymbol{M}(G)$有以下性质：

（1）$\sum_{i=1}^{n} m_{ij}=2(j=1,2,\cdots,m)$，即 $\boldsymbol{M}(G)$ 每列元素的和为 2，因为每边恰有两个端点（若为简单图则每列恰有两个 1）.

（2）$\sum_{j=1}^{m} m_{ij}=d(v_i)$（第 i 行元素之和为 v_i 的度）

（3）$\sum_{j=1}^{m} m_{ij}=0$ 当且仅当 v_i 为孤立点.

（4）若第 j 列与第 k 列相同，则说明 e_j 与 e_k 为平行边.

如果图是简单图，则关联矩阵是 0-1 矩阵.

定义 8.6.17 设 $D=<V,E>$ 是无环有向图，$V=\{v_1,v_2,\cdots,v_n\}$，$E=\{e_1,e_2,\cdots,e_m\}$，

令
$$m_{ij}=\begin{cases}1, & v_i\text{为}e_j\text{的起点}\\ 0, & v_i\text{与}e_j\text{不关联}\\ -1, & v_i\text{为}e_j\text{的终点}\end{cases}$$

则称 $(m_{ij})_{n\times m}$ 为 D 的关联矩阵，记作 $\boldsymbol{M}(D)$.

例如，$\boldsymbol{M}(D)$ 是图 8.6.10 的关联矩阵.

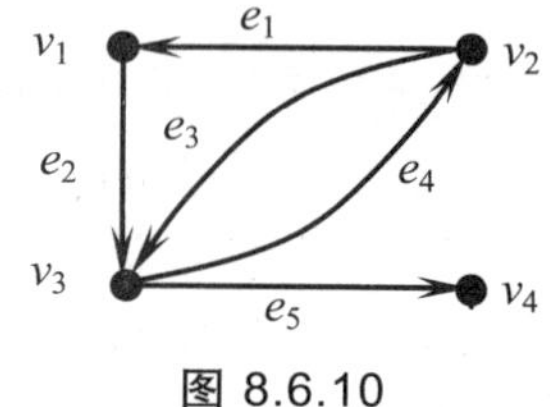

图 8.6.10

$$\boldsymbol{M}(D)=\begin{bmatrix}-1 & 1 & 0 & 0 & 0\\ 1 & 0 & 1 & -1 & 0\\ 0 & -1 & -1 & 1 & 1\\ 0 & 0 & 0 & 0 & -1\end{bmatrix}$$

$\boldsymbol{M}(D)$ 有如下各条性质：

① $\sum\limits_{i=1}^{n}m_{ij}=0$，$j=1,2,\cdots,m$，从而 $\sum\limits_{j=1}^{m}\sum\limits_{i=1}^{n}m_{ij}=0$，这说明 $\boldsymbol{M}(D)$ 中所有元素之和为 0.

② $\boldsymbol{M}(D)$ 中，负 1 的个数等于正 1 的个数，都等于边数 m，这正是有向图握手定理的内容.

③ 第 i 行中，正 1 的个数等于 $d^+(v_i)$，负 1 的个数等于 $d^-(v_i)$.

④ 平行边所对应的列相同.

定义 8.6.18 设 $G=<V,E>$ 是有向图，$V=\{v_1,v_2,\cdots,v_n\}$，令

$$a_{ij}^{(1)}=\begin{cases}k, & \text{从}v_i\text{邻接到}v_j\text{的边有}k\text{条}\\ 0, & \text{没有}v_i\text{到}v_j\text{的边}\end{cases}$$

则称 $(a_{ij}^{(1)})_{n\times n}$ 为 G 的**邻接矩阵**，记作 $A(G)$，简记 $\boldsymbol{A}$.

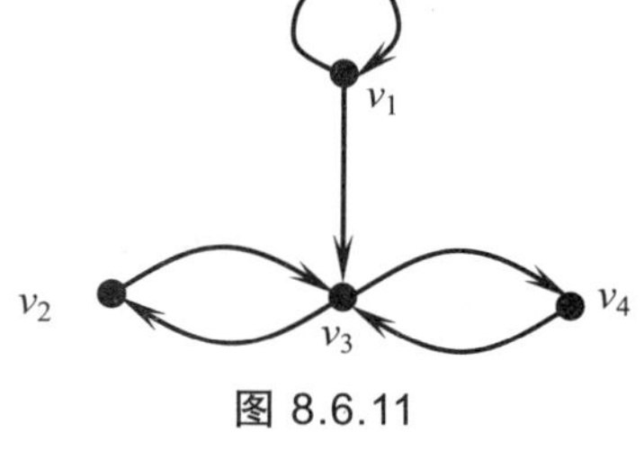

图 8.6.11

$$\boldsymbol{A}=\begin{bmatrix}1 & 0 & 1 & 0\\ 0 & 0 & 1 & 0\\ 0 & 1 & 0 & 1\\ 0 & 0 & 1 & 0\end{bmatrix}$$

矩阵 $\boldsymbol{A}$ 是图 8.6.11 的邻接矩阵，不难看出图的邻接矩阵的如下性质：

（1）$\sum\limits_{j=1}^{n}a_{ij}^{(1)}=d^+(v_i)$（第 i 行元素的和为 v_i 的出度），因此，$\sum\limits_{i=1}^{n}\sum\limits_{j=1}^{n}a_{ij}^{(1)}=\sum\limits_{i=1}^{n}d^+(v_i)=m$；

（2）$\sum\limits_{i=1}^{n}a_{ij}^{(1)}=d^-(v_j)$（第 j 列元素的和为 v_j 的入度），因此，$\sum\limits_{j=1}^{n}\sum\limits_{i=1}^{n}a_{ij}^{(1)}=\sum\limits_{j=1}^{n}d^-(v_j)=m$；

（3）$\boldsymbol{A}$ 中所有元素的和是 G 中长度为 1 的通路的数目，而 $\sum\limits_{i=1}^{n}a_{ii}^{(1)}$ 为 G 中长度为 1 的回路（环）的数目.

下面考察 $\boldsymbol{A}^l$ 的元素的意义，这里 $\boldsymbol{A}^l=(a_{ij}^{(l)})_{n\times n}(l\geqslant 2)$，其中 $a_{ij}^{(l)}=\sum\limits_{k}a_{ik}^{(l-1)}\cdot a_{kj}^{(1)}$，则

（4）$a_{ij}^{(l)}$ 为结点 v_i 到 v_j 长度为 l 的通路的数目，$a_{ii}^{(l)}$ 为始于（终于）v_i 长度为 l 的回路的数目.

（5）$\boldsymbol{A}^l$ 中所有元素的和 $\sum\limits_{i=1}^{n}\sum\limits_{j=1}^{n}a_{ij}^{(l)}$ 为 G 中长为 l 的通路的总数，而 $\boldsymbol{A}^l$ 对角线上元素之和

$\sum_{i=1}^{n} a_{ii}^{(l)}$ 为 G 始于（终于）各结点的长为 l 的回路总数.

在图 8.6.11 中计算 $\boldsymbol{A}^2,\boldsymbol{A}^3,\boldsymbol{A}^4$ 得

$$\boldsymbol{A}^2=\begin{bmatrix}1&1&1&1\\0&1&0&1\\0&0&2&0\\0&1&0&1\end{bmatrix}\quad \boldsymbol{A}^3=\begin{bmatrix}1&1&3&1\\0&0&2&0\\0&2&0&2\\0&0&2&0\end{bmatrix}\quad \boldsymbol{A}^4=\begin{bmatrix}1&3&3&3\\0&2&0&2\\0&0&4&0\\0&2&0&2\end{bmatrix}$$

由以上各矩阵得，$a_{13}^{(2)}=1$，$a_{13}^{(3)}=3$，$a_{13}^{(4)}=3$，即 G 中 v_1 到 v_3 长为 2,3,4 的通路分别为 1 条、3 条、3 条. 而 $a_{11}^{(2)}=a_{11}^{(3)}=a_{11}^{(4)}=1$，则 G 中以 v_1 为起点（终点）的长为 2,3,4 的回路各有一条. 由于 $\sum_{i=1}^{n}\sum_{j=1}^{n} a_{ij}^{(2)}=10$，所以 G 中长度为 2 的通路总数为 10，其中长为 2 的回路总数为 5.

（6）若令 $\boldsymbol{B}_r=\boldsymbol{A}+\boldsymbol{A}^2+\cdots+\boldsymbol{A}^r=(b_{ij}^{(r)})(r\geqslant 1)$，则 $b_{ij}^{(r)}$ 表示从结点 v_1 到 v_j 长度小于或等于 r 的通路总数，而 $b_{ii}^{(r)}$ 表示以 v_1 为起点（终点）长度小于或等于 r 的回路总数.

例如，与图 8.6.11 对应的矩阵为 $\boldsymbol{B}_4=\begin{bmatrix}4&5&8&5\\0&3&3&3\\0&3&6&3\\0&3&3&3\end{bmatrix}$.

于是，我们得到下面的定理.

定理 8.6.6　设 $\boldsymbol{A}$ 为有向图 D 的邻接矩阵，$V=\{v_1,v_2,\cdots,v_n\}$为 D 的顶点集，则 $\boldsymbol{A}$ 的 l 次幂 $\boldsymbol{A}^l$（$l\geqslant 1$）中元素 $a_{ii}^{(l)}$ 为 D 中 v_i 到 v_j 长度为 l 的通路数，其中 $a_{ii}^{(l)}$ 为 v_i 到自身长度为 l 的回路数，而 $\sum_{i=1}^{n}\sum_{j=1}^{n} a_{ii}^{(l)}$ 为 D 中长度为 l 的通路总数，其中 $\sum_{i=1}^{n} a_{ii}^{(l)}$ 为 D 中长度为 l 的回路总数.

推论　设 $B_l=\boldsymbol{A}+\boldsymbol{A}^2+\cdots+\boldsymbol{A}^l$（$l\geqslant 1$），则 $\boldsymbol{B}_l$ 中元素 $\sum_{i=1}^{n}\sum_{j=1}^{m} b_{ij}^{(l)}$ 为 D 中长度小于或等于 l 的通路数，其中 $\sum_{i=1}^{n} b_{ii}^{(l)}$ 为 D 中长度小于或等于 l 的回路数.

无向图可类似地定义邻接矩阵，对有向图的邻接矩阵得到的结论，可并行地用到无向图上. 这里我们只介绍无向简单图的邻接矩阵.

定义 8.6.19　设 $G=<V,E>$ 是无简单向图，$V=\{v_1,v_2,\cdots,v_n\}$，令

$$a_{ij}=\begin{cases}1, & (v_i,v_j)\in E\\ 0, & (v_i,v_j)\notin E\end{cases}$$

则称 $(a_{ij})_{n\times n}$ 为 G 的**邻接矩阵**，记作 $\boldsymbol{A}(G)$，简记 $\boldsymbol{A}$.

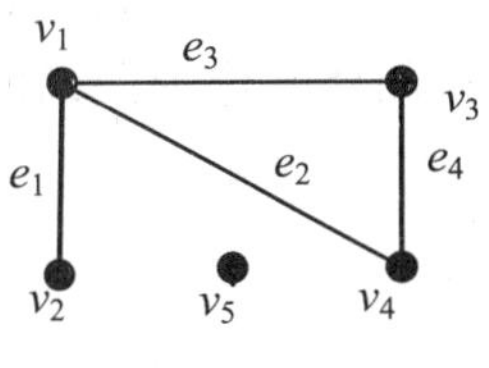

图 8.6.12

例如图 8.6.12 的邻接矩阵为

$$\boldsymbol{A}=\begin{bmatrix}0&1&1&1&0\\1&0&0&0&0\\1&0&0&1&0\\1&0&1&0&0\\0&0&0&0&0\end{bmatrix}$$

无向图的邻接矩阵与有向图的邻接矩阵的最大不同在于它是对称的. 且矩阵的每行（每列）的元素的和等于对应结点的度，其他性质都是类似的.

定义 8.6.20 设 $G=<V,E>$ 是有向图，$V=\{v_1,v_2,\cdots,v_n\}$，令

$$p_{ij}=\begin{cases}1, & v_i\text{可达}v_j,\\ 0, & \text{否则}\quad ,\end{cases}(i\neq j),\ p_{ii}=1, i=1,2,\cdots,n$$

则称 $(p_{ij})_{n\times n}$ 为 $P(G)$ 的**可达矩阵**，记作 $\boldsymbol{P}(G)$，简记 $\boldsymbol{P}$.

图 8.6.11 所示有向图 $\boldsymbol{P}=\begin{bmatrix}1&1&1&1\\0&1&1&1\\0&1&1&1\\0&1&1&1\end{bmatrix}$ 的可达矩阵为

$$\boldsymbol{P}=\begin{bmatrix}1&1&1&1\\0&1&1&1\\0&1&1&1\\0&1&1&1\end{bmatrix}$$

因为 $\boldsymbol{B}=\boldsymbol{E}+\boldsymbol{A}+\boldsymbol{A}^2+\cdots+\boldsymbol{A}^{n-1}=(b_{ij})_{n\times n}$

则可达矩阵 $\boldsymbol{P}$ 中的元素可按如下的方式得到：

$$p_{ij}=\begin{cases}1, & b_{ij}\neq 0\\ 0, & b_{ij}=0\end{cases}$$

即可由邻接矩阵求可达矩阵.

8.6.6 欧拉图、哈密尔顿图与树

1. 欧拉图

18 世纪，普鲁士的哥尼斯堡（Königsberg）城中有一条普雷格尔（Pregel）河，河上架设的 7 座桥连接着两岸及河中的两个小岛，如图 8.6.13（a）所示.

城里的人们喜欢散步，更期望能通过每个桥一次且仅一次再回到出发地，但谁都没能成功. 于是哥尼斯堡的人们将这个问题写信告诉了瑞士著名的数学家欧拉（L.Euler）. 欧拉在 1736 年证明了这样的散步是不可能的. 他用点代表岛和两岸的陆地，用线表示桥，得到该问题的数学模型如图 8.6.13（b）所示，使“七桥问题”转化为图论问题. 因此，后来将上述“七桥问题”作为图论的起点，并将欧拉作为图论的创始人.

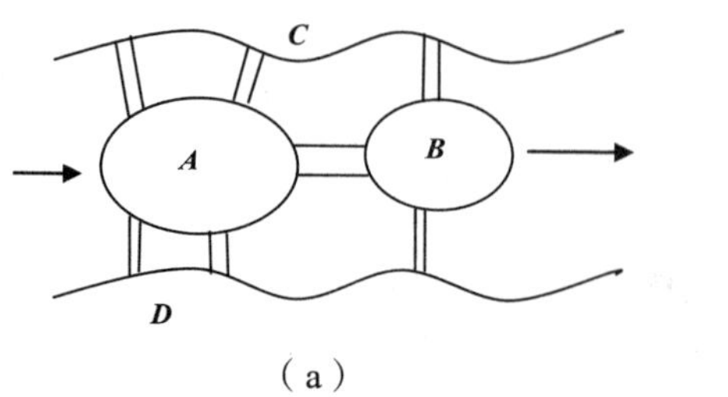

（a）

C
A
B
D

（b）

图 8.6.13

定义 8.6.21 通过图（无向图或有向图）中所有边一次且仅一次的通路称为**欧拉通路**，通过图中所有边一次并且仅一次行遍所有顶点的回路称为**欧拉回路**. 具有欧拉回路的图称为**欧拉图**.

例 8.6.6 图 8.6.14 中各图哪些是欧拉图？哪些不是欧拉图？哪些可以一笔画出？

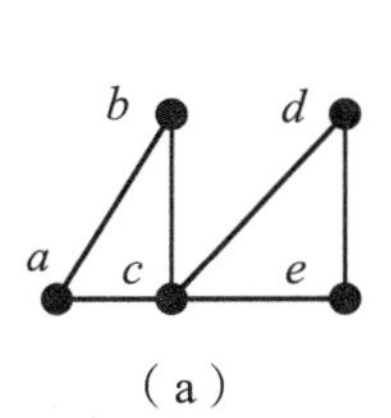

（a）

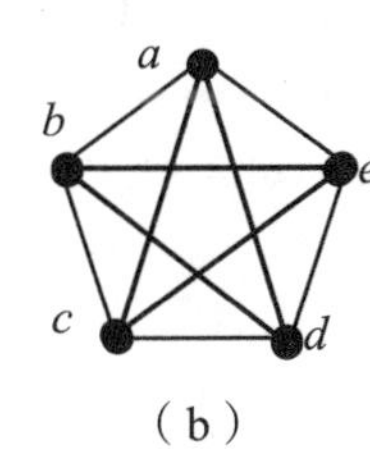

（b）

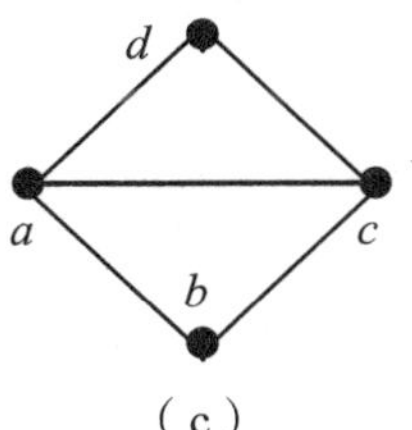

（c）

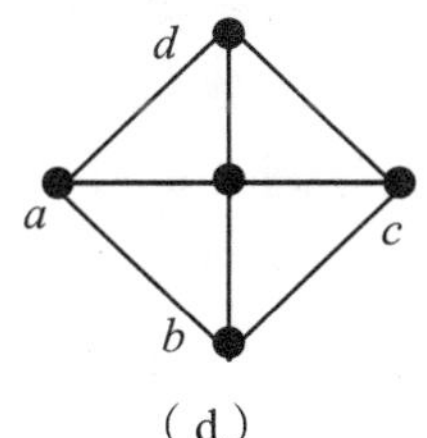

（d）

图 8.6.14

此例中，图（a），（b）是欧拉图，（c）（d）不是欧拉图，（a）（b）（c）可以一笔画出.

定理 8.6.7 无向图 G 具有欧拉通路当且仅当 G 是连通的，且 G 中恰有两个奇度顶点或零个奇度点.

一笔画问题可归结为图中有没有欧拉通路.

定理 8.6.8 无向图 G 是欧拉图当且仅当 G 是连通图，且 G 中所有结点度数都是偶数.

定理 8.6.9 有向图 D 有欧拉通路当且仅当 D 是单向连通的，且 D 中恰有两个奇度顶点，其中一个的入度比出度大 1，另一个的出度比入度大 1，而其余顶点的入度都等于出度.

定理 8.6.10 有向图 D 是欧拉图当且仅当 D 是强连通的且每个顶点的入度都等于出度.

2. 哈密尔顿图

爱尔兰数学家哈密尔顿（William Hamilton）爵士 1859 年提出了一个“周游世界”的游戏. 这个游戏把一个正十二面体的二十个顶点看成地球上的二十个城市. 棱线看成是连接城市的航路（航空、航海线或陆路交通线），要求游戏者沿棱线走，寻找一条经过所有结点（即城市）一次且仅一次的回路，如图 8.6.15（a）所示. 也就是在图 8.6.15（b）中找一条包含所有结点的圈. 图 8.6.15（b）中的粗线所构成的圈就是这个问题的回答.

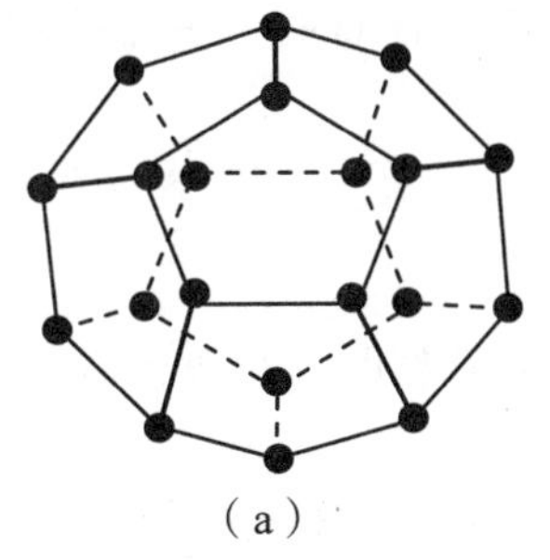
（a）

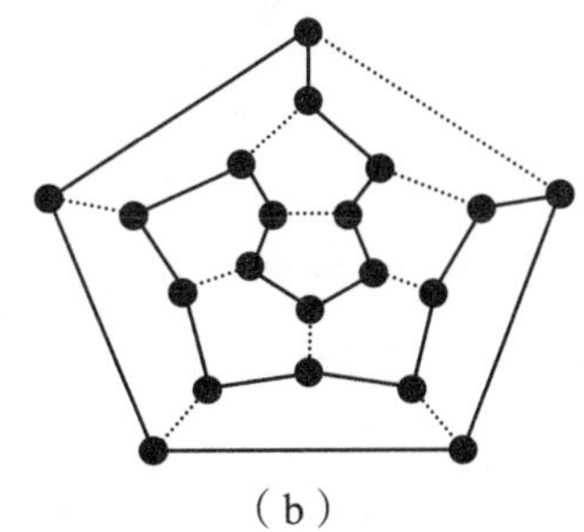
（b）

图 8.6.15

定义 8.6.22 经过图（有向图或无向图）中所有顶点一次且仅一次的通路称为**哈密尔顿通路**. 经过图中所有顶点一次且仅一次的回路称为**哈密尔顿回路**. 具有哈密尔顿回路的图称为**哈密尔顿图**.

图 8.6.14 中（b）（c）（d）三个无向图都有哈密尔顿回路，所以都是哈密尔顿图. 而（a）中虽有哈密尔顿通路，但无哈密尔顿回路，因而不是哈密尔顿图.

从定义可以看出，哈密尔顿通路是图中生成的初级通路，而哈密尔顿回路是生成的初级回路. 判断一个图是否为哈密尔顿图，就是判断能否将图中所有顶点都放置在一个初级回路（圈）上，但这不是一件易事. 与判断一个图是否为欧拉图不一样，到目前为止，人们还没有找到哈密尔顿图简单的充分必要条件. 下面给出的定理都是哈密尔顿通路（回路）的必要条件或充分条件.

定理 8.6.11　设无向图 $G=<V,E>$是哈密尔顿图，对于任意 $V_1\subset V$，且 $V_1\neq\varnothing$，均有

$$p(G-V_1)\leqslant|V_1|$$

其中，$p(G-V_1)$为 $G-V_1$ 的连通分支数.

例 8.6.7　图 8.6.16（a）中共有 9 个结点，如果取结点集 $S=\{3$ 个白点$\}$，即$|S|=3$. 而这时 $\omega(G-S)=4$[见图 8.6.16（b）]. 这说明图 8.6.16（a）不是哈密尔顿图. 但要注意若一个图满足定理 8.6.16 的条件也不能保证这个图一定是哈密尔顿图，如图 8.6.16（c）的彼得森图.

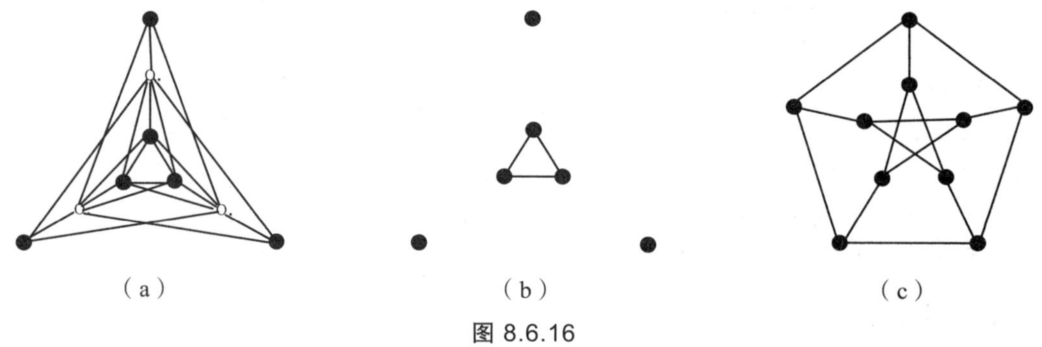

图 8.6.16

下面我们介绍一下无向图具有哈密尔顿通路与回路的充分条件.

定理 8.6.12　设 G 是 n 阶无向简单图，若对于 G 中任意不相邻的顶点 v_i,v_j，均有

$$d(v_i)+d(v_j)\geqslant n-1$$

则 G 中存在哈密尔顿通路.

定理 8.6.13　设 G 为 $n(n\geqslant3)$阶无向简单图，若对于 G 中任意两个不相邻的顶点 v_i,v_j，均有

$$d(v_i)+d(v_j)\geqslant n$$

则 G 中存在哈密尔顿回路，从而 G 为哈密尔顿图.

需要注意的是，以上定理只是充分条件，若不满足定理条件时，也可能存在哈密尔顿路（回路）.

例如，图 8.6.17 中，任意两点的度之和小于 7，但显然存在哈密尔顿回路.

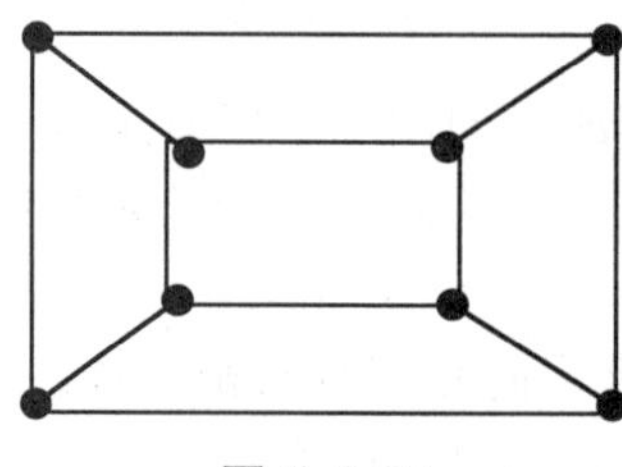
图 8.6.17

例 8.6.8 在某次国际会议的预备会议中，共有 8 人参加，他们来自不同的国家. 已知他们中任何两个无共同语言的人中的每一个，与其余有共同语言的人数之和大于或等于 8，问能否将这 8 个人排在圆桌旁，使其任何人都能与两边的人交谈.

解：设 8 人分别为 $v_1,v_2,\cdots,v_8$，作无向简单图 $G=<V,E>$，其中 $V=\{v_1,v_2,\cdots,v_8\}$，$\forall v_i,v_j \in V$，且 $i\neq j$，若 v_i 与 v_j 由共同语言，就在 v_i,v_j 之间连无向边（v_i,v_j），由此组成边集合 E，则 G 为 8 阶无向简单图，$\forall v_i\in V$，$d(v_i)$为与 v_i 有共同语言的人数. 由已知条件可知，$\forall v_i,v_j\in V$ 且 $i\neq j$，均有 $d(v_i)+d(v_j)\geqslant 8$.由定理 8.6.12 的推论可知，G 中存在哈密尔顿回路，设 $C=v_{i_1}v_{i_2}\cdots v_{i_8}v_{i_1}$ 为 G 中一条哈密尔顿回路，按这条回路的顺序安排座次即可.

3. 树

定义 8.6.23 连通无回路的无向图称为**无向树**，或简称**树**，常用 T 表示树. 平凡图称为平凡树. 若无向图 G 至少有两个连通分支，每个连通都是树，则称 G 为**森林**.

在无向图中，悬挂顶点称为**树叶**，度数大于或等于 2 的顶点称为**分支点**.

无向树有许多性质，这些性质中有些既是树的必要条件又是充分条件，因而都可以看作树的等价定义，见下面定理.

定理 8.6.14 设 $G=<V,E>$是 n 阶 m 条边的无向图，则下面各命题是等价的：

（1）G 是树.

（2）G 中任意两个顶点之间存在唯一的路径.

（3）G 中无回路且 $m=n-1$.

（4）G 是连通的且 $m=n-1$.

（5）G 是连通的且 G 中任何边均为桥.

（6）G 中没有回路，但在任何两个不同的顶点之间加一条新边，在所得图中得到唯一的一个含新边的圈.

例 8.6.9 顶点数大于或等于 2 的树至少有两个悬挂点；顶点数大于或等于 3 的树至少有一个点不是悬挂点.

证明：设树 T 有 p 个顶点.

（1）因为 $p\geqslant 2$，所以对 T 的任何顶点 v_i 都有 $d(v_i)\geqslant 1$. 现假设 T 有 x 个悬挂点，则其他顶点的度数至少为 2，于是所有顶点的度数之和为

$$\sum_{i=1}^{p} d(v_i)\geqslant x+2(p-x)$$

这样，根据握手定理和定理 8.6.14，我们有

$$2(p-1)\geqslant x+2(p-x)$$

由上式解出 $x\geqslant 2$.

（2）反证法. 因为 $p\geqslant 3$，所以其中的顶点的度数大于或等于 1. 假设所有顶点都是悬挂点，则 $\sum_{i=1}^{p} d(v_i)=p$，这样根据握手定理和定理 8.6.14 就有 $p=2q=2(p-1)$，解得 $p=2$，这与题设条件阶数大于或等于 3 矛盾. 所以至少有一个点不是悬挂点.

定义 8.6.24 设 T 是无向图 G 的子图并且为树，则称 T 为 G 的树. 若 T 是 G 的树且为

生成子图，则称 T 是 G 的**生成树**. 设 T 是 G 的生成树，$\forall e \in E(G)$，若 $e \in E(T)$，则称 e 为 T 的**树枝**，否则称 e 为 T 的**弦**. 并称导出子图 $G[E(G)-E(T)]$为 T 的**余树**，记作 $\overline{T}$.

例 8.6.10 在图 8.6.18 中，（b）是（a）的一个生成树.

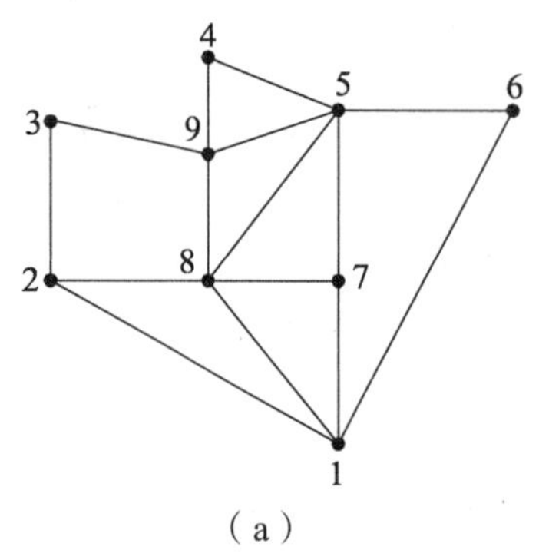

图 8.6.18

注意 $\overline{T}$ 不一定连通，也不一定不含回路. 在图 8.6.19 中，粗线图为该图的一棵生成树 T，余树 $\overline{T}$ 为细线所示，它不连通，同时也含回路.

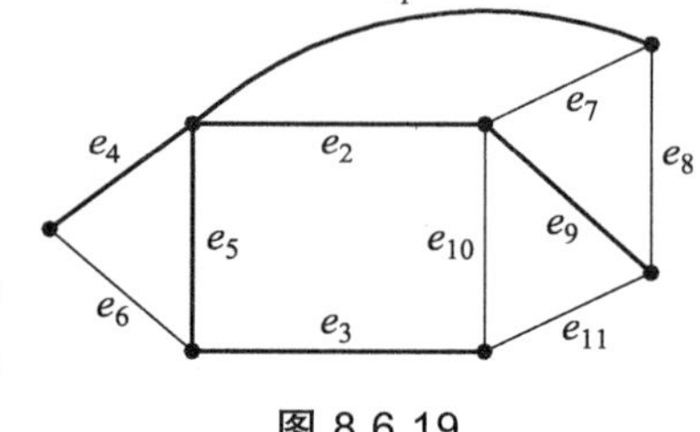

图 8.6.19

定理 8.6.15 无向图 G 具有生成树，当且仅当 G 是连通图.

下面讨论求连通带权图中的最小生成树问题.

定义 8.6.25 设无向连通带权图 $G=\langle V,E,W\rangle$，T 是 G 的一棵生成树. T 的各边权之和称为 T 的权，记作 $W(T)$. G 的所有生成树中权最小的生成树称为 G 的**最小生成树**.

求最小生成树已经有许多种算法，这里介绍**避圈法（Kruskal 算法）**.

（1）设 n 阶无向连通带权图 $G=\langle V,E,W\rangle$有 m 条边. 不妨设 G 中没有环（否则，可以将所有的环先删去），将 m 条边按权从小到大顺序排列，设为 $e_1,e_2,\cdots,e_m$.

（2）取 e_1 在 T 中，然后依次检查 $e_2,e_3,\cdots,e_m$. 若 e_j 与 T 中的边不能构成回路，则取 e_j 在 T 中，否则弃去 e_j.

（3）算法停止时得到的 T 为 G 的最小生成树.

例 8.6.11 求图 8.6.20 所示两个图中的最小生成树.

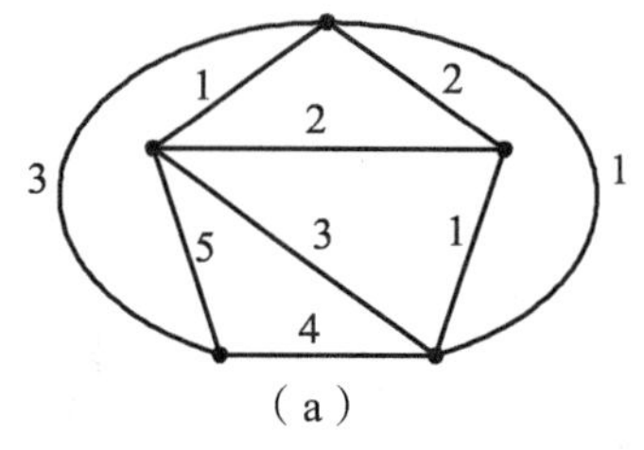

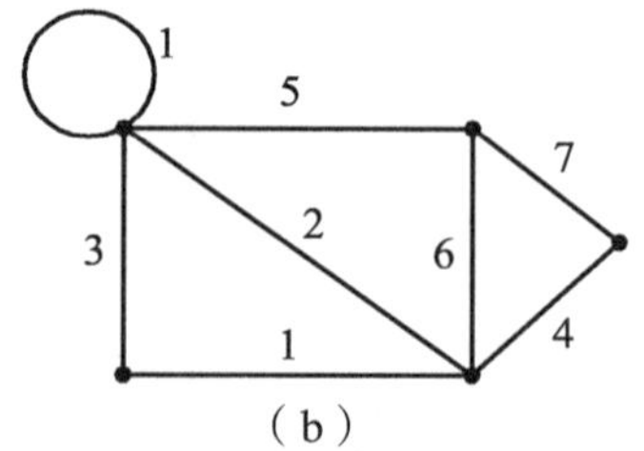

图 8.6.20

解： 用避圈法算法，求出图 8.6.20（a）中的生成树 T_1 为图 8.6.20 中（a）中绿线边所示的生成树，$W(T_1)=6$.图 8.6.21（b）中的最小生成树为图 8.6.21 中（b）中绿边所示的生成树 T_2，$W(T_2)=12$.

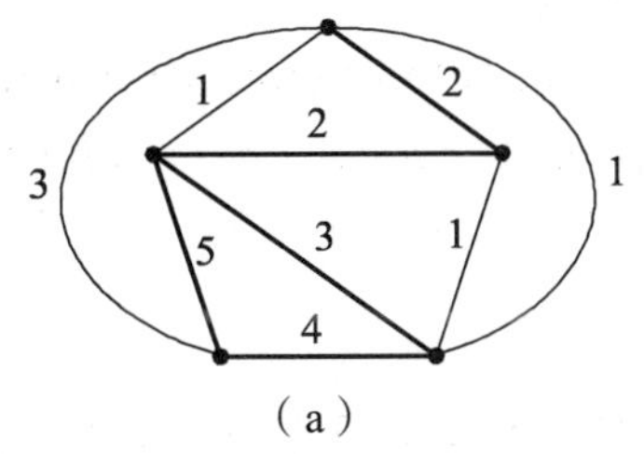

（a）

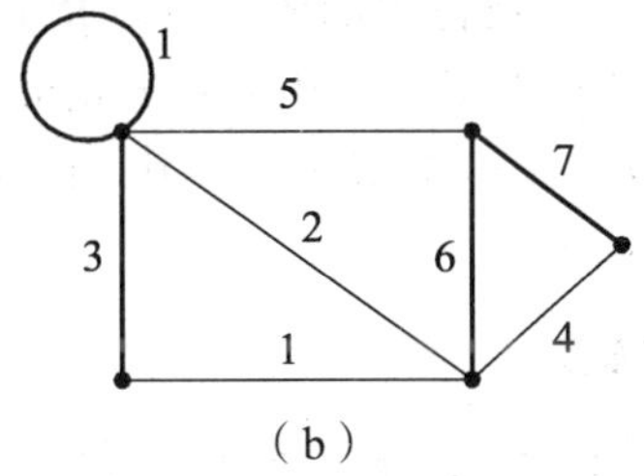

（b）

图 8.6.21

我们简单介绍一下根树. 设 D 是有向图，若 D 的基图是无向树，则称 D 为有向树，在所有的有向树中，根树最重要.

定义 8.6.26 设 T 是 n（$n\geqslant 2$）阶有向图，若 T 中有一个顶点的入度为 0，其余的顶点的入度均为 1，则称 T 为**根树**. 入度为 0 的顶点称为**树根**，入度为 1 出度为 0 的顶点称为**树叶**，入度为 1 出度不为 0 的顶点称为**内点**，内点和树根统称为**分支点**. 从树根到 T 的任意顶点 v 的通路（路径）长度称为 v 的**层数**，层数最大顶点的层数称为**树高**. 将平凡树也称为根树.

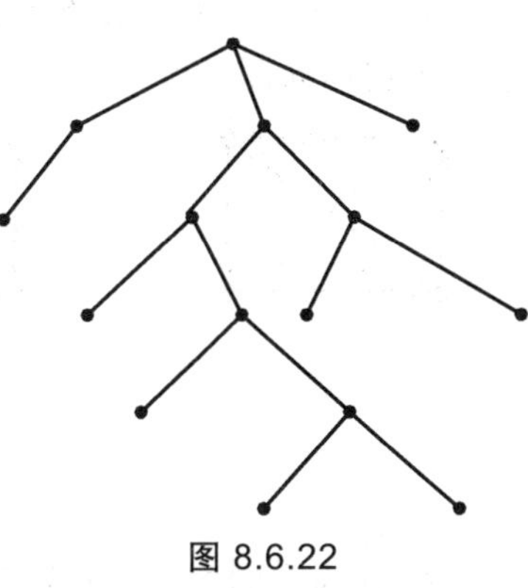
图 8.6.22

在根树中，由于各有向边的方向是一致的，所以画根树时可以省去各边上的所有箭头，并将树根画在最上方. 图 8.6.22 所示的根树 T 中，有 8 片树叶，6 个内点，7 个分支点，它的高度为 5，在树叶 u 或 v 处达到.

常将根树看成家族树，家族中成员之间的关系可由下面的定义给出.

定义 8.6.27 设 T 为一棵非平凡的根树，$\forall v_i,v_j\in V(T)$，若 v_i 可达 v_j，则称 v_i 为 v_j 的**祖先**，v_j 为 v_i 的**后代**；若 v_i 邻接到 v_j（即 $\langle v_i,v_j\rangle\in E(T)$），则称 v_i 为 v_j 的**父亲**，而 v_j 为 v_i 的**儿子**. 若 v_j,v_k 的父亲相同，则称 v_j 与 v_k 是**兄弟**.

设 T 为根树，若将 T 中层数相同的顶点都标定次序，则称 T 为有序树.

根据根树 T 中每个分支点儿子数以及是否有序，可以将根树分成下列各类：

（1）若 T 的每个分支点至多有 r 个儿子，则称 T 为 r **叉树**；又若 r 叉树是有序的，则称它为 r **叉有序树**.

（2）若 T 的每个分支点都恰好有 r 个儿子，则称 T 为 r **叉正则树**；又若 T 是有序的，则称它为 r **叉正则有序树**.

（3）若 T 是 r 叉正则树，且每个树叶的层数均为树高，则称 T 为 r **叉完全正则树**，又若 T 是有序的，则称它为 r **叉完全正则有序树**.

习题 8.6

基础练习

1. 无向图 G 有 18 条边，3 个 4 度顶点，4 个 3 度顶点，其余顶点的度数均小于 3，问 G 的阶数 n 至少为几？

2. 画出下列各图的图形并求出各结点的度（出度、入度）：

（1）$G=<V,E>$，其中 $V=\{a,b,c,d,e\}$，$E=\{(a,b),(a,c),(a,d),(b,a),(b,c),(d,d),(d,e)\}$.

（2）$H=<V,E>$，其中 $V=\{a,b,c,d,e\},E=\{<a,b>,<a,c>,<a,e>,<b,c>,<d,a>,<d,d,>,<d,e>\}$.

提高练习

3. 9 阶图 G 中每个顶点的度数不是 5 就是 6，证明 G 中至少有 5 个 6 度顶点或至少有 6 个 5 度顶点.

4. 画出 K_4 的所有非同构的生成子图.

5. 设无向图 G 中只有两个奇度顶点 u 与 v，试证明 u 与 v 必连通.

6. 在图 8.6.23 所示的 4 个图中，哪几个是强连通图？哪几个是单向连通图？哪几个是连通图（弱连通图）？

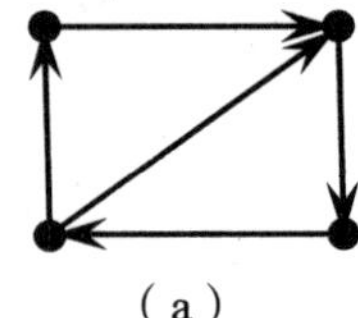
（a）

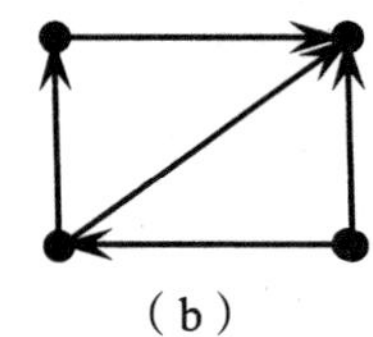
（b）

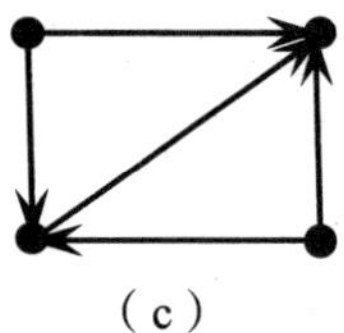
（c）

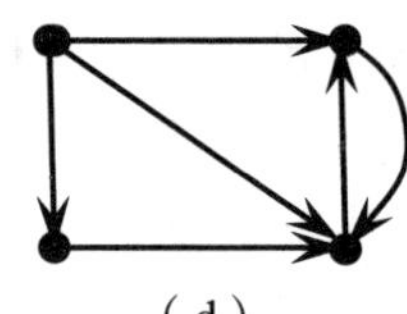
（d）

图 8.6.23

7. D 为有向图，邻接矩阵 $\boldsymbol{A}=\begin{bmatrix}1&2&0&0\\0&0&1&0\\1&0&0&1\\0&0&1&0\end{bmatrix}$，则图中 V_1 到 V_4 长度为 1，2，3，4 的通路各有多少条？回路呢？

8. 设无向图 $G=<V,E>$, $V=\{v_1, v_2, v_3, v_4\}$，邻接矩阵

$$\boldsymbol{A}=\begin{bmatrix}0&1&0&1\\1&0&1&1\\0&1&0&0\\1&1&0&0\end{bmatrix}$$

（1）试问 $deg(v_1)=?$ $deg(v_2)=?$

（2）图 G 是否为完全图？

（3）从 v_1 到 v_2 长为 3 的路有多少条？

9. 图 8.6.24 中哪些图可以一笔画出？

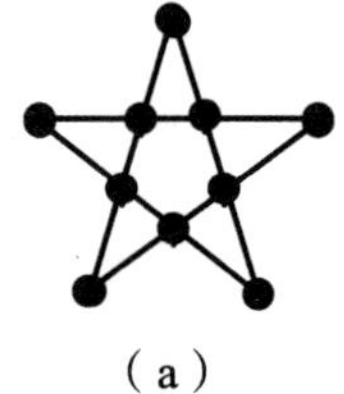
（a）

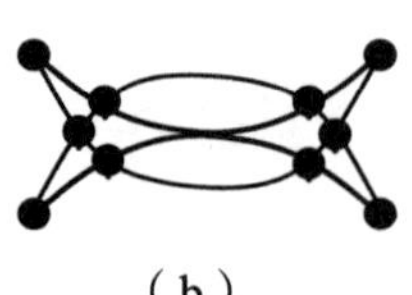
（b）

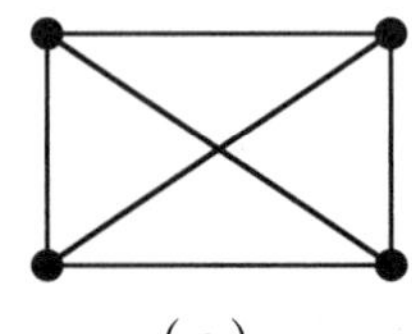
（c）

图 8.6.24

10. 判断图 8.2.25 中哪些是哈密尔顿图.

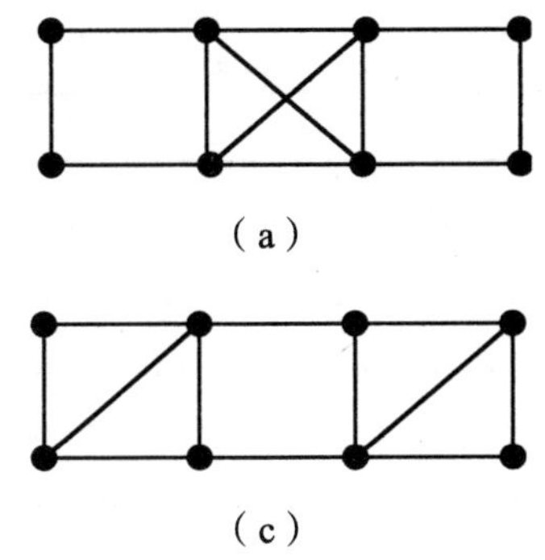

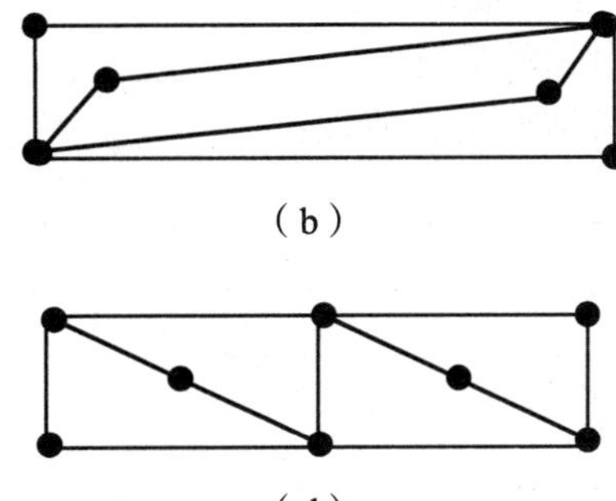

图 8.6.25

拓展练习

11.（1）无向树 T 有 7 片树叶，3 个 3 度顶点，其余的都是 4 度顶点，则 T 有几个 4 度顶点？

（2）无向树 T 有 3 个 3 度顶点，2 个 4 度顶点，其余的都是树叶，则 T 有几片树叶？

（3）无向树 T 有 1 个 2 度顶点，3 个 3 度顶点,4 个 4 度顶点，1 个 5 度顶点，其余的都是树叶，则 T 有几片树叶？

（4）无向树 T 有 9 片树叶，5 个 3 度顶点，其余的都是 4 度顶点，则 T 有几个 4 度顶点？

12. 画出所有 5 阶非同构的无向树.

13. 求图 8.6.26 的最小生成树.

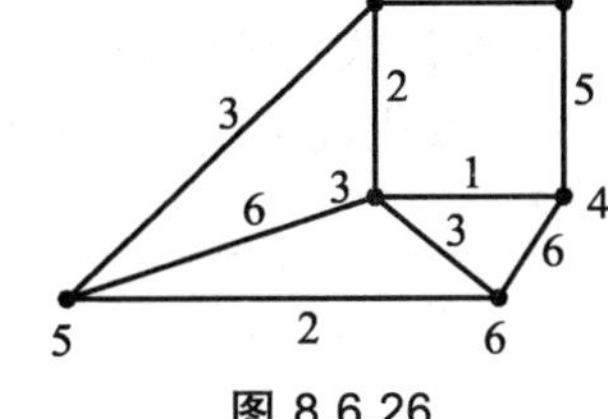

图 8.6.26

本章小节

一、知识框图

请读者自己画出本章知识结构图，从整体结构上去理解本章内容.

二、复习要点

1. 命题的概念：

2. 联结词及真值表：

3.合式公式：

4.等值式：

5.等值演算律：

6.简单合取式与简单析取式：

7.析取范式：

8.主范式：

9.代数系统的概念：

10.代数系统的运算性质：

11. 半群：

12. 含幺半群：

13. 群：

14. 图及相关概念：

15. 握手定理：

16. 图的同构：

17. 完全图：

18. 补图：

19. 通路与回路及性质：

20. 图的连通性：

21. 图的矩阵表示：

22. 欧拉图及性质：

23. 哈密尔顿图及性质：________________

____

____

____

24. 树及性质：________________

____

____

25. 生成树________________

三、思维运用

通过本章多元函数代数系统的学习，体会到用系统化的整体属性去研究运算系统. 从大局出发，整体**系统化**地去认识客观对象，是非常重要的一种方法. 你对这一思维方式有什么体会？请举例说明你在生活、工作、学习中是怎么运用这一方法的.

____

____

____

____

____

____

____

本章复习题

一、选择题

1. 下列句子不是命题的是（　　）.

A. 太好了！　　B. 张三是学生.

C. 雪是黑色的.　　D. 中华人民共和国的首都是北京.

2. 设 P: 天下雪，Q: 我去上课. 命题“如果天下雪，那我就不去上课”符号化为（　　）.

A. $Q \to P$　　B. $P \to \neg Q$

C. $P \leftrightarrow Q$　　D. $\neg P \vee \neg Q$

3. 设命题公式 G: $\neg P \to (Q \wedge R)$，则使公式 G 取真值为 1 的 P, Q, R 赋值分别是（　　）.

A. 0, 0, 0　　B. 0, 0, 1

C. 1, 0, 0　　D. 0, 1, 0

4. 下列式子为重言式的是（　　）.

A. $P \to P \vee Q$　　*B*. $(\neg P \wedge Q) \wedge (P \vee \neg Q)$

C. $\neg (P \rightleftarrows Q)$　　*D*. $(P \vee Q) \rightleftarrows (P \to Q)$

5. 命题公式$\neg (\neg P \to Q)$的主析取范式是（　　）.

A. $P \wedge \neg Q$　　B. $P \vee \neg Q$

C. $\neg P \vee \neg Q$　　D. $\neg P \wedge \neg Q$

6. 下列运算不满足交换律的是（　　）.

A. $a*b = a+2b$　　B. $a*b = \min(a,b)$

C. $a*b = |a - b|$　　D. $a*b = 2ab$

7. 设 A 是偶数集合，下列说法正确的是（　　）.

A. $<A, +>$是群　　B. $<A, \times>$是群

C. $<A, \div>$是群　　D. $<A, +>$, $<A, \times>$, $<A, \div>$都不是群

8. 设*是集合 A 上的二元运算，下列说法正确的是（　　）.

A. 在 A 中有关于运算*的左幺元一定有右幺元

B. 在 A 中有关于运算*的左右幺元一定有幺元

C. 在 A 中有关于运算*的左右幺元，它们不一定相同

D. 在 A 中有关于运算*的幺元不一定有左右幺元

9. 设 A 是奇数集合，下列构成独异点的是（　　）.

A. $<A, +>$　　B. $<A, ->$

C. $<A, \times>$　　D. $<A, \div>$

10. 下列说法不正确的是（　　）.

A. 在实数集上，乘法对加法是可分配的

B. 在实数集上，加法对乘法是可分配的

C. 在某集合的幂集上，$\cup$对$\cap$是可分配的

D. 在某集合的幂集上，$\cap$对$\cup$是可分配的

11. 下列可一笔画成的图形是（　　）.

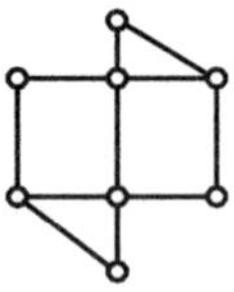

A. 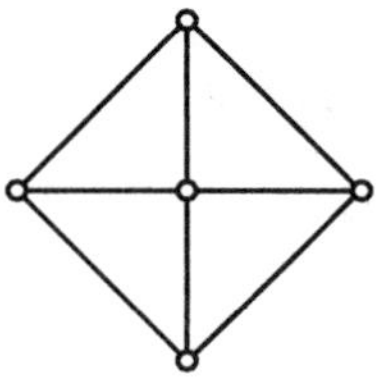　　B. 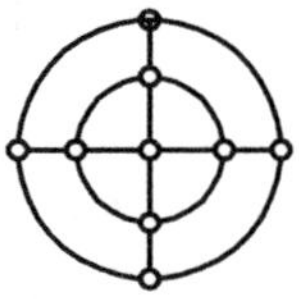　　C. 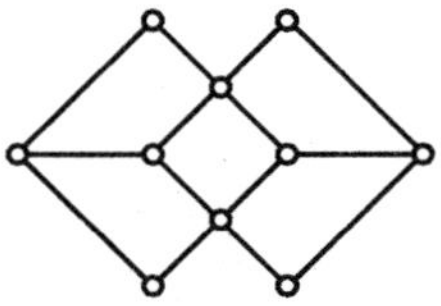　　D.

12. 一棵树有 5 个 3 度结点，2 个 2 度结点，其他的都是 l 度结点，那么这棵树的结点数是（　　）.

A. 13　　B. 14

C. 16　　D.17

13. 题 13 图的最大出度是（　　）.

A. 0　　B. 1

C. 2　　D. 3

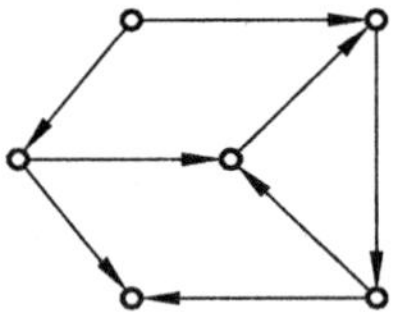

题 13 图

14. 下列图是欧拉图的是（　　）.

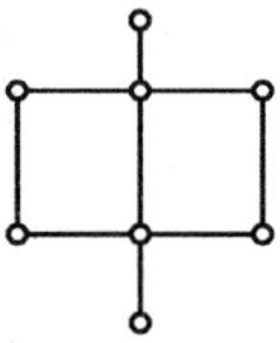

A. 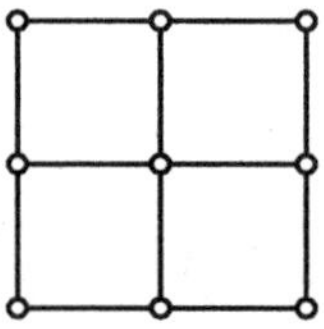　　B. 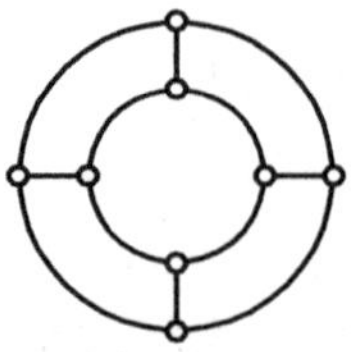　　C. 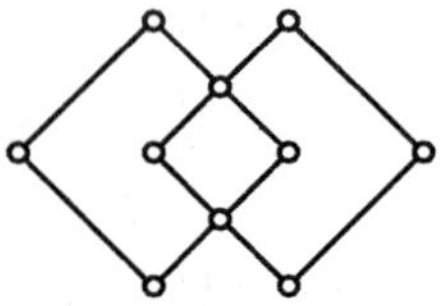　　D.

15. 一棵树的 3 个 4 度点，4 个 2 度点，其他的都是 1 度，那么这棵树的边数是（　　）.

A. 13　　B. 14

C. 15　　　　　　D. 16

二、填空题

16. 命题公式 $P\to(Q\vee P)$的真值是______________.

17. 设 P：2+3 = 5，Q：花开了. R：我同意他不上课. 则命题“如果 2+3 = 5 和花开了，我就同意他不参加学习”符号化的结果为________________.

18. 含有三个命题变项 P，Q，R 的命题公式 $P\wedge Q$ 的主析取范式是________________.

11. $\neg(P\wedge Q)$ __________________，$\neg(P\vee Q)$______________.

20. 在含有 n 个命题变项的_________中，若每个___________和它的_________不同时出现，而二者之一____________，称这样的_________为极小项.

21. 请写出表示分配律的两个命题公式等价定理：__________，_________.

22. 若图中存在_________，它经过图中所有的_________，则称该图为欧拉图.

23. 若图中存在_________，它经过图中所有的_________，则称该图为汉密尔顿图.

24. 设 A 是整数集，对于数的加法+和乘法×，有 $<A,+>$ 幺元为_________ $<A,\times>$ 零元为_________.

25. 若图____则称为树.

三、将下列命题符号化

26. 小明和小强不是同学.

27. 我去看电影，当且仅当天不下雨.

四、构造下列各式的真值表

28. $(Q\to P)\to R$

29. $(P\wedge\neg Q\wedge\neg R)\vee(\neg P\wedge\neg Q\wedge\neg R)$

五、计算题

30. 用矩阵的方法求题 30 图中结点 u_i，u_5 之间长度为 2 的路径的数目.

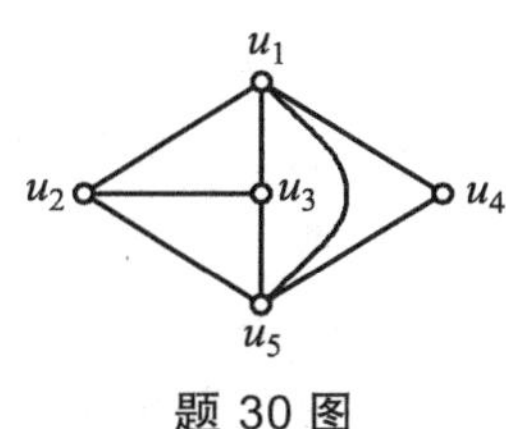

题 30 图

31. 求题 31 图的最小生成树.

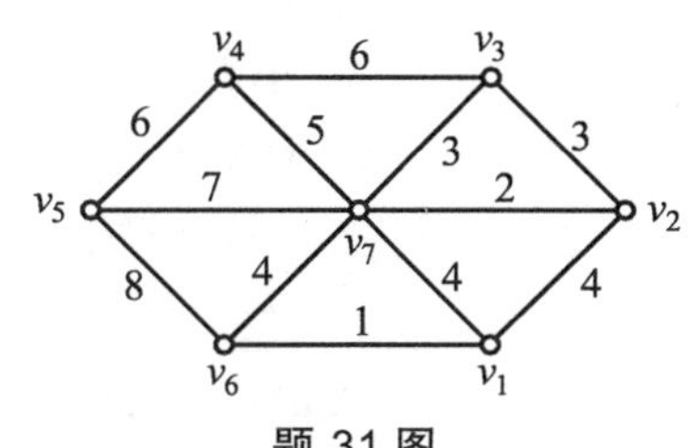

题 31 图

六、判断公式类型

32. $\neg (Q \to P) \wedge P$.

33. $(P \wedge (P \to Q)) \to Q$.

34. $\neg (P \to Q) \wedge (P \to \neg R)$.

七、求下列各式的主析取范式和成真赋值

35. $\neg (P \to Q) \wedge (P \to \neg Q)$.

36. $(P \wedge Q) \to R$.

37. $(Q \to P) \wedge (\neg P \wedge Q)$.

八、证明题

38. 证明等值式.

（1）$\neg (A \to B) \Leftrightarrow A \wedge \neg B$；

（2）$\neg (A \leftrightarrow B) \Leftrightarrow (A \wedge \neg B) \vee (\neg A \wedge B)$；

（3）$A \to (B \vee C) \Leftrightarrow (A \wedge \neg B) \to C$）.

39. 证明：设 $<G, \cdot>$ 是一个群，则对于任意 $a,b \in G$，必存在惟一的 $x \in G$ 使得 $a \cdot x = b$.

40. 设图 G 有 n 个结点，$n+1$ 条边，证明：G 中至少有一个结点度数 $\geqslant 3$.

本章学习自测题

一、选择题（每小题 3 分，共 30 分）

1. 下列语句不是命题的是（　　）.

   A. 黄金是非金属.

   B. 要是他不上场，我们就不会输.

   C. 他跑 100 米只用了 10 秒钟，你说他是不是运动健将呢?

   D. 他跑 100 米只用了 10 秒钟，他是一个真正的运动健将.

2. 关于命题变元 P 和 Q 的大项 M_{01} 表示（　　）.

   A. $\neg P \wedge Q$　　B. $\neg P \vee Q$

   C. $P \vee \neg Q$　　D. $P \wedge \neg Q$

3. 设实数集 $\boldsymbol{R}$ 上的二元运算 o 为：$xoy = x+y-2xy$，则 o 不满足（　　）.

   A. 交换律　　B. 结合律

   C. 有幂等元　　D. 有零元

4. 若 $(A,*)$ 是一个代数系统，且满足结合律，则 $(A,*)$ 必为（　　）.

   A. 半群　　B. 独异点

   C. 群　　D. 可结合代数

5. 设 S 是自然数集，则下列运算中不满足交换律的是（　　）.

   A. $a*b = |a-b|$　　B. $a*b = a^b$

   C. $a*b = \max\{a,b\}$　　D. $a*b = \min\{a,b\}$

6. 设图 $G' = <V', E'>$ 是图的生成子图，则必须（　　）.

   A. $V' = V$　　B. $V' \neq V$ 但 $E' = E$

C. $E'=E$　　D. $E'\neq E$ 且 $V'\neq V$

7. 设有向图 G 有 5 个结点，4 条边，且有一条有向路经过每个结点一次，则图 G 满足的最大连通性是（　　）.

A. 不连通　　B. 弱连通

C. 单侧连通　　D. 强连通

8. 一个连通图 G 具有以下何种条件时，能一笔画出：即从某结点出发，经过图中每边仅一次回到该结点.（　　）.

A. G 没有奇数度结点　　B. G 有 1 个奇数度结点

C. G 有 2 个奇数度结点　　D. G 没有或有 2 个奇数度结点

9. 设 P：明天天晴；q：我去爬山；那么“除非明天天晴，否则我不去爬山.”可符号化为（　　）.

A. $p\rightarrow\neg q$　　B. $\neg p\rightarrow\neg q$

C. $\neg p\rightleftarrows\neg q$　　D. $\neg p\rightarrow q$

10. 下列命题公式是永真式的是（　　）.

A. $(p\wedge\neg p)\rightleftarrows q$　　B. $\neg(p\rightarrow q)\wedge q$

C. $(p\rightarrow q)\vee q$　　D. $(p\vee p)\vee(p\rightarrow\neg p)$

二、填空题（每小题 3 分，共 15 分）

11. 设 P：$a^2+b^2=a^2, Q{:}b=0$，则 $P\rightleftarrows Q$ 意思是说______.

12. 合式公式 $\neg(Q\rightarrow P)\wedge P$ 是永______式.

13. 合式公式 $(P\rightleftarrows Q)\wedge(Q\rightleftarrows R)$ 与 $P\rightleftarrows R$ 的关系是______.（等价或蕴含选一）

14. 设图 G 的邻接矩阵为 $\boldsymbol{M}=\begin{bmatrix}0&1&1\\1&1&0\\1&0&0\end{bmatrix}$，则 G 的可达性矩阵为______.

15. 一个无向树中有 6 条边，则它有______个结点.

三、计算题（每小题 10 分，共 40 分）

16. 求合式公式 $A=P\rightarrow((P\rightarrow Q)\wedge\neg(\neg Q\vee\neg P))$ 的主析取范式.

17. 设 $(S,*)$ 是代数系统，其中 $S=\{a,b,c\}$，$*$ 的运算表为

*	a	b	c
a	a	b	c
b	b	a	a
c	c	a	a

讨论 $(S,*)$ 是否构成独异点，并验证你的结论.

18 构造命题公式 $(p\rightarrow(q\wedge r))\rightarrow\neg p$ 的真值表.

19. 有 6 个村庄 V_i, $i=l,2,\cdots,6$ 欲修建道路使村村可通. 现已有修建方案带权无向图如题图 19 所示，其中边表示道路，边上的数字表示修建该道路所需费用，问应选择修建哪些道路可使得任两个村庄之间是可通的且总的修建费用最低？要求写出求解过程，画出符合要求的最低费用的道路网络图并计算其费用.

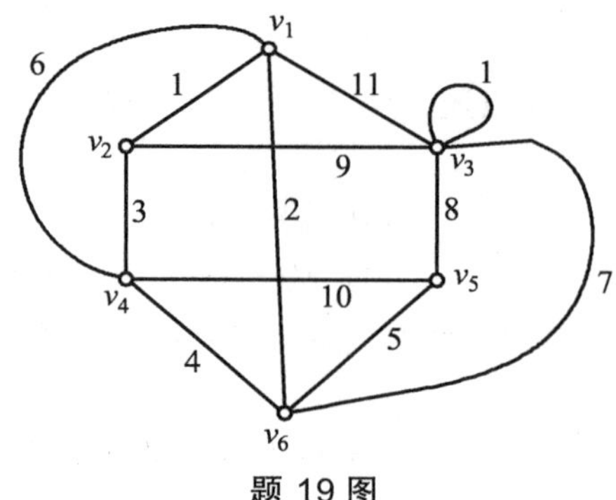

题 19 图

四、证明题(15 分)

20. 试证：任意一个图的顶点度数之和为边的两倍.

附 录

附录 1 常用的初等数学公式

一、初等代数

1. 乘法及因式分解

（1）$(x+a)(x+b)=x^2+(a+b)x+ab$； （2）$(a\pm b)^2=a^2\pm 2ab+b^2$；

（3）$(a\pm b)^3=a^3\pm 3a^2b+3ab^2\pm b^3$； （4）$(a+b+c)^2=a^2+b^2+c^2+2ab+2bc+2ca$；

（5）$a^2-b^2=(a-b)(a+b)$； （6）$a^3\pm b^3=(a\pm b)(a^2\mp ab+b^2)$；

（7）$(a+b+c)^3=a^3+b^3+c^3+3a^2b+3ab^2+3b^2c+3bc^2+3a^2c+3ac^2+6abc$；

（8）$a^n-b^n=(a-b)(a^{n-1}+a^{n-2}b+a^{n-3}b^2+\cdots+ab^{n-2}+b^{n-1})$（$n$ 为正整数）；

（9）$a^n-b^n=(a+b)(a^{n-1}-a^{n-2}b+a^{n-3}b^2-\cdots+ab^{n-2}-b^{n-1})$（$n$ 为偶数）；

（10）$a^n+b^n=(a+b)(a^{n-1}-a^{n-2}b+a^{n-3}b^2-\cdots-ab^{n-2}+b^{n-1})$（$n$ 为奇数）；

（11）二项式定理 $(a+b)^n=C_n^0a^n+C_n^1a^{n-1}b+C_n^2a^{n-2}b^2+\cdots+C_n^ra^{n-r}b^r+\cdots+C_n^nb^n$.

二项展开式的通项公式 $T_{r+1}=C_n^ra^{n-r}b^r\ (r=0,1,2\cdots,\ n)$.

2. 实系数一元二次方程的解

实系数一元二次方程 $ax^2+bx+c=0$，

①若 $\Delta=b^2-4ac>0$，则 $x_{1,2}=\dfrac{-b\pm\sqrt{b^2-4ac}}{2a}$（求根公式）；

②若 $\Delta=b^2-4ac=0$，则 $x_1=x_2=-\dfrac{b}{2a}$；

③若 $\Delta=b^2-4ac<0$，它在实数集 **R** 内没有实数根；

④在复数集 **C** 内有且仅有两个共轭复数根 $x=\dfrac{-b\pm\sqrt{-(b^2-4ac)}\mathrm{i}}{2a}(b^2-4ac<0)$；

⑤根与系数的关系（韦达定理）：$x_1+x_2=-\dfrac{b}{a}$，$x_1\cdot x_2=\dfrac{c}{a}$.

3. 指数运算（设 *a*,*b* 是正实数，*m*,*n* 是任意实数）

（1）指数定义.

① $a^{-n}=\dfrac{1}{a^n}(a\neq 0)$； ② $a^{\frac{m}{n}}=\dfrac{1}{\sqrt[n]{a^m}}$（$a>0,m,n\in\mathbf{N}^*$，且 $n>1$）；

③ $a^{-\frac{m}{n}}=\dfrac{1}{a^{\frac{m}{n}}}$（$a>0,m,n\in\mathbf{N}^*$，且 $n>1$）； ④ $a^0=1(a\neq 0)$.

（2）指数运算法则.

① $a^r \cdot a^s = a^{r+s}(a>0, r, s \in \mathbf{Q})$；② $(a^r)^s = a^{rs}(a>0, r, s \in \mathbf{Q})$；

③ $(ab)^r = a^r b^r(a>0, b>0, r \in \mathbf{Q})$；④ $\left(\dfrac{b}{a}\right)^r = \dfrac{b^r}{a^r}\ (a>0, b>0, r \in \mathbf{Q})$.

4. 根式的性质

（1）$(\sqrt[n]{a})^n = a$.

（2）当 n 为奇数时，$\sqrt[n]{a^n} = a$；当 n 为偶数时，$\sqrt[n]{a^n} = |a| = \begin{cases} a, a \geqslant 0, \\ -a, a<0. \end{cases}$

5. 对数

（1）指数式与对数式的互化式：

$$\log_a N = b \Leftrightarrow a^b = N\ (a>0, a \neq 1, N>0).$$

（2）对数的换底公式：

$$\log_a N = \frac{\log_m N}{\log_m a}\ (a>0，且 a \neq 1, m>0，且 m \neq 1，N>0).$$

推论 $\log_{a^m} b^n = \dfrac{n}{m}\log_a b$，$\log_a b \cdot \log_b a = 1$（$a>0$，且 $a>1, m, n>0$，且 $m \neq 1, n \neq 1$，$N>0$）.

（3）对数的四则运算法则

若 $a>0$，$a \neq 1$，$M>0$，$N>0$，则

① $\log_a(MN) = \log_a M + \log_a N$；② $\log_a \dfrac{M}{N} = \log_a M - \log_a N$；

③ $\log_a M^n = n\log_a M(n \in \mathbf{R})$；④ $a^{\log_a N} = N$；

⑤ $\log_a a^b = b$；⑥ $\log_a 1 = 0$.

（4）自然对数 $\log_e x = \ln x$；常用对数 $\log_{10} x = \lg x$.

6. 等差与等比数列

（1）等差数列.

通项公式：$a_n = a_1 + (n-1)d = dn + a_1 - d(n \in \mathbf{N}^*)$；

其前 n 项和公式为 $s_n = \dfrac{n(a_1+a_n)}{2} = na_1 + \dfrac{n(n-1)}{2}d = \dfrac{d}{2}n^2 + (a_1 - \dfrac{1}{2}d)n$.

（2）等比数列.

通项公式：$a_n = a_1 q^{n-1} = \dfrac{a_1}{q} \cdot q^n (n \in \mathbf{N}^*)$；

其前 n 项的和公式为

$$s_n = \begin{cases} \dfrac{a_1(1-q^n)}{1-q}, q \neq 1 \\ na_1, q=1 \end{cases} 或\ s_n = \begin{cases} \dfrac{a_1 - a_n q}{1-q}, q \neq 1 \\ na_1, q=1 \end{cases}$$

（3）一些常见的数列的前 n 项和：

① $1+2+3+\cdots+n = \dfrac{n(n+1)}{2}$；② $2+4+6+\cdots+2n = n(n+1)$；

③ $1+3+5+\cdots+2n-1 = n^2$；④ $1^2+2^2+3^2+\cdots+n^2 = \dfrac{n(n+1)(2n+1)}{6}$；

⑤ $1^3+2^3+3^3+\cdots+n^3=\left(\frac{n(n+1)}{2}\right)^2$.

二、三角函数公式

1. 常用锐角三角函数值

附表 1　常用锐角三角函数值

角	0	$\frac{\pi}{6}$	$\frac{\pi}{4}$	$\frac{\pi}{3}$	$\frac{\pi}{2}$	π
$\sin\alpha$	0	$\frac{1}{2}$	$\frac{\sqrt{2}}{2}$	$\frac{\sqrt{3}}{2}$	1	0
$\cos\alpha$	1	$\frac{\sqrt{3}}{2}$	$\frac{\sqrt{2}}{2}$	$\frac{1}{2}$	0	-1
$\tan\alpha$	0	$\frac{\sqrt{3}}{3}$	1	$\sqrt{3}$	不存在	0
$\cot\alpha$	不存在	$\sqrt{3}$	1	$\frac{\sqrt{3}}{3}$	0	不存在

2. 倒数关系

$\tan x\cdot\cot x=1$；　$\sin x\cdot\csc x=1$；　$\cos x\cdot\sec x=1$.

3. 商的关系

$\frac{\sin x}{\cos x}=\tan x=\frac{\sec x}{\csc x}$；　$\frac{\cos x}{\sin x}=\cot x=\frac{\csc x}{\sec x}$.

4. 平方关系

$\sin^2\alpha+\cos^2\alpha=1$；　$1+\tan^2\alpha=\sec^2\alpha$；　$1+\cot^2\alpha=\csc^2\alpha$.

5. 诱导公式

附表 2　诱导公式

组序	一	二	三	四	五	六
角	$2k\pi+\alpha(k\in\mathbf{Z})$	$\pi+\alpha$	$-\alpha$	$\pi-\alpha$	$\frac{\pi}{2}-\alpha$	$\frac{\pi}{2}+\alpha$
正弦	$\sin\alpha$	$-\sin\alpha$	$-\sin\alpha$	$\sin\alpha$	$\cos\alpha$	$\cos\alpha$
余弦	$\cos\alpha$	$-\cos\alpha$	$\cos\alpha$	$-\cos\alpha$	$\sin\alpha$	$-\sin\alpha$
正切	$\tan\alpha$	$\tan\alpha$	$-\tan\alpha$	$-\tan\alpha$	$\cot\alpha$	$-\cot\alpha$
余切	$\cot\alpha$	$\cot\alpha$	$-\cot\alpha$	$-\cot\alpha$	$\tan\alpha$	$-\tan\alpha$
口诀	函数名不变，符号看象限				函数名改变 符号看象限	

6. 两角和与差的三角函数公式

$\sin(\alpha+\beta)=\sin\alpha\cos\beta+\cos\alpha\sin\beta$； $\sin(\alpha-\beta)=\sin\alpha\cos\beta-\cos\alpha\sin\beta$

$\cos(\alpha+\beta)=\cos\alpha\cos\beta-\sin\alpha\sin\beta$； $\cos(\alpha-\beta)=\cos\alpha\cos\beta+\sin\alpha\sin\beta$

$\tan(\alpha+\beta)=\dfrac{\tan\alpha+\tan\beta}{1-\tan\alpha\tan\beta}$； $\tan(\alpha-\beta)=\dfrac{\tan\alpha-\tan\beta}{1+\tan\alpha\tan\beta}$.

7. 半角公式

$\sin\dfrac{\alpha}{2}=\pm\sqrt{\dfrac{1-\cos\alpha}{2}}$； $\cos\dfrac{\alpha}{2}=\pm\sqrt{\dfrac{1+\cos\alpha}{2}}$；

$\tan\dfrac{\alpha}{2}=\pm\sqrt{\dfrac{1-\cos\alpha}{1+\cos\alpha}}=\dfrac{1-\cos\alpha}{\sin\alpha}=\dfrac{\sin\alpha}{1+\cos\alpha}$.

8. 降次升倍公式

$\cos^2\alpha=\dfrac{1+\cos 2\alpha}{2}$； $\sin^2\alpha=\dfrac{1-\cos 2\alpha}{2}$.

9. 二倍角公式

$\sin 2\alpha=2\sin\alpha\cos\alpha$； $\cos 2\alpha=\cos^2\alpha-\sin^2\alpha$； $\tan 2\alpha=\dfrac{2\tan\alpha}{1-\tan^2\alpha}$.

10. 三角函数的和差化积公式

$\sin\alpha+\sin\beta=2\sin\dfrac{\alpha+\beta}{2}\cos\dfrac{\alpha-\beta}{2}$； $\sin\alpha-\sin\beta=2\cos\dfrac{\alpha+\beta}{2}\sin\dfrac{\alpha-\beta}{2}$；

$\cos\alpha+\cos\beta=2\cos\dfrac{\alpha+\beta}{2}\cos\dfrac{\alpha-\beta}{2}$； $\cos\alpha-\cos\beta=-2\sin\dfrac{\alpha+\beta}{2}\sin\dfrac{\alpha-\beta}{2}$.

11. 三角函数的积化和差公式

$\sin\alpha\cos\beta=\dfrac{1}{2}[\sin(\alpha+\beta)+\sin(\alpha-\beta)]$； $\cos\alpha\sin\beta=\dfrac{1}{2}[\sin(\alpha+\beta)-\sin(\alpha-\beta)]$；

$\cos\alpha\cos\beta=\dfrac{1}{2}[\cos(\alpha+\beta)+\cos(\alpha-\beta)]$； $\sin\alpha\sin\beta=-\dfrac{1}{2}[\cos(\alpha+\beta)-\cos(\alpha-\beta)]$.

辅助角公式：

$$\alpha\sin x\pm b\cos x=\sqrt{a^2+b^2}\sin(x\pm\varphi).$$

其中φ角所在象限由 a、b 的符号确定，φ 角的值由 $\tan\varphi=\dfrac{b}{a}$ 确定.

附录 2　数学建模简介

一、什么是数学建模

我们先来看一个网上的段子：

老师：“树上有十只鸟，开枪打死一只，还剩几只？”

学生：“是无声手枪或别的无声的枪吗？”

老师：“不是.”

学生：“枪声有多大？”

老师："80 ~ 100 分贝."

学生："那就是说会震得耳朵疼？"

老师："是."

学生："在这个城市里打鸟犯不犯法？"

老师："不犯."

学生："您确定那只鸟真的被打死啦？"

老师："确定."

学生："树上的鸟里有没有聋的？"

老师："没有."

学生："有没有关在笼子里的？"

老师："没有."

学生："边上还有没有其他的树，树上还有没有其他鸟？"

老师："没有."

学生："有没有残疾的或饿得飞不动的鸟？"

老师："没有."

学生："算不算怀孕肚子里的小鸟？"

老师："不算."

学生："打鸟的人眼有没有花？保证是十只？"

老师："没有花，就十只."

学生："有没有傻得不怕死的？"

老师："都怕死."

学生："会不会一枪打死两只？"

老师："不会."

学生："所有的鸟都可以自由活动吗？"

老师："完全可以."

学生："如果您的回答没有骗人，打死的鸟要是挂在树上没掉下来，那么就剩一只，如果掉下来，就一只不剩."

这不是段子，这就是数学建模过程. 尽可能全面地去考查一个问题，想尽所有的可能，这就是数学建模的高手.

怎么样，跟你想象的那种考场里鸦雀无声，监考老师警惕的目光扫视全场，年轻的数学尖子们正在冥思苦想解答高深的数学题，而标准答案早已经由出题的专家们做出来，正锁在柜子里的数学竞赛场面完全不一样吧？

是的，他们不需要在固定的考场上做题，他们需要的是查阅资料、分析问题、交流思想、确定方法，然后把以上的思想用最好的方式表达出来. 他们会先分析这些思想，归纳整理好条理；然后，他们会试着用图来深入浅出地表达这些思想，或者再使用一些图表等等. 最后就是实现. 可以编一个程序，实现以上所有的情况. 程序会尽一切可能按实际所限制的条件遍历所有的情况，看一看还剩下几只鸟.

其实，还可以去实践，把实践结果与仿真结果、理论结果做比较，再修改理论、程序，再做实验、做仿真，再比较，再修改，递归，直至结束.

这种“观察、归纳、总结、分析、解决、实践、再分析、修正、再实践……”的思维方式不就在我们生活中不断地上演吗？所以“一次参赛，受益终身”不是虚言.

二、什么是数学模型与数学建模

数学模型就是对实际问题的一种数学表述. 具体一点说：数学模型是关于部分现实世界为某种目的而构造的一个抽象的简化的数学结构. 更确切地说：数学模型就是对于一个特定的对象为了一个特定目标，根据特有的内在规律，做出一些必要的简化、假设，运用适当的数学工具，得到的一个数学结构. 数学结构可以是数学公式、算法、表格、图示等.

数学建模就是建立数学模型，建立数学模型的过程就是数学建模的过程. 数学建模是一种数学的思考方法，是运用数学的语言和方法，通过抽象、简化建立能近似并“解决”实际问题的一种强有力的数学手段. 一般来说数学建模过程可用如下来表明：

实际问题—模型假设—模型建立—模型求解—模型分析—检验与评价—应用.

三、数学建模竞赛

在 1985 年以前，美国只有一种大学生数学竞赛[The william Lowell Putnam mathematial Competition，简称 Putman（普特南）数学竞赛]，这是由美国数学协会（Mathematical Association of America，MAA）主持，于每年 12 月的第一个星期六分两试进行，每年一次. 在国际上产生很大影响，现已成为一项国际性的大学生的著名赛事. 该竞赛每年 2 月或 3 月进行.

1985 年在美国出现了一种叫作 MCM 的一年一度大学生数学模型（1987 年全称为 Mathematical Competition in Modeling，1988 年改全称为 Mathematical Contest in Modeling，其所写均为 MCM）.

中国自 1989 年首次参加这一竞赛，历届均取得优异成绩. 数年参赛表明，中国大学生在数学建模方面是有竞争力和创新联想能力的. 为使这一赛事更广泛地展开，1990 年先由中国工业与应用数学学会后与国家教委联合主办全国大学生数学建模竞赛（简称 CMCM），该项赛事每年 9 月进行. 数学模型竞赛与通常的数学竞赛不同，它来自实际问题或有明确的实际背景. 它的宗旨是培养大学生用数学方法解决实际问题的意识和能力，整个赛事是完成一篇包括问题的阐述分析、模型的假设和建立、计算结果及讨论的论文. 通过训练和比赛，同学们用数学方法解决实际问题的意识和能力不仅有了很大提高，而且他们在团结合作发挥集体力量攻关，以及撰写科技论文等方面都将会得到十分有益的锻炼.

四、数学建模竞赛与数学知识

很多同学说，我想参加建模比赛，但是数学知识学得不好，所以只好放弃.

这是没有接触过数学建模的绝大部同学的一个误区，以为参加比赛要很高深的数学知识. 其实不然，实际中参赛同学并没有必要很系统地学很多数学知识：一是时间和精力不允许的；二是不需要高精深的知识解决问题；三是很多优秀的论文，其高明之处并不是用了多少数学知识，而是思维比较全面、贴合实际、能解决问题或是有所创新. 数模评卷的负责教师范毅曾说过：“能用最简单浅易的数学方法解决了别人用高深理论才能解决的答卷是更优秀的答卷.”具体说来，所需要的知识大概三个方面.

一是数学知识方面：

（1）概率与数理统计；

（2）统筹与线性规划；

（3）微分方程.

还有与计算机知识交叉的知识：计算机模拟.

二是计算机的运用能力：

一般来说凡参加过数模竞赛的同学都能熟练地应用文字处理软件“Word”，掌握电子表格“Excel”的使用；熟悉 Matlabe，Lingo 软件的使用，还要具备良好的语言表达能力.

三是论文的写作能力：

考卷的全文是论文式的，文章的书写有比较严格的格式. 要清楚地表达自己的想法并不容易，有时一个问题没说清楚就又说另一个问题了.

五、数学建模竞赛注意事项

（一）数学建模过程

1. 模型准备

要了解问题的实际背景，明确建模目的，搜集必需的各种信息，尽量弄清对象的特征.

2. 模型假设

根据对象的特征和建模目的，对问题进行必要的、合理的简化，用精确的语言做出假设，是建模至关重要的一步. 如果对问题的所有因素一概考虑，无疑是一种有勇气但方法欠佳的行为，所以高超的建模者能充分发挥想象力、洞察力和判断力，善于辨别主次，而且为了使处理方法简单，应尽量使问题线性化、均匀化.

3. 模型建立

根据所做的假设分析对象的因果关系，利用对象的内在规律和适当的数学工具，构造各个量间的等式关系或其他数学结构. 这时，我们便会进入一个广阔的应用数学天地，这里在高等数学、概率论“老人”的膝下，有许多可爱的“孩子们”，他们是图论、排队论、线性规划、对策论等. 不过我们应当牢记，建立数学模型是为了让更多的人明了并能加以应用，因此工具愈简单愈有价值.

4. 模型求解

可以采用解方程、画图形、证明定理、逻辑运算、数值运算等各种传统的和近代的数学方法，特别是计算机技术. 一个实际问题的解决往往需要纷繁的计算，许多时候还得将系统运行情况用计算机模拟出来，因此编程和熟悉数学软件的能力便举足轻重.

5. 模型分析

对模型解答进行数学上的分析. “横看成岭侧成峰，远近高低各不同”，能否对模型结果做出细致精当的分析，决定了你的模型能否达到更高的档次. 还要记住，不论哪种情况都需进行误差分析，数据稳定性分析.

（二）数学建模方法

1. 机理分析法——从基本物理定律以及系统的结构数据来推导出模型

（1）比例分析法——建立变量之间函数关系的最基本最常用的方法.

（2）代数方法——求解离散问题（离散的数据、符号、图形）的主要方法.

（3）逻辑方法——是数学理论研究的重要方法，是解决社会学和经济学等领域的实际问题的常用方法，在决策、对策等学科中得到广泛应用.

（4）常微分方程——解决两个变量之间的变化规律，关键是建立“瞬时变化率”的表达式.

（5）偏微分方程——解决因变量与两个以上自变量之间的变化规律.

2. 数据分析法——从大量的观测数据利用统计方法建立数学模型

（1）回归分析法——对函数 $f(x)$的一组观测值$(x_i, f_i)i$ = "1,2,⋯,n，确定函数的表达式，由于处理的是静态的独立数据，故称为数理统计方法.

（2）时序分析法——处理的是动态的相关数据，又称为过程统计方法.

3. 仿真和其他方法

（1）计算机仿真（模拟）——实质上是统计估计方法，等效于抽样试验.

① 离散系统仿真——有一组状态变量.

② 连续系统仿真——有解析表达式或系统结构图.

（2）因子试验法——在系统上做局部试验，再根据试验结果进行不断分析修改，求得所需的模型结构.

（3）人工现实法——基于对系统过去行为的了解和对未来希望达到的目标，并考虑到系统有关因素的可能变化，人为地组成一个系统.

（三）常见题型

赛题题型结构形式有三个基本组成部分.

1. 实际问题背景

（1）涉及面宽——有社会、经济、管理、生活、环境、自然现象、工程技术、现代科学等各领域中出现的新问题.

（2）一般都有一个比较确切的现实问题.

2. 若干假设条件

有如下几种情况：

（1）只有过程、规则等定性假设，无具体定量数据；

（2）给出若干实测或统计数据；

（3）给出若干参数或图形；

（4）蕴涵着某些机动、可发挥的补充假设条件，或参赛者可以通过自己收集或模拟产生数据.

3. 要求回答的问题

往往有几个问题（一般不是唯一答案）：

（1）比较确定性的答案（基本答案）；

（2）更细致或更高层次的讨论结果（往往是讨论最优方案的提法和结果）.

（四）竞赛答卷

提交一篇论文，基本内容和格式大致分三大部分：

1. 标题、摘要部分

（1）题目——写出较确切的题目（不能只写 A 题、B 题）.

（2）摘要——200～300字，包括模型的主要特点、建模方法和主要结果.

（3）内容较多时最好有个目录.

2. 中心部分

（1）问题提出，问题分析.

（2）模型建立：

① 补充假设条件，明确概念，引进参数；

② 模型形式（可有多个形式的模型）；

③ 模型求解；

④ 模型性质.

（3）计算方法设计和计算机实现.

（4）结果分析与检验.

（5）讨论——模型的优缺点，改进方向，推广新思想.

（6）参考文献——注意格式.

3. 附录部分

（1）计算程序，框图.

（2）各种求解演算过程，计算中间结果.

（3）各种图形、表格.

（五）团队合作

要完成比赛，不是一个人就能够成功的，而是需要小队的三个同学紧密合作，分工得当.一般分工为数学、编程、写作. 当然，分工不用那么明确，但有个前提是大家关系相处得很好，不然很容易产生矛盾；分工太明确了，则会让人产生依赖思想，不愿去动脑子.

理想的分工是这样的：数学建模竞赛小组中的每一个人，都能胜任其他人的工作，就算小组只剩下他一个人，也照样能够完成数学建模竞赛. 在竞赛中的分工，只是为了提高工作的效率，做出更好的结果.

具体的建议如下：要有一个人头脑灵活，善于思考问题，这个人可归于数学方面；要有一个人会编程序，能够实现一些算法；另外需要有一个人有较强的论文写作能力。

▲ 全国大学生数模竞赛官方网站 http://mcm.edu.cn/

▲ 中国数学建模网站 http://www.shumo.org

▲ 参考文献：齐欢. 数学模型方法[M]. 上海：华中理工大学出版社，1996.

李尚志. 数学建模竞赛教程[M]. 南京：江苏教育出版社，1996.

参考文献

[1] 同济大学数学系. 高等数学[M]. 7 版. 北京：人民邮电出版社，2014.

[2] 屈婉玲，耿素云，张立昂. 离散数学[M]. 2 版. 北京：清华大学出版社，2008.

[3] 陈华峰. 离散数学基础[M]. 北京：中国水利水电出版社，2012.

[4] 王秀焕，谢艳云，陈志伟. 高等数学[M]. 北京：高等教育出版社，2013.

[5] 顾静相. 经济数学基础. [M]. 北京：高等教育出版社，2008.

[6] 陈兆斗，高瑞. 高等数学[M]. 北京：北京大学出版社，2006.

[7] 刘吉佑，徐诚浩. 线性代数（经管类）[M]. 武汉：武汉大学，2006.

[8] 刘家英，徐光霞. 高等数学[M]. 2 版. 上海：华东师范大学出版社，2014.

[9] AcJ1 · ian Banner. 普林斯顿微积分读本[M]. 北京：人民邮电出版社，2016.

[10] 谢绪恺. 高数笔谈[M]. 沈阳：东北大学出版社，2016.

[11] 亚当斯 C，哈斯 J，汤普森 A. 微积分之屠龙宝刀[M]. 张菽，译. 长沙：湖南科学技术出版社，2004.

[12] 任广千，谢聪，胡翠芳. 线性代数的几何意义[M]. 西安：西安电子科技大学出版社，2015.

[13] 同济大学数学系. 概率论与数理统计[M]. 北京：人民邮电出版社，2017.

[14] 史宁中. 数学思想概论[M]. 长春：东北师范大学出版社，2009.

[15] 徐广顺. 高等数学习题集[M]. 重庆：重庆大学出版社，2019.